Springer-Lehrbuch

T0254741

Wolfram Schiffmann

Technische Informatik 2

Grundlagen der Computertechnik

5., neu bearbeitete und ergänzte Auflage
Mit 161 Abbildungen und 16 Tabellen

 Springer

Univ.-Prof. Dr. Wolfram Schiffmann
FernUniversität Hagen
Technische Informatik I, Rechnerarchitektur
Universitätsstr. 1
58097 Hagen
Wolfram.Schiffmann@FernUni-Hagen.de

Bibliografische Information der Deutschen Bibliothek

Die Deutsche Bibliothek verzeichnet diese Publikation in der Deutschen Nationalbibliografie;
detaillierte bibliografische Daten sind im Internet über http://dnb.ddb.de abrufbar.

ISBN 3-540-22271-5   5. Aufl. Springer Berlin Heidelberg New York
ISBN 3-540-43854-8   4. Aufl. Springer Berlin Heidelberg New York

Springer ist ein Unternehmen von Springer Science+Business Media

springer.de

Satz: Digitale Druckvorlage des Autors
Herstellung: LE-TeX Jelonek, Schmidt & Vöckler GbR, Leipzig
Umschalggestaltung: *design & production* GmbH, Heidelberg
Gedruckt auf säurefreiem Papier   7/3142/YL - 5 4 3 2 1 0

Vorwort zur 5. Auflage

Der vorliegende Band 2 des Buches **Technische Informatik** entstand aus Skripten zu Vorlesungen, die wir an der Universität Koblenz für Informatikstudenten gehalten haben. Es ist unser Anliegen zu zeigen, wie man elektronische Bauelemente nutzt, um Computersysteme zu realisieren. Mit dem dargebotenen Stoff soll der Leser in die Lage versetzt werden, die technischen Möglichkeiten und Grenzen solcher Systeme zu erkennen. Dieses Wissen hilft ihm einerseits, die Leistungsmerkmale heutiger Computersysteme besser zu beurteilen und andererseits künftige Entwicklungen richtig einzuordnen. Der Stoff ist vom Konzept her auf das Informatikstudium ausgerichtet — aber auch für alle diejenigen geeignet, die sich intensiver mit der Computerhardware befassen möchten. Somit können z.B. auch Elektrotechniker oder Maschinenbauer von dem vorliegenden Text profitieren.

Für die Lektüre genügen Grundkenntnisse in Physik und Mathematik. Die Darstellung des Stoffes erfolgt „bottom-up", d.h. wir beginnen mit den grundlegenden physikalischen Gesetzen und beschreiben schließlich alle wesentlichen Funktionseinheiten, die man in einem Computersystem vorfindet.

Der Stoff wurde auf insgesamt drei Bände aufgeteilt: Der Band 1 **Technische Informatik – Grundlagen der digitalen Elektronik** führt zunächst in die für die Elektronik wesentlichen Gesetze der Physik und Elektrotechnik ein. Danach werden Halbleiterbauelemente und digitale Schaltungen behandelt. Der Band 1 schließt mit dem Kapitel über einfache Schaltwerke, wo dann der vorliegende zweite Band **Technische Informatik — Grundlagen der Computertechnik** anknüpft. Als Ergänzung zu den beiden Lehrbücher gibt es einen weiteren Band **Technische Informatik — Übungsbuch zur Technischen Informatik 1 und 2.** Um den Lesern das Auffinden geeigneter Aufgaben im Übungsband zu erleichtern, haben wir in der Neuauflage Verweise auf themenspezifische Aufgaben eingebaut. Außerdem wurde auch eine Webseite zu den Büchern eingerichtet, die Links auf weitere nützliche Materalen zum Thema enthält. Die Adresse dieser Webseite lautet:

Technische-Informatik-Online.de

Der Text beginnt mit einer kurzen Zusammenfassung über Aufbau, Funktion und Entwurf von Schaltwerken. Manche Aufgabenstellungen für Schaltwerke sind so komplex, dass die Schaltwerke nicht mehr mit Hilfe von Zustandsgraphen und –tabellen entwickelt werden können. Im Kapitel *Komplexe Schaltwerke* wird zunächst das Zeitverhalten von Schaltwerken untersucht und in das Konzept kooperierender Schaltwerke eingeführt. Dann wird der Entwurfsprozess bei so genannten *Algorithmic State Maschines* mit Hilfe von ASM–Diagrammen erläutert und es werden am Beispiel eines „Einsen–Zählers" verschiedene Varianten komplexer Schaltwerke vorgestellt.

Die überwiegende Zahl heutiger Computer arbeitet nach dem Operationsprinzip, das im Kapitel *von NEUMANN–Rechner* vorgestellt wird. Die grundlegenden Funktionseinheiten eines solchen Rechners werden beschrieben und ihr Einfluss auf eine Prozessorarchitektur wird diskutiert.

Alle modernen Prozessoren nutzen Hardware–Parallelität zur Leistungssteigerung, wie z.B. Funktionseinheiten für Gleitkomma–Arithmetik oder direkter Speicherzugriff zur Ein-/Ausgabe. Im Kapitel *Hardware–Parallelität* werden neben solchen Coprozessoren auch das Pipeline–Prinzip und Array–Rechner vorgestellt. Diese beiden Architekturmerkmale findet man sowohl bei neueren Mikroprozessoren als auch bei sogenannten Supercomputern.

Im Kapitel *Prozessorarchitektur* wird auf die drei Ebenen der Rechnerarchitektur eingegangen. Die Befehls(satz)architektur legt die Schnittstelle zwischen Software und Hardware fest. Eine einmal definierte Befehlsarchitektur kann auf verschiedene Arten implementiert werden. Zunächst muss sich der Rechnerarchitekt die logische Organisation zur Umsetzung der Befehlsarchitektur überlegen. Wie bei den komplexen Schaltwerken teilt man den Entwurf in eine Datenpfad– und Steuerungsstruktur auf. Damit der Prozessorentwurf nicht nur auf dem Papier existiert, muss er in Halbleitertechnik realisiert werden. Die resultierende Prozessorleistung ergibt sich schließlich aus dem Zusammenwirken der Entwurfsschritte auf den drei Ebenen *Befehlsarchitektur* sowie *logischer* und *technologischer* Implementierung.

Im Kapitel *CISC–Prozessoren (Complex Instruction Set Computer)* werden zunächst die Merkmale eines Prozessortyps erläutert, dessen Befehlsarchitektur ein besonders komfortables Programmieren auf Maschinenbefehlsebene zum Ziel hat. Als typischer Vertreter dieser Klasse wird der Motorola 68000 beschrieben und die Entwicklungsgeschichte zum Modell 68060 wird zusammengefasst.

Ende der siebziger Jahre wurde die Verwendung komplexer Befehlssätze neu überdacht. Man untersuchte die von Compilern erzeugten Maschinenbefehle und stellte fest, dass bei CISCs nur ein Bruchteil der verfügbaren Befehle verwendet wird. Diese Situation war der Ausgangspunkt für die Entwicklung neuartiger Prozessorarchitekturen, die man wegen ihres einfachen Befehlssatzes als *RISC–Prozessoren (Reduced Instruction Set Computers)* bezeichnet. Nach einer kurzen historischen Einführung werden das Befehlspipelining und die dabei auftretenden Pipelinekonflikte behandelt. Dann wird gezeigt, wie diese Pipelinekonflikte software– oder hardwaremäßig beseitigt werden können. Optimierende Compiler sorgen durch eine entsprechende Befehlsumordnung dafür, dass die zur Behebung von Konflikten notwendigen Leerbefehle durch nützliche Befehle ersetzt werden können. Die Beseitigung von Konflikten, die zur Laufzeit des Programms auftreten ist jedoch nur durch zusätzliche Hardware möglich. Durch dynamische Befehlsplanung mit Hilfe sogenannter Reservierungsstationen gelingt es, Prozessoren mit mehreren Funktionseinheiten zu realisieren, die gleichzeitig mehrere Maschinenbefehle ausführen können. Alle heutigen Hochleistungsprozessoren nutzen *Superskalarität*, um ihre Verarbeitungsleistung zu maximieren. Als Beispiel für einen superskalaren RISC–Prozessor wird der PowerPC 620 vorgestellt.

Das Kapitel *Kommunikation* behandelt Techniken zur Datenübertragung innerhalb eines Computers und zwischen verschiedenen Computersystemen. Die Art der Datenübertragung hängt stark von der Entfernung der zu verbindenden Komponenten ab. Wir unterscheiden die parallelen und seriellen Verbindungen. Zu jeder Klasse werden zunächst die Prinzipien und dann typische Vertreter beschrieben. Wir beginnen bei prozessornaher Kommunikation und kommen schließlich über die lokalen Netze (LANs) zu den Weitverkehrsnetzen (WANs). In der neuen Auflage wurden Abschnitte über verschiedene Ethernet-Varianten sowie drahtlose Netzwerke hinzugefügt.

Heutige Computer verwenden eine Mischung verschiedener Speichertechnologien. Diese Speicher unterscheiden sich bezüglich Speicherkapazität, Zugriffszeit und Kosten. Im Kapitel *Speicher* werden nach einer Übersicht über die verschiedenen Speicherarten zunächst Halbleiterspeicher behandelt. Die Beschreibung magnetomotorischer Speicher wurde grundlegend überarbeitet und enthält nun auch Einzelheiten über die Dateisysteme der heute üblichen Betriebssysteme LINUX und Windows. Schließlich werden auch optische Wechselspeichermedien wie CD-ROM und DVD ausführlicher vorgestellt.

Bei der *Ein-/Ausgabe* kann man digitale und analoge Schnittstellen unterscheiden. Für die wichtigsten Vertreter aus diesen beiden Klassen wird die prinzipielle Funktionsweise erklärt. Anschließend werden ausgewählte Peripheriegeräte beschrieben. Gegenüber der letzten Auflage wurden hier einige neue Komponenten hinzugenommen. Neben Tastatur, Maus, Scanner und Digitalkamera werden nun auch LCD-Monitore und die verschiedenen Druckertypen ausführlich behandelt. Ihre Funktionsweise wird anhand von zahlreichen Abbildungen illustriert.

Das in der letzten Auflage neu hinzugekommene Kapitel *Aktuelle Computersysteme* wurde stark überarbeitet und findet sich nun am Ende des Buches. Dies hat den Vorteil, dass der Leser bereits alle Grundbegriffe über Kommunikation, Speicher und Ein-/Ausgabe aus den vorangegangenen Kapiteln kennt und dass daher vorwärts gerichtete Verweise entfallen. In dem Kapitel wird ein kurzer Überblick über aktuelle Computersysteme gegeben. Zunächst stellen wir die verschiedenen Arten von Computern vor. Dann betrachten wir am Beispiel von Desktop-Systemen deren internen Aufbau, die aktuellsten Desktop-Prozessoren, Funktionsprinzipien der aktueller Speichermodule und die verschiedenen Standards für Ein- und Ausgabeschnittstellen. Schließlich gehen wir auch auf die Bedeutung von Grafikadaptern ein und geben einen Ausblick auf die künftige Entwicklung.

Wir haben uns bemüht, zu den einzelnen Themen nur die grundlegenden Prinzipien auszuwählen und durch einige Beispiele zu belegen. Wir hoffen, dass es uns gelungen ist, den Stoff klar und verständlich darzustellen. Trotzdem möchten wir die Leser auffordern, uns ihre Ergänzungs– und Verbesserungsvorschläge oder Anmerkungen mitzuteilen. Im Text werden immer dann englischsprachige Begriffe benutzt, wenn uns eine Übersetzung ins Deutsche nicht sinnvoll erschien. Wir denken, dass diese Lösung für den Leser hilfreich ist, da die Literatur über Computertechnik überwiegend in Englisch abgefasst ist.

Bei der mühevollen Arbeit, das Manuskript der ersten Auflage mit dem LaTeX–Formatiersystem zu setzen bzw. Bilder zu zeichnen, wurden wir von Sabine Döring, Christa Paul, Inge Pichmann, Jürgen Weiland und Edmund Palmowski unterstützt. Unsere Kollegen Prof. Dr. Alois Schütte und Prof. Dr. Dieter Zöbel ermunterten uns zum Schreiben dieses Textes und gaben uns wertvolle Hinweise und Anregungen. Prof. Dr. Herbert Druxes, Leiter des Instituts für Physik der Universität in Koblenz, förderte unser Vorhaben.

Für ihre Mitarbeit und Unterstützung möchten wir allen herzlich danken. Besonders sei an dieser Stelle auch unseren Familien für ihre Geduld und ihr Verständnis für unsere Arbeit gedankt.

Robert Schmitz, der Mitautor der bisherigen Auflagen, ist bereits seit fünf Jahren im wohlverdienten Ruhestand. Er wollte nach der vierten Auflage nicht mehr länger am Band 2 mitarbeiten. Daher werde ich, Wolfram Schiffmann, künftig das Buch als alleiniger Autor weiter betreuen. Ich danke Robert Schmitz als zuverlässigem Mitautor und als gutem Freund für die stets fruchtbare und erfreuliche Zusammenarbeit bei den ersten vier Auflagen.

Die freundliche Aufnahme der letzten Auflagen gibt mir nun wieder die Möglichkeit, das Buch erneut in überarbeiteter Form herauszugegeben. Neben Korrekturen und den o.g. Erweiterungen habe ich mich bemüht, die Anregungen aus dem Leserkreis nun auch in die fünfte Auflage von Band 2 aufzunehmen.

Hagen, im Dezember 2004   Wolfram Schiffmann

Inhaltsverzeichnis

Auszug des Inhalts von Band 1

1. Komplexe Schaltwerke

Dieses Kapitel geht zunächst auf das Zeitverhalten von Schaltwerken ein. Es wird gezeigt, weshalb die Taktfrequenz bei Schaltwerken begrenzt ist und wie die maximale Taktfrequenz von den dynamischen Kenngrößen der verwendeten Speicher– und Schaltglieder abhängt.

Im Band 1 haben wir Schaltwerke anhand von Zustandsgraphen bzw. Übergangstabellen entworfen. Bei der Mikroprogrammierung wurden die Tabellen direkt in einem Speicher abgelegt.

Diese Entwurfsmethode ist aber nur dann anwendbar, wenn die Zahl der Zustände „klein" ist. Wenn ein Schaltwerk für eine komplexere Problemstellung entworfen werden soll, z.B. ein Schaltwerk zur sequentiellen Multiplikation auf der Basis eines Paralleladdierers (Schaltnetz), steigt die Zahl der internen Zustände sehr stark an. Bei arithmetischen Aufgabenstellungen ist die Zahl der internen Zustände meist nicht im voraus bekannt, da die Anzahl der nötigen Berechnungsschritte von den Operanden abhängig ist.

Warum ist es überhaupt sinnvoll, eine Aufgabenstellung durch ein Schaltwerk zu lösen, wenn die schnellste Lösung eines Problems immer durch ein Schaltnetz erreicht wird? Die Antwort zu dieser Frage lautet: Mit einem Schaltwerk können komplizierte arithmetische Operationen auf Basis von Schaltnetzen für einfacherere Operationen ausgeführt ausgeführt werden. So kann beispielsweise die Multiplikation auf die Addition zurückgeführt werden. Durch die zeitversetzte Nutzung des Addiererschaltnetzes erfordert die Implementierung komplizierter arithmetischer Operationen mit einem Schaltwerk weniger Hardwareaufwand. Es kann außerdem – vorausgesetzt man hat dieses Schaltwerk richtig konzipiert – für viele verschiedene Aufgabenstellungen verwendet werden.

Um einen übersichtlichen Schaltwerksentwurf zu erreichen, verwendet man ein *komplexes Schaltwerk*, das aus zwei kooperierenden Teilschaltwerken besteht. Ausgangspunkt für den Entwurf eines komplexen Schaltwerks ist ein *Hardware–Algorithmus* für die gewünschte Funktion. Die Umsetzung von Algorithmen in digitale Hardware erreicht man am einfachsten durch eine funktionale Aufspaltung in einen steuernden und einen verarbeitenden Teil. Ein komplexes Schaltwerk besteht daher aus einem *Steuer-* und einem *Operationswerk* (control/data path). Um Operationswerke zu synthetisieren, stellen wir die Hardware–Algorithmen durch eine besondere Art eines Zustandsdia-

gramms, das sogenannte Algorithm State Machine Chart oder kurz ASM–
Diagramm dar. Wenn ein Hardware–Algorithmus durch ein solches ASM–
Diagramm beschrieben ist, kann man mit Hilfe von Konstruktionsregeln
daraus ein Operationswerk synthetisieren. Das Steuerwerk liefert die Signale, um die nötigen Teilschritte des Lösungsalgorithmus im Operationswerk
durchzuführen. Am konkreten Beispiels eines „Einsen–Zählers" wird der Entwurfsprozess verdeutlicht.

1.1 Zeitverhalten von Schaltwerken

Ein Schaltwerk besteht aus Speichergliedern und Schaltnetzen, die in einer
Rückkopplungsschleife miteinander verbunden sind (Abb. 1.1). Durch die
Rückkopplung wird eine rekursive Funktion des Zustandsvektors z^t erreicht.
Um eine korrekte Arbeitsweise des Schaltwerks zu gewährleisten, muss sich
der Folgezustand z^{t+1} stets vom aktuellen Zustand z^t unterscheiden. Dies
wird durch die verschieden schraffierten Bereiche des Registers angedeutet.

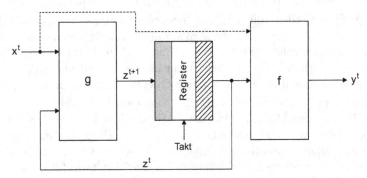

Abb. 1.1. Aufbau eines MEALY–Schaltwerks. Wenn die gestrichelte Verbindung
nicht vorhanden ist, erhalten wir ein MOORE–Schaltwerk.

   Aus einem Anfangszustand z^t wird ein Folgezustand z^{t+1} bestimmt, aus
diesem Zustand ergibt sich wiederum ein neuer Folgezustand usw. ... Der
Folgezustand ist einerseits durch das Schaltnetz in der Rückkopplung und andererseits durch die Belegung des Eingabevektors x^t im jeweiligen Zustand
z^t festgelegt. Aus dem Zustandsvektor z^t wird der Ausgabevektor y^t abgeleitet. Hängt der Ausgabevektor direkt vom Eingabevektor x^t ab, so liegt ein
MEALY–Automat vor. Da $y^t = f(x^t, z^t)$ ist, reagieren MEALY–Automaten
schneller auf Änderungen des Eingabevektors als die MOORE–Automaten,
bei denen die Verbindung von x^t zum Schaltnetz f fehlt, d.h. $y^t = f(z^t)$.
Während MEALY–Automaten *übergangsorientiert* sind, arbeiten MOORE–
Automaten *zustandsorientiert*. Änderungen des Eingabevektors x^t werden erst

im Folgezustand z^{t+1} wirksam. Im Gegensatz zu MOORE-Automaten reagieren MEALY-Automaten schneller und benötigen zur Realisierung der gleichen Übergangsfunktion meist weniger Zustände, d.h. sie kommen mit einer geringeren Zahl von Flipflops aus.

Ein Schaltwerk kann nur dann korrekt funktionieren, wenn der Folgezustand z^{t+1} erst nach einer zeitlichen Verzögerung zum aktuellen Zustand z^t wird. Bei den sogenannten *asynchronen* Schaltwerken werden die Verzögerungszeiten durch Schaltglieder und die Laufzeiten auf den Verbindungsleitungen ausgenutzt, um diese zeitliche Entkopplung zu erreichen. Da die Zustandsübergänge **nicht** durch ein zentrales Taktsignal gesteuert werden, ist der Entwurf asynchroner Schaltwerke sehr schwierig. Wesentlich einfacher ist der Entwurf *synchroner* Schaltwerke. Die zeitliche Entkopplung vom Zustand z^t und Folgezustand z^{t+1} erfolgt bei synchronen Schaltwerken in der Regel durch mehrere Master–Slave (Zweispeicher) D–Flipflops[1], die durch ein gemeinsames Taktsignal gesteuert werden (Register). Dadurch können genau definierte Verzögerungszeiten erzeugt werden. Die Funktionsgrenzen solcher Schaltwerke sind von mehreren Faktoren abhängig:

1. Art der Taktsteuerung der Speicherglieder des Registers,
2. maximale Verzögerungszeit des Rückkopplungsschaltnetzes g,
3. maximale Laufzeit der Zustandssignale auf den Verbindungsleitungen,
4. Frequenz, Tastverhältnis und Signalversatz des Taktsignals (clock skew).

Im folgenden wollen wir das Zeitverhalten solcher synchroner Schaltwerke genauer betrachten und Bedingungen ableiten, welche die Funktionsgrenzen dieser Schaltwerke bestimmen. Da jeder Computer eine Vielzahl solcher Schaltwerke enthält, erklären diese Betrachtungen auch die technologischen Grenzen, denen alle Computer unterliegen. Insbesondere wird anhand dieser Überlegungen deutlich, warum die Taktfrequenz eines Prozessors begrenzt werden muss.

Wir beschränken unsere Betrachtungen hier auf sogenannte *Einregister–Schaltwerke*. Solche Schaltwerke werden nur mit einem einzigen Taktsignal angesteuert, das gleichzeitig allen Flipflops zugeführt wird. Man kann also alle Flipflops zusammen als ein einziges Register betrachten.

1.1.1 Wirk- und Kippintervalle

Anhand der dynamischen Kenngrößen von Flipflops kann man zwei Zeitintervalle definieren, die zur Bestimmung der Funktionsgrenzen eines Schaltwerks von Bedeutung sind: *Wirk-* und *Kippintervall*.

Die Zeitspanne, in der ein Bit des Folgezustands am Eingang D stabil anliegen muss, wollen wir als *Wirkintervall* (W) bezeichnen. Als *Kippintervall*

---

[1] Es können auch einflankengesteuerte D–Flipflops verwendet werden (vgl. Abb. 1.2).

(K) bezeichnen wir das Zeitintervall, in dem sich der Flipflop–Ausgang ändern *kann*.

Einzelne Flipflops

Betrachten wir zunächst ein einzelnes D–Flipflop. Wenn sich das Eingangssignal an D während des Wirkintervalls ändert, ist der nachfolgende Zustand des Flipflops unbestimmt. Für die korrekte Funktion des Schaltwerks ist es daher nötig, dass sich die Eingangsdaten an D während des Wirkintervalls nicht ändern.

Bei *taktzustandsgesteuerten* Flipflops endet das Wirkintervall mit der Taktphase, die das Einspeichern in das Flipflop steuert. Ist dies z.B. die Taktphase in der das Taktsignal 1-Pegel führt, so endet das Wirkintervall mit dem $1 \rightarrow 0$ Übergang des Taktsignals. Der zu diesem Zeitpunkt am D–Eingang abgetastete Pegel, wird dann im Flipflop gespeichert . Bei taktzustandsgesteuerten Einspeicher-Flipflops (Latches) werden die am D–Eingang anliegenden Werte unmittelbar auf den Ausgang weitergeleitet. Da keine zeitliche Entkopplung vorliegt, können Latches **nicht** zur Realisierung von synchronen Einregister-Schaltwerken verwendet werden. Das Schaltnetz zur Bestimmung der Folgezustände erhält keinen stabilen Zustandsvektor, da sich die *asynchronen* Änderungen am Ausgang des Schaltnetzes unmittelbar auf den aktuellen Eingangsvektor in das Schaltnetz auswirken. Das Schaltwerk würde dann asynchrone und unbestimmbare Zustandsänderungen ausführen.

Bei *taktflankengesteuerten* Flipflops wird die Lage des Wirkintervalls durch die steuernde Taktflanke bestimmt. Flankengesteuerte Flipflops nutzen die Signallaufzeiten von Schaltgliedern aus, um die Dateneingänge in dem relativ kurzen Zeitintervall abzutasten, indem sich die Belegung des Taktsignals ändert. Im Gegensatz zu Latches ist hier das Kippintervall stets zeitverzögert zum Wirkintervall.

In Abb. 1.2 ist das Impulsdiagramm eines einflankengesteuerten D–Flipflops in TTL-Technologie dargestellt. Anhand der Kenngrößen aus dem Datenblatt wurde das Wirkintervall ermittelt und eingetragen. Vor der Taktflanke liegt die Vorbereitungszeit t_S (Setup Time) und danach die Haltezeit t_H (Hold Time). In dem gesamten Zeitraum darf sich das Signal am Eingang D nicht ändern. Die Dauer des Wirkintervalls beträgt folglich

$$T_W = T_S + T_H \tag{1.1}$$

Für das angegebene Beispiel SN 7474 ergibt sich für das Wirkintervall eine Dauer von 25 ns.

Der Ausgang wechselt nur dann seine Belegung, wenn der momentane Zustand und das Eingabe–Bit komplementär zueinander sind. Falls ein Kippvorgang stattfindet, muss die Richtung des Übergangs beachtet werden. K_{LH} bezeichne das Kippintervall, in dem der Ausgang von L(ow) auf H(igh) wechselt

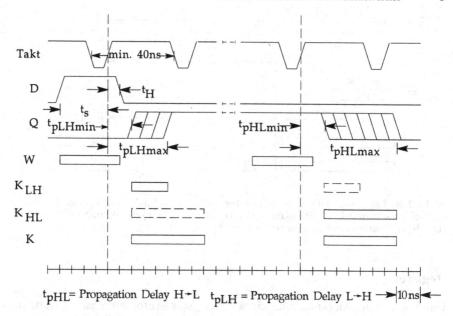

Abb. 1.2. Definition von Wirk– und Kippintervall bei dem taktflankengesteuerten D–Flipflop SN 7474

und K_{HL} ein entsprechendes Kippintervall für die umgekehrte Signalrichtung. Wie aus Abb. 1.2 hervorgeht sind diese beiden Zeitintervalle im Allgemeinen nicht identisch. Das Kippintervall eines D–Flipflops ergibt sich demnach aus der Vereinigung der beiden Zeitintervalle K_{LH} und K_{HL}.

$$K = K_{LH} \cup K_{HL} \qquad (1.2)$$

K ist zusammenhängend, da sich K_{LH} und K_{HL} überlappen. Die Dauer des Kippintervalls kann mit den Grenzwerten der Schaltzeiten aus dem Datenblatt des D–Flipflops ermittelt werden:

$$T_K = \mathbf{max}(t_{pLHmax}, t_{pHLmax}) - \mathbf{min}(t_{pLHmin}, t_{pHLmin}) \qquad (1.3)$$

Für das D–Flipflop SN 7474 ergibt sich ein Kippintervall von 25 ns, das 10 ns nach der steuernden Flanke beginnt. In der Praxis wird das *tatsächliche* Kippintervall kürzer sein als das berechnete Kippintervall. Die im Datenblatt gemachten Angaben besagen lediglich, dass das tatsächliche Kippintervall eines D–Flipflops mit Sicherheit nicht außerhalb des berechneten Bereichs liegt. Abb. 1.3 gibt eine Übersicht über die Position von Wirk– und Kippintervallen bei verschiedenen Flipflop–Typen.

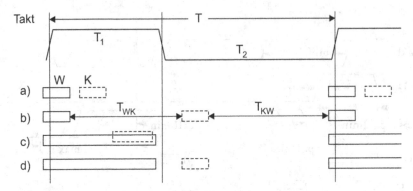

Abb. 1.3. Lage von Wirk– und Kippintervall bei verschiedenen Flipflop–Typen a) einflankengesteuert b) zweiflankengesteuert (Master–Slave) c) taktzustandsgesteuert (Latch) d) taktzustandsgesteuert (Master–Slave)

Register

Um Wirk– und Kippintervalle eines Einregister–Automaten zu bestimmen, müssen wir die entsprechenden Intervalle der einzelnen Flipflops vereinigen. Unter idealen Bedingungen „sehen" alle D–Flipflops das gleiche Taktsignal. In diesem Fall sind Wirk- und Kippintervall des gesamten Schaltwerks identisch mit der Vereinigung der entsprechenden Intervalle der einzelnen Flipflops. Man beachte jedoch, dass die tatsächlichen Wirk- und Kippintervalle *innerhalb* der aus den Kenngrößen berechneten Intervallen liegen. Aufgrund von Exemplarstreuungen sind auch die Intervalle einzelner Flipflops nicht identisch – liegen aber stets innerhalb der berechneten Intervalle.

Laufzeitunterschiede des Taktsignals führen nun jedoch dazu, dass die Wirk- und Kippintervalle der einzelnen Flipflops gegeneinander verschoben werden. Diesen Effekt bezeichnet man als *Signal bzw. Clock Skew*. Der zeitliche Versatz des Taktsignals führt dazu, dass die Wirk- und Kippintervalle des Schaltwerks gegenüber denen eines einzelnen D–Flipflops verbreitert werden. Dies kann bei Verwendung von einflankengesteuerten Flipflops (wie beim Beispiel SN 7474) zur Überlappung von Kipp- und Wirkintervall führen. Damit kann die Funktionsfähigkeit des Schaltwerks nicht mehr garantiert werden (vgl. 1. Rückkopplungsbedingung).

1.1.2 Rückkopplungsbedingungen

Ein Schaltwerk funktioniert nur dann *sicher*, wenn die folgende Bedingung erfüllt ist: *Die Eingangsvariablen sämtlicher Flipflops müssen während des Wirkintervalls des (Schaltwerk)Registers stabil sein.*

Diese Bedingung ist hinreichend aber nicht notwendig. Ein Schaltwerk *kann* für eine ganz bestimmte Zustandsfolge funktionieren, wenn nur die Wirkintervalle einzelner Flipflops eingehalten werden (notwendige Bedingung). Daraus folgt aber nicht, dass ein solches Schaltwerk alle *möglichen* Zustandsübergänge realisieren kann.

Aus der oben genannten Bedingung lassen sich zwei *Rückkopplungsbedingungen* ableiten, um die zulässigen bzw. notwendigen Abstände zwischen den Wirk- und Kippintervallen eines Einregister–Schaltwerks zu ermitteln. Folgende dynamische Kenngrößen werden berücksichtigt:

T_g maximale Verzögerungszeit (propagation delay) des Rückkopplungsschaltnetzes g

T_{Rg} maximale Signallaufzeit auf den Verbindungsleitungen zwischen dem Zustandsregister und dem Schaltnetz g

T_{gR} maximale Signallaufzeit auf den Verbindungsleitungen zwischen dem Schaltnetz g und dem Zustandsregister

Die Zeit T_g hängt sowohl von der verwendeten Halbleitertechnologie als auch von der Zahl der Verknüpfungsebenen des Rückkopplungsschaltnetzes ab. Die Zeit T_g setzt sich wiederum aus einem Totzeitanteil T_{gt} und einem Übergangsanteil $T_{g\ddot{u}}$ zusammen. Änderungen der Eingangsbelegung des Schaltnetzes g wirken sich zunächst **nicht** auf die Ausgänge aus. Diese Totzeit ist umso größer, je mehr Verknüpfungsebenen das Schaltnetz hat. Nach der Totzeit verändern sich die Ausgänge. Die zu den neuen Eingangsbelegungen zugehörigen Ausgangsbelegungen haben sich spätestens nach Ablauf der Übergangszeit eingestellt.

Die Signallaufzeiten T_{Rg} und T_{gR} sind proportional zu der längsten Verbindungsleitung zwischen Register und Schaltnetz bzw. umgekehrt. Während die Signallaufzeiten bei einer Implementierung auf einem Mikrochip in der Größenordnung von Picosekunden[2] liegen, können sie bei einer Implementierung auf Leiterplatten oder unter Laborbedingungen schnell mehrere Nanosekunden betragen.

1. Rückkopplungsbedingung

Da der Ausgang des Registers über das Schaltnetz g auf seinen eigenen Eingang zurückgekoppelt ist, muss sichergestellt werden, dass Kippvorgänge am Ausgang nicht auf den Eingang zurückwirken. Daraus folgt, dass in jedem Fall $T_{WK} > 0$ sein muss. Da der Beginn des Kippintervalls in der Rückkopplungsschleife durch die Summe der Totzeiten T_{Rg}, T_{gt} und T_{gR} verzögert wird, ergibt sich als hinreichende Bedingung für eine sichere Schaltwerksfunktion (vgl. Abb. 1.4 b)) die 1. Rückkopplungsbedingung:

$$T_{WK} + T_{Rg} + T_{gt} + T_{gR} > 0$$

. 1 ps $= 10^{-\cdots}$ s.

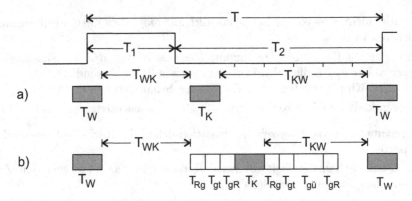

Abb. 1.4. Zur Herleitung der Rückkopplungsbedingungen. Zeitverhalten a) *ohne* b) *mit* Tot- und Übergangszeiten.

Hieraus erkennt man, dass bei einer entsprechend großen Gesamttotzeit auch Flipflops mit überlappenden Wirk– und Kippintervallen verwendet werden könnten (z.B. Latches). Da bei MS-Flipflops $T_{WK} < 0$ stets proportional zur Taktphase T_1 und damit größer Null ist, braucht man die 1. Rückkopplungsbedingung bei damit realisierten Schaltwerken nicht zur prüfen. Sie ist dort unabhängig von den o.g. Totzeiten automatisch erfüllt.

2. Rückkopplungsbedingung

Zum Ende eines Kippintervalls steht der aktuelle Zustand bereit. Dieser Zustand z^t muss nun innerhalb der Zeitspanne T_{KW}, deren Dauer durch die Taktphase T_0 bestimmt ist, in den Folgezustand z^{t+1} überführt werden. Dabei wird vorausgesetzt, dass der Eingangsvektor x^t vom Beginn des Zeitintervalls T_g bis zum Beginn des nachfolgenden Wirkintervalls gültig ist.

Hieraus ergibt sich folgende Ungleichung:

$$T_{KW} > T_{Rg} + T_g + T_{gR}$$

Wie aus Abb. 1.4 ersichtlich ist, gibt es vom Ende des Zeitintervalls T_{Rg} bis zum Anfang von T_g einen „Spielraum" in dem sich der Eingangsvektor noch ändern darf. Im Falle von kooperierenden Schaltwerken wird diese Zeitspanne zur Auswertung von Statusinformationen genutzt.

Wie aus Abb. 1.3 zu entnehmen ist, kann die 2. Rückkopplungsbedingung bei allen üblichen Flipflop–Typen (bis auf Latches) durch eine ausreichend große Taktperiode erfüllt werden. Sie ist nicht an die dynamischen Flipflop–Kenngrößen (setup/hold time) gebunden.

Zur Realisierung von Einregister–Schaltwerken eignen sich zweiflankengesteuerte Master–Slave Flipflops am besten. Durch Veränderung des Taktverhältnisses können sowohl T_{WK} als auch T_{KW} beliebig eingestellt werden.

Man wird dadurch fast gänzlich unabhängig von den Flipflop–spezifischen Schaltzeiten. Die Taktphase T_1 bestimmt im Wesentlichen die Zeit T_{WK} und die Taktphase T_0 bestimmt T_{KW} (Abb. 1.3). Die maximal mögliche Taktfrequenz eines Schaltwerks wird durch die Verzögerungszeit T_g des Rückkopplungs–Schaltnetzes begrenzt. Diese Verzögerungszeit kann vor allem bei Schaltnetzen zur Berechnung arithmetischer Funktionen sehr groß werden. Daher ist es wichtig, dass die Laufzeiten bei arithmetischen Schaltnetzen durch geeignete Maßnahmen minimiert werden.

1.2 Entwurf von Schaltwerken

Die wesentlichen Schritte beim Entwurf eines Schaltwerks können wie folgt zusammengefasst werden (vgl. auch Band 1):

Ausgehend von einer verbalen (informalen) Beschreibung, kann man das gewünschte Schaltverhalten mit einem Zustandsgraphen formal spezifizieren. Die Zahl der Zustände wird minimiert, indem man äquivalente Zustände zusammenfasst. Dadurch werden weniger Speicherflipflops benötigt. Durch eine geeignete Zustandscodierung kann der Aufwand zur Bestimmung der Folgezustände minimiert werden. Um dann die Schaltfunktionen für die Eingänge der D–Flipflops zu finden, überträgt man den Zustandsgraphen in eine *Übergangstabelle*. In dieser Tabelle stehen auf der linken Seite die Zustandsvariablen z^t und der Eingabevektor x^t. Auf der rechten Seite stehen die gewünschten Folgezustände z^{t+1} und der Ausgabevektor y^t. (Wir gehen von einem MEALY-Schaltwerk aus).

Die Entwurfsaufgabe besteht daher in der Erstellung der Übergangstabelle und der Minimierung der damit spezifizierten Schaltfunktionen. Diese Entwurfsmethode ist aber nur anwendbar, solange die Zahl der möglichen inneren Zustände „klein" bleibt.

Beispiel: *8–Bit Dualzähler*
Mit k Speichergliedern sind maximal 2^k Zustände codierbar. Um z.B. einen 8–Bit Dualzähler nach der beschriebenen Methode zu entwerfen, müsste eine Übergangstabelle mit 256 Zeilen erstellt werden. Hiermit müssten 8 Schaltfunktionen für die jeweiligen D–Flipflops ermittelt und (z.B. mit dem Verfahren von Quine McCluskey) minimiert werden. Obwohl es sich bei diesem Beispiel um eine relativ einfache Aufgabenstellung handelt und außer der Taktvariablen keine weiteren Eingangsvariablen vorliegen, ist ein Entwurf mit einer Übergangstabelle nicht durchführbar. ◇

Schaltwerke für komplizierte Aufgabenstellungen, d.h. Schaltwerke mit einer großen Zahl von Zuständen, wollen wir als *komplexe Schaltwerke* bezeichnen. Um bei komplexen Schaltwerken einen effektiven und übersichtlichen Entwurf zu erreichen, nimmt man eine Aufteilung in zwei kooperierende Teilschaltwerke vor: ein *Operationswerk* (data path) und ein *Steuerwerk* (control path).

Die funktionale Aufspaltung in eine *verarbeitende* und eine *steuernde* Komponente vereinfacht erheblich den Entwurf, da beide Teilschaltwerke getrennt voneinander entwickelt und optimiert werden können.

Beispiele für komplexe Schaltwerke sind:

- Gerätesteuerungen (embedded control)
- Ampelsteuerung mit flexiblen Phasen
- arithmetische Operationen in Rechenwerken

1.3 Kooperierende Schaltwerke

Abb. 1.5 zeigt den Aufbau eines komplexen Schaltwerks. Wie bei einem normalen Schaltwerk sind funktional zusammengehörende Schaltvariablen zu Vektoren zusammengefasst. Das Operationswerk bildet den verarbeitenden Teil, d.h. hier werden die Eingabevektoren X schrittweise zu Ausgabevektoren Y umgeformt.

Ausgangspunkt für den Entwurf eines Operationswerks ist ein *Hardware–Algorithmus*, der die einzelnen Teilschritte festlegt. Der Eingabevektor, Zwischenergebnisse und der Ausgabevektor werden in Registern gespeichert und werden über Schaltnetze (arithmetisch oder logisch) miteinander verknüpft. Die Datenpfade zwischen den Registern und solchen *Operations*–Schaltnetzen können mit Hilfe von Multiplexern und/oder Bussen geschaltet werden.

Die in einem Taktzyklus auszuführenden Operationen und zu schaltenden Datenpfade werden durch den *Steuervektor* bestimmt. Mit jedem Steuerwort wird ein Teilschritt des Hardware–Algorithmus abgearbeitet. Das Steuerwerk hat die Aufgabe, die richtige Abfolge von Steuerworten zu erzeugen. Dabei berücksichtigt es die jeweilige Belegung des *Statusvektors*, der besondere Ergebnisse aus dem vorhergehenden Taktzyklus anzeigt. Über eine Schaltvariable des Statusvektors kann z.B. gemeldet werden, dass ein Registerinhalt den Wert Null angenommen hat. Bei Abfrage dieser Schaltvariable kann das Steuerwerk auf die momentane Belegung des betreffenden Registers reagieren. So ist es z.B. möglich, in einem Steueralgorithmus Schleifen einzubauen, die verlassen werden, wenn das Register mit dem Schleifenzähler den Wert Null erreicht hat.

Wir können *universelle* und *anwendungsspezifische* Operationswerke unterscheiden. Mit *einem* universellen Operationswerk können alle berechenbaren Problemstellungen gelöst werden. Lediglich der Steueralgorithmus muss an die Problemstellung angepasst werden. Bei einem von NEUMANN–Rechner stellt z.B. das *Rechenwerk* ein universell einsetzbares Operationswerk dar. Es kann eine begrenzte Zahl von Programmvariablen aufnehmen und diese arithmetisch oder logisch miteinander verknüpfen. Alle Aufgabenstellungen müssen dann letztendlich auf die im Rechenwerk verfügbaren Operationen zurückgeführt werden.

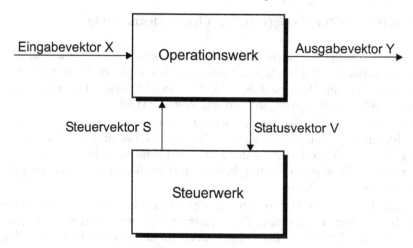

Abb. 1.5. Aufbau eines komplexen Schaltwerks

Mit Hilfe des Leitwerks bildet man aus diesen elementaren (Mikro–)Operationen höherwertige *Makro–Operationen* oder *Maschinenbefehle*. Zu jedem dieser Maschinenbefehle gehört ein Steueralgorithmus, der durch einen *Operationscode* ausgewählt wird. Leitwerke sind also *schaltbare* Steuerwerke, die durch die Befehle in Maschinenprogrammen umgeschaltet werden.

Wir werden später sehen, dass die Komplexität der im Operationswerk realisierten Operationen direkten Einfluss auf die Länge der Steueralgorithmen hat. Bei einem von NEUMANN–Rechner muss demnach ein Abgleich zwischen dem Hardware–Aufwand für Rechen– und Leitwerk erfolgen.

Dies erklärt auch die Unterschiede zwischen den sogenannten CISC– und RISC–Architekturen[3]. Bei CISC–Architekturen findet man umfangreiche Befehlssätze und Adressierungsmöglichkeiten, um die Operanden eines Befehls auszuführen. Daher muss auch ein hoher Aufwand zur Realisierung und Mikroprogrammierung des sogenannten Leitwerks[4] betrieben werden.

Bei RISC–Architekturen beschränkt man sich auf einen minimalen Befehlssatz und verzichtet ganz auf komplizierte Adressierungsarten. Man spricht daher auch von LOAD/STORE–Architekturen. Die Ablaufsteuerung vereinfacht sich dadurch erheblich, d.h. man kann auf die Mikroprogrammierung verzichten und festverdrahtete Leitwerke verwenden. Die Einsparungen zur Realisierung des Leitwerks nutzt man dann, um komplexere Operationen direkt als Schaltnetze zu realisieren. Die Implementierung von Befehlen erfordert dadurch weniger Mikrooperationen (Taktschritte) und das vereinfacht wiederum den Aufbau des Leitwerks.

· Complex bzw. Reduced Instruction Set Computer.
· Entspricht dem Steuerwerk eines komplexen Schaltwerks.

1.4 Konstruktionsregeln für Operationswerke

Da eine gegebene Aufgabenstellung durch beliebig viele verschiedene Algorithmen lösbar ist, gibt es für den Entwurf eines komplexen Schaltwerks keine eindeutige Lösung. Die *Kunst* des Entwurfs besteht darin, einen guten Kompromiss zwischen Hardwareaufwand und Zeitbedarf zu finden.

Ist die Architektur des Operationswerks vorgegeben, so muss der Steueralgorithmus daran angepasst werden. Dies ist z.B. bei einem Rechenwerk eines von NEUMANN–Rechners der Fall. Das Rechenwerk ist ein universelles Operationswerk, das zur Lösung beliebiger (berechenbarer) Problemstellungen benutzt werden kann.

Wenn dagegen die Architektur des Operationswerks frei gewählt werden darf, hat der Entwickler den größten Spielraum — aber auch den größten Entwurfsaufwand. Für diesen Fall sucht man ein an die jeweilige Problemstellung angepasstes Operationswerk. Wir werden im folgenden Konstruktionsregeln für den Entwurf solcher anwendungsspezifischen Operationswerke angeben.

Ausgangspunkt ist stets ein Algorithmus, der angibt, wie der Eingabevektor zum Ausgabevektor verarbeitet werden soll. Diese Berechnungsvorschrift enthält Anweisungszeilen mit Variablen, Konstanten, Operatoren, Zuweisungen oder bedingten Verzweigungen. Daraus folgt für die Architektur des Operationswerks:

1. Für jede Variable, die auf der linken Seite einer Zuweisung steht, ist ein Register erforderlich. Um die Zahl der Register zu minimieren, können sich zwei oder mehrere Variablen auch ein Register teilen. Voraussetzung für eine solche Mehrfachnutzung ist aber, dass diese Variablen nur eine begrenzte „Lebensdauer" haben und dass sie nicht gleichzeitig benutzt werden.

2. Wenn einer Variablen mehr als ein Ausdruck zugewiesen wird, muss vor die Eingänge des Registers ein Multiplexer (Auswahlnetz) geschaltet werden. Um die Zahl der Verbindungsleitungen (Chipfläche) zu reduzieren, können die Register auch in einem Registerblock zusammengefasst werden. Der Zugriff erfolgt in diesem Fall *zeitversetzt* über einen Bus. Soll auf zwei oder mehrere Register gleichzeitig zugegriffen werden, so muss der Registerblock über eine entsprechende Anzahl von Busschnittstellen verfügen, die auch als *Ports* bezeichnet werden. Man unterscheidet Schreib– und Leseports. Ein bestimmtes Register kann zu einem bestimmtem Zeitpunkt natürlich nur von einem Schreibport beschrieben werden, es kann aber gleichzeitig an zwei oder mehreren Leseports ausgelesen werden.

3. Konstanten können fest verdrahtet sein, oder sie werden durch einen Teil des Steuervektors definiert.

4. Die Berechnung der Ausdrücke auf den rechten Seiten von Wertzuweisungen erfolgt mit Schaltnetzen, welche die erforderlichen Operationen mit Hilfe Boolescher Funktionen realisieren.

5. Wertzuweisungen an unterschiedliche Variablen können parallel (gleichzeitig) ausgeführt werden, wenn sie im Hardware Algorithmus unmittelbar aufeinander folgen und wenn keine Datenabhängigkeiten zwischen den Anweisungen bestehen. Eine (echte) Datenabhängigkeit liegt dann vor, wenn die vorangehende Anweisung ein Register verändert, das in der nachfolgenden Anweisung als Operand benötigt wird.

6. Zur Abfrage der Bedingungen für Verzweigungen müssen entsprechende Statusvariablen gebildet werden.

Die gleichzeitige Ausführung mehrerer Anweisungen verringert die Zahl der Taktzyklen und verkürzt damit die Verarbeitungszeit. Andererseits erhöht dies aber den Hardwareaufwand, wenn in den gleichzeitig abzuarbeitenden Wertzuweisungen dieselben Operationen auftreten. Die Operations–Schaltnetze für die parallel ausgeführten Operationen müssen dann mehrfach vorhanden sein.

In den nachfolgenden Beispiel–Operationswerken wird die Anwendung der oben angegebenen Konstruktionsregeln demonstriert. Dabei wird deutlich, dass komplexe Operationen wie z.B. eine Multiplikation auch durch einfachere Operations–Schaltnetze in Verbindung mit einem geeigneten Steueralgorithmus realisiert werden können. Diese Vorgehensweise ist kennzeichnend für CISC–Architekturen. Wenn komplexe Operationen, die oft gebraucht werden, bereits durch Schaltnetze bereitgestellt werden, vereinfacht sich der Steueralgorithmus. Wenn es für jede Maschinenoperation ein besonderes Operations–Schaltnetz gibt, erfolgt ihre Ausführung in einem einzigen Taktzyklus. Der Operationscode wird lediglich in ein einziges Steuerwort umcodiert. Diese Strategie liegt den RISC–Architekturen zugrunde. Der Idealzustand, dass pro Taktzyklus ein Befehl ausgeführt wird, lässt sich jedoch nur näherungsweise erreichen.

1.5 Entwurf des Steuerwerks

Die Struktur eines Steuerwerks ist unabhängig von einem bestimmten Steueralgorithmus. Wir haben bereits zwei Möglichkeiten für den Entwurf eines Steuerwerks kennengelernt.

Für den systematischen Entwurf kommen drei Möglichkeiten in Frage:

1. Entwurf mit Zustandgraph/Übergangstabelle und optimaler Zustandscodierung[5],
2. wie 1., allerdings mit einem Flipflop pro Zustand (one–hot coding),
3. Entwurf als Mikroprogrammsteuerwerk.

Die beiden erstgenannten Methoden kommen nur in Frage, wenn die Zahl der Zustände nicht zu groß ist (z.B. bis 32 Zustände). Für umfangreichere

---

[.] Wird auch als Finite State Machine (FSM) Design bezeichnet.

Steueralgorithmen kommt praktisch nur die Methode der *Mikroprogrammierung* in Frage.

Ein verzweigungsfreier oder linearer Steueralgorithmus kann besonders leicht implementiert werden. Wir benötigen nur einen Zähler und einen *Steuerwort–Speicher* (Control Memory), der die einzelnen Steuerworte aufnimmt und von den Zählerausgängen adressiert wird. Nachdem der Eingabevektor anliegt, wird der Zähler zurückgesetzt und gestartet. Am Ausgang des Steuerwort–Speichers werden nun die Steuerworte nacheinander ausgegeben und vom Operationswerk verarbeitet. Eine Schaltvariable des Steuervektors zeigt das Ende des Steueralgorithmus an und stoppt den Zähler. Danach kann ein neuer Zyklus beginnen.

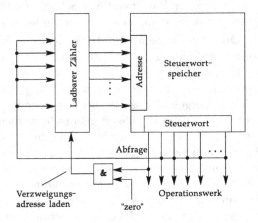

Abb. 1.6. Prinzip eines mikroprogrammierbaren Steuerwerks, das bedingte Verzweigungen ausführen kann.

Um Verzweigungen innerhalb des Steueralgorithmus zu ermöglichen, wird ein ladbarer Zähler verwendet (Abb. 1.6). Der Einfachheit halber wollen wir annehmen, dass nur Verzweigungen auf die Bedingung „zero", d.h. ein bestimmtes Register des Operationswerks hat den Wert Null, erlaubt sind. Durch eine Schaltvariable des Steuervektors wird diese Abfrage aktiviert. Falls das „zero" Bit gesetzt ist, wird der Zähler mit einer Verzweigungsadresse aus dem Steuerwort–Speicher geladen. Um Speicherplatz zu sparen, wird ein Teil des Steuerwortes als Verzweigungsadresse interpretiert. Das Steuerwort darf deshalb während der Abfrage einer Verzweigungsbedingung nicht im Operationswerk wirksam werden. Mit Hilfe des Abfrage–Signals kann z.B. die Taktvariable des Operationswerks für eine Taktperiode ausgeblendet werden. Dadurch wird jeweils ein Wirk– und ein Kippintervall unterdrückt. Die durch die Verzweigungsadresse geschalteten Datenpfade und Operationen werden unwirksam, da die D–Flipflops die Ergebnisse nicht übernehmen.

Die Synchronisation des Steuerwerks in Abb. 1.6 erfolgt durch Rücksetzen des Zählers beim Start und durch ein Stopp–Bit im Steuerwort. Sie wurde der Übersicht halber nicht eingezeichnet.

1.6 Hardware–Algorithmen

In diesem Abschnitt wollen wir eine Notation zur kompakten Beschreibung von Hardwarekomponenten und deren Funktionen einführen. Wir bezeichnen Register durch Großbuchstaben. Sofern die Register eine besondere Funktion haben, wie z.B. ein Adressregister, wählen wir eine passende Abkürzung AR. Allgemeine Register zur Speicherung von Daten können auch mit R bezeichnet und durchnummeriert werden.

Ein Register wird als Vektor definiert, indem man die Indizes der „Randbits" angibt. So bedeutet $R_2(7:0)$, dass R_2 ein 8–Bit Register ist. Das rechte Bit hat die Wertigkeit 2^0 und wird daher auch als LSB (Least Significant Bit) bezeichnet. Das linke Bit hat die Wertigkeit 2^7 und wird als MSB (Most Significant Bit) bezeichnet. Diese Anordnung der Bits heißt *big endian order*, weil man das höchstwertige Bit zuerst schreibt. Umgekehrt gibt es natürlich auch eine *little endian order*.

Register werden als Rechtecke dargestellt, die Ein– und Ausgänge sind durch Pfeile gekennzeichnet. Auch n–Bit lange Vektoren stellt man nur durch eine Linie, bzw. durch einen Pfeil dar. Gekennzeichnet durch einen Schrägstrich kann an einem solchen Bus manchmal auch die Anzahl der Bits angegeben sein. Der Takt wird häufig nicht eingezeichnet, um die Darstellung zu vereinfachen.

Zuweisungen zu Registern werden durch den Ersetzungsoperator beschrieben. So bedeutet $R_1 \leftarrow 0$, dass das Register R_1 zurückgesetzt wird, d.h. alle Bits werden Null. $R_1 \leftarrow R_1 + R_2$ bedeutet, dass der Inhalt von R_1 durch die Summe der in den Registern R_1 und R_2 gespeicherten Werte ersetzt wird.

Soll ein Registerinhalt **nicht** mit jedem Taktzyklus verändert werden, so kann man die Datenübernahme von einem Steuersignal abhängig machen. Dadurch erhalten wir eine bedingte Zuweisung in der Form

$$\text{if } (S_1 = 1) \text{ then } (R_1 \leftarrow R_1 + R_2)$$

S_1 wirkt in diesem Fall als eine Steuervariable, die das Taktsignal modifiziert. Dies wird durch ein UND–Schaltglied wie folgt realisiert.

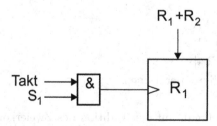

Die o.g. if–Anweisung kann auch durch folgende Schreibweise abgekürzt werden:

$$S_1 : R_1 \leftarrow R_1 + R_2$$

Man beachte, dass wegen der Laufzeitverzögerung durch das UND–Glied ein Taktversatz (clock skew) zu den anderen Registern entsteht und somit die Wirk– und Kippintervalle verbreitert werden.

Sollen zwei oder mehr Registertransfers gleichzeitig stattfinden, so werden die Anweisungen in eine Zeile geschrieben und durch Kommata voneinander getrennt. Man beachte, dass die Reihenfolge der Anweisungen innerhalb einer Zeile keine Bedeutung hat, da alle gleichzeitig ausgeführt werden.

Neben den Registern können zur Speicherung von Daten auch Speichermatrizen (–module) eingesetzt werden. Diese werden durch den Großbuchstaben M charakterisiert und durch ein Adressregister adressiert, das als Index in eckigen Klammern angegeben wird.

Beispiel: *Befehlsholephase bei einem Prozessor*
Wir werden später noch genauer untersuchen wie ein Prozessor Befehle verarbeitet. Ein wichtiger Teilschritt ist die Befehlsholephase, bei der ein Maschinenbefehl aus dem Hauptspeicher ins Leitwerk übertragen wird. Durch die Operation

$$IR \leftarrow M[PC], PC \leftarrow PC + 1$$

wird der durch den Befehlszähler (Programm Counter, PC) adressierte Befehl in das Befehlsregister (Instruction Register, IR) geladen. Gleichzeitig wird der Befehlszähler inkrementiert. Man beachte, dass am Ende des Kippintervalls der noch unveränderte Befehlszähler zum Adressieren des Speichers benutzt wird und dass der geholte Befehl sowie der neue Befehlszählerstand erst mit dem Wirkintervall des nachfolgenden Takts übernommen werden. Das Inkrementieren des Befehlszählers kann auch durch die Schreibweise $PC + +$ abgekürzt werden.   ◇

Die Register oder Speicherplätze auf der rechten Seite des Ersetzungssymbols $\leftarrow$ können durch elementare Operationen miteinander verknüpft werden. Wir unterscheiden folgende drei Kategorien und geben Beispiele für die jeweiligen *Mikrooperationen* an.

1. Logische Mikrooperationen
   - Negation ‾
   - bitweises UND $\wedge$
   - bitweises ODER $\vee$
   - bitweises XOR $\oplus$
2. Arithmetische Mikrooperationen
   - Addition $+$
   - Subtraktion - (kann auf die Addition des Zweierkomplements zurückgeführt werden)
   - Einerkomplement - (ist identisch mit der Negation)

3. Verschiebung und Konkatenation
   - Schiebe um n Bit nach links $\ll n$
   - Schiebe um n Bit nach rechts $\gg n$
   - Verbinde zwei Vektoren zu einem größeren Vektor $\|$

Mikrooperationen werden durch Schaltnetze oder einfacher durch die Anordnung der Datenleitungen (vgl. Konkatenation, Schiebemultiplexer) implementiert. Durch Verkettung dieser elementaren Mikrooperationen durch einen Hardware Algorithmus können in einem Operationswerk komplexere (Makro)Operationen gebildet werden. So kann beispielsweise ein einfaches Operationswerk mit einer 8–Bit breiten ALU, die nur addieren bzw. subtrahieren kann, 32– oder auch 64–Bit Gleitkommaoperationen ausführen. Man benötigt dazu einen Hardware–Algorithmus, der die Gleitkommaoperationen so zerlegt, dass sie durch eine entsprechende Zahl von 8–Bit Operationen umgesetzt werden können. Die Anzahl und Abfolge dieser Mikrooperationen ist von den Daten abhängig und wird durch Zwischenergebnisse (Statusbits) gesteuert. Die Anzahl der Mikrooperationen kann verringert werden, indem man die Wortbreite oder die Komplexität der verfügbaren Funktionsschaltnetze erhöht.

1.7 ASM–Diagramme

Als Hilfsmittel zur Beschreibung eines komplexen Schaltwerkes verwendet man das sogenannte **Algorithmic State Machine Chart oder ASM–Diagramm**. Ein ASM–Diagramm ähnelt einem Flussdiagramm, es kann drei Arten von Boxen enthalten:

1. Zustandsboxen,
2. Entscheidungsboxen und
3. bedingte Ausgangsboxen.

Bei MOORE–Schaltwerken gibt es keine bedingten Ausgangsboxen, da sie zustandsorientiert sind. Daher enthalten MOORE–Schaltwerke mehr Zustandsboxen als MEALY–Schaltwerke. Aus den o.g. Elementen werden ASM–Blöcke gebildet, die jeweils einen Zustand des komplexen Schaltwerks repräsentieren.

1.7.1 Zustandsboxen

Die Zustandsbox wird durch einen symbolischen Zustandsnamen und einen Zustandscode bezeichnet (Abb. 1.7). Innerhalb einer Zustandsbox können einem oder mehreren Registern Werte zugewiesen werden. Die Zuweisung wird in einer RTL–Notation[6] angegeben. In Zustandsboxen wird die Aktion festgelegt, die beim Erreichen des Zustands im Operationswerk ausgeführt werden soll.

· RTL steht für Register Transfer Language.

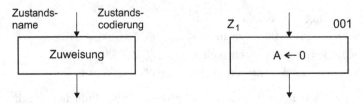

Abb. 1.7. Zustandsbox: links allgemeine Form, rechts Beispiel

1.7.2 Entscheidungsboxen

Entscheidungsboxen testen Registerinhalte oder Eingänge auf besondere Bedingungen (Abb. 1.8). Hierzu werden Status–Informationen von einem Komparator abgefragt oder die Belegung von Eingängen mit bestimmten Werten wird getestet. Die abgefragten Bedingungen steuern den Kontrollfluss und legen damit die Ausgangspfade aus einem ASM–Block fest. Durch Entscheidungsboxen werden die Folgezustände festgelegt, die das Steuerwerk als nächstes einnehmen soll. Eine Entscheidungsbox hat nur zwei Ausgänge, da die abgefragte Bedingung nur wahr (1) oder falsch (0) sein kann. In einem ASM–Block können aber zwei oder mehrere Entscheidungsboxen miteinander verkettet werden, um zwischen mehr als zwei Folgezuständen auszuwählen. Man muss jedoch die folgende Regel einhalten:

Die Entscheidungsboxen müssen so miteinander verbunden sein, dass jeder Pfad durch das Netzwerk der Entscheidungsboxen zu genau einem Folgezustand führt.

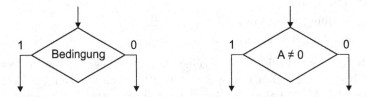

Abb. 1.8. Entscheidungsbox: links allgemeine Form, rechts Beispiel

1.7.3 Bedingte Ausgangsboxen

Diese Komponente gibt es nur bei ASM–Diagrammen für MEALY-Schaltwerke. Wie bei der Zustandsbox können in der bedingten Ausgangsbox Werte zu Variablen oder Ausgängen zugewiesen werden.[7] Die Ausführung dieser Zuweisungen erfolgt allerdings erst in der darauf folgenden Taktperiode, d.h. sie

---

* Man könnte sie daher auch als bedingte Zuweisungsboxen bezeichnen.

wird gegenüber der ASM–Box zeitlich verzögert ausgeführt. Zur Unterscheidung von einer Zustandsbox hat die bedingte Ausgangsbox abgerundete Ecken (Abb. 1.9). Außerdem wird weder ein Zustandsname noch ein Zustandscode zugeordnet.

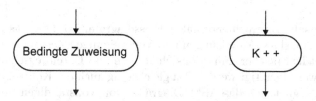

Abb. 1.9. Bedingte Ausgangsbox: rechts allgemeine Form, links Beispiel

1.7.4 ASM–Block

Ein ASM–Block enthält genau eine Zustandsbox, die als Eingang in den Block dient. Ein Netzwerk aus hinter– bzw. nebeneinandergeschalteten Entscheidungsboxen, das im Falle von MEALY–Schaltwerken auch bedingte Ausgangsboxen enthalten kann, führt zu anderen Zuständen im ASM–Diagramm. Die ASM–Blöcke können dadurch gekennzeichnet werden, indem man sie durch gestrichelte Linien einrahmt oder grau hinterlegt. Das Netzwerk der ASM–Blöcke bildet schließlich das ASM–Diagramm.

Beispiel: *ASM–Diagramm*

Entscheiden Sie, ob der nachfolgende ASM–Block die in 1.7.2 angegebene Regel erfüllt.

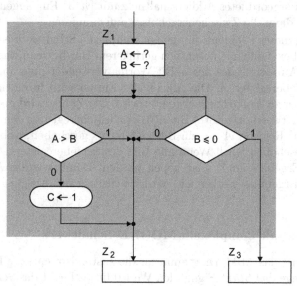

Lösung: Für jeden Wert von A wird z_2 als Folgezustand gewählt. Solange $B > 0$ ist, besteht kein Konflikt. Sobald aber $B \leq 0$ wird, werden gleichzeitig z_2 und z_3 als Folgezustände ausgewählt. Damit wird gegen die angegebene Regel verstoßen.

◇

Im Gegensatz zu einem normalen Flussdiagramm ordnet das ASM–Diagramm den einzelnen Anweisungen und Verzweigungen Zustände zu und definiert so, welche Speicher, Funktionsschaltnetze und Datenwegschaltungen im Operationswerk benötigt werden. Da gleichzeitig auch der Kontrollfluss visualisiert wird, eignet sich das ASM–Diagramm zur vollständigen Spezifikation eines komplexen Schaltwerks. Anhand eines ASM–Diagramms können sowohl das Operations– als auch das Steuerwerk synthetisiert werden.

Wir wollen im folgenden den Entwurf mit ASM–Diagrammen am Beispiel eines „Einsen-Zählers" demonstrieren.

1.8 Einsen–Zähler

Problemstellung: Die Anzahl der Einsen in einem n–Bit langen Wort X soll ermittelt werden. Die Berechnung soll beginnen, sobald ein weiteres Eingangssignal *Start* den Wert 1 annimmt. Das Ergebnis wird auf den Ausgangsvektor Y gelegt und durch eine 1 auf einem weiteren Ausgangssignal wird signalisiert, dass das Ergebnis am Ausgang anliegt.

Eine Schaltnetzlösung für das hier vorliegende Problem ist für großes n sehr aufwendig. Mit Volladdierern könnte man jeweils 3–Bit Teilblöcke auswerten, um die Anzahl der Einsen in diesen Teilblöcken als 2–Bit Dualzahlen darzustellen. Ein übergeordnetes Addierschaltnetz mit $\lceil n/3 \rceil$ Eingängen mit jeweils 2–Bit müsste dann die Zwischenergebnisse aufsummieren.

Die Lösung dieses Problems mit einem komplexen Schaltwerk ist zwar langsamer kann aber dafür mit wesentlich geringerem Hardwareaufwand realisiert werden. Zur Aufnahme des des n–Bit Wortes verwendet man am besten ein ladbares Schieberegister A. Die Anzahl der Einsen wird in einem Zähler K gespeichert, der zu Anfang zurückgesetzt wird. Der Zähler wird inkrementiert, wenn das niederwertige (rechte) Bit $A(0)$ des Schieberegisters den Wert 1 hat. Dann wird das Register A um ein Bit nach rechts geschoben, wobei von links eine 0 nachgeschoben wird. Wenn alle Bits des Schieberegisters A Null sind, kann K als Ergebnis an Y ausgegeben werden. Damit wir das Anliegen eines gültigen Ergebnisses erkennen, wird gleichzeitig der Ausgang *Fertig* auf 1 gesetzt.

1.8.1 Lösung mit komplexem MOORE–Schaltwerk

In Abb. 1.10 ist das ASM–Diagramm für die zustandsorientierte Lösung dargestellt. Solange das *Start*-Signal den Wert 0 führt, bleibt das Schaltwerk im

Zustand z_0. $Fertig = 0$ zeigt an, dass an Y kein gültiges Ergebnis anliegt. Wenn $Start$ den Wert 1 annimmt, wird in den Zustand z_1 verzweigt. Dort wird der Eingangsvektor X in das Schieberegister A eingelesen. Gleichzeitig wird das Zählregister K zurückgesetzt. Im Zustand z_2 wird das niederwertige Bit des Schieberegisters $A(0)$ abgefragt. Je nach Belegung wird K entweder inkrementiert oder es erfolgt ein direkter Zustandswechsel nach z_4. Dort wird A nach rechts geschoben und geprüft, ob A anschließend noch Einsen enthält. Diese Statusinformation kann mit einem n–fach NOR–Schaltglied erzeugt werden. Falls A noch mindestens eine 1 enthält, verzweigt das Schaltwerk in den Zustand z_2. Sonst wird für eine Taktperiode die Zahl der Einsen auf Y ausgegeben. Gleichzeitig wird durch $Fertig = 1$ signalisiert, dass auf Y ein gültiges Ergebnis anliegt. Danach springt das Schaltwerk in den Anfangszustand und wartet auf ein neues Startereignis.

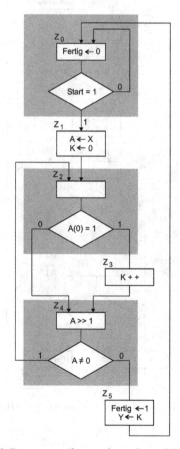

Abb. 1.10. ASM–Diagramm für ein komplexes MOORE–Schaltwerk

1.8.2 Lösung mit komplexem MEALY–Schaltwerk

In Abb. 1.11 ist die entsprechende übergangsorientierte Lösung dargestellt. Im Gegensatz zur MOORE–Variante werden hier statt sechs nur vier Zustände benötigt. Zwei Zustände können durch Verwendung bedingter Ausgangsboxen eingespart werden. Dies bedeutet, dass zur Zustandscodierung nur zwei statt drei Flipflops benötigt werden. Falls alle Bits des Eingangsvektors X mit dem Wert 1 belegt sind, erfolgt die Auswertung eines Bits bei der MEALY–Variante in einem statt in drei Taktschritten. Sie benötigt in diesem Fall auch nur ein Drittel der Zeit. Man beachte, dass die Bedingungen $A(0) = 1$ und $A \neq 0$ gleichzeitig ausgewertet werden, da sie dem gleichen ASM–Block zugeordnet sind.

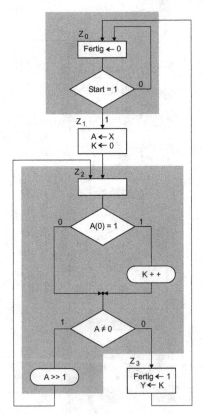

Abb. 1.11. ASM–Diagramm für ein komplexes MEALY–Schaltwerk

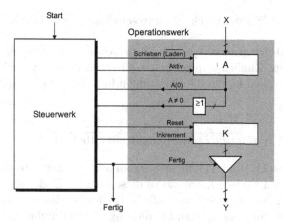

Abb. 1.12. Aufbau des Operationswerks für den Einsen–Zähler

1.8.3 Aufbau des Operationswerkes

Bevor wir verschiedene Steuerwerkslösungen betrachten, entwerfen wir das Operationswerk (Abb. 1.12). Das Operationswerk ist für beide Schaltwerks–Varianten identisch. Wir benötigen ein ladbares Schieberegister A mit einer Wortbreite von n Bit und ein Zählerregister K mit einer Wortbreite von $\lceil \log_2(n) \rceil$ Bit.

Zur Steuerung des Schieberegisters werden zwei Steuerleitungen benötigt: *Schieben* und *Aktiv*. Wenn *Schieben* $= 0$ und *Aktiv* $= 1$ ist, wird es mit dem parallel anliegenden Eingangsvektor geladen. Bei der Belegung *Schieben* $= 1$ und *Aktiv* $= 1$ wird der Inhalt von A nach rechts geschoben.

Während $A(0)$ direkt als Statusbit an das Steuerwerk weitergeleitet werden kann, muss die Statusinformation $A \neq 0$ aus dem Registerausgang von A durch ein n–fach ODER–Schaltglied gebildet werden. Das Zählregister K kann mit *Reset* $= 1$ und *Inkrement* $= 0$ auf Null gesetzt werden. Bei Anliegen der Kombination *Reset* $= 0$ und *Inkrement* $= 1$ wird der Registerinhalt von K um Eins erhöht.

Zur Ausgabe des Ergebnisses auf Y wird ein *Tri–State* Bustreiber vorgesehen, der über das *Fertig*-Signal gesteuert wird. Ein Tri–State Bustreiber verstärkt im aktivierten Zustand (*Fertig* $= 1$) den an seinem Eingang anliegenden Bitvektor (ohne ihn jedoch zu verändern) und legt ihn auf einen Datenbus. Ein Datenbus kann von zwei oder mehreren Quellen zeitversetzt genutzt werden. Dazu darf zu einem bestimmten Zeitpunkt nur einer der Bustreiber aktiviert sein. Ein deaktivierter Bustreiber (hier: *Fertig* $= 0$) trennt die Quelle vollständig vom Bus ab, so dass eine andere Quelle Daten auf den Bus legen kann.

1.8.4 MOORE–Steuerwerk als konventionelles Schaltwerk

Aus dem ASM–Diagramm in Abb. 1.10 sehen wir, dass sechs Zustände benötigt werden. Zunächst müssen wir entsprechende Zustandscodierungen festlegen. Wir wollen hierzu die Dualzahlen in aufsteigender Reihenfolge verwenden:

z^t	z_0	z_1	z_2	z_3	z_4	z_5
$Q_2Q_1Q_0$	000	001	010	011	100	101

Da die Codes 110 und 111 nicht vorkommen, können wir aus der obigen Tabelle diejenigen Codierungen, die zu diesen beiden Codes einen Hamming–Abstand[8] von 1 haben, weiter vereinfachen. Dies betrifft die Zustände z_2 bis z_5. Wir erhalten folgende Zustandscodierung, die gegenüber dem ersten Ansatz durch ein einfacheres Rückkopplungsschaltnetz g implementiert werden kann.

z^t	z_0	z_1	z_2	z_3	z_4	z_5
$Q_2Q_1Q_0$	000	001	$\star$10	$\star$11	1$\star$0	1$\star$1

Wir gehen davon aus, dass das Steuerwerksregister aus D-Flipflops aufgebaut ist. Die Folgezustände ergeben sich durch die Belegungen an den Eingängen der D–Flipflops:

$$z^{t+1} = D_2 D_1 D_0(z^t)$$

Zusammen mit Abb. 1.10 können wir nun die Schaltfunktionen für das Rückkopplungsschaltnetz des Steuerwerks angeben.

D_0 muss den Wert 1 annehmen, wenn die Folgezustände z_1, z_3 oder z_5 sind. Der Zustand z_1 wird erreicht, wenn sich das Schaltwerk im Zustand z_0 befindet und $Start = 1$ wird. Der Zustand z_3 wird erreicht, wenn sich das Schaltwerk im Zustand z_2 befindet und $A(0) = 1$ wird. Schließlich wird der Zustand z_5 erreicht, wenn im Zustand z_4 $A \neq 0$ gilt. Daraus erhalten wir folgende Schaltfunktion:

$$D_0 = z_0 Start \vee z_2 A(0) \vee z_4 \overline{(A \neq 0)}$$
$$= \overline{Q_2}\ \overline{Q_1}\ \overline{Q_0}\ Start \vee Q_1\ \overline{Q_0}\ A(0) \vee Q_2\ \overline{Q_0}\ \overline{(A \neq 0)}$$

D_1 muss nur für die Folgezustände z_2 und z_3 den Wert 1 annehmen, da für z_4 und z_5 das don't care $\star$ mit 0 angesetzt werden darf.

Aus Abb. 1.10 sieht man, dass z_2 sich unbedingt aus z_1 oder aus z_4 und gleichzeitig $A \neq 0$ ergibt. Der Zustand z_3 wird erreicht, wenn in z_2 $A(0) = 1$ ist. Damit erhalten wir folgende Schaltfunktion:

· Der Hamming–Abstand gibt an, um wie viele Bits sich zwei Codes voneinander unterscheiden.

$$D_1 = z_1 \vee z_4(A \neq 0) \vee z_2 A(0)$$
$$= \overline{Q_2}\,\overline{Q_1}\,Q_0 \vee Q_2\,\overline{Q_0}\,(A \neq 0) \vee Q_1\,\overline{Q_0}\,A(0)$$

D_2 muss nur für die Folgezustände z_4 und z_5 den Wert 1 annehmen, das don't care $\star$ für die Zustände z_2 und z_3 wird zu 0 angenommen. Der Zustand z_4 ergibt sich wenn in z_2 $A(0)$ gleich 0 ist oder unbedingt aus z_3. Der Zustand z_5 wird schließlich erreicht, wenn in z_4 $(A \neq 0) = 0$. Damit folgt:

$$D_2 = z_2\,\overline{A(0)} \vee z_3 \vee z_4\overline{(A \neq 0)}$$
$$= Q_1\,\overline{Q_0}\,\overline{A(0)} \vee Q_1\,Q_0 \vee Q_2\,\overline{Q_0}\,\overline{(A \neq 0)}$$

Die o.g. Schaltfunktionen des Rückkopplungsschaltnetzes definieren die Abfolge der Zustände in Abhängigkeit der vom Operationswerk gelieferten Statusbits. Um daraus die Steuersignale für das Operationswerk zu gewinnen, benötigen wir noch ein Ausgangsschaltnetz f. Dieses Schaltnetz wird durch folgende Schaltfunktionen bestimmt:

$$Schieben = z_4 = Q_2\,\overline{Q_0}$$
$$Aktiv = z_1 \vee z4 = \overline{Q_2}\,\overline{Q_1}\,Q_0 \vee Q_2\,\overline{Q_0}$$
$$Reset = z_1 = Q_2\,\overline{Q_1}\,\overline{Q_0}$$
$$Inkrement = z_3 = Q_1\,Q_0$$
$$Fertig = z_5 = Q_2\,Q_0$$

1.8.5 MOORE–Steuerwerk mit One–hot Codierung

Die Zuordnung von bestimmten Zustandscodes kann entfallen, wenn man für jeden Zustand ein einzelnes D–Flipflop vorsieht. Die Schaltfunktionen für die Eingänge dieser Flipflops können in diesem Fall *direkt* aus dem ASM–Diagramm abgelesen werden:

$$D_0 = Q_0\,\overline{Start} \vee Q_5 \vee \overline{Q_5}\,\overline{Q_4}\,\overline{Q_3}\,\overline{Q_2}\,\overline{Q_1}\,\overline{Q_0}$$
$$D_1 = Q_0\,Start$$
$$D_2 = Q_1 \vee Q_4\,(A \neq 0)$$
$$D_3 = Q_2\,A(0)$$
$$D_4 = Q_2\,\overline{A(0)} \vee Q_3$$
$$D_5 = Q_4\,\overline{(A \neq 0)}$$

Damit das Steuerwerk nach dem Einschalten der Betriebsspannung sicher in den Zustand 0 gelangt, d.h. Q_0 gesetzt wird, muss in der Schaltfunktion für

D_0 der Term $\overline{Q_5}\,\overline{Q_4}\,\overline{Q_3}\,\overline{Q_2}\,\overline{Q_1}\,\overline{Q_0}$ aufgenommen werden. Wenn sichergestellt ist, dass die Flipflops beim Einschalten der Betriebsspannung durch eine entsprechende *power–on* Schaltung zurückgesetzt werden, kann man diesen Term weglassen.

Die Steuersignale für das Operationswerk können direkt an den Flipflopausgängen abgenommen werden, nur zur Bestimmung von *Aktiv* wird ein zusätzliches ODER–Schaltglied benötigt.

$$Schieben = Q_4$$
$$Aktiv = Q_1 \vee Q_4$$
$$Reset = Q_1$$
$$Inkrement = Q_3$$
$$Fertig = Q_5$$

1.8.6 MEALY–Steuerwerk als konventionelles Schaltwerk

Die Schaltfunktionen für das MEALY–Steuerwerk können wir wie im Abschnitt 1.8.4 herleiten. Im ASM–Diagramm nach Abb. 1.11 gibt es nur vier Zustände, so dass ein 2–Bit Zustandsregister ausreicht. Der Zustandsvektor wird wie folgt codiert:

z^t	z_0	z_1	z_2	z_3
$Q_1 Q_0$	00	01	10	11

Wir gehen wieder davon aus, dass das Steuerwerksregister aus D-Flipflops aufgebaut ist. Die Folgezustände ergeben sich durch die Belegungen an den Eingängen der D–Flipflops:

$$z^{t+1} = D_1 D_0(z^t)$$

D_0 muss den Wert 1 annehmen, wenn der Folgezustand z_1 oder z_3 ist. z_1 erreicht man aus dem Zustand z_0 wenn $Start = 1$ ist, z_3 aus dem Zustand z_2 wenn $\overline{(A \neq 0)}$. Damit erhalten wir:

$$D_0 = z_0\,Start \vee z_2\,\overline{(A \neq 0)}$$
$$= \overline{Q_1}\,\overline{Q_0}\,Start \vee Q_1\,\overline{Q_0}\,\overline{(A \neq 0)}$$

D_1 muss den Wert 1 annehmen, wenn der Folgezustand z_2 oder z_3 ist. z_2 erreicht man aus dem Zustand z_1 oder aus dem Zustand z_2 wenn $(A \neq 0)$ ist. z_3 erhalten wir aus dem Zustand z_2 wenn $\overline{(A \neq 0)}$ gilt. Damit folgt:

$$D_1 = z_1 \lor z_2 \, (A \neq 0) \lor z_2 \, \overline{(A \neq 0)}$$
$$= z_1 \lor z_2$$
$$= \overline{Q_1} \, Q_0 \lor Q_1 \, \overline{Q_0}$$

Nachdem die Schaltfunktionen für das Rückkopplungsschaltnetz g vorliegen, müssen noch die Schaltfunktionen für die Steuersignale für das Operationswerk bestimmt werden (Ausgangsschaltnetz f):

$$Schieben = z_2 \, (A \neq 0)$$
$$Aktiv = z_1 \lor z_2 = \overline{Q_1} \, Q_0 \lor Q_1 \, \overline{Q_0}$$
$$Reset = z_1 = \overline{Q_1} \, Q_0$$
$$Inkrement = z_2 \, A(0) = Q_1 \, \overline{Q_0} \, A(0)$$
$$Fertig = z_3 = Q_1 \, Q_0$$

1.8.7 MEALY–Steuerwerk mit One–hot Codierung

Durch die One–hot Codierung kann der Entwurf erleichtert werden. Die vier Zustände werden dann wie folgt codiert:

z^t	z_0	z_1	z_2	z_3
$Q_3 Q_2 Q_1 Q_0$	0001	0010	0100	1000

Mit Hilfe von Abb. 1.11 erhalten wir folgende Schaltfunktionen für die Flipflop–Eingänge:

$$D_0 = Q_0 \, \overline{Start} \lor Q_3 \lor \overline{Q_3} \, \overline{Q_2} \, \overline{Q_1} \, \overline{Q_0}$$
$$D_1 = Q_0 \, Start$$
$$D_2 = Q_1 \lor Q_2 \, (A \neq 0)$$
$$D_3 = Q_2 \, \overline{(A \neq 0)}$$

Man beachte, dass der letzte Term in der Gleichung für D_0 zur Initialisierung nötig ist. Die Schaltfunktionen für das Ausgangsschaltnetz lauten:

$$Schieben = Q_2 \, (A \neq 0)$$
$$Aktiv = Q_1 \lor Q_2 \, (A \neq 0)$$
$$Reset = Q_1$$
$$Inkrement = Q_2 \, A(0)$$
$$Fertig = Q_3$$

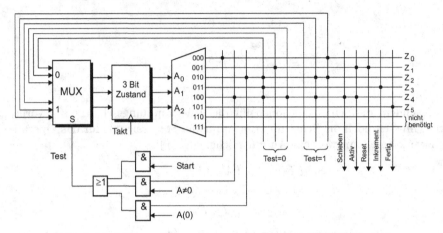

Abb. 1.13. Mikroprogrammsteuerwerk für die MOORE–Variante

1.8.8 Mikroprogrammierte Steuerwerke

Im folgenden werden für die MOORE– und MEALY–Variante mikroprogrammierte Steuerwerke vorgestellt. Um die Kapazität des Mikroprogrammspeichers optimal zu nutzen, sollten die ASM–Blöcke nur höchstens **zwei**
Ausgänge (Folgezustände) haben. Das bedeutet, dass wir auch nur zwischen
zwei möglichen Folgezustandsvektoren unterscheiden müssen. Im Mikroprogrammsteuerwerk ist dies durch einen 2:1 Multiplexer mit der Wortbreite des
Zustandsvektors realisiert. Dieser Multiplexer wird durch ein Schaltnetz zur
Abfrage der jeweiligen Testbedingung angesteuert. Die Testbedingung wird
über ein UND–Schaltglied abgefragt, indem der zweite Eingang über eine
Steuerleitung des Mikroprogrammspeicher aktiviert wird. Je nach Ergebnis
dieses Tests wird dann aus einer Spalte des Mikroprogrammspeichers die Folgeadresse für das Zustandsregister ausgewählt. Parallel zur Erzeugung der
Folgeadressen werden aus den Wortleitungen, die direkt den Zuständen zugeordnet sind[9], die Steuersignale für das Operationswerk abgeleitet.

In Abb. 1.13 ist das Mikroprogrammsteuerwerk für die MOORE–Variante
dargestellt. Diese Lösung ist sehr ähnlich zu der One–hot Codierung aus
Abschnitt 1.8.5. Analog dazu kann das Mikroprogrammsteuerwerk für die
MEALY–Variante, das in Abb. 1.14 zu sehen ist, aus den Gleichungen des
Abschnitts 1.8.7 abgeleitet werden.

· Eine Optimierung der Zustandscodierung wie in 1.8.4 ist nicht erforderlich, da der Adressdecoder des Mikroprogrammspeichers alle Minterme der
Adressen (Zustände) ermittelt.

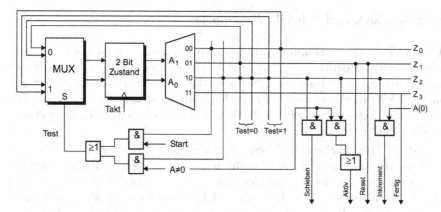

Abb. 1.14. Mikroprogrammsteuerwerk für die MEALY–Variante

1.8.9 Vergleich der komplexen Schaltwerke

Durch einen Vergleich der einzelnen Varianten komplexer Schaltwerke können wir folgendes feststellen. Der Aufbau des Operationswerks ist für beide Automatenmodelle gleich. Das Steuerwerk für die MOORE–Variante enthält mehr Zustände und braucht daher auch länger, um die Aufgabenstellung zu lösen. Sie erfordert ein aufwändiges Rückkopplungsschaltnetz, kommt jedoch mit einem einfachen Ausgangsschaltnetz aus. Die MEALY–Variante des Steuerwerks hat weniger Zustände und ist daher schneller. Sie kommt mit einem einfachen Rückkopplungschaltnetz aus, erfordert jedoch ein relativ aufwendiges Schaltnetz, um die Steuersignale zu erzeugen.

1.9 Universelle Operationswerke

Im vorigen Abschnitt haben wir ein speziell auf die Problemstellung „Einsen–Zählen" abgestimmtes Operationswerk verwendet. Neben solchen anwendungsspezifischen Operationswerken kann man jedoch auch universell verwendbare Operationswerke konstruieren, die für viele verschiedene Problemstellungen eingesetzt werden können. Zur Lösung einer bestimmten Aufgabe mit Hilfe eines universellen Operationswerks müssen nur „genügend" viele Register und Schaltnetze für „nützliche" Operationen vorhanden sein. Da im Allgemeinen nicht alle vorhandenen Komponenten vom Hardware–Algorithmus ausgenutzt werden, enthält ein universelles Operationswerk gegenüber einem anwendungsspezifischen Operationswerk stets ein gewisses Maß an *Redundanz*.

Registerblock und Schreib–/Leseports

Um die Zahl der Verbindungsleitungen zu reduzieren, fasst man die Register in einem Registerblock (register file) zusammen. Dieser Registerblock wird durch einen adressierbaren Schreib–/Lesespeicher (Random Access Memory, RAM) implementiert. Obwohl der Aufbau solcher Speicher erst später ausführlich beschrieben wird, soll die Funktionsweise eines RAM–Speichers hier kurz erläutert werden.

Auf die Daten in einem RAM–Speicher wird über Adressen zugegriffen. Eine Adresse besteht aus einer mehrstelligen Dualzahl, die der Registernummer entspricht. Verfügt der Registerblock beispielsweise über 16 Register, so wird eine 4–Bit Adresse $A_3 A_2 A_1 A_0$ benötigt. Über diese Nummer wird ein Register ausgewählt. Das Register R_5 kann dann über die Adresse $A_3 A_2 A_1 A_0 = 0101$ angesprochen werden.

Je nach Art des Zugriffs unterscheidet man sogenannte Lese– und Schreibports. Zu jedem dieser Ports gehört eine entsprechende Adresse. Ein Leseport liefert den Registerinhalt (mit der Wortbreite n) des von der zugehörigen Adresse ausgewählten Registers. Obwohl er in der Praxis anders realisiert wird, kann man sich einen Leseport als einen n–Bit m–zu–1 Multiplexer vorstellen[10]. Sind mehrere Leseports vorhanden, so kann gleichzeitig auf verschiedene Register zugegriffen werden.

Über einen Schreibport können Daten in das ausgewählte Register geschrieben werden. Man beachte, dass das Schreiben im Gegensatz zum Lesevorgang vom Taktsignal gesteuert wird. Dabei müssen wieder die Rückkopplungsbedingungen eingehalten werden. Obwohl ein Schreibport in der Praxis anders realisiert wird, kann man ihn sich als einen n–Bit 1–zu–m Demultiplexer vorstellen, dessen Ausgänge auf die Registereingänge geschaltet sind. Ein Registerblock kann über mehrere Schreibports verfügen. Das Steuerwerk muss dann allerdings sicherstellen, dass ein bestimmtes Register gleichzeitig nur über einem Schreibport beschrieben werden darf.

Operations–Schaltnetze

Damit die Registerinhalte durch Operatoren miteinander verknüpft werden können, müssen zwischen Lese– und Schreibports entsprechende Operations–Schaltnetze geschaltet werden. Hierbei können wir *arithmetische* und *logische* Operationen unterscheiden. Beispiele für arithmetische Operationen sind die Grundrechenarten, die letztendlich alle auf die Addition zurückgeführt werden können. Ein universelles Operationswerk mit minimalstem Hardwareaufwand verfügt daher lediglich über ein (möglichst schnelles) Schaltnetz zur Addition zweier n–Bit Dualzahlen.

.. D.h. aus m Registern mit der Wortbreite n wird ein Register ausgewählt. Dazu werden $\log_{.}(m)$ Adressleitungen benötigt.

Logische Operatoren verknüpfen Registerinhalte bitweise durch UND– und ODER–Operationen. Einzelne Register können durch den unitären NICHT–Operator ins Einerkomplement überführt werden[11]. Im Gegensatz zu den arithmetischen Operationen ist der Zeitbedarf bei logischen Operationen vernachlässigbar, da die einzelnen Stellen im Datenwort voneinander unabhängig sind.

Um die Zahl der Schreib– und Leseports zu minimieren bzw. um zusätzliche Multiplexer und Demultiplexer zu vermeiden, fasst man die arithmetischen und logischen Funktionen in einer sogenannten Arithmetic Logic Unit (ALU) zusammen. Über einen Steuervektor können die einzelnen Funktionen ausgewählt werden. Gleichzeitig werden in der ALU auch Schaltnetze zur Bestimmung der Statusbits integriert. Die Kombination eines Registerblocks mit einer ALU wird auch als RALU bzw. im Zusammenhang mit Mikroprozessoren auch als *Rechenwerk* bezeichnet.

Beispiel–RALU

In Abb. 1.15 wird ein Beispiel für ein Rechenwerk dargestellt. Die RALU enthält einen Registerblock mit 16 Registern, die jeweils 16–Bit lange Datenworte aufnehmen können. Der Registerblock verfügt über zwei Leseports und einen Schreibport, so dass in einem Taktzyklus zwei Registerinhalte miteinander verknüpft werden können und das Ergebnis in ein drittes Register geschrieben wird. Ein Rechenwerk mit einer solchen Struktur wird in sogenannten *Drei–Adress–Maschinen* eingesetzt. Die ALU besteht aus vier TTL–Bausteinen des Typs 74181, die jeweils 4–Bit verarbeiten können und deren Steuerleitungen parallel geschaltet sind. Neben den (Daten–)Registern gibt es noch ein Statusregister, das die Statusbits der ALU zwischenspeichert. Wenn bei einer arithmetischen 16–Bit Operation ein Übertrag (Carry) entsteht, kann dieser mit Hilfe der Rückkopplung im nächsten Taktzyklus als einlaufender Übertrag berücksichtigt werden. Dadurch ist es möglich, auch 32–Bit oder noch größere Dualzahlen zu verarbeiten.

Mehrere Funktionseinheiten

Um die Berechnungen im Rechenwerk zu beschleunigen, kann man mehrere Funktionseinheiten (z.B. ALU, Schiebeeinrichtungen (shifter), Multiplizierer und Dividierer) parallel betreiben. Die gleichzeitige Ausführung von Anweisungen ist natürlich nur dann möglich, wenn es im Hardware–Algorithmus zwei oder mehrere voneinander unabhängige Anweisungen[12] gibt. Für jede zusätzliche Funktionseinheit müssen entsprechende Lese– und Schreibports

---

.. Benötigt man zur Subtraktion mittels Zweierkomplementdarstellung.
.. Es dürfen keine Datenabhängigkeiten zwischen den Anweisungen bestehen.

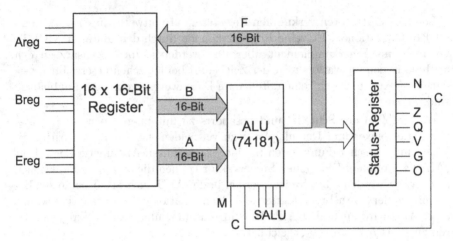

Abb. 1.15. Aufbau einer RALU mit zwei Leseports und einem Schreibport.

zur Verfügung stehen. Der Hardwareaufwand bzw. Platzbedarf zur Realisierung solcher Ports ist jedoch sehr hoch. Daher fasst man häufig zwei oder mehrere Funktionseinheiten in Gruppen zusammen, die sich mit Hilfe von Bussen den Zugang zum Registerblock teilen. Ein Beispiel ist in Abb. 1.16 dargestellt. In diesem Beispiel sind zwei parallele Zugänge zum Registerblock vorhanden, die jeweils zeitversetzt von je zwei Funktionseinheiten genutzt werden. Daher können z.B. die Multiplikation und Division nicht gleichzeitig ausgeführt werden.

1.10 Simulationsprogramm eines Operationswerks

Im folgenden wird das Programm **opw** beschrieben, das ein Operationswerk simuliert. Dieses Programm wurde in der Programmiersprache „C" geschrieben und ist daher leicht auf verschiedene Arbeitsplatzrechner portierbar. Der Quellcode und ein ablauffähiges PC–Programm sind unter folgender Webseite abgelegt: **www.technische-informatik-online.de**. Dort befindet sich außerdem auch eine Rechenwerks–Simulation **ralu**, die ähnlich aufgebaut ist und die es dem Leser ermöglicht, eigene Mikroprogramme zu entwickeln und zu testen. Auf der simulierten Hardware kann der Leser den Befehlssatz eines beliebigen Prozessors implementieren (vgl. Kapitel 2).

1.10.1 Aufbau des Operationswerks

Das simulierte Operationswerk besteht im Wesentlichen aus 4 Registern, einem Addierer und einem Vergleicher, die über verschiedene Multiplexer miteinander verbunden sind (Abb. 1.17). Sämtliche Datenpfade haben eine Wortbreite von 16–Bit. Der Addierer verfügt über einen invertierten und einen nicht

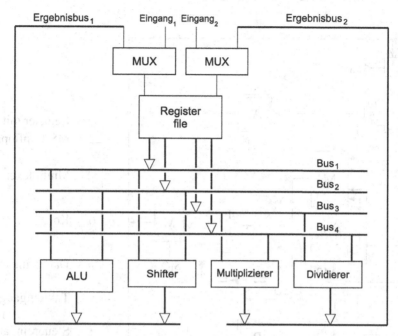

Abb. 1.16. Aufbau eines Rechenwerks mit zwei parallel nutzbaren Datenpfaden

invertierten Ausgang. Der Vergleicher zeigt an, ob die Eingänge des Addieres gleich sind. Bei Zweierkomplement–Darstellung wird mit dem höchstwertigen Bit der Summe zugleich angezeigt, ob das Ergebnis positiv oder negativ ist. Diese beiden Status–Flags können vom Steueralgorithmus abgefragt werden, um Verzweigungen im Steuerablauf zu realisieren.

1.10.2 Benutzung des Programms

Das Programm wird wie folgt gestartet:

```
opw [Optionen] [Dateiname]
```

Folgende Optionen sind möglich:

- –a: *Autodump.* Nach jedem Taktimpuls erfolgt eine Ausgabe sämtlicher Registerinhalte.
- –o: *Befehlsausgabe.* Diese Option ist nur im Programm–Modus wirksam. Hiermit werden die im Mikroprogramm [Dateiname] ausgeführten Befehle ausgegeben.
- –t: *Einzelschrittabarbeitung.* Jeder Befehl wird ausgegeben aber erst ausgeführt, nachdem man die Return–Taste gedrückt hat.

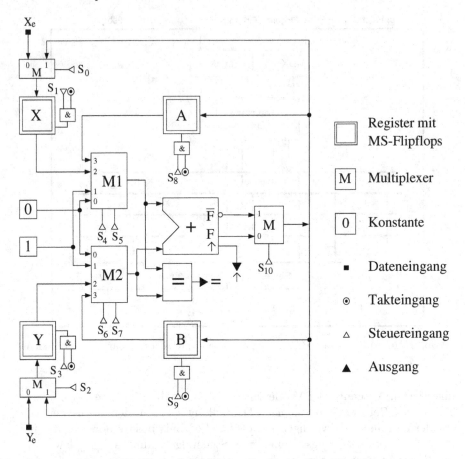

Abb. 1.17. Blockschaltbild des simulierten Operationswerks

-s: *Stackausgabe.* Immer wenn ein Mikroprogramm ein anderes aufruft, oder ein aufgerufenes endet, gibt die Simulation an, zu welchem Mikroprogramm verzweigt oder zurückgesprungen wird.

-x: *Autoend.* Endet das zuerst gestartete Mikroprogramm, so wird auch die Simulation verlassen.

-h: *hexadezimales* Zahlensystem voreingestellt.

-b: *duales* Zahlensystem voreingestellt.

-d: *dezimales* Zahlensystem voreingestellt.

?[12]: eine *Hilfeseite* mit den wichtigsten Funktionen ausgeben.

??: eine zweite *Hilfeseite* ausgeben.

·· In Unix muss hier das Fluchtsymbol verwendet werden (op \?), da das Fragezeichen ein wildcard darstellt.

Falls keine Option zur Voreinstellung eines Zahlsystemes verwendet wird, nimmt das Programm die hexadezimale Notation an. Sollen Zahlen mit einem anderen als dem voreingestellten System verwendet werden, so muss das Zahlensystem explizit durch ein führendes Symbol spezifiziert werden.

1.10.3 Betriebsarten und Befehle

Das Programm unterscheidet zwei Betriebsarten: den *Interaktiv–Modus* und den *Programm–Modus*. Wird beim Aufruf der Simulation ein Mikroprogramm angegeben, so wird automatisch in den Programm–Modus geschaltet. Nur in diesem Modus sind Abfragen und Verzweigungen möglich. Im Interaktiv–Modus kann die Wirkung einzelner Steuerworte (Mikrobefehle) sehr einfach getestet werden. Dies ist für die Entwicklung von Mikroprogrammen hilfreich. Der Interaktiv–Modus meldet sich nach dem Start des Programms (ohne [Dateiname]) mit folgender Eingabe–Aufforderung:

        1. Befehl:

Nachdem ein Befehl eingegeben und ausgeführt wurde, wird der Zähler erhöht und erneut eine Eingabe angefordert.

Interaktiv–Modus

Folgende Befehle kann das Programm im Interaktiv–Modus verarbeiten (hierbei bedeutet <x> eine x–Bit Zahl):

X = <16>: Dieser Befehl setzt den Eingang X auf den Wert der 16–Bit Zahl. Die Zahl muss nicht in voller Wortbreite angegeben werden. Mit diesem Befehl wird jedoch noch nicht das Register X gesetzt!

Y = <16>: Dito, für den Eingang Y.

S = <11>: Mit diesem Befehl wird das Steuerwort angegeben. Es setzt sich aus den 11 Steuereingängen S_0 bis S_{10} zusammen, deren Bedeutung dem Blockschaltbild zu entnehmen ist. Es muss immer 11 Bit umfassen, wobei nur die Zeichen '1', '0', 'X' und 'x' verwendet werden dürfen. Die Zeichen 'X' und 'x' haben zwar die gleiche Bedeutung wie '0', sie können jedoch verwendet werden, um zu verdeutlichen, dass gewisse Steuerbits im folgenden Taktzyklus nicht von Bedeutung sind.

clock: Das Operationswerk wird getaktet und die Funktionen gemäß dem zuvor eingestellten Steuerwort ausgeführt.

dump: Die aktuellen Registerinhalte, die Status–Flags und das Steuerwort des Operationswerks werden ausgegeben.

quit: Die Simulation wird beendet.

Bei den Befehlen, die die Eingänge und das Steuerwort setzen, können auch kleine Buchstaben verwendet werden. Bis auf das Steuerwort können alle Zahlangaben in drei Zahlsystemen angegeben werden. Unterschieden werden die drei Systeme durch folgende Symbole vor der Zahlangabe:

$: Das Dollarzeichen kennzeichnet das hexadezimale System.

%: Das Prozentzeichen leitet binäre Zahlen ein.

#: Mit dem Doppelkreuz werden dezimale Angaben gemacht. Folgt dem Doppelkreuz ein Minuszeichen, so wird die Zahl in das Zweierkomplement gewandelt.

BEISPIEL. Die Zahlen $9a, $9A, %10011010 und #154 haben alle den gleichen Wert.

Programm–Modus

Hier gibt es zusätzlich zum Interaktiv–Modus noch die folgenden Befehle bzw. Konstruktoren:

>label: Mit dem Größer–Pfeil werden Labels (Sprungmarken) definiert. Der Labeltext muss bündig am Zeichen beginnen und mit einem Leerzeichen vom weiteren Programmtext getrennt sein. Er darf bis auf den Doppelpunkt und das Semikolon jedes beliebige Zeichen enthalten.

; Kommentar: Alle nach einem Semikolon vorkommenden Zeichen bis zum Zeilenende werden ignoriert. Damit lassen sich die Steuerprogramme übersichtlicher und verständlicher gestalten.

EQ? label: Ist der Vergleichsausgang des Addierers gesetzt, so wird zu der Zeile gesprungen, die von label angegeben wird.

NEQ? label: Ist der Vergleichsausgang des Addierers nicht gesetzt, so wird zu der Zeile gesprungen, die von label angegeben wird.

PLUS? label: Ist das Ergebnis der letzten Addition positiv im Sinne der Zweierkomplement–Darstellung, d.h. das höchstwertige Bit ist nicht gesetzt, so wird zu der Zeile gesprungen, die von label angegeben wird.

MINUS? label: Ist das Ergebnis der letzten Addition negativ im Sinne der Zweierkomplement–Darstellung, d.h. das höchstwertige Bit ist gesetzt, so wird zu der Zeile gesprungen, die von label angegeben wird.

Ferner kann man in einem Mikroprogramm mehrere Befehle in eine Zeile schreiben, wenn man sie durch einen Doppelpunkt trennt.

1.10.4 Beispielprogramme

Zum Schluss sollen zwei Beispielprogramme vorgestellt werden, die den ganzzahligen Teil des Logarithmus zur Basis 2 und den ganzzahligen Teil der Quadratwurzel berechnen. Auch wenn das Simulationsprogramm **opw** nicht verfügbar ist, demonstrieren diese Beispiele wie man mit einfacher Hardware komplizierte Funktionen berechnen kann.

1. Programm: Logarithmus zur Basis 2

```
;
;        *** Logarithmus zur Basis 2 fuer die Operationswerks-Simulation ***
;
;                             Beispielprogramm zu
;                     W.Schiffmann/R.Schmitz: "Technische Informatik",
;             Band 2: Grundlagen der Computertechnik, Springer-Verlag, 1992
;
;        (c)1991 von W.Schiffmann, J.Weiland          (w)1991 von J.Weiland
;
;
;
x=       #256            ; Operand, Wertebereich: 0-65535
;
s=       xx01xxxxxx      ; Y setzen
clock
y=       $ffff           ; Ergebnis (vorlaeufig 'unendlich')
s=       xx01xxxxxx      ; Y setzen
clock
s=       xxxx1000xx0     ; Test ob X gleich 0
clock
EQ?      nocalc
;
; Zweierkomplement der 2 fuer die Division berechnen und in B speichern
;
s=       xxxx0101x11     ; B=Invers(2)
clock
s=       xxxx0111x10     ; B=B+1
clock
>div            s=       xxxx00001x0     ; A=0 (Ergebnis der Division)
clock
;
; Division durch 2 (X=X/2)
;
>loop           s=       xxxx1001xx0     ; X=1 ?
EQ?      divend
s=       11xx1011xx0     ; X=X+B (d.h. X=X-2)
clock
s=       xxxx11011x0     ; A=A+1
clock
s=       xxxx1000xx0     ; X=0 ?
NEQ?     loop
;
>divend         s=       11xx1100xx0     ; X=A (+0)
clock
s=       xx110110xx0     ; Y=Y+1
clock
```

```
s=        xxxx1000xx0      ; X=0 ?
NEQ?      div
;
; Ende der Berechnung: Operand in X, Ergebnis in Y
;
>end            s=        01xx0000x10      ; X setzen und B=0
clock
>nocalc         dump                       ; Ergebnis ausgeben
quit
```

2. Programm: Quadratwurzelberechnung nach dem Newtonschen Iterationsverfahren mit der Formel

$$x_{i+1} = \frac{x_i + \frac{a}{x_i}}{2}$$

```
; *** Quadratwurzelberechnung fuer die Operationswerks-Simulation nach ***
;    *** dem Newtonschen Iterationsverfahren:  X(i+1)=1/2*(Xi+a/Xi) ***
;
;                      Beispielprogramm zu
;              W.Schiffmann/R.Schmitz: "Technische Informatik",
;         Band 2: Grundlagen der Computertechnik, Springer-Verlag, 1992
;
;       (c)1991 von W.Schiffmann, J.Weiland        (w)1991 von J.Weiland
;
;
Y=        #144             ; Radiant, Wertebereich: 0-32767
;
; Vorbereitungen
;
S=        xx01xxxxxxx      ; y setzen
clock
S=        xxxx0010xxx      ; Y=0 ?
EQ?       end
PLUS?     prepare          ; Radiant ok => Wurzel berechnen
;
; Negativer Radiant => Alle Register loeschen und ende
;
S=        11110000110      ; Alles loeschen
clock
dump
quit
;
; Wurzel berechnen
;
>prepare        S=        11xx0010xx0      ; X=Y als Startwert
clock
>sqrloop        S=        xx01xxxxxxx      ; Y setzen
clock
S=        xxxx00101x0      ; A=Y
clock
;
; Division B=A/X (a/Xi) vorbereiten und durchfuehren
;
S=        xxxx0000x11      ; B=-1
clock
S=        xx111000xx1      ; Y= Invers(X)
clock
```

```
S=        xx110110xx0      ; Y=Y+1 => Y= Zweierkomplement von X
clock
;
>divloop       S=         xxxx0111x10      ; B=B+1
clock
S=        xxxx11101x0      ; A=A+Y => A=A-X
clock
PLUS?     divloop  ; Ergebnis noch positiv ?
;
; Summe Xi+a/Xi berechnen und Division durch 2 vorbereiten
;
S=        xxxx10111x0      ; A=B+X
clock
S=        xx110101xx1      ; Y= Invers(2)
clock
S=        xx110110xx0      ; Y=Y+1 => Y= Zweierkomplement von 2
clock
S=        xxxx0000x11      ; B=-1
clock
;
; Division durch 2
;
>div2loop      S=         xxxx0111x10      ; B=B+1
clock
S=        xxxx11101x0      ; A=A+Y => A=A-2
clock
PLUS?     div2loop         ; Ergebnis noch positiv ?
;
; In B steht jetzt X(i+1). Nun testen wir, ob sich das Ergebnis
; gegenueber Xi geaendert hat. Wegen der Rechenungenauigkeit
; muessen wir auch testen, ob sich das Ergebnis nur um eins nach
; oben unterscheidet.
;
S=        xxxx1011xxx      ; X=B ? Ergebnis stabil ?
EQ?       end
S=        xxxx00001x1      ; A=-1
clock
S=        xxxx1111x10      ; B=B+A => B=B-1
clock
S=        xxxx1011xxx      ; X=B ? Ergebnis stabil ?
EQ?       end
S=        11xx0111xx0      ; X=B+1 => weiter mit neuem Startwert
clock
S=        xxxx0000xxx
EQ?       sqrloop          ; unbedingter Sprung
;
; Ende der Berechnung: Radiant steht in A, Ergebnis in B, Rest loeschen
;
>end           S=         xx01xxxxxxx      ; Y setzen
clock
S=        xxxx00101x0      ; A=Y
clock
S=        11110000xx0      ; X und Y loeschen
clock
dump                       ; Ergebnis ausgeben
quit
```

Siehe Übungsbuch
Seite 55, Aufgabe 80:
Subtraktionsprogramm

Siehe Übungsbuch
Seite 55, Aufgabe 81:
Multiplikation und Division in dualer Darstel-
lung

Siehe Übungsbuch
Seite 55, Aufgabe 82:
Multiplikationsprogramm

2. von NEUMANN–Rechner

Der von NEUMANN–Rechner ergibt sich als Verallgemeinerung eines komplexen Schaltwerkes. Im letzten Kapitel haben wir gesehen, dass beim komplexen Schaltwerk (nach der Eingabe der Operanden) immer nur ein einziger Steueralgorithmus aktiviert wird. Angenommen wir hätten Steueralgorithmen für die vier Grundrechenarten auf einem universellen Operationswerk entwickelt, das lediglich über einen Dualaddierer verfügt. Durch eine Verkettung der einzelnen Steueralgorithmen könnten wir nun einen übergeordneten Algorithmus realisieren, der die Grundrechenarten als Operatoren benötigt. Die über Steueralgorithmen realisierten Rechenoperationen können durch *Opcodes*, z.B. die Ziffern 1-4, ausgewählt werden und stellen dem Programmierer Maschinenbefehle bereit, die er nacheinander aktiviert. Die zentrale Idee von NEUMANN's bestand nun darin, die Opcodes in einem *Speicher* abzulegen und sie vor der Ausführung durch das Steuerwerk selbst holen zu lassen. Ein solches Steuerwerk benötigt ein Befehlsregister für den Opcode und einen Befehlszeiger für die Adressierung der Befehle im Speicher. Man bezeichnet ein solches Steuerwerk als *Leitwerk*. Ein universelles Operationswerk, das neben einer ALU auch mehrere Register enthält bezeichnet man als *Rechenwerk*. Leitwerk und Rechenwerk bilden den *Prozessor* oder die *CPU* (für *Central Processing Unit*). Damit der Prozessor nicht nur interne Berechungen ausführen kann, sondern dass auch von außen (Benutzer) Daten ein- bzw. ausgegeben werden können, benötigt der von NEUMANN–Rechner eine Schnittstelle zur Umgebung, die als *Ein-/Ausgabewerk* bezeichnet wird. Im folgenden wird zunächst das Grundkonzept der vier Funktionseinheiten beschrieben und dann werden Maßnahmen vorgestellt, die sowohl die Implementierung als auch die Programmierung vereinfachen. Dann wird ausführlich auf den Aufbau von Rechen- und Leitwerk eingegangen. Am Ende dieses Kapitels wird ein Simulationsprogramm für ein einfaches Rechenwerk vorgestellt, mit dem die Mikroprogrammierung von Maschinenbefehlen erarbeitet werden kann.

2.1 Grundkonzept

Ein von NEUMANN–Rechner besteht aus einem verallgemeinerten komplexen Schaltwerk, das um einen Speicher und eine Ein-/Ausgabe erweitert wird. Wir unterscheiden insgesamt vier Funktionseinheiten: Rechenwerk, Leitwerk, Speicher und Ein–/Ausgabe. Rechenwerk und Leitwerk bilden den *Prozessor* bzw. die *CPU* (Central Processing Unit). Das Blockschaltbild in Abb. 2.1 zeigt, wie die einzelnen Komponenten miteinander verbunden sind. Die Verbindungen wurden entsprechend ihrer Funktion gekennzeichnet: Datenleitungen sind mit D, Adressleitungen mit A und Steuerleitungen mit dem Buchstaben S gekennzeichnet. Die Zahl der Datenleitungen bestimmt die Maschinenwortbreite eines Prozessors.

RECHENWERK. Wie bereits im Kapitel 1 angedeutet wurde, kann man ein *universelles Operationswerk* entwerfen, das elementare arithmetische und logische Operationen beherrscht und über mehrere Register verfügt. Diese Register werden durch Adressen ausgewählt und nehmen die Operanden (Variablen oder Konstanten) auf, die miteinander verknüpft werden sollen. Ein steuerbares Schaltnetz, das als ALU (Arithmetic Logic Unit) bezeichnet wird, kann jeweils zwei Registerinhalte arithmetisch oder logisch miteinander verknüpfen und das Ergebnis auf den Registerblock zurückschreiben. Meist ist auch eine Schiebeeinrichtung (Shifter) vorhanden, mit der die Datenbits um eine Stelle nach links oder rechts verschoben werden können. Der Shifter ist besonders nützlich, wenn zwei binäre Zahlen multipliziert oder dividiert werden sollen, und die ALU nur addieren kann. Das Status–Register dient zur Anzeige besonderer Ergebnisse, die das Leitwerk auswertet, um bedingte Verzweigungen in Steueralgorithmen für Maschinenbefehle auszuführen. Die einzelnen Bits des Status–Registers bezeichnet man als *Flags*. Das Status–Register kann wie ein normales (Daten–)Register gelesen und beschrieben werden.

LEITWERK.

Das Leitwerk stellt ein *umschaltbares Steuerwerk* dar, das –gesteuert durch den *Operationscode* (Opcode) der Maschinenbefehle– die zugehörigen Steueralgorithmen auswählt. Eine Folge von Maschinenbefehlen mit den dazugehörenden Daten nennt man ein Maschinenprogramm. Das Leitwerk steuert den Ablauf eines Programms, indem es Maschinenbefehle aus dem Speicher holt, im *Befehlsregister* IR (Instruction Register) speichert und die einzelnen Operationscodes in eine Folge von Steuerworten (Steueralgorithmus) umsetzt. Es arbeitet zyklisch, d.h. die Holephase (fetch) und die Ausführungsphase (execute) wiederholen sich ständig (Abb. 2.2). Der *Befehlszähler* PC (Program Counter) wird benötigt, um die Befehle im Speicher zu adressieren. Während der Holephase zeigt sein Inhalt auf den nächsten Maschinenbefehl. Nachdem ein neuer Maschinenbefehl geholt ist, wird der Befehlszähler erhöht.

Wie man sieht wird ein Maschinenbefehl in mehreren Teilschritten abgearbeitet. Die Holephase ist für alle Befehle gleich. Damit ein neuer Maschinenbefehl in einem Taktzyklus geholt werden kann, setzt man eine Speicherhierarchie mit einem schnellen Cache-Speicher ein (vgl. Kapitel 8). Abhängig von der Befehlssatzarchitektur des Prozessors (vgl. Kapitel 4) kann die Ausführungsphase eine variable oder feste Anzahl von Taktschritten umfassen. Aus Abb. 2.2 entnimmt man, dass ein Prozessor mindestens drei Befehlsklassen unterstützt:

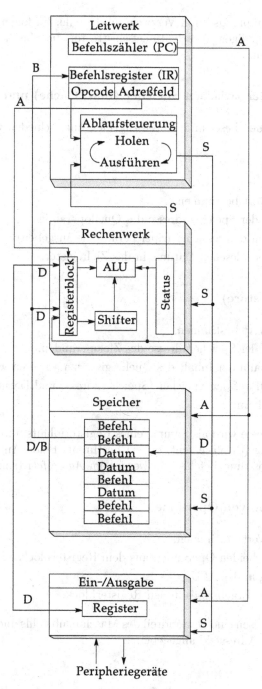

Abb. 2.1. Blockschaltbild eines von NEUMANN–Rechners

Speicher–, Verknüpfungs– und Verzweigungsbefehle. Im folgenden geben wir jeweils die notwendigen Verarbeitungsschritte für die Maschinenbefehle aus diesen Klassen an:

1. Datentransfer zwischen Speicher (bzw. Cache) und Prozessor

Hier muss zwischen Lese- und Schreibzugriffen unterschieden werden:

a) Lesen (load)

- Neuen PC-Wert bestimmen,
- Bestimmung der Speicheradresse des Quelloperanden,
- Lesezugriff auf den Speicher (Speicheradresse ausgeben),
- Speichern des gelesenen Datums in das Zielregister.

b) Schreiben (store)

- Neuen PC-Wert bestimmen,
- Bestimmung der Speicheradresse des Zieloperanden,
- gleichzeitig kann der Inhalt des Quellregisters ausgelesen werden,
- Schreibzugriff auf den Speicher (Speicheradresse und Datum ausgeben),
- Datum speichern.

Die Speicheradresse wird als Summe eines Registerinhalts und einer konstanten Verschiebung (displacement, offset) bestimmt. Beide Angaben sind Bestandteil des Maschinenbefehls und werden im *Adressfeld* (s.u.) spezifiziert.

2. Verknüpfung von Operanden

- Neuen PC-Wert bestimmen,
- Auslesen der beiden Operanden aus dem Registerblock,
- Verknüpfung in der ALU,
- Schreiben des Ergebnisses in den Registerblock.

Die Registeradressen sind Bestandteil des Maschinenbefehls und werden neben dem Opcode im Adressfeld angegeben.

3. Verzweigungsbefehle

Man kann Sprünge (unbedingte Verzweigung, jump) und *bedingte* Verzweigungen (branches) unterscheiden.

- Bestimmung des neuen PC-Werts für das Verzweigungsziel,
- Prüfung der Verzweigungsbedingung (entfällt bei Sprüngen),
- bei Sprüngen immer, bei Verzweigungen bedingt: Überschreiben des PC
  mit dem neuen Wert.

Damit ein Maschinenprogramm innerhalb des Adressraums verschiebbar
bleibt, empfiehlt es sich keine absoluten sondern nur PC-relative Verzweigungen zuzulassen.

Nicht alle aufgeführten Teilschritte der Ausführungsphase müssen in der
angegebenen Reihenfolge abgearbeitet werden. So kann beispielsweise bei den
beiden erstgenannten Befehlsklassen der neue PC-Wert gleichzeitig zu dem
danach angegebenen Teilschritt ermittelt werden. Voraussetzung ist natürlich,
dass eine zweite ALU vorhanden ist.

Die o.g. Teilschritte zur Befehlsausführung benötigen, abhängig von der
Komplexität des Maschinenbefehls, *einen* oder *mehrere* Taktzyklen. Die Komplexität der Befehle hängt stark von den unterstützten *Adressierungsarten* ab. Zwar wird das Maschinenprogramm umso kürzer je mehr Adressierungsmöglichkeiten zur Verfügung stehen, dafür steigt aber der Hardwareaufwand und die Zahl der benötigten Taktzyklen zur Ausführung einzelner Befehle. Die Implementierung einer Befehlssatzarchitektur ist umso einfacher, je
gleichartiger die Teilschritte der drei Befehlsklassen sind. Wenn es schließlich
gelingt eine feste Zahl von Teilschritten —als kleinster gemeinsamer Nenner
für alle Befehle— zu finden, wird eine Pipeline-Implementierung möglich. Diese Philosophie wurde seit Mitte der achtziger Jahre konsequent bei sogenannten RISC-Prozessoren eingesetzt. Zuvor bzw. bis Ende der achtziger Jahre
waren sogenannte CISC-Prozessoren weit verbreitet, die eine möglichst hohen
Komfort bei der Programmierung in Maschinensprache zum Ziel hatten und
die daher viele Adressierungsarten bereitstellten. Während RISC-Prozessoren
einen Speicherzugriff nur mit den o.g. Load- und Store-Befehlen ermöglichen,
können sich die Operanden bei Verknüpfungs- und Verzweigungsbefehlen von
CISC-Prozessoren auch unmittelbar im Speicher befinden, d.h. es sind keine
expliziten Load- und Store-Operationen nötig. Dieser Komfort bei der Maschinenprogrammierung muss aber durch einen enormen Mehraufwand bei
der Implementierung „bezahlt" werden.

Bei CISC–Prozessoren kann der PC in der Ausführungsphase zum Adressieren von Operanden benutzt werden, die sich im Speicher befinden. Abhängig
von der jeweiligen *Adressierungsart* können auch die auf den Maschinenbefehl
folgenden Werte als Operandenadresse interpretiert werden.

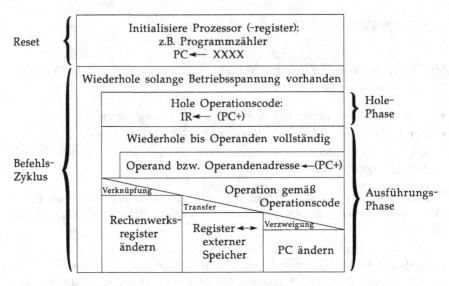

Abb. 2.2. Befehlsabarbeitung beim von NEUMANN–Rechner

Maschinenbefehle bestehen aus dem *Opcode* und einem *Adressfeld*, das entweder die Register des Rechenwerks direkt adressiert oder die Adresse eines Zeigerregisters sowie eine zusätzliche Adressverschiebung zu dessen Inhalt enthält. Wenn die Operanden bereits im Rechenwerk stehen, genügt ein Maschinenwort zur Darstellung eines Maschinenbefehls. Durch solche *Ein–Wort-Befehle* wird Programmspeicher eingespart. Wir erhalten folgendes Befehlsformat:

| Opcode | Adressfeld |

Wenn die Operanden oder unmittelbare Daten im Speicher abgelegt sind, besteht ein Befehl aus zwei oder drei Maschinenworten. Er hat z.B. folgendes Befehlsformat:

Opcode	Adressfeld
Adresse 2. Operand	
Adresse Ergebnis	

In diesem Beispiel steht der 1. Operand in einem Register, und der 2. Operand wird aus dem Speicher geholt. Das Ergebnis, der durch den Opcode bestimmten Verknüpfung, wird wieder im Speicher abgelegt.

Zur symbolischen Darstellung von Maschinenbefehlen werden Abkürzungen benutzt, die sich ein Programmierer leichter einprägen kann als eine Funktionsbeschreibung oder gar den binären Opcode eines Befehls. Ein Programm, das aus solchen *Mnemonics* besteht, bezeichnet man als *Assemblerprogramm*. Es kann mit Hilfe eines *Assemblers* in Maschinencode übersetzt werden.

SPEICHER. Im Speicher eines von NEUMANN–Rechners werden sowohl Maschinenbefehle als auch Daten abgelegt. Jeder Speicherplatz ist über eine binäre Adresse ansprechbar und kann ein Maschinenwort (z.B. 16 oder 32 Bit) aufnehmen. Bei modernen Computersystemen werden verschiedene Arten von Speichern benutzt, um möglichst geringe Kosten pro Bit und gleichzeitig hohe Zugriffsraten zu erreichen. Direkt mit dem Prozessor verbunden sind die Halbleiterspeicher, bei denen man Schreib–/Lese–Speicher (Random Access Memory RAM) und Nur–Lese Speicher (Read Only Memory ROM) unterscheidet. Jeder von NEUMANN–Rechner enthält einen ROM–Speicher, in dem ein *Betriebssystem* oder ein kleines Urladeprogramm (Bootstrap Loader) permanent gespeichert ist. Bei den meisten Rechnern wird das Betriebssystem nach dem Einschalten von einem magnetomotorischen Speicher (Festplatte oder Floppy–Disk) geladen. Der Hauptspeicher wird im Allgemeinen mit dynamischen Speicherbausteinen aufgebaut, deren Zugriffszeiten etwa um den Faktor 2 bis 5 größer sind als die Befehlszykluszeit eines Prozessors. Durch den Einbau von schnellen Pufferspeichern zwischen Prozessor und Hauptspeicher können die Geschwindigkeitsverluste bei Speicherzugriffen verringert werden. Diese *Cache*–Speicher halten häufig benötigte Speicherblöcke aus dem Hauptspeicher für den Prozessor bereit.

Die Speicherkapazität des Hauptspeichers kann scheinbar vergrößert werden, wenn das Betriebssystem einen *virtuellen* Speicher verwaltet. Der Hauptspeicher wird meist in gleichgroße Blöcke (Page Frames) unterteilt, die nur momentan benötigte Programmteile aufnehmen. Wenn gleichzeitig mehrere Programme aktiv sind (Multitasking oder Multiprograming), werden selten benötigte Programmteile auf den *Hintergrundspeicher* (i.a. Festplatte) ausgelagert. Mit der beschriebenen Speicherverwaltung (Paging) wird die relativ hohe Speicherkapazität einer Festplatte benutzt, um einen ebenso großen Hauptspeicher „vorzutäuschen". Da gerade benötigte Blöcke im schnellen Halbleiterspeicher gepuffert werden, erreicht man eine wesentlich höhere Zugriffsrate als bei direktem Zugriff auf den Hintergrundspeicher.

EIN–/AUSGABE. Sie dient als Schnittstelle eines von NEUMANN–Rechners zur Umwelt. Die Ein–/Ausgabe verbindet Peripheriegeräte wie z.B. Tastatur, Monitore oder Drucker mit dem Prozessor. Durch direkten Speicherzugriff (Direct Memory Access DMA) oder einen Ein–/Ausgabe Prozessor (Input Output Prozessor IOP) kann die CPU bei der Übertragung großer Datenblöcke entlastet werden. Die Ein–/Ausgabe erfolgt dann, ohne den Umweg über das Rechenwerk, unmittelbar vom oder zum Hauptspeicher. Dies ist beim Anschluss von Festplatten wichtig, damit z.B. Daten von einem Festplatten–Controller ohne unnötige Zeitverzögerung abgeholt werden.

Das hier skizzierte Grundkonzept des von NEUMANN–Rechners ist bis heute bei integrierten Prozessoren (Mikroprozessoren) wiederzufinden. Im Laufe der technologischen Entwicklung wurden jedoch Modifikationen bzw. Erweiterungen vorgenommen, um die Implementierung zu vereinfachen, die Leistung zu erhöhen und die Programmierung zu erleichtern. Diese Maßnahmen werden im folgenden vorgestellt.

2.2 Interne und externe Busse

In Abb. 2.1 können wir die Zahl der Verbindungsleitungen für die Übertragung von Daten bzw. Befehlen reduzieren, wenn wir einen *Datenbus* einführen. Ein Bus besteht aus einem Bündel von Leitungen, die alle dem gleichen Zweck dienen. Durch die zeitlich versetzte Nutzung (Zeitmultiplex) werden die vorhandenen Leitungen besser ausgenutzt. Mit Hilfe von Adress– und Steuerleitungen, die Bustreiber (z.B. TriState) oder elektronische Schalter (CMOS–Transmission Gates) ansteuern, können Datenpfade in zwei Richtungen (bidirektional) geschaltet werden. Der *interne Datenbus* ist auf die Maschinenwortbreite ausgelegt und kann von zwei verschiedenen Datenquellen angesteuert werden (Abb. 2.3): *Eine* mögliche Quelle sind die Rechenwerksregister, und die andere Quelle ist der *externe Datenbus*. Der externe Datenbus ist nicht immer auf die volle Maschinenwortbreite ausgelegt. So verfügt z.B. der Motorola 68008 über einen internen Datenbus mit 32 Bit und einen externen Datenbus mit nur 8 Bit. Dem geringeren Verdrahtungsaufwand steht jedoch ein Verlust an Übertragungsgeschwindigkeit (Busbandbreite) gegenüber. Der externe Datenbus wird über bidirektionale Bustreiber an den internen Datenbus angekoppelt.

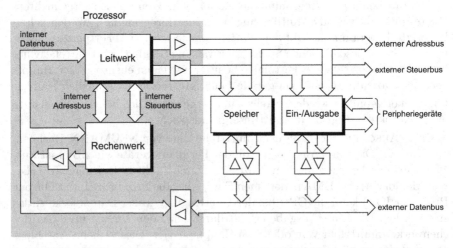

Abb. 2.3. Interne und externe Busse erleichtern die Realisierung eines Prozessors

Das Leitwerk versorgt das Rechenwerk mit Adressleitungen für die Register. Die internen Steuerleitungen bilden zusammen mit den Zustandsflags des Rechenwerks den *internen Steuerbus*. Über unidirektionale Bustreiber werden die Steuersignale und Adressen für das externe Bussystem verstärkt. Dies ist nötig, damit eine große Zahl von Speicher– und Ein–/Ausgabe Bausteinen angeschlossen werden kann. Die Bustreiber wirken als Leistungsverstärker und erhöhen die Zahl der anschließbaren Schaltglieder. Der Ausgang eines TriState–Bustreibers hat entweder die logische Belegung 0 oder 1, oder er befindet sich im hochohmigen Zustand, d.h. der Ausgang ist (wie durch einen geöffneten Schalter) von der Busleitung abgekoppelt. Eine ausführliche Beschreibung von Aufbau und Funktion solcher Bustreiber ist im Band 1 enthalten. Die bidirektionalen Bustreiber, mit denen die Speicher– und Ein–/Ausgabe Bausteine an den externen Datenbus angeschlossen sind, werden durch die (externen) Adress– und Steuerleitungen gesteuert. Die Richtung der Datenübertragung wird mit einer $READ/\overline{WRITE}$–Steuerleitung umgeschaltet.

Jeder externe Baustein wird durch eine Adresse bzw. innerhalb eines Adressbereichs angesprochen. Die Bustreiber–Ausgänge in Richtung Datenbus dürfen unter einer bestimmten Adresse nur bei *einem* einzigen externen Baustein aktiviert werden. Die hierzu erforderliche Adressdecodierung übernimmt ein besonderes Vergleicher–Schaltnetz (vgl. Abb. 7.5). Bei älteren Prozessoren wurde durch eine Steuerleitung $INPUT/\overline{OUTPUT}$ zwischen einer Adresse für die Ein–/Ausgabe und Adressen für den Hauptspeicher unterschieden. Diese Methode wird heute kaum noch benutzt. Man ist dazu übergegangen, die Ein–/Ausgabe wie einen Speicher bzw. –bereich zu behandeln. Dieses Verfahren wird als *memory mapped input/output* bezeichnet.

Durch die Einführung interner und externer Busse wird die Realisierung von Mikrochips und deren Einsatz zum Aufbau von Computersystemen erleichtert. Wegen des geringeren Verdrahtungsaufwands ist es einfacher, den Schaltplan zu entflechten und ein Chip– oder Leiterplattenlayout zu erstellen. Ein weiterer Vorteil ist die geringere Zahl von Anschlüssen (Pins) bei Prozessoren, Speicher– und Ein–/Ausgabe Bausteinen.

2.3 Prozessorregister

Die in einem Prozessor enthaltenen Register können in drei Klassen eingeteilt werden:

1. *Daten*–Register zur Aufnahme von Operanden und zur Speicherung von Ergebnissen.
2. *Adress*–Register zur Adressierung von Operanden.
3. *Steuer*–Register, die den Ablauf der Befehlsverarbeitung steuern und besondere Programmiertechniken unterstützen.

Die Daten–Register dienen zur kurzzeitigen Speicherung von Variablen oder Konstanten eines Programms. Da die Datenregister im Gegensatz zum Hauptspeicher ohne zusätzliche Zeitverzögerungen benutzt werden können, ist es sinnvoll, häufig benötigte Operanden in Daten–Register zu übertragen, die Ergebnisse zu berechnen und dann in den Hauptspeicher zurückzuschreiben.

Beim Zugriff auf Operanden im Hauptspeicher wird nach dem Grundkonzept der Programmzähler als Adresse benutzt. Mit dieser Vorgehensweise können aber nur diejenigen Speicherplätze adressiert werden, die unmittelbar auf einen Maschinenbefehl folgen. Mit Hilfe von Adress–Registern können Operanden überall im Hauptspeicher abgelegt und adressiert werden. Die verschiedenen *Adressierungsarten*, die man in Verbindung mit Adress–Registern realisieren kann, werden im Kapitel 4 vorgestellt. Bei den meisten neueren Prozessoren kann jedes Register aus dem Registerblock als Daten– oder Adressregister verwendet werden.

Zu den Steuer–Registern zählt das Befehlsregister, das Statusregister, der Programmzähler und der *Stackpointer* (Stapelzeiger SP), dessen Aufgabe es ist, im Hauptspeicher einen *Stack* (Stapelspeicher[1]) zu verwalten. Neben den genannten Steuer–Registern gibt es bei manchen Prozessoren (z.B. 80386) auch *Segmentregister*, welche die Speicherverwaltung durch das Betriebssystem unterstützen (vgl. Kapitel 8).

Das Leitwerk verwaltet meist auch prozessor–interne (nicht sichtbare) Register, auf die der Anwender nicht zugreifen kann. Wir wollen im folgenden auf die Anwendung des Stackpointers näher eingehen. Als Stackpointer wird oft ein bestimmtes Register aus dem Registerblock verwendet. Zum Schutz des Betriebssystems verwendet man zwei getrennte Stackpointer, die man als *User–* bzw. *Supervisor–Stackpointer* bezeichnet.

2.3.1 Stackpointer

Ein Stack ist ein wichtiges Hilfsmittel, das die Verarbeitung von *Unterprogrammen* und *Unterbrechungen* (Interrupts) ermöglicht. Man kann einen Stack entweder direkt in Hardware auf dem Prozessorchip realisieren (vgl. Kapitel 8) oder mit Hilfe eines Stackpointers in den Hauptspeicher abbilden. Die erste Methode ist zwar schneller, erfordert aber mehr Chipfläche als ein einziges Register. Ein weiterer Vorteil der Stackpointer–Methode besteht darin, dass die Speichertiefe des Stacks durch zusätzlichen Hauptspeicher beliebig vergrößert werden kann.

Ein Stack arbeitet nach dem LIFO–Prinzip (Last In First Out). Dabei sind nur zwei Operationen erlaubt: PUSH und POP. Mit der PUSH–Operation wird ein Maschinenwort auf den Stack gelegt und mit der POP–Operation wird es wieder zurückgeholt. Während des Zugriffs auf den Hauptspeicher wird der Stackpointer als Adresse (Zeiger) benutzt. Außerdem wird der Stackpointer durch die Ablaufsteuerung so verändert, dass ein Zugriff nach dem LIFO–Prinzip erfolgt. Die Organisation des Stacks ist prozessorspezifisch. Meist beginnt er am Ende des Hauptspeichers und „wächst" nach niedrigeren Adressen. Für diesen Fall beginnt das Programm am Anfang des Hauptspeichers.

---

[1] Oft auch Kellerspeicher genannt.

An das Programm schließt sich der Datenbereich an. Der Stack darf niemals so groß werden, dass er den Daten– oder sogar Programmbereich überschreibt (Stack–Overflow). Wenn durch einen Programmierfehler der Stack überläuft, muss das Betriebssystem das betreffende Programm abbrechen.

Es gibt zwei Möglichkeiten, den Stackpointer zu verändern:

1. vor der PUSH–Operation und nach der POP–Operation
2. nach der PUSH–Operation und vor der POP–Operation

BEISPIEL. Hier ein Beispiel für den ersten Fall. Der Stack soll am Ende des Hauptspeichers beginnen. Der Stackpointer muss deshalb mit der letzten Hauptspeicheradresse +1 initialisiert werden. Wenn das Register A auf den Stack gelegt werden soll (PUSH A), muss die Ablaufsteuerung zunächst den Stackpointer SP dekrementieren und dann den Inhalt von Register A in den Speicherplatz schreiben, auf den SP zeigt. In symbolischer Schreibweise:

$$\text{PUSH } A: \qquad A \to (-SP)$$

Analog dazu wird die POP–Operation definiert:

$$\text{POP } A: \qquad (SP+) \to A$$

Hier wird der Stackpointer zuerst zur Adressierung benutzt und erst inkrementiert, nachdem A vom Stack geholt wurde.

Der Stack kann auch benutzt werden, um Prozessorregister zu retten. Dies ist z.B. nötig, wenn diese Register von einem Unterprogramm oder einem Interrupt benutzt werden. Zu Beginn eines solchen Programmteils werden die betreffenden Register mit PUSH–Operationen auf den Stack gebracht. Vor dem Rücksprung werden sie dann durch POP–Operationen in umgekehrter Reihenfolge in den Prozessor zurückgeholt. Man beachte, dass sich die Zahl der PUSH– und POP–Operationen innerhalb eines Unterprogramms (bzw. Interrupts) stets die Waage halten muss. Sollen Parameter an Unterprogramme über den Stack übergeben werden, so muss beim Eintritt in das Unterprogramm die Rücksprungadresse in ein Register gerettet werden. Unmittelbar vor dem Rücksprung muss dieses Register mit einer PUSH–Operation auf den Stack zurückgeschrieben werden.

2.3.2 Unterprogramme

Wenn an verschiedenen Stellen in einem Programm immer wieder die gleichen Funktionen benötigt werden, faßt man die dazugehörenden Befehlsfolgen in einem *Unterprogramm* zusammen. Dadurch wird nicht nur Speicherplatz gespart, sondern auch die Programmierung *modularisiert*. Im Allgemeinen übergibt man Parameter an ein Unterprogramm, die als Eingabewerte für die auszuführende Funktion benutzt werden. Die Parameter und Ergebnisse

einer Funktion können in bestimmten Registern oder über den Stack übergeben werden. Eine Sammlung von „nützlichen" Unterprogrammen kann in
einer (Laufzeit–)Bibliothek bereitgestellt werden. Sie enthält ablauffähige Maschinenprogramme, die einfach in Anwenderprogramme eingebunden werden
können. Ein Unterprogramm wird mit dem CALL–Befehl aufgerufen und mit
einem RETURN–Befehl abgeschlossen.

CALL–BEFEHL. Der CALL–Befehl hat die Aufgabe, eine Programmverzweigung in das Unterprogramm zu bewirken und die *Rücksprungadresse* auf
dem Stack zu speichern. Die Ausführung eines CALL–Befehls läuft gewöhnlich
in vier Schritten ab.

1. Nachdem der CALL–Befehl geholt wurde, wird die Verzweigungsadresse[2]
   in ein Adressregister AR gerettet.

2. Nun wird der Operationscode interpretiert und der Programmzähler so
   adjustiert, dass er auf den Befehl zeigt, der unmittelbar auf den CALL–
   Befehl zeigt.

3. Damit der Prozessor das Hauptprogramm nach Abarbeiten des Unterprogramms an dieser Stelle fortsetzen kann, muss er diese Rücksprungadresse
   auf den Stack legen. Falls der Programmzähler länger als ein Maschinenwort ist, müssen mehrere PUSH–Operationen erfolgen. Die Reihenfolge
   der Zerlegung des Programmzählers in Maschinenworte wird durch die
   Ablaufsteuerung des Prozessors festgelegt.

4. Im letzten Schritt wird die Startadresse des Unterprogramms aus dem
   Adressregister AR in den Programmzähler geladen. Nun beginnt die Be-
   fehlsabarbeitung des Unterprogramms, indem der Opcode unter der neuen
   Programmzähleradresse geholt wird.

RETURN–BEFEHL. Ein Unterprogramm muss mit einem RETURN–Befehl
abgeschlossen werden. Der RETURN–Befehl bewirkt eine Umkehrung von
Schritt 3 des CALL–Befehls. Die Rücksprungadresse wird durch (eine oder
mehrere) POP–Operationen vom Stack geholt und in den Programmzähler
geschrieben. Wenn mehrere POP–Operationen nötig sind, wird der Programmzähler in umgekehrter Reihenfolge zusammengesetzt wie er durch
den CALL–Befehl zerlegt wurde. Nachdem die Rücksprungadresse im Programmzähler wiederhergestellt ist, kann das Hauptprogramm fortgesetzt werden.

VERSCHACHTELUNG UND REKURSION. Das beschriebene Verfahren zur
Unterprogramm–Verarbeitung ermöglicht auch den Aufruf von Unterprogrammen aus Unterprogrammen. Solange sich die Unterprogramme nicht
selbst (direkt rekursiv) oder gegenseitig (indirekt rekursiv) aufrufen, können
sie beliebig ineinander verschachtelt werden. Rekursive Aufrufe von Unterprogrammen sind nur dann zulässig, wenn die im Unterprogramm benutzten

---

· Startadresse des Unterprogramms.

Register zwischenzeitlich auf den Stack gerettet werden. Man bezeichnet Unterprogramme mit dieser Eigenschaft als *ablaufinvariant* (reentrant), da sie jederzeit durch einen Interrupt unterbrochen werden dürfen. Die mögliche Verschachtelungstiefe hängt in allen Fällen von der Größe des für den Stack verfügbaren Hauptspeicherbereichs ab.

ZEITBEDARF. Der dynamische Aufbau einer Verbindung zwischen dem Haupt– und Unterprogramm mit Hilfe der Befehle CALL und RETURN erhöht den Zeitbedarf zur Ausführung einer Funktion. Dieser zusätzliche Zeitaufwand ist der Preis für den eingesparten Speicherplatz. Bei zeitkritischen Anwendungen kann es erforderlich sein, auf Unterprogramme zu verzichten und stattdessen Makros zu verwenden. Hier werden an die Stelle eines CALL–Befehls alle Maschinenbefehle einer Funktion eingefügt. Obwohl sich dadurch der Speicherbedarf erhöht, wird die Zeit für den Aufruf eines Unterprogramms und für die Rückkehr zum Hauptprogramm eingespart. Dies ist insbesondere bei einfachen Funktionen günstiger. Assembler, welche die Verwendung von Makros unterstützen, werden *Makroassembler* genannt. Der Programmierer kann einer Folge von Maschinenbefehlen einen symbolischen Namen zuordnen. Immer wenn dieser Name im weiteren Verlauf des Programms auftritt, wird er durch diese Befehlsfolge ersetzt. Neben Makroassemblern erlauben auch einige problemorientierte Sprachen wie z.B. „C" die Verwendung von Makros.

2.3.3 Interrupts

Besondere Ereignisse innerhalb oder außerhalb des Prozessors können Interruptsignale erzeugen und zu einer kurzzeitigen Unterbrechung des normalen Programmablaufs führen. Der Prozessor verzweigt während dieser Zeit zu einem Programm, das auf das eingetretene Ereignis reagiert (Service Routine). Interrupts werden vom Prozessor wie Unterprogramme behandelt. Sie unterscheiden sich von Unterprogrammen lediglich durch die Art des Aufrufs. Interrupts werden nicht durch einen CALL–Befehl ausgelöst, sondern durch intern oder extern erzeugte Signale. Sie können an jeder beliebigen Stelle (asynchron zum Prozessortakt) während der Abarbeitung eines Programms eintreffen. Wenn der Prozessor einen Interrupt sofort akzeptiert, erfolgt eine schnelle Reaktion auf das durch das Signal angezeigte Ereignis.

Anwendungen

Es gibt eine Vielzahl von Anwendungen für Interrupts. Wir wollen im folgenden die wichtigsten Anwendungen kurz beschreiben.

EIN–/AUSGABE. Bei der Ein–/Ausgabe muss sich der Prozessor mit den angeschlossenen Peripheriegeräten synchronisieren. Eine Möglichkeit hierzu besteht darin, ständig den Zustand der Ein–/Ausgabe Bausteine abzufragen (busy Wait). Wesentlich günstiger ist jedoch die interrupt–gesteuerte Ein–/Ausgabe. Hier wird der Prozessor nur dann unterbrochen, wenn der Ein–/Ausgabe Baustein bereit ist, Daten zu senden oder zu empfangen. Erst wenn diese Bereitschaft vorhanden ist (Ereignis), wird sie mittels eines Signals gemeldet. In der Zwischenzeit kann der Prozessor nützlichere Dinge tun, als auf das Peripheriegerät zu warten.

BETRIEBSSYSTEME. In Multiprogramm–Systemen wird der Prozessor ständig zwischen verschiedenen Benutzern umgeschaltet. Jeder Benutzer erhält den Prozessor nur während einer bestimmten Zeitspanne (Time Slice). Die Zuteilung des Prozessors wird durch den Betriebssystemkern vorgenommen, der nach dem Ablauf einer Zeitscheibe durch einen Interrupt aufgerufen wird. Die Erzeugung dieser Interruptsignale erfolgt i.a. mit Hilfe von programmierbaren Zeitgebern (vgl. Kapitel 9). Mit Zeitgebern können genau bestimmbare Zeitverzögerungen erzeugt werden. Sie sind daher auch für die Echtzeitprogrammierung wichtig. Im Gegensatz zu einfachen Betriebssystemen muss bei Echtzeitbetriebssystemen der Zeitbedarf zur Abarbeitung eines Programms genau vorhersehbar sein (vgl. [*Zöbel*, 1986]).

Software–Interrupts sind Maschinenbefehle, welche die gleiche Wirkung haben wie durch Hardware ausgelöste Interrupts. Mit Hilfe von Software–Interrupts kann der Benutzer bestimmte Ein–/Ausgabe Operationen aufrufen, die das Betriebssystem bereitstellt (System Calls) und die nur im System–Modus (privileged oder Supervisor Mode) erlaubt sind.

FEHLERBEHANDLUNG. Sowohl Hardware– als auch Softwarefehler können zu kritischen Zuständen eines Computersystems führen, die sofort bereinigt werden müssen. Die Fehler müssen durch eine geeignete Hardware erkannt werden und Interrupts auslösen, die in jedem Fall vom Prozessor akzeptiert werden. Typische Softwarefehler sind die Division durch Null (Divide by Zero), eine Überschreitung des darstellbaren Zahlenbereichs (Overflow) und das Ausführen nichtexistierender Maschinenbefehle (illegal Instruction). Der zuletzt genannte Fehler tritt z.B. auf, wenn in einem Unterprogramm unzulässige Operationen auf dem Stack ausgeführt werden. Die angeführten Interrupts entstehen innerhalb des Prozessors und werden häufig als *Traps* (Falle) oder *Execeptions* bezeichnet. Zu den externen Fehlern zählen die Speicherdefekte, die z.B. durch eine Prüfung der Parität erkannt werden können. Weitere Fehlerquellen dieser Art sind Einbrüche der Betriebsspannung oder die Verletzung von Zeitbedingungen bei Busprotokollen. Um solche Fehler zu erkennen, benutzt man sogenannte *Watchdog*-Schaltungen.

Verarbeitung *eines* Interrupts

Moderne Prozessoren besitzen ein kompliziertes Interrupt–System, das mehrere Interrupt–Quellen unterstützt. Wir wollen jedoch zunächst annehmen, dass es nur eine einzige Interrupt–Quelle gibt und erst im nächsten Abschnitt zu komplizierteren Interrupt–Systemen übergehen.

Um mit einem Prozessor Interrupts verarbeiten zu können, muss die Ablaufsteuerung der Holephase erweitert werden. Nur so können Signale auf die Befehlsverarbeitung des Prozessors Einfluss nehmen. Da eine Interrupt–Anforderung IRQ (Interrupt Request) zu jedem beliebigen Zeitpunkt während eines Befehlszyklus eintreffen kann, muss sie zunächst in einem Flipflop zwischengespeichert werden. Bis zur Annahme und Bearbeitung durch den Prozessor bleibt die Interruptanforderung hängend (pending). Die notwendige Erweiterung der Holephase ist in Abb. 2.4 dargestellt. Dabei wurde angenommen, dass der Stack am Ende des Hauptspeichers (RAM–Bereich) beginnt. Der Interrupt–Opcode legt implizit die Startadresse der Service Routine fest, die auch *Interrupt–Vektor* genannt wird. Mit dem Quittungssignal $INTA$ (Interrupt Acknowledge) bestätigt der Prozessor die Annahme eines Interrupts. Mit diesem Signal kann das Anforderungs–Flipflop zurückgesetzt werden. Bevor die eigentliche Service Routine beginnt, muss das Statusregister auf den Stack gerettet werden. Damit die während der Service Routine möglicherweise veränderten Flags sich nicht auf den Programmfluss des unterbrochenen Programms auswirken, wird der zuvor gesicherte Inhalt des Status–Registers vor dem Rücksprung ins unterbrochene Programm wieder vom Stack zurückgeholt. Die Sicherung des Status–Registers wird normalerweise automatisch durch die Ablaufsteuerung (Mikroprogramm) erledigt. Am Ende eines Interrupts steht ein RETI–Befehl (Return from Interrupt), um wie bei Unterprogrammen die Rücksprungadresse vom Stack zu holen. Da zusätzlich auch das Status–Register zurückgeschrieben wird, unterscheidet sich der RETI–Befehl von einem Unterprogramm–RETURN Befehl, der oft als RTS–Befehl (Return from Subroutine) bezeichnet wird. Bei älteren Prozessoren (z.B. Intel i8085) muss der Programmierer die Service Routinen in PUSH– und POP–Befehle einbetten, die den Inhalt des Status–Registers für das unterbrochene Programm retten.

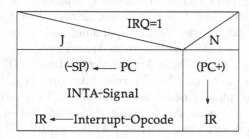

Abb. 2.4. Erweiterung der Holephase zur Bearbeitung eines Interrupts

Mehrere Interrupts

Wenn ein Prozessor in der Lage sein soll, mehrere Interrupt–Quellen zu berücksichtigen, müssen zwei Probleme gelöst werden:

1. Jedem Interrupt muss eine Startadresse für die Service–Routine zugeordnet werden.

2. Wenn mehrere Interrupts gleichzeitig hängend sind, muss eine Entscheidung getroffen werden, welcher Interrupt vorrangig bearbeitet wird.

Die Einführung von *Prioritäten* für die einzelnen Interrupts kann durch Hardware oder Software erfolgen. Außerdem ist es sinnvoll, zwei Kategorien von Interrupts zu unterscheiden: *maskierbare* und *nicht maskierbare* Interrupts. Die maskierbaren Interrupts können vom Programmierer freigegeben oder gesperrt werden. Während zeitkritischer Programmabschnitte ist es z.B. ratsam, alle Interrupts dieser Art zu sperren, damit keine zusätzlichen Verzögerungszeiten durch Service Routinen entstehen. Nichtmaskierbare Interrupts (Non Maskable Interrupts NMI) dienen zur Fehlerbehandlung und müssen deshalb sofort bearbeitet werden. Traps (prozessor–interne Ereignisse) haben stets die höchste Priorität in einem Interrupt–System und sind daher nicht maskierbar.

STARTADRESSE DER SERVICE ROUTINE. Um die Startadresse der Service Routine zu bestimmen, gibt es drei Möglichkeiten:

1. Abfragemethode
2. Vektormethode
3. Codemethode

Die *Abfragemethode* (polling) hat den geringsten Hardwareaufwand, da am Prozessor weiterhin nur ein Interrupt–Eingang nötig ist. Die Interrupt–Anforderungen der einzelnen Ein–/Ausgabe Bausteine werden durch eine ODER–Funktion miteinander verknüpft, die dann diesen Eingang ansteuert. Meist erfolgt die Signalisierung einer Interrupt–Anforderung mit negativer Logik, d.h. der Prozessor wertet eine 0 an einem Eingang $\overline{IRQ}$ als Interrupt–Anforderung. Die ODER–Verknüpfung wird durch eine Sammelleitung realisiert, die von Ausgängen mit offenem Kollektor angesteuert wird und nur an einer Stelle über einen (pull–up) Widerstand mit der Betriebsspannung verbunden ist. Der $\overline{IRQ}$–Eingang ist aktiviert, sobald eine Interrupt–Anforderung vorliegt, d.h. einer der Ausgänge 0 Pegel führt. Diese Art der verdrahteten ODER–Verknüpfung (wired–OR) findet man auch bei der Busarbitrierung (vgl. Kapitel 7). Wenn während der Holephase eine hängende Interrupt–Anforderung erkannt wird, unterbricht der Prozessor das laufende Programm, indem er die zu dem (einzigen) Interrupt gehörende Service Routine aufruft. Dieses Programm verwaltet „alle" Interrupts und wird deshalb *Interrupt–Handler* genannt. Zunächst muss die Interrupt–Quelle ermittelt werden. Dazu werden die Status–Register der einzelnen Ein–/Ausgabe Bausteine nacheinander gelesen und geprüft, ob das Interrupt–Flag gesetzt ist. Der Interrupt–Handler kennt die Startadressen der Service Routinen für jeden einzelnen Baustein. Sobald die Abfrage des Interrupt–Flags positiv ist, wird durch einen unbedingten Sprung zu der entsprechenden Service Routine verzweigt. Dieses

Device–Handler Programm muss dann mit dem RETI–Befehl abgeschlossen sein. Die Reihenfolge der Abfrage entspricht der Priorität der angeschlossenen Ein–/Ausgabe Bausteine bzw. Peripheriegeräte. Wechselnde Prioritäten sind durch Änderung dieser Reihenfolge leicht zu realisieren. Ein großer Nachteil der Abfragemethode ist jedoch der hohe Zeitbedarf zur Ermittlung des richtigen Device–Handlers.

Die *Vektormethode* (vectored Interrupts) verursacht den größten Hardware-aufwand, da für jede mögliche Interrupt–Anforderung ein eigener Eingang am Prozessor vorhanden sein muss. Die eintreffenden Interrupt–Anforderungen werden in einem besonderen Register $ISRQ$ (Interrupt Service ReQuest) aufgefangen und mit einer Interrupt–Maske IM, die Bestandteil des Status–Registers ist, bitweise UND–verknüpft. Nehmen wir zunächst einmal an, dass sich die Interrupt–Anforderungen wechselseitig ausschließen. Wenn ein freigegebener Interrupt erkannt wird, kann die Ablaufsteuerung der betreffenden Anforderungsleitung einen Opcode zuordnen, der implizit die Startadresse für eine Service Routine festlegt. Mit der Vektormethode können Interrupt–Anforderungen sehr schnell beantwortet werden, da die Startadresse des Device–Handlers spätestens nach einem Befehlszyklus bekannt ist. Nachteilig ist jedoch, dass einer Anforderungsleitung nur ein Device–Handler zugeordnet werden kann. Abhängig von ihrem momentanen Zustand benötigen Peripheriegeräte jedoch verschiedene Device–Handler. Um trotzdem nur mit einer Anforderungsleitung auszukommen, bietet sich die direkte Abfrage eines Codes für die gewünschte Service Routine an.

Die *Codemethode* wird von sehr vielen Prozessoren angeboten, da sie ein hohes Maß an Flexibilität bietet. Jeder Anforderungsleitung IRQ_i wird ein Quittungssignal $INTA_i$ zugeordnet. Wenn ein Ein–/Ausgabe Baustein auf eine Interrupt–Anforderung hin ein Quittungssignal erhält, antwortet er mit einem Codewort auf den Datenbus[3]. Aus diesem Codewort wird dann die Startadresse des gewünschten Device–Handlers bestimmt. Unterstützt der Prozessor vektorisierte Interrupts, so entspricht dem Codewort eine Vektornummer (vgl. 680X0 in Kapitel 5). Das Codewort kann aber auch einen CALL–Befehl darstellen, und der Ein–/Ausgabe Baustein übergibt im Anschluss daran die Startadresse direkt an den Prozessor (vgl. Intel i8085).

PRIORITÄTEN LÖSEN KONFLIKTE. Wenn mehrere Interrupt–Anforderungen gleichzeitig hängend sind, liegt eine Konfliktsituation vor. Dieser Fall kann z.B. eintreten, wenn in einem Befehlszyklus zwei Interrupts hintereinander eintreffen. Welcher der beiden Interrupts wird denn zuerst bearbeitet? Oder nehmen wir an, der Prozessor sei gerade in einer Service Routine und ein neuer Interrupt tritt auf. Soll die Service Routine erst beendet werden, oder wird sie unterbrochen? Um solche Konfliktsituationen zu beheben, muss eine Prioritätenliste (Rangfolge) definiert werden, welche die Bedeutung der einzelnen Interrupts bewertet. Wie wir bereits weiter oben gesehen haben, können Prio-

---

$\cdot$ Das Codewort hat meist nicht die volle Maschinenwortbreite.

ritäten sehr leicht durch die Abfragereihenfolge in einem Interrupt–Handler implementiert werden. Die Abfragemethode ist jedoch sehr langsam.

Wir wollen im folgenden den Aufbau und die Funktionsweise eines *Interrupt–Controllers* untersuchen. Eine Hardware–Lösung ist wesentlich schneller, da sie den Prozessor nicht belastet. Die Priorität einer Anforderungsleitung wird durch einen auf dem Chip integrierten Interrupt–Controller festgelegt. Jeder Interrupt–Eingang kann mit Hilfe eines externen Controllers in weitere Prioritätsebenen unterteilt werden. Sowohl interne als auch externe Interrupt–Controller haben prinzipiell den gleichen Aufbau.

In (Abb. 2.5) ist ein Interrupt–Controller für 4 Prioritätsebenen dargestellt. Wenn alle Interrupts freigegeben sind, gelangen hängende Anforderungen zu

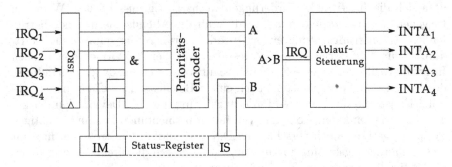

Abb. 2.5. Aufbau eines Interrupt–Controllers für 4 Prioritätsebenen

einem *Prioritätsencoder*, der die Nummer der Anforderung höchster Priorität als Binärzahl ausgibt. Für den Fall, dass keine Anforderung hängend ist, muss eine Null ausgegeben werden. Deshalb ist auch ein 3–Bit Code notwendig. Nehmen wir an, dass IRQ_4 die höchste Priorität hat, so ergibt sich folgende Funktionstabelle für den Prioritätsencoder[4]:

$IRQ.$	$IRQ.$	$IRQ.$	$IRQ.$	Code
1	X	X	X	100
0	1	X	X	011
0	0	1	X	010
0	0	0	1	001
0	0	0	0	000

Der vom Prioritätsencoder ausgegebene Code wird mit den Interrupt–Status Bits IS des Status–Registers verglichen. Diese Bits codieren die Prioritätsebene, in der sich der Prozessor gerade befindet. Ist der vorliegende Prioritäts–Code kleiner als der IS–Code, so wird keine Interrupt–Anforderung an die

---

[4] X steht für *don't care*.

Ablaufsteuerung gestellt. Alle vorliegenden Interrupt–Anforderungen bleiben hängend. Falls der am Vergleicher anliegende Prioritäts–Code größer als der IS–Code ist, wird die Anforderung höchster Priorität akzeptiert und wie folgt bearbeitet:

1. Mit Hilfe des Prioritäts–Codes wird die Startadresse der Service Routine nach einer der oben genannten Methoden bestimmt und ein $INTA$–Signal wird ausgegeben.
2. Die Rücksprungadresse wird zusammen mit dem alten IS–Code auf den Stack gerettet.
3. Die Startadresse der Service Routine wird in den Programmzähler geladen, und der IS–Teil des Status–Registers wird mit dem aktuellen Prioritätscode überschrieben.
4. Nun kann die Abarbeitung der Service Routine erfolgen. Sie wird mit einem RETI–Befehl abgeschlossen. Da dieser Befehl das alte Status–Register wiederherstellt, bewirkt er eine Rückkehr in die unterbrochene Prioritätsebene.

Mit dem beschriebenen Interrupt–Controller können beliebig ineinander verschachtelte Interrupts verarbeitet werden. Dies wollen wir an einem konkreten Beispiel noch einmal verdeutlichen.

BEISPIEL. Betrachten wir zwei Peripheriegeräte, die unterschiedliche Geschwindigkeitsanforderungen an eine Service Routine stellen. Das Lesen eines Sektors bei einer Festplatte erfordert die sofortige Reaktion des Prozessors, sobald sich die gewünschte Spur unter dem Schreib–/Lesekopf befindet. Die zugehörige Service Routine HD (Hard Disk) darf nicht unterbrochen werden, da sonst Daten verloren gehen. Wir ordnen deshalb der Festplatte die Interrupt–Anforderung höchster Priorität, hier IRQ_4, zu. Als zweites Peripheriegerät soll ein Drucker betrachtet werden, der zeilen– oder blockweise Daten empfängt und seine Bereitschaft zur Aufnahme neuer Daten durch einen Interrupt signalisiert. Die Service Routine LP (Line Printer) kann jederzeit unterbrochen werden, da sich dadurch lediglich die Zeit zum Ausdrucken verzögert. Der Ein–/Ausgabe Baustein zum Anschluss des Druckers wird daher mit der Anforderungsleitung niedrigster Priorität, hier IRQ_1, verbunden. Wir wollen annehmen, dass während der Abarbeitung des Hauptprogramms je ein Prozess zum Drucken und zur Datei–Eingabe aktiv sind und vom Betriebssystem blockiert wurden, d.h. diese Prozesse warten auf Interrupts der Peripheriegeräte. Wenn der Drucker über IRQ_1 Bereitschaft zum Drucken signalisiert, kann der Prozessor zum Device–Handler LP verzweigen. Die Rücksprungadresse und das Statusregister werden auf den Stack gerettet und der IS–Code auf 001 gesetzt. Trifft während der Bearbeitung von LP ein IRQ_4 ein, so wird LP unterbrochen, da der aktuelle Prioritätscode 100 größer ist als der IS–Code. Nach der Verzweigung zum Programm HD ist der IS–Code 100. Der Device–Handler der Festplatte kann demnach nicht unterbrochen werden, da alle anderen Interrupts niedrigere Prioritätscodes haben. Sobald das Programm *HD* abgeschlossen ist, setzt der Prozessor die Bearbeitung des Device–Handlers *LP* fort. Nach dem Rücksprung aus *HD* ist der *IS*–Code wieder 001. Man beachte, dass beide Interrupts durch die Interrupt–Maske *IM* freigegeben sein müssen. Um Fehler zu vermeiden, dürfen Änderungen der Interrupt–Maske nur vom Betriebssystem vorgenommen werden. Die meisten Prozessoren unterscheiden zwei Betriebsarten, um solche Operationen durch ein Benutzerprogramm zu verhindern (vgl. Kapitel 5 und Kapitel 8).

Die oben beschriebene Hardware eines Interrupt–Controllers ist i.a. auf dem Prozessorchip integriert. Zusätzliche Prioritätsebenen können durch die Abfragemethode (Software), externe Interrupt–Controller oder durch eine Verkettung der *INTA*–Signale einer Ebene erreicht werden (Daisy–Chain). Die letztgenannte Methode ist besonders häufig, da sie nur geringen Mehraufwand an Hardware verursacht. Sie wird meist mit der Codemethode zur Ermittlung der Startadresse kombiniert. Die Daisy–Chain Priorisierung führt eine *ortsabhängige* Prioritätenfolge innerhalb einer Ebene ein, indem das *INTA*–Signal vom Prozessor über hintereinandergeschaltete Busmodule weitergereicht wird. Jedes Busmodul (vgl. Kapitel 7) stellt eine mögliche Interrupt–Quelle dar, die über eine Sammelleitung eine Interrupt–Anforderung erzeugen kann. Das erste Busmodul, das einen Interrupt–Service wünscht, antwortet dem Prozessor mit einem Codewort zur Bestimmung der Startadresse der Service Routine, sobald es ein *INTA*–Signal registriert. In diesem Fall reicht das betreffende Busmodul das *INTA*–Signal nicht an nachfolgende Busmodule weiter. Somit hat das direkt auf das Prozessormodul folgende Busmodul die höchste Priorität. Eine ausführliche Behandlung der Daisy–Chain Methode erfolgt in Kapitel 7. Dort wird auch der VME–Busstandard vorgestellt, der diese Art der Interrupt–Priorisierung benutzt.

2.4 Rechenwerk

Wie zu Beginn dieses Kapitels beschrieben, besteht das Rechenwerk im Wesentlichen aus Registern, Multiplexern und einer ALU. Im folgenden sollen diese Bestandteile näher untersucht werden.

2.4.1 Daten–Register

Wenn im Rechenwerk adressierbare Daten–Register vorhanden sind, spricht man von einer *Registerarchitektur*. Die Daten–Register bilden einen *Register–Block* oder ein *Register–File*[5]. Bei Registerarchitekturen unterscheidet man Ein–, Zwei– und Drei–Adress Maschinen. Der Adresstyp wird von der Zahl der internen Daten– und Adressbusse bestimmt, die den Registerblock mit der ALU und dem externen Speicher verbinden. Je mehr Daten–Register

---

[5] Wenn sehr viele Register vorhanden sind (z.B. bei RISC–Prozessoren).

gleichzeitig ausgewählt werden können, umso weniger Taktzyklen werden zur Ausführung eines Maschinenbefehls benötigt.

Oft wird der Begriff X–Adress Maschine auch auf das Format eines Maschinenbefehls bezogen. Da die Zahl der Adressen, die in einem Befehl angegeben werden können, keine Auskunft über die Hardware des Rechenwerks (Maschine) gibt, sollte man in diesem Zusammenhang besser von einem X–Adress *Befehlssatz* sprechen.

Neben Registerarchitekturen gibt es die *Stackarchitekturen* oder *Null–Adress Maschinen*. Anstelle eines Registerfiles wird hier ein Stack benutzt, um Operanden oder Ergebnisse zu speichern. Eine echte Stackarchitektur verfügt über einen auf dem Prozessor integrierten LIFO–Speicher. Die Realisierung des Stacks im Hauptspeicher (mit Hilfe eines Stackpointers) ist nicht empfehlenswert, da die hohe Zahl von Speicherzugriffen die Prozessorleistung herabsetzt. Null–Adress Befehle enthalten keine direkten Adressangaben sondern benutzen die Daten, die oben auf dem Stack liegen, als Operanden oder als Adressen (für Zugriffe auf den Hauptspeicher). Diese Daten werden kurzzeitig in Latches zwischengespeichert und durch die ALU miteinander verknüpft. Das Ergebnis wird dann wieder auf den Top of Stack (TOS) gelegt. Diese Vorgehensweise entspricht der Berechnung eines arithmetischen Ausdrucks in der *umgekehrten Polnischen Notation* (Reverse Polnish Notation RPN). Erst müssen mit PUSH–Befehlen die Operanden auf den Stack gebracht werden, und danach wird die gewünschte Operation angegeben. Da die Adresse fehlt, sind Maschinenbefehle von Stackarchitekturen sehr kompakt. Zur Lösung einer bestimmten Aufgabe müssen jedoch viele Maschinenbefehle verwendet werden. Obwohl es stackorientierte Programmiersprachen (z.B. FORTH) gibt, die durch entsprechende Stackmaschinen unterstützt werden [*Glasmacher*, 1987], hat sich die Stackarchitektur nicht durchsetzen können. Der überwiegende Anteil heutiger Prozessoren gehört zur Klasse der Registerarchitekturen.

2.4.2 Adress–Rechnungen

Bei allen Maschinenbefehlen muss sowohl eine *Adress*–Rechnung mit dem Programmzähler oder anderen Adressregistern als auch eine *Daten*–Rechnung mit den Operanden durchgeführt werden. Für die Adress–Rechnungen wird meist eine zusätzliche ALU vorgesehen, damit sie gleichzeitig zu den Daten–Rechnungen ausgeführt werden können. Diese ALU verfügt allerdings über weniger Verknüpfungsmöglichkeiten und gehört mehr zum Leitwerk als zum Rechenwerk. Schnelle Adress–Rechnungen sind auch zur Speicherverwaltung bzw. zur Realisierung eines *virtuellen Speichers* erforderlich. Neben dem Prozessor enthalten daher auch Speicherverwaltungs–Einheiten (Memory Management Units MMUs) eine ALU für Adress–Rechnungen.

2.4.3 Datenpfade

In Abb. 2.6 ist ein Rechenwerk dargestellt, das ALU und Registerfeld nur mit *einem* internen (bidirektionalen) Datenbus verbindet. Nachteilig an dieser Verbindungsstruktur ist, dass die Abarbeitung eines Maschinenbefehls drei Taktzyklen erfordert. Zunächst müssen die beiden Operanden in Latch–Register gebracht werden. Da immer nur ein Operand pro Takt aus dem Registerfeld gelesen werden kann, benötigt man hierzu zwei Taktzyklen. Im dritten Taktzyklus wird das Ergebnis der Verknüpfung vom F(unction)–Ausgang der ALU ins Registerfile geschrieben.

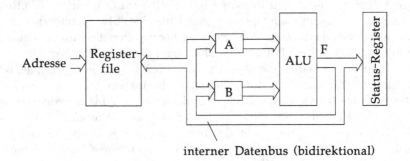

Abb. 2.6. Rechenwerk einer Ein–Adress Maschine

BEISPIEL.   Angenommen der Drei–Adress *Befehl* **SUB** *R1,R2,R3* soll auf einer Ein–Adress *Maschine* ausgeführt werden:

Taktzyklus	Operation
1	$R1 \rightarrow A$
2	$R2 \rightarrow B$
3	$F \rightarrow R3$

Bei einer Zwei–Adress Maschine kann der gleiche Befehl in zwei Taktzyklen ausgeführt werden, da die Latches A und B gleichzeitig geladen werden. In Abb. 2.7 wird die Datenpfad–Struktur einer Drei–Adress Maschine veranschaulicht, die typisch ist für RISC–Prozessoren. Der angeführte Beispiel–Befehl kann mit einem solchen Rechenwerk in einem Taktzyklus ausgeführt werden, da sowohl für die Operanden als auch für das Ergebnis eigene Datenbusse bereitstehen, die separat adressiert werden können.

2.4.4 Schiebemultiplexer

Schiebeoperationen sind z.B. für die Multiplikation oder Division nützlich. Sie können durch einen Schiebemultiplexer (Shifter) an einem Eingang der

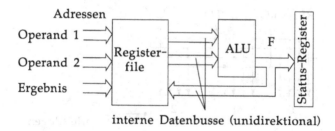

Abb. 2.7. Rechenwerk einer Drei–Adress Maschine (z.B. RISC–Prozessor)

ALU realisiert werden. Der Schiebemultiplexer bestizt 3 Eingänge mit Maschinenwortbreite (Abb. 2.8). Ein Eingang ist ganz normal mit dem internen Datenbus verbunden. Bei den beiden anderen Eingängen sind die Datenleitungen einmal um eine Stelle nach links und einmal um eine Stelle nach rechts verschoben. Über zwei Steuerleitungen wird die gewünschte Positionierung eines ALU–Operanden ausgewählt. Wenn der Operand verschoben wird, muss von links oder rechts ein Bit nachgeschoben werden (Eingänge Left Input LI und Right Input RI). Das herausfallende Bit steht je nach Schieberichtung an den Ausgängen (Left Output LO bzw. Right Output RO). Oft wird bei Schiebeoperationen das Carry–Flag benutzt, um entweder das herausfallende Bit zwischenzuspeichern oder um den Inhalt des Carry–Flags nachzuschieben. Wenn die Schiebe–Eingänge mit den zugehörigen Ausgängen verbunden werden[6], *rotieren* die Bits um eine Stelle nach links oder rechts. Mit mehreren Rotationsoperationen können Bitgruppen in jede gewünschte Position gebracht werden. Oft ist es auch möglich, über das Carry–Flag zu rotieren, d.h. der Schiebe–Ausgang wird mit dem Eingang des Carry–Flags verbunden und dessen Ausgang mit dem Schiebe–Eingang.

2.4.5 Dual–Addition

Wir wollen hier exemplarisch für arithmetische Operationen die Dual–Addition behandeln. Verschiedene Schaltungen zur Berechnung der Summe zweier dual dargestellter Zahlen werden angegeben, und die Problematik der Übertragsverarbeitung wird verdeutlicht. Die Dual–Addition ist eine elementare arithmetische Operation, da alle Grundrechenarten auf sie zurückgeführt werden können. Um eine hohe Taktrate des Prozessors zu erreichen, muss sie in der ALU eines Rechenwerks als Schaltnetz realisiert werden. Wir werden Schaltnetze mit Übertragsvorausschau (Carry Look Ahead Adder) kennenlernen, die einen guten Kompromiss zwischen Hardwareaufwand und Geschwindigkeit darstellen, und die trotzdem modular aufgebaut werden können.

---

[6] $LO \rightarrow LI$ bzw. $RO \rightarrow RI$.

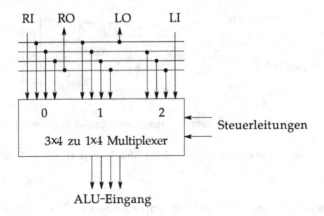

Abb. 2.8. 4–Bit Schiebemultiplexer (Shifter) vor einem ALU–Eingang

Der Wert einer Zahl wird im Dualsystem durch eine N–stellige Folge der Ziffern 0 und 1 dargestellt. Der Position n einer Ziffer x_n entspricht der Stellenwert 2^n, der zur Bestimmung des dargestellten Zahlenwertes W mit der Ziffer x_n gewichtet wird. Man spricht auch von einem Stellenwertsystem:

$$W = \sum_{n=0}^{N-1} x_n 2^n$$

Die Addition von Dualzahlen entspricht prinzipiell der Addition von Dezimalzahlen: Man schreibt die Summanden stellenrichtig untereinander und beginnt mit der Addition an der niederwertigsten Stelle. Bis auf diese „Einerstelle" muss jeweils ein (Eingangs–)Übertrag aus der vorangehenden Stelle berücksichtigt werden. In der folgenden Additionstabelle sind für alle möglichen Eingangsbelegungen die zugehörige *Stellensumme* s_n und der *Übertrag* c_{n+1} angegeben:

c_n	x_n	y_n	s_n	$c_{n\cdot\cdot}$
0	0	0	0	0
0	0	1	1	0
0	1	0	1	0
0	1	1	0	1
1	0	0	1	0
1	0	1	0	1
1	1	0	0	1
1	1	1	1	1

Ein *Volladdierer VA* realisiert diese Funktionstabelle mit Hilfe von elektronischen Schaltgliedern, die elementare Verknüpfungen bilden können. Für Stellensumme und Übertrag ergeben sich folgende Schaltfunktionen:

$$s_n = \bar{c}_n \bar{x}_n y_n + \bar{c}_n x_n \bar{y}_n + c_n \bar{x}_n \bar{y}_n + c_n x_n y_n$$
$$= c_n \not\equiv x_n \not\equiv y_n$$
$$c_{n+1} = x_n y_n + c_n (x_n + y_n)$$

Die angegebene Schaltfunktion für den Übertrag c_{n+1} ist minimiert. Die Schaltfunktion für die Stellensumme läßt sich nicht vereinfachen.

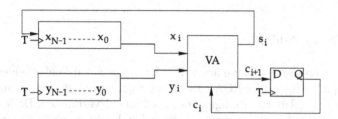

Abb. 2.9. Aufbau eines N–stelligen Serienaddierers

Mit einem Volladdierer und zwei Schieberegistern zur Aufnahme der Summanden (bzw. Summe) kann ein mehrstelliges Addierwerk konstruiert werden (Abb. 2.9). Wenn T die Periodendauer des Taktsignals bezeichnet, dauert bei einem solchen *Serienaddierer* die Bestimmung einer N–stelligen Summe $t_{SA} = NT$. In jedem Taktschritt wird eine Stelle addiert und der Übertrag für die nächste Stelle in einem Flipflop zwischengespeichert.

Der Zeitbedarf verringert sich erheblich, wenn mehrere Volladdierer parallel arbeiten. Der „Steueralgorithmus" wird verdrahtet, d.h. wir erhalten anstatt eines Schalt*werks* ein Schalt*netz*.

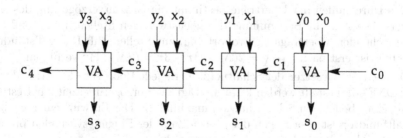

Abb. 2.10. Aufbau eines 4–Bit Ripple Carry Adders

Siehe Übungsbuch
Seite 53, Aufgabe 76:
Umwandlung natürlicher Zahlen

Siehe Übungsbuch
Seite 54, Aufgabe 77:
Umwandlung gebrochener Zahlen

Ripple Carry Adder

Abb. 2.10 zeigt den Aufbau eines 4–Bit Addierers mit durchlaufendem Über-trag (Ripple Carry Adder RCA). Der Übertragsausgang der n–ten Stelle wird einfach mit dem Übertragseingang der Stelle $n + 1$ verbunden. Da jeder Voll-addierer auf den Übertrag aus der vorangehenden Stufe warten muss, ergibt sich bei einer großen Maschinenwortbreite eine erhebliche Zeitverzögerung. Wie wir aus Kapitel 1 wissen, wird dadurch die maximal mögliche Taktrate beschränkt. Wir wollen nun das Zeitverhalten dieser Schaltung genauer un-tersuchen. Die Schaltfunktionen für s_n und c_n seien mit UND–, ODER– und NICHT–Gliedern realisiert, die jeweils eine Verzögerungszeit τ haben. Die Zeit τ hängt von der verwendeten Schaltkreistechnologie ab[7]. Sobald die Eingangs-variablen des Paralleladdierers stabil sind, wird $t = 0$ gesetzt. Mit den oben angegebenen Schaltfunktionen erhalten wir folgende Verzögerungszeiten.

Stelle n	0	1	2	3	4
Eingang c_n gültig nach t=	0	2τ	4τ	6τ	8τ
Ausgang s_n gültig nach t=	3τ	5τ	7τ	9τ	11τ

Das Durchlaufen der Überträge bestimmt die Gesamtverzögerung des Ad-dierers. Die Zeit zur Bestimmung der höchstwertigen Stellensumme und des entsprechenden Übertrags ist proportional zur Stellenzahl. Das vollständige Ergebnis ist erst nach $t_{\mathrm{RCA}} = 2(N - 1)\tau + 3\tau = (2N + 1)\tau$ verfügbar.

Da nach den Gesetzen der Schaltnetztheorie jede Boole'sche Funktion durch eine DNF[8] dargestellt werden kann, beträgt die Verzögerungszeit zur Bestim-mung einer beliebigen Schaltfunktion maximal 3τ. Der Entwurf einer solchen Schaltfunktion ist aber wegen der großen Zahl der Eingangsvariablen proble-matisch. Ähnlich wie bei den komplexen Schaltwerken ist es nicht möglich, ein Addierschaltnetz für eine „große" Wortbreite direkt mit einer Funktions-tabelle zu entwerfen. So hätte z.B. bei 8 Bit Wortbreite die Funktionstabelle

---

[7] Z.B. ≈ 10 ns bei TTL–Technik.
[8] Disjunktive Normalform (vgl. Band 1).

$2^{17} = 131072$ Zeilen. Es ist unmöglich, eine entsprechend umfangreiche Schaltfunktion zu minimieren oder gar zu realisieren. Man muss daher versuchen, das beim Ripple Carry Adder benutzte Prinzip der Modularisierung beizubehalten und trotzdem einen guten Kompromiss zwischen Hardwareaufwand und geringer Verzögerungszeit zu finden.

Carry Look Ahead Adder

Benutzt man weiterhin Volladdierer als „1–Bit"–Module, so läßt sich Rechenzeit nur verringern, wenn die Überträge unmittelbar aus den Eingabevariablen ermittelt werden. Durch die rekursive Anwendung der Gleichung für den Übertrag c_n kann diese Anforderung erfüllt werden, und wir erhalten einen Addierer mit Übertragsvorausschau (*Carry Look Ahead Adder CLAA*). Die Vorgehensweise soll am Beispiel des 4–Bit Paralleladdierers erläutert werden. Die Überträge c_4, c_3 und c_2 werden nicht mehr von dem Volladdierer der vorangehenden Stelle, sondern von einem zusätzlichen Schaltnetz *direkt* aus den Eingangsgrößen bestimmt. Dieses Schaltnetz ist durch folgende Schaltfunktionen bestimmt:

$$c_1 = x_0 y_0 + c_0(x_0 + y_0) = x_0 y_0 + c_0 x_0 + c_0 y_0$$
$$c_2 = x_1 y_1 + c_1(x_1 + y_1)$$
$$= x_1 y_1 + x_0 y_0 x_1 + c_0 x_0 x_1 + c_0 y_0 x_1 + x_0 y_0 y_1 + c_0 x_0 y_1 + c_0 y_0 y_1$$
$$c_3 = x_2 y_2 + c_2(x_2 + y_2)$$
$$= x_2 y_2 + x_1 y_1 x_2 + x_0 y_0 x_1 x_2 + c_0 x_0 x_1 x_2 + c_0 y_0 x_1 x_2 + x_0 y_0 y_1 x_2$$
$$+ c_0 x_0 y_1 x_2 + c_0 y_0 y_1 x_2 + x_1 y_1 y_2 + x_0 y_0 x_1 y_2 + c_0 x_0 x_1 y_2 + c_0 y_0 x_1 y_2$$
$$+ x_0 y_0 y_1 y_2 + c_0 x_0 y_1 y_2 + c_0 y_0 y_1 y_2$$
$$c_4 = x_3 y_3 + c_3(x_3 + y_3) = \ldots$$

Wir erkennen aus den angegebenen Gleichungen, dass sich die Zahl der Eingänge pro ODER–Glied mit jeder weiteren Stelle etwa verdoppelt. Beim Übertrag c_4 bräuchte man z.B. ein ODER–Glied mit 31 Eingängen. Ein solches Schaltglied könnte nur mit sehr großem Aufwand hergestellt werden (Layout). Normalerweise haben Schaltglieder von integrierten Schaltungen zwischen 5 bis 10 Eingänge. Die Anzahl der UND–Glieder wird durch folgende Rekursionsbeziehungen bestimmt:

$$\#UND(1) = 3$$
$$\#UND(n) = 1 + 2 \cdot \#UND(n-1)$$

Die Zahl der benötigten ODER–Glieder erhöht sich mit jeder Stufe um 1 und ist somit gleich der Anzahl n der zu addierenden Stellen. Mit diesen Beziehungen wurde der Hardwareaufwand als Gesamtzahl der Verknüpfungsglieder berechnet. Wie Tabelle 2.1 zeigt, sind bereits für einen 8–Bit CLAA mehr als 1 000 Verknüpfungsglieder erforderlich.

Tabelle 2.1. Bestimmung des Hardwareaufwands bei einem Carry Look Ahead Adder ohne Hilfssignale

n	1	2	3	4	5	6	7	8
max. Eing. pro Schaltgl.	3	7	15	31	63	127	255	511
$\#UND(n)$	3	7	15	31	63	127	255	511
$\sum UND(n)$	3	10	25	56	119	246	501	1012
Schaltgl. insges.	4	12	28	60	124	252	508	1020

Abhilfe schafft hier die Definition von zwei Hilfssignalen, wodurch sich sowohl die maximale Zahl der Eingänge pro Schaltglied als auch der Hardwareaufwand erheblich reduzieren läßt:

$$g_n := x_n y_n$$
$$p_n := x_n + y_n$$
$$\Rightarrow c_{n+1} = g_n + c_n p_n$$

Diese Hilfssignale haben folgende Bedeutung:

- g_n ist genau dann 1, wenn die Eingangsvariablen x_n und y_n gleichzeitig 1 sind. In der Stelle n wird dann in jedem Fall ein Übertrag erzeugt. Das Signal heißt *Carry generate*.

- p_n ist bereits 1, wenn nur eine der Eingangsvariablen eine 1 führt. In diesem Fall wird ein eventuell anliegender Eingangsübertrag weitergereicht. Entsprechend nennt man dieses Signal *Carry propagate*.

Eine Schaltung, die mit den Hilfssignalen g_n und p_n die Überträge vorausberechnet, heißt *Carry Look Ahead Generator CLAG*. Die Bildung der Hilfssignale kostet zwar eine zusätzliche Verzögerungszeit τ. Sie verringert aber dafür den Hardwareaufwand. Ein CLAG liefert alle Überträge spätestens nach 3τ: ein τ für die Bildung der Hilfssignale, ein τ für die gleichzeitig ausführbaren UND–Verknüpfungen und ein τ für die ODER–Verknüpfung. Die höchstwertige Stellensumme s_{N-1} ist folglich spätestens nach $t_{\text{CLAA}} = 6\tau$ verfügbar. Diese Zeit hängt nicht mehr von der Stellenzahl N ab.

Ein 8–Bit CLAG wird durch folgende Gleichungen beschrieben:

$$c_1 = g_0 + c_0 p_0$$
$$c_2 = g_1 + g_0 p_1 + c_0 p_0 p_1$$
$$c_3 = g_2 + g_1 p_2 + g_0 p_1 p_2 + c_0 p_0 p_1 p_2$$
$$c_4 = g_3 + g_2 p_3 + g_1 p_2 p_3 + g_0 p_1 p_2 p_3 + c_0 p_0 p_1 p_2 p_3$$
$$c_5 = g_4 + g_3 p_4 + g_2 p_3 p_4 + g_1 p_2 p_3 p_4 + g_0 p_1 p_2 p_3 p_4 + c_0 p_0 p_1 p_2 p_3 p_4$$
$$c_6 = g_5 + g_4 p_5 + g_3 p_4 p_5 + g_2 p_3 p_4 p_5 + g_1 p_2 p_3 p_4 p_5$$
$$+ g_0 p_1 p_2 p_3 p_4 p_5 + c_0 p_0 p_1 p_2 p_3 p_4 p_5$$

$$c_7 = g_6 + g_5 p_6 + g_4 p_5 p_6 + g_3 p_4 p_5 p_6 + g_2 p_3 p_4 p_5 p_6$$
$$+ g_1 p_2 p_3 p_4 p_5 p_6 + g_0 p_1 p_2 p_3 p_4 p_5 p_6$$
$$+ c_0 p_0 p_1 p_2 p_3 p_4 p_5 p_6$$
$$c_8 = g_7 + g_6 p_7 + g_5 p_6 p_7 + g_4 p_5 p_6 p_7 + g_3 p_4 p_5 p_6 p_7$$
$$+ g_2 p_3 p_4 p_5 p_6 p_7 + g_1 p_2 p_3 p_4 p_5 p_6 p_7$$
$$+ g_0 p_1 p_2 p_3 p_4 p_5 p_6 p_7 + c_0 p_0 p_1 p_2 p_3 p_4 p_5 p_6 p_7$$

Durch die Tabelle 2.2 wird der Hardwareaufwand für die einzelnen Stellen erfaßt. Aus dieser Tabelle entnehmen wir: Die Zahl der benötigten Verknüpfungsglieder steigt beim Carry Look Ahead Generator etwa quadratisch mit der Anzahl der Stellen. Mit jeder neuen Stelle erhöht sich die Zahl der UND– und ODER–Glieder jeweils um eins. Demnach werden für N Stellen

$$2 \sum_{n=1}^{N} n = N(N+1)$$

Verknüpfungsglieder benötigt.

Tabelle 2.2. Hardwareaufwand bei einem Carry Look Ahead Adder mit Hilfssignalen

n	1	2	3	4	5	6	7	8
Verknüpfungsglieder insgesamt	2	6	12	20	30	42	56	72
max. Anzahl Eingänge pro Schaltglied	2	3	4	5	6	7	8	9

Da anstatt der Eingangsvariablen die o.g. Hilfssignale verwendet werden, erhöht sich auch die maximale Anzahl der Eingänge pro Schaltglied mit jeder weiteren Stelle nur um eins. Ein Vergleich von Tabelle 2.1 mit Tabelle 2.2 zeigt, dass sich durch die Verwendung der Hilfssignale der Hardwareaufwand drastisch reduziert (Faktor 28 bei 8–Bit Wortbreite). Außerdem bleiben die erforderlichen Verknüpfungsglieder bis zu einer Wortbreite von 8–Bit technisch realisierbar.

Mehrstufige Carry Look Ahead Adder

Um auch bei höheren Wortbreiten die Zahl der Eingänge pro Schaltglied klein zu halten, verwendet man zwei– oder mehrstufige Carry Look Ahead Adder.

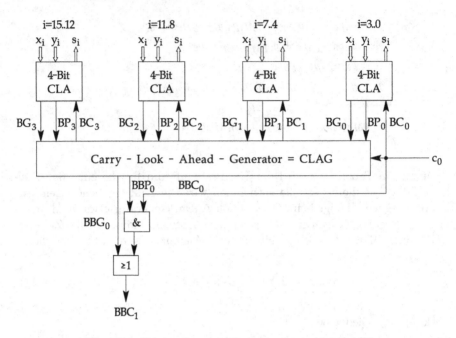

Abb. 2.11. Zweistufiger 16–Bit Carry Look Ahead Adder

Das Prinzip soll an einem zweistufigen 16–Bit Addierer erläutert werden, der aus vier 4–Bit Carry Look Ahead Addern und einem 4–Bit Carry Look Ahead Generator aufgebaut ist (Abb. 2.11). In Analogie zur einstufigen Übertragsvorausschau müssen jetzt die 4–Bit Carry Look Ahead Adder *Block*–Hilfssignale erzeugen, die vom übergeordneten Carry Look Ahead Generator nach der bekannten Rekursionsformel zu Blocküberträgen weiterverarbeitet werden:

$$BC_{n+1} = BG_n + BC_n BP_n$$
$$BG_n \; : \; \text{Block–Generate}$$
$$BP_n \; : \; \text{Block–Propagate}$$

Bei 4–Bit breiten Blöcken werden die Überträge aus den Hilfssignalen wie folgt gebildet:

$$BC_0 = c_0$$
$$BC_1 = BG_0 + c_0 BP_0 = c_4$$
$$BC_2 = BG_1 + c_4 BP_1 = c_8 \quad \text{usw.}$$

Die Hilfssignale werden berechnet, indem man c_4, c_8, ... usw. mit den weiter oben angegebenen Formeln vergleicht.

$$c_4 = g_3 + (g_2 + (g_1 + (g_0 + c_0 p_0)p_1)p_2)p_3$$

$$= g_3 + g_2 p_3 + g_1 p_2 p_3 + \underbrace{g_0 p_1 p_2 p_3}_{=:BG_0} + c_0 \underbrace{p_0 p_1 p_2 p_3}_{=:BP_0}$$

$$c_8 = g_7 + (g_6 + (g_5 + (g_4 + c_4 p_4) p_5) p_6) p_7$$

$$= \underbrace{g_7 + g_6 p_7 + g_5 p_6 p_7 + g_4 p_5 p_6 p_7}_{=:BG_1} + c_4 \underbrace{p_4 p_5 p_6 p_7}_{=:BP_1}$$

Wir sehen, dass die Block-Hilfssignale bei allen 4–Bit Carry Look Ahead Addern in der gleichen Weise gebildet werden können. Damit sind wir in der Lage, 4–Bit Carry Look Ahead Adder Module zu definieren, die alle gleich aufgebaut sind, und die miteinander zu gößeren Einheiten verbunden werden können. Analog zu den oben eingeführten Block–Hilfssignalen können wir zum Aufbau eines *dreistufigen* Carry Look Ahead Adders *Block–Block–Hilfssignale* definieren:

$$BBG_0 := BG_3 + BG_2 BP_3 + BG_1 BP_2 BP_3 + BG_0 BP_1 BP_2 BP_3$$
$$BBP_0 := BP_0 BP_1 BP_2 BP_3$$

Der Übertrag c_{16} entspricht dem Signal BBC_1 für den Übertragseingang der zweiten Stufe, die wiederum selbst aus einem zweistufigen Carry Look Ahead Adder besteht. Mit den oben definierten Hilfssignalen folgt:

$$c_{16} = BBC_1 = BBG_0 + BBC_0 BBP_0$$
$$= BBG_0 + c_0 BBP_0$$

Zeitanalyse

Wir wollen nun das Zeitverhalten eines dreistufigen 64–Bit Carry Look Ahead Adders untersuchen und mit einem Ripple Carry Adder vergleichen. Es sei angenommen, dass die Blockgröße 4 Bit beträgt und dass die UND– und ODER–Schaltglieder eine Verzögerungszeit τ haben. Die Ergebnisse unserer Zeitanalyse sind in Abb. 2.12 dargestellt.

Wir beginnen mit dem ersten (zweistufigen) Block, der in Abb. 2.11 abgebildet ist. Wie aus den oben angegebenen Gleichungen zu entnehmen ist, sind alle Hilfssignale BP_i nach 2τ und die Hilfssignale BG_i nach 3τ gültig. In Abb. 2.12 ist dies durch schattierte Flächen dargestellt. Der Term $c_0 BP_0$ ist nach 3τ und BC_1 ist nach 4τ gültig. Man beachte, dass die Block–Überträge „rippeln" bis schließlich nach 8τ BC_3 am höchstwertigen Carry Look Ahead Adder der zweiten Ebene anliegt. Erst nachdem BC_3 gültig ist, kann die Berechnung der Stellensummen $s_{12} \ldots s_{15}$ beginnen. Wie bereits oben gezeigt dauert dies 6τ. Demnach sind die (niederwertigen) 16 Bit nach einer Verzögerungszeit von 14τ bestimmt. Dies ist mehr als doppelt so schnell wie bei einem Ripple Carry Adder.

Der Übertrag $c_{16} = BBC_1$ des ersten Blocks ist schon nach 6τ gültig. Die Übertragsverarbeitung im zweiten Block (der dritten Ebene) muss nur auf

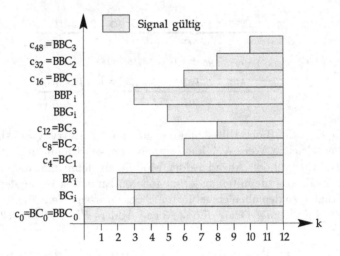

Abb. 2.12. Zur Bestimmung der Verzögerungszeiten bei einem dreistufigen 64–Bit Carry Look Ahead Adder ($k = \frac{t}{\tau}$)

dieses Signal warten und daraus BBC_2 (= c_{32}) für den dritten Block bilden. Sobald BBC_3 (= c_{48}) an diesem Block gültig ist, dauert die Berechnung der höherwertigen 16 Bit noch einmal 14τ.

Die Block–Block–Überträge „rippeln" also von BBC_1 nach BBC_2 und von dort nach BBC_3. Die Verzögerungszeit hierbei ist immer gleich 2τ und berechnet sich wie folgt. Alle Hilfssignale BBP_i sind nach 3τ und alle Hilfssignale BBG_i sind nach 5τ gültig. Da BBC_1 erst nach 6τ vorliegt, sind diese Hilfssignale für die nachfolgende Berechnung der Block–Block–Überträge sofort verfügbar. Aus der allgemeinen Gleichung

$$BBC_{i+1} = BBG_i + BBC_i \cdot BBP_i$$

folgt daher eine Verzögerungszeit von jeweils 2τ pro Block. Da BBC_3 nach 10τ gültig ist, ergibt sich für den dreistufigen 64 Bit Carry Look Ahead Adder eine Gesamtverzögerung von

$$t_{64} = t_{BBC_3} + t_{16} = 10\tau + 14\tau = 24\tau$$

für die Stellensumme s_{63}. Der Übertrag $c_{64} = BBC_4$ ist bereits nach 12τ verfügbar. Ein Ripple Carry Adder benötigt für die 64 Bit Addition 129τ. Der Carry Look Ahead Adder ist also etwa um den Faktor 5 schneller. Man beachte aber, dass ein solcher Carry Look Ahead Adder, trotz des beachtlichen Hardwareaufwands, noch um den Faktor 8 über der theoretischen Grenze von 3τ liegt.

Wir haben uns hier auf die Dual–Addition als Beispiel für eine wichtige arithmetische Operation beschränkt. Weitere *verdrahtete Algorithmen* zur Ausführung arithmetischer Operationen in verschiedenen Zahlendarstellungen findet man z.B. in [*Spaniol*, 1976] oder [*Keller und Paul*, 1997].

2.4.6 Logische Operationen

Da bei logischen Operationen jede Stelle eines Maschinenwortes unabhängig von den anderen Stellen verarbeitet werden kann, ist die Entwicklung entsprechender Schaltnetze unkritisch. Die Verzögerungszeiten logischer Operationen sind vernachlässigbar im Vergleich zu arithmetischen Opertionen und haben folglich keinen Einfluss auf die Taktrate des Prozessors. Mit zwei Variablen x_i und y_i können 16 verschiedene logische Verknüpfungen gebildet werden. Erzeugt man alle vier Minterme und ordnet jedem Minterm eine Steuervariable zu, so können mit dem Steuerwort alle logischen Operationen ausgewählt werden.

$$z_i = s_3 x_i y_i + s_2 x_i \overline{y_i} + s_1 \overline{x_i} y_i + s_0 \overline{x_i}\,\overline{y_i}$$

Als Beispiele sollen die Steuerworte für die drei Boole'schen Grundoperationen angegeben werden:

1. Negation
   $$z_i = \overline{x_i} = \overline{x_i}(y_i + \overline{y_i}) = \overline{x_i} y_i + \overline{x_i}\overline{y_i} \;\Rightarrow\; s_3 s_2 s_1 s_0 = 0011$$
2. Disjunktion
   $$\begin{aligned} z_i &= x_i + y_i \\ &= x_i(y_i + \overline{y_i}) + (x_i + \overline{x_i})y_i \\ &= x_i y_i + x_i \overline{y_i} + x_i y_i + \overline{x_i} y_i \;\Rightarrow\; s_3 s_2 s_1 s_0 = 1110 \end{aligned}$$
3. Konjunktion
   $$z_i = x_i y_i \;\Rightarrow\; s_3 s_2 s_1 s_0 = 1000$$

Durch eine weitere Steuervariable s_4 kann man auch die Überträge aus einem Carry Look Ahead Generator miteinbeziehen und so zwischen arithmetischen und logischen Operationen umschalten. Für jede Stelle wird die folgende Funktion gebildet:
$$f_i = z_i \equiv (s_4 + c_i)$$
für $s_4 = 1$ gilt dann
$$f_i = z_i \equiv 1 = z_i \qquad \Rightarrow \text{logische Operationen wie oben}$$
für $s_4 = 0$ folgt
$$f_i = z_i \equiv c_i \qquad \Rightarrow \text{arithmetische Operationen}$$

Zur Addition zweier N–stelliger Dualzahlen berechnet sich die Stellensumme
$$s_i = x_i \not\equiv y_i \not\equiv c_i$$
wie folgt:
$$\begin{aligned} &= x_i \equiv y_i \equiv c_i \\ &= (x_i y_i + \overline{x_i}\overline{y_i}) \equiv c_i \\ &\quad i = 0 \dots N-1, \; c_0 = 0 \end{aligned}$$

Die Addition wird demnach mit dem Steuerwort $s_4 s_3 s_2 s_1 s_0 = 01001$ ausgewählt, d.h. $f_i = s_i$.

Die Subtraktion kann auf die Addition des Zweierkomplements des Subtrahenden zurückgeführt werden. Es wird gebildet durch stellenweise Invertierung und Addition von 1. Daraus folgt für die Stellendifferenz in der i–ten Stelle:

$$d_i = x_i \equiv \overline{y}_i \equiv c_i$$
$$= (x_i \overline{y}_i + \overline{x}_i y_i) \equiv c_i$$
$$i = 0 \ldots N - 1, \ c_0 = 1$$

Die Subtraktion wird mit dem Steuerwort $s_4 s_3 s_2 s_1 s_0 = 00110$ ausgewählt, d.h. $f_i = d_i$. Mit dem beschriebenen Steuerprinzip können 16 logische und 32 arithmetische Operationen ($c_0 = 1/0$) realisiert werden. Dabei entstehen auch „exotische" Funktionen, die selten oder gar nicht benutzt werden.

Ein Beispiel für eine integrierte 4–Bit ALU mit internem Carry Look Ahead Generator ist der Baustein SN 74181. Er liefert auch die oben beschriebenen Blockhilfssignale zur Kaskadierung mit einem externen Carry Look Ahead Generator. Damit können beliebige Wortbreiten (Vielfache von 4–Bits) realisiert werden. Wir werden die Funktionen des Bausteins SN 74181 bei der Beschreibung eines Simulationsprogramms zur Mikroprogrammierung noch genauer vorstellen.

Aus dem Ergebnisbus $F = f_{N-1}, \ldots, f_0$ und dem auslaufenden Übertrag c_N werden Zustandsinformationen für das Leitwerk (Flags) gewonnen. Das entsprechende Schaltnetz wird entweder direkt integriert, oder es muss extern angeschlossen werden.

2.4.7 Status–Flags

Die Ausgänge $f_{N-1} \ldots f_0$ bilden den Ergebnisbus der ALU (vgl. Abb. 2.6 und Abb. 2.7). Aus der Belegung dieser Bits und der Belegung des Übertrags c_N werden die Status–Flags gebildet. Die folgenden Flags sind bei fast allen Prozessoren zu finden, da sie sehr einfach bestimmt werden können:

1. *Carry C:* Übertrag in der höchsten Stelle, $C = c_N$
2. *Zero Z:* alle Bits von F sind Null, $Z = \overline{f_{N-1} + f_{N-2} + \cdots + f_0}$
3. *Minus M:* negatives Vorzeichen bei Zweierkomplement–Darstellung, $M = f_{N-1}$
4. *Overflow (bzw. Underflow) V:* das Ergebnis ist zu groß (klein), um mit N–Bit Wortbreite dargestellt zu werden, $V = c_N \not\equiv c_{N-1}$

Die Entstehung eines Overflows (bzw. Underflows) soll an einem Beispiel erläutert werden. Wir betrachten dazu die Addition von 2–Bit Zahlen in der

Zweierkomplement–Darstellung (vgl. Abb. 2.13) Ein Overflow (bzw. Under-flow) liegt vor, wenn bei der Addition die Grenze von +1 nach -2 (-2 nach +1) überschritten wird.

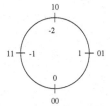

Abb. 2.13. Zweierkomplement–Darstellung einer 2–Bit Zahl. Innen: Dezimalwert, außen: duale Codierung

Bei folgender Addition entsteht ein Overflow:

$$1 + 1 \rightarrow -2 \qquad \begin{array}{r} 0\,1 \\ 0\,1 \\ \hline 0\,1 \\ \hline 0\,1\,0 \end{array} \qquad \text{mit} \qquad \begin{array}{r} x_1\ x_0 \\ y_1\ y_0 \\ c_2\ c_1\ c_0 \\ \hline s_2\ s_1\ s_0 \end{array}$$

Ein Underflow entsteht bei folgenden Subtraktionen (durch Addition des Zweierkomplements):

$$(-1) + (-2) \rightarrow 1 \qquad \begin{array}{r} 1\,1 \\ 1\,0 \\ \hline 1\,0 \\ \hline 1\,0\,1 \end{array}$$

$$(-2) + (-2) \rightarrow 0 \qquad \begin{array}{r} 1\,0 \\ 1\,0 \\ \hline 1\,0 \\ \hline 1\,0\,0 \end{array}$$

Im folgenden soll die angegebene Bedingung zur Erkennung eines Overflows hergeleitet werden. Bei der Zweierkomplement–Darstellung zeigt das höchst-wertige Bit x_{N-1} einer N–stelligen Zahl das Vorzeichen an:

$$x_{N-1} = 0 \text{ positiver Wert (einschließlich 0)}$$
$$x_{N-1} = 1 \text{ negativer Wert}$$

Wenn zwei positive (negative) Summanden addiert werden und ein (kein) Übertrag aus der Stelle $N - 2$ besteht, d.h. $c_{N-1} = 1$ ($c_{N-1} = 0$), so muss das Ergebnis auf jeden Fall positiv (negativ) sein.

Betrachtet man nun die Funktionstabelle des Volladdierers in der höchst-wertigen Stelle (Tabelle 2.3), so sieht man, dass diese beiden Fälle *falsch* ausgewertet werden. Sie müssen durch zusätzliche Hardware als Overflow V erkannt werden[9]. Aus Tabelle 2.3 erhalten wir folgende Schaltfunktion:

· Als Alternative könnte man auch eine Spezialschaltung zur Addition der höchstwertigen Stelle konstruieren.

Tabelle 2.3. Zur Bestimmung der Schaltfunktion V

$x_{N-\bullet}$	$y_{N-\bullet}$	$c_{N-\bullet}$	$s_{N-\bullet}$	V
0	0	0	0	0
0	0	1	1	1
0	1	0	1	0
0	1	1	0	0
1	0	0	1	0
1	0	1	0	0
1	1	0	0	1
1	1	1	1	0

$$V = \overline{x}_{N-1} \cdot \overline{y}_{N-1} \cdot c_{N-1} + x_{N-1} \cdot y_{N-1} \cdot \overline{c}_{N-1}$$

Die rechte Seite kann wie folgt umgeschrieben werden:

$$= (\overline{x_{N-1} + y_{N-1}} + \overline{c}_{N-1}) \cdot \overline{x_{N-1} \cdot y_{N-1}} \cdot c_{N-1} +$$

$$(x_{N-1} \cdot y_{N-1} + (x_{N-1} + y_{N-1}) \cdot c_{N-1}) \cdot \overline{c}_{N-1}$$

Mit
$$c_N = x_{N-1} \cdot y_{N-1} + c_{N-1} \cdot (x_{N-1} + y_{N-1})$$

bzw.
$$\overline{c}_N = \overline{x_{N-1} \cdot y_{N-1}} \cdot (\overline{c}_{N-1} + \overline{x_{N-1} + y_{N-1}})$$

ergibt sich schließlich

$$V = \overline{c}_N \cdot c_{N-1} + c_N \cdot \overline{c}_{N-1} = c_N \not\equiv c_{N-1}$$

Das gleiche Ergebnis erhält man, wenn man in der Tabelle 2.3 c_N ergänzt und damit V in Abhängigkeit von c_N und c_{N-1} bestimmt.

Siehe Übungsbuch
Seite 54, Aufgabe 78:
Subtraktion von Dualzahlen

Siehe Übungsbuch
Seite 55, Aufgabe 79:
Zweierkomplement

2.5 Leitwerk

Das Leitwerk hat die Aufgabe, Maschinenbefehle (Makrobefehle) aus dem Hauptspeicher ins Befehlsregister zu laden (Holephase) und anschließend zu interpretieren (Ausführungsphase). Ein Makrobefehl wird umgesetzt in eine Folge von Steuerworten (Mikrobefehle) für Rechenwerk, Speicher und Ein-/Ausgabe. Diese Steuerworte werden durch eine Ablaufsteuerung erzeugt, die entweder festverdrahtet ist oder als Mikroprogramm–Steuerwerk aufgebaut wird. CISC–Prozessoren verfügen über einen sehr umfangreichen Befehlssatz, der nur mit Hilfe der Mikroprogrammierung implementiert werden kann. RISC–Prozessoren kommen dagegen mit einem festverdrahteten Leitwerk aus, das oft nur aus einem Decodierschaltnetz für den Opcode besteht.

2.5.1 Mikroprogrammierung

Mikroprogramm–Steuerwerke können leichter entwickelt und gewartet werden als festverdrahtete Steuerwerke. Sie sind aber auch wesentlich langsamer als diese, da sie die Mikrobefehle erst aus dem Steuerwort–Speicher holen müssen. Um die Chipfläche und die Kosten eines Prozessors zu minimieren, muss die Speicherkapazität des Steuerwort–Speichers optimal ausgenutzt werden. Die dabei angewandten Techniken werden im folgenden behandelt. Der Befehlssatz eines Prozessors und die Fähigkeiten des Rechenwerks werden durch Mikroprogramme miteinander verknüpft. Zu jedem Makrobefehl gibt es einen Bereich im Steuerwort–Speicher, der die zugehörigen Mikrobefehle enthält und den man als *Mikroprogramm* bezeichnet. Der Befehlssatz eines Prozessors wird durch die Menge sämtlicher Mikroprogramme definiert. Die meisten Mikroprozessoren haben einen festen Befehlssatz, d.h. der Anwender kann die Mikroprogramme (Firmware) nicht verändern. Mikroprogrammierbare Rechner verfügen über RAM–Speicher zur Aufnahme der Mikroprogramme. Die Mikroprogrammierung bietet viele Möglichkeiten bei der Rechnerentwicklung und Anwendung, wie z.B. die Emulation anderer Rechner [*Berndt*, 1982]. Dies ist ein weiterer Vorteil von Mikroprogramm–Steuerwerken gegenüber festverdrahteten Steuerwerken. Ein Mikroprogramm–Steuerwerk ist ein Hardware–Interpreter für den Maschinenbefehlssatz. Um Mikroprogramme zu entwickeln, gibt es symbolische Sprachen, die mit Assemblern vergleichbar sind. Man nennt sie daher auch *Mikroassembler*. Sie werden gebraucht, um symbolische Mikroprogramme in Steuerspeicher–Inhalte zu übersetzen. Der „Mikro–"Programmierer braucht detaillierte Kenntnisse über den Hardware–Aufbau des Prozessors. Wir werden im Abschnitt 2.6 einen einfachen Mikroassembler zur Programmierung eines Rechenwerks beschreiben.

2.5.2 Grundstruktur eines Mikroprogramm–Steuerwerks

Die grundlegende Struktur eines Mikroprogramm–Steuerwerks haben wird bereits in Kapitel 1 kennengelernt. In Abb. 2.14 wurde das in Abb. 1.1 dargestellte Mikroprogramm–Steuerwerk so erweitert, dass es sich zum Aufbau eines Leitwerks eignet.

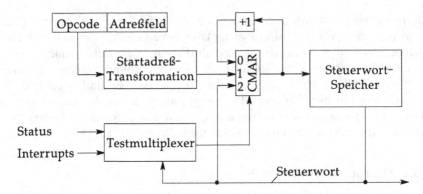

Abb. 2.14. Aufbau eines reagierenden Mikroprogramm–Steuerwerks zur Ablauf-steuerung

Der Opcode wird im Befehlsregister abgelegt und durch ein Schaltnetz in die Startadresse des zugehörigen Mikroprogramms umgeformt. Der Steuerwort–Speicher wird über das Control Memory Address Register CMAR adressiert, das auf Mikroprogramm–Ebene die gleiche Funktion hat wie der Programm-zähler für Makroprogramme. Dieser *Mikroprogrammzähler* wird zu Beginn mit der Startadresse geladen und bei einem linearen Mikroprogramm mit jedem Taktzyklus um eins inkrementiert. Am Ende *jedes* Mikroprogramms muss das Befehlsregister mit dem nächsten Maschinenbefehl geladen werden, und der beschriebene Ablauf wiederholt sich. Das Mikroprogramm für die Holephase wird somit am häufigsten durchlaufen.

2.5.3 Mikrobefehlsformat

Mikrobefehle enthalten nicht nur Steuerbits, sondern auch Information zur Adresserzeugung für den Mikrobefehlszähler. Da während eines Mikropro-gramms Interrupts und Status–Flags zu Verzweigungen führen können, be-nötigt man ein *reagierendes* Mikroprogramm–Steuerwerk. Ein Mikrobefehl setzt sich im Wesentlichen aus zwei Teilen zusammen:

1. einem Steuerwort zur Auswahl der Operationen im Rechenwerk,
2. einem *Adressauswahlwort*, um die Adresse des nächsten Mikrobefehls aus-zuwählen.

Der überwiegende Teil des Steuerwortes wird zur Steuerung von Mikroope-rationen im Rechenwerk[10] benötigt. Je mehr Mikrooperationen gleichzeitig ausgeführt werden, umso weniger Mikroprogramm–Schritte braucht man. An-dererseits erhöht die Zahl der parallelen Mikrooperationen auch die Zahl der Steuer–Bits bzw. den Hardwareaufwand des Rechenwerks.

·· Eventuell sind mehrere Rechenwerke vorhanden.

In der Praxis arbeitet man mit encodierten Mikrobefehlen, da nur ein geringer Prozentsatz der theoretisch möglichen Zahl von Steuerworten sinnvolle Mikrooperationen bewirkt. Wenn anstelle von Multiplexern Schalter (z.B. CMOS–Transmission–Gates) oder Bustreiber vor den Registern benutzt werden, können bei uncodierter Ansteuerung Datenpfade geschaltet werden, die auf dasselbe Register führen. Dabei würden sich die Daten gegenseitig verfälschen. Um den Aufwand zur Decodierung gering zu halten, unterteilt man das Steuerwort in mehrere voneinander unabhängige Felder. Jedes Steuerfeld codiert eine Mikrooperation, die gleichzeitig zu den Mikrooperationen anderer Steuerfelder ausgeführt werden kann. Man beachte, dass mit der Decodierung eine Zeitverzögerung verbunden ist, die sich zur Zugriffszeit des Steuerwort–Speichers addiert.

Üblicherweise unterscheiden wir zwei Mikrobefehlsformate: horizontale und vertikale Mikrobefehle. Horizontale Mikrobefehle sind gekennzeichnet durch viele Steuer–Bits und eine hohe Zahl paralleler Mikrooperationen. Vertikale Mikrobefehle benutzen nur ein Steuerfeld und haben einen hohen Decodierungsaufwand. Es wird immer nur eine einzige Mikrooperation gleichzeitig ausgeführt. Die genannten Mikrobefehlsformate findet man in der Praxis selten in ihrer Reinform. Sie liegen meist in einer Mischform vor. Wenn z.B. ein zweiter Speicher zur Decodierung langer horizontaler Steuerworte benutzt wird, so spricht man von *Nanoprogrammierung* [*Waldschmidt*, 1980].

2.5.4 Adresserzeugung

Man kann drei Arten von Mikroprogrammadressen unterscheiden:

- Startadressen
- Folgeadressen
- unbedingte und bedingte Verzweigungen

Der Opcode kann in der Regel nicht direkt als *Startadresse* benutzt werden. Da die Mikroprogramme unterschiedlich lang sind, würden große Teile des Steuerspeichers brachliegen. Zum anderen wäre man bei der Wahl des Opcode–Formates zu sehr eingeengt, und alle Opcodes müßten die gleiche Länge haben. Um diese Schwierigkeiten zu umgehen, benutzt man einen Festwertspeicher oder ein PLA[11] zur Bestimmung der zugehörigen Mikroprogramm–Startadresse. Bei einem typischen Prozessor mit 16–Bit Befehlsformat variiert die Opcode–Länge von 4–16 Bit. Der Steuerwort–Speicher enthält jedoch selten mehr als $2^{12} = 4096$ Mikrobefehle. Der Mikroprogrammzähler muss also 12 Bit lang sein. Die Transformation vom Opcode zur Startadresse wird am besten mit einem PLA ausgeführt. Im Gegensatz zum ROM brauchen die Startadressen für „kurze" Opcodes nicht mehrfach programmiert zu werden. Die überflüssigen Bit–Positionen erhalten beim PLA einfach den Wert

---

[11] Programmable Logic Array (vgl. Band 1).

X (don't care), d.h. die entsprechenden Eingangsleitungen werden nicht in die Bildung der Produktterme einbezogen. Beim Start eines neuen Mikroprogramms wird das CMAR mit den PLA–Ausgängen geladen. Ein Eingangsmultiplexer sorgt dafür, dass das CMAR auch von anderen Adressquellen geladen werden kann.

Folgeadressen können entweder aus einem besonderen Adressteil des Mikrobefehls oder aus dem momentanen Mikroprogrammzähler gewonnen werden. Die letzte Möglichkeit ist effizienter, da sie Speicherplatz einspart. Am einfachsten wird die Folgeadresse mit einem Inkrementierschaltnetz bestimmt, das die Ausgänge des CMAR über einen Eingangsmultiplexer auf dessen Eingänge zurückkoppelt und gleichzeitig den Zählerstand um eins erhöht.

Verzweigungsadressen können während der Abfrage des Testmultiplexers aus einem Teil des Steuerworts gebildet werden. Durch diese kurzzeitige Zweckentfremdung des Steuerworts kann wertvoller Speicherplatz eingespart werden. Ein zusätzliches Steuerbit muss während eines solchen Mikrobefehls die angeschlossenen Rechenwerke abkoppeln. Bei unbedingten Verzweigungen schaltet das Adressauswahlwort den Eingangsmultiplexer des CMAR einfach auf die betreffenden Steuerleitungen um. Bei bedingten Verzweigungen wird über einen Testmultiplexer und ein entsprechendes Adressauswahlwort ein bestimmtes Status–Flag abgefragt. Ist die gewählte Bedingung erfüllt, so wird das CMAR über die Steuerleitungen mit der Verzweigungsadresse geladen.

Im anderen Fall wird das Mikroprogramm mit der Folgeadresse fortgesetzt. Der CMAR–Eingangsmultiplexer muss durch das Ausgangssignal des Testmultiplexers und einer geeigneten Steuerlogik zwischen den zwei genannten Adressquellen umgeschaltet werden.

Zwei weitere Möglichkeiten zur Erzeugung von Verzweigungsadressen sollen hier nur angedeutet werden:

• Relative Mikroprogrammsprünge erreicht man durch Addition eines vorzeichenbehafteten Offsets (z.B. von den Steuerleitungen) zur momentanen Mikrobefehlsadresse.

• Status–Flags oder Interruptleitungen können feste Verzweigungsadressen erzeugen (vgl. vektorisierte Interrupts).

Die vorangehende Beschreibung eines reagierenden Mikroprogramm–Steuerwerks bezieht sich auf Leitwerke von CISC–Prozessoren. Neben Mikroprogramm–Steuerwerken findet man in der Praxis auch heuristische Verfahren zur Konstruktion festverdrahteter Steuerwerke. Beispiele sind die *Verzögerungselement–* oder *Ring–Zähler*-Methode [*Hayes*, 1988]. Dabei wird das Mikroprogramm direkt in die Schaltung eines Steuerwerks umgesetzt. Da die Arbeitsweise eines solchen Steuerwerks unmittelbar nachvollziehbar ist, können Erweiterungen und Änderungen im Steuerablauf einzelner Maschinenbefehle leicht durchgeführt werden. Obwohl die so entworfenen Steuerwerke im Sinne der Schaltkreistheorie nicht optimal sind, ist der Aufwand wesentlich geringer als beim Entwurf mit einer Zustandstabelle. Trotzdem bleibt der Geschwindigkeitsvorteil eines festverdrahteten Leitwerks erhalten. Bei RISC–Prozessoren findet lediglich eine Umcodierung des Opcodes statt, d.h. es wird keine *zentrale* Ablaufsteuerung benötigt. Da RISC–Prozessoren nach dem Pipeline–Prinzip arbeiten (vgl. auch Kapitel 3, Abschnitt *Pipeline-Prozessoren*), kann man hier von einer *verteilten* Ablaufsteuerung sprechen.

2.6 Mikroprogrammierung einer RALU

Im folgenden wird das Programm **ralu** beschrieben, das ein Rechenwerk (Register + ALU = RALU) simuliert. Dieses Programm ist ähnlich aufgebaut wie das Programm **opw**, das bereits in Kapitel 1 vorgestellt wurde. Wir setzen die Kenntnis dieser Beschreibung hier voraus. Der Quellcode und ein ablauffähiges PC–Programm sind unter folgender Webseite abgelegt: **www.uni-koblenz.de/∼schiff/ti/bd2/**.

2.6.1 Aufbau der RALU

Die RALU besteht aus einer ALU und einem Registerfile mit 16x16–Bit Registern, von denen zwei Register als Operanden und ein Register für das Ergebnis einer ALU–Operation gleichzeitig adressiert werden können. Es handelt sich also um eine Drei–Adress Maschine wie in Abb. 2.7 dargestellt. Die ALU simuliert (bis auf zwei Ausnahmen) die Funktionen der integrierten 4–Bit ALU SN 74181. Man kann sich vorstellen, dass 4 solcher Bausteine parallel geschaltet wurden, um die Wortbreite von 16–Bit zu erreichen. Zwei weniger wichtige Operationen der ALU wurden durch Schiebe–Operationen ersetzt. Neben den (Daten–)Registern gibt es noch ein Statusregister, dessen Flags mit einer Prüfmaske getestet werden können. Der Aufbau der simulierten RALU ist in Abb. 2.15 dargestellt.

2.6.2 Benutzung des Programms

Das Programm wird wie folgt gestartet:

```
ralu [Optionen] [Dateiname]
```

Die möglichen Optionen wurden bereits in Kapitel 1 im Abschnitt *Simulationsprogramm eines Operationswerkes* beschrieben. Das Gleiche gilt für die möglichen Betriebsarten. Deshalb wird hier nicht näher darauf eingegangen.

Die RALU wird immer nach dem gleichen Schema gesteuert: Zu Beginn werden die Register mit Startwerten geladen. Dann wird ein Steuerwort vorgegeben, das eine ALU–Operation und die Operanden– und Ergebnisregister

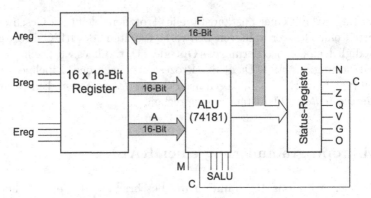

Abb. 2.15. Blockschaltbild der simulierten RALU

auswählt. Die so bestimmte Mikrooperation wird mit einem Takt–Befehl ausgeführt. Durch Hintereinanderschalten mehrerer Mikrobefehle kann schließlich die gewünschte Funktion schrittweise realisiert werden. Mit dem Befehl `quit` wird das Programm beendet.

2.6.3 Setzen von Registern

Mit dem Befehl `set` *Registernummer Konstante* können einzelne Register direkt mit Werten geladen werden. Die Registernummer kann hierbei Werte von 0 bis 15 annehmen und muss immer dezimal (ohne #) angegeben werden. Als Konstanten werden nur *positive* Zahlen in den drei möglichen Zahlendarstellungen akzeptiert. Die Zahlen müssen innerhalb des Wertebereiches 0 bis 65535 ($0000 bis $ffff) liegen.

BEISPIEL. Der Befehl `set 2 %10011` lädt Register 2 mit dem dezimalen Wert 19. Äquivalente Schreibweisen sind `set 2 #19` oder `set 2 $13`. Neben den Registern kann auch das Carry–Flag gesetzt werden. Hierzu dient der Befehl `carry 0` oder `carry 1`.

2.6.4 Steuerwort der RALU

Das Steuerwort der RALU wird mit dem Befehl `control` *Steuerwort* gesetzt. Das Steuerwort ist eine 17–Bit Zahl und setzt sich wie folgt aus 5 Teilwörtern zusammen:

M	SALU				Areg				Breg				Ereg			
M	S.	S.	S.	S.	A.	A.	A.	A.	B.	B.	B.	B.	F.	F.	F.	F.

Hierbei sind:

M: Modusbit der ALU. Ist M gelöscht, so werden arithmetische Operationen ausgeführt.

SALU: Steuerwort der ALU, laut der nachfolgenden Tabelle der ALU–
Funktionen.

Areg: Adresse des Registers, dessen Inhalt dem Eingang A zugeführt
werden soll.

Breg: dito, für den Eingang B.

Ereg: Adresse des Registers, in welches das Ergebnis der ALU geschrieben werden soll.

Steuerung	Rechenfunktionen		
SALU	M=1	M=0; Arithmetische Funktionen	
$S_3S_2S_1S_0$	Logische Funktionen	C=0 (kein Übertrag)	C=1 (mit Übertrag)
0 0 0 0	$F = \overline{A}$	$F = A$	$F = A + 1$
0 0 0 1	$F = \overline{A \vee B}$	$F = A \vee B$	$F = (A \vee B) + 1$
0 0 1 0	$F = \overline{A} \wedge B$	$F = A \vee \overline{B}$	$F = (A \vee \overline{B}) + 1$
0 0 1 1	$F = 0$	$F = -1$ (2erKompl.)	$F = 0$
0 1 0 0	$F = \overline{A \wedge B}$	$F = A + (A \wedge \overline{B})$	$F = A + (A \wedge \overline{B}) + 1$
0 1 0 1	$F = \overline{B}$	$F = (A \vee B) + (A \wedge \overline{B})$	$F = (A \vee B) + (A \wedge \overline{B}) + 1$
0 1 1 0	$F = A \oplus B$	$F = A - B - 1$	$F = A - B$
0 1 1 1	$F = A \wedge \overline{B}$	$F = (A \wedge \overline{B}) - 1$	$F = A \wedge \overline{B}$
1 0 0 0	$F = \overline{A} \vee B$	$F = A + (A \wedge B)$	$F = A + (A \wedge B) + 1$
1 0 0 1	$F = \overline{A \oplus B}$	$F = A + B$	$F = A + B + 1$
1 0 1 0	$F = B$	$F = (A \vee \overline{B}) + (A \wedge B)$	$F = (A \vee \overline{B}) + (A \wedge B) + 1$
1 0 1 1	$F = A \wedge B$	$F = (A \wedge B) - 1$	$F = A \wedge B$
1 1 0 0	$F = 1$	$F = A << B$ (rotate left)[12]	$F = A >> B$ (rotate right)
1 1 0 1	$F = A \vee \overline{B}$	$F = (A \vee B) + A$	$F = (A \vee B) + A + 1$
1 1 1 0	$F = A \vee B$	$F = (A \vee \overline{B}) + A$	$F = (A \vee \overline{B}) + A + 1$
1 1 1 1	$F = A$	$F = A - 1$	$F = A$

BEISPIEL. Soll die ALU die Register 3 und 4 UND–verknüpfen und dann
das Ergebnis in Register 1 ablegen, so muss das Steuerwort wie folgt spezifiziert werden: `control %01011001101000001` oder `control $0b341` oder
`control #45889` . Die letzte Darstellungsmöglichkeit des Steuerworts ist allerdings wenig übersichtlich.

2.6.5 Takten und Anzeigen der RALU

Nachdem das Steuerwort der RALU festgelegt und gesetzt worden ist, muss
die RALU getaktet werden, um die gewünschten Funktionen auszuführen.

---

[12] Diese Notation bedeutet: Shifte den Eingang A um soviele Positionen nach
links, wie der Wert am Eingang B angibt.

Dies geschieht mit dem Befehl `clock`. Dabei wird dann die gewählte Operation ausgeführt und das Ergebnis in den Registerblock übertragen. Außerdem wird das Statusregister dem ALU–Ergebnis entsprechend aktualisiert.

DUMP–BEFEHL. Mit dem `dump`–Befehl werden alle Registerinhalte in hexadezimaler Darstellung sowie Statusregister und Steuerwort in binärer Darstellung angezeigt.

2.6.6 Statusregister und Sprungbefehle

Das Statusregister der RALU beinhaltet verschiedene Status–Flags, die besondere Eigenschaften von ALU–Ergebnissen festhalten. Das Register besteht aus 8 Bit, von denen nur 7 Bit belegt sind:

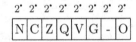

Diese 7 Flags sind:

- N: Negativ–Flag. Dieses Flag ist gesetzt, wenn das Ergebniswort der ALU in der Zweierkomplement–Darstellung eine negative Zahl ist.
- C: Carry–Flag. Das Flag ist gesetzt, wenn ein Übertrag vorliegt.
- Z: Zero–Flag. Gibt an, ob das Ergebnis gleich Null ist.
- Q: Equal–Flag. Gesetzt, wenn die Inhalte der Register A und B übereinstimmen.
- V: Overflow–Flag. Kennzeichnet einen Überlauf des darstellbaren Wertebereiches.
- G: Greater–Flag. Gesetzt, wenn der Inhalt von Register A größer als der von Register B ist.
- O: Odd–Flag. Gesetzt, wenn das Ergebnis der ALU eine ungerade Zahl ist.

Im Programm–Modus können die Inhalte der Flags getestet werden. Je nach ihrem Zustand verzweigt das Mikroprogramm zu einer Programm–Marke (Label). Auf diese Weise ist es z.B. möglich Schleifen zu programmieren. Steht zu Beginn einer Zeile das Symbol „>" und unmittelbar danach ein Wort, so wird diese Stelle als Sprungmarke definiert.

Der Befehl `jmpcond` *Prüfmaske Marke* bildet eine UND–Verknüpfung aus dem Statusregister und der 8 Bit Prüfmaske. Ist das Ergebnis dieser Verknüpfung ungleich Null, so wird die Marke angesprungen. Ansonsten wird der dem `jmpcond` folgende Befehl ausgeführt. Bei `jpncond` *Prüfmaske Marke* wird ebenfalls das Statusregister mit der Prüfmaske UND–verknüpft. Es wird allerdings zur Marke gesprungen, wenn das Ergebnis gleich Null ist.

BEISPIELE. Bei `jmpcond $40 loop` wird die Marke `loop` angesprungen, wenn das Carry–Bit gesetzt ist. Nach dem Befehl `jpncond $88 ok` wird die

Programmausführung nur dann bei der Marke ok fortgesetzt, wenn weder das Negativ– noch das Overflow–Flag gesetzt sind. Die Befehle jmpcond und jpncond dürfen nur im Programm–Modus verwendet werden.

2.6.7 Kommentare und Verkettung von Befehlen

Mit diesen beiden Konstruktoren kann die Übersichtlichkeit von Mikroprogrammen verbessert werden. Mit dem Konstrukt „:" werden Befehle verkettet, d.h. sie dürfen innerhalb einer Zeile stehen.
BEISPIEL. clock : dump taktet zuerst die RALU und zeigt dann die Registerinhalte an.

Das Konstrukt „;" erlaubt es, die Mikroprogramme zu dokumentieren. Nach einem Semikolon wird der folgende Text bis zum Zeilenende ignoriert. Damit können Programme übersichtlicher und verständlicher werden.
BEISPIEL. control $09120 ; Reg0=Reg1+Reg2 erläutert die Wirkung des angegebenen Steuerworts.

2.6.8 Beispielprogramme

Zum Schluss sollen drei Beispielprogramme vorgestellt werden. Das erste Mikroprogramm addiert einfach zwei Register und zeigt die Bildschirmausgabe, die während der Simulation erzeugt wird. Die beiden anderen Aufgaben sind uns schon aus dem Kapitel 1 bekannt. Ein Programm berechnet den ganzzahligen Teil des Logarithmus zur Basis 2 und das letzte Programm berechnet den ganzzahligen Teil der Quadratwurzel einer beliebigen Zahl aus dem Wertebereich 0... 32767.

1. Programm: Addition zweier Register

```
;
;            ** Addition zweier Register **
;
set     1       #4      ; Reg1=Operand 1
set     2       #5      ; Reg2=Operand 2
;
dump                    ; Register ausgeben
control $09120          ; Reg0=Reg1+Reg2
carry   0               ; Carrybit loeschen
dump                    ; Register ausgeben
clock                   ; Takten->Ausfuehrung der Addition
dump                    ; Register ausgeben
quit                    ; Programm beenden
```

Dieses Mikroprogramm sei unter dem Namen add.ral abgespeichert. Nach dem Aufruf mit ralu -aotx add.ral erhält man dann folgende Ausgabe:

```
1.Befehl: add.ral

calling add.ral:

1.Befehl: set 1 #4 ; Reg1=Operand 1
2.Befehl: set 2 #5 ; Reg2=Operand 2
3.Befehl: dump ; Register ausgeben

RALU-Zustand nach dem 0.ten Taktimpuls:
-----------------------------------------------------------------------------
0.Register: $0000      1.Register: $0004      2.Register: $0005
3.Register: $0000      4.Register: $0000      5.Register: $0000
6.Register: $0000      7.Register: $0000      8.Register: $0000
9.Register: $0000     10.Register: $0000     11.Register: $0000
12.Register: $0000    13.Register: $0000     14.Register: $0000
15.Register: $0000


NCZQVG-O                  M SALU                Areg Breg Ereg
Status: 00000000          ALU: 0 0000           Busse: 0000 0000 0000
-----------------------------------------------------------------------------

4.Befehl: control $09120 ; Reg0=Reg1+Reg2
5.Befehl: carry 0 ; Carrybit loeschen
6.Befehl: dump ; Register ausgeben

RALU-Zustand nach dem 0.ten Taktimpuls:
-----------------------------------------------------------------------------
0.Register: $0000      1.Register: $0004      2.Register: $0005
3.Register: $0000      4.Register: $0000      5.Register: $0000
6.Register: $0000      7.Register: $0000      8.Register: $0000
9.Register: $0000     10.Register: $0000     11.Register: $0000
12.Register: $0000    13.Register: $0000     14.Register: $0000
15.Register: $0000


NCZQVG-O                  M SALU                Areg Breg Ereg
Status: 00000000          ALU: 0 1001           Busse: 0001 0010 0000
-----------------------------------------------------------------------------

7.Befehl: clock ; Takten->Ausfuehrung der Addition
8.Befehl: dump ; Register ausgeben

RALU-Zustand nach dem 1. Taktimpuls:
-----------------------------------------------------------------------------
0.Register: $0009      1.Register: $0004      2.Register: $0005
3.Register: $0000      4.Register: $0000      5.Register: $0000
6.Register: $0000      7.Register: $0000      8.Register: $0000
9.Register: $0000     10.Register: $0000     11.Register: $0000
12.Register: $0000    13.Register: $0000     14.Register: $0000
15.Register: $0000

NCZQVG-O                  M SALU                Areg Breg Ereg
Status: 00000001          ALU: 0 1001           Busse: 0001 0010 0000
-----------------------------------------------------------------------------

9.Befehl: quit ; Programm beenden
```

2. Programm: Logarithmus zur Basis 2

```
;
;                           Beispielprogramm zu
;                    W.Schiffmann/R.Schmitz: "Technische Informatik",
;          Band 2: Grundlagen der Computertechnik, Springer-Verlag, 1992
;
;      (c)1991 von W.Schiffmann, J.Weiland        (w)1991 von J.Weiland
;
;
set       0       #256     ; Operand, Wertebereich: 0-65535
;
set       1       $ffff    ; Ergebnis (vorlaeufig 'unendlich')
set       2       #1       ; Anzahl der Rotationen nach rechts
;
control $1f003             ; Reg[3]=Reg[0]
clock                      ; Reg[0] nach Reg[3] retten
;
; Solange wie es geht, wird durch 2 geteilt
;
>loop             control $1f000           ; mit Reg[0] den Status setzen
clock
jmpcond $20       end      ; Wenn A gleich Null, dann ende
;
; Division durch 2 durch Verschiebung um eine Position nach rechts
;
control $0c020             ; Reg[0]=Reg[0]>>Reg[2]
carry   1
clock
;
carry   1
control $00101             ; Reg[1]=Reg[1]+1
clock
jpncond $00       loop     ; unbedingter Sprung nach loop
;
; Ende der Berechnung, Operand nach Reg[0], Ergebnis in Reg[1]
;
>end              control $1f300           ; Reg[3] nach Reg[0]
clock
set       2       #0
set       3       #0
dump                       ; Ergebnis ausgeben
quit
```

3. Programm: Quadratwurzelberechnung nach dem Newtonschen Iterationsverfahren mit der Formel

$$x_{i+1} = \frac{x_i + \frac{a}{x_i}}{2}$$

```
;
; *** Quadratwurzelberechnung fuer die RALU-Simulation nach ***
; *** dem Newtonschen Iterationsverfahren: X(i+1)=1/2*(Xi+a/Xi) ***
;
;                           Beispielprogramm zu
;                    W.Schiffmann/R.Schmitz: "Technische Informatik",
;          Band 2: Grundlagen der Computertechnik, Springer-Verlag, 1992
;
;      (c)1991 von W.Schiffmann, J.Weiland        (w)1991 von J.Weiland
;
```

```
;
set     0       #144    ; Radiant, Wertebereich: 0-32767
;
; Vorbereitungen
;
; Radiant bleibt in Reg[0]
; Der Iterationswert wird in Reg[1] gehalten
;
control $1f001          ; Radiant=0 ? (Und: Reg[1]=Reg[0])
clock
jmpcond $20     end
jpncond $80     prepare ; Radiant ok => Wurzel berechnen
;
; Negativer Radiant => beenden
;
set     1       0
dump
quit
;
; Berechnen der Wurzel
;
>prepare        set     4       #1      ; Anzahl der Rotationen nach rechts
; fuer die Division durch 2
>sqrloop        control $1f002          ; Reg[2]=Reg[0]
clock
control $1f105          ; Reg[5]=Reg[1]
clock
set     3       #-1     ; Reg[3]=$ffff
;
; Division Reg[3]=Reg[2]/Reg[1] durchfuehren
;
>divloop        control $00303          ; Reg[3]=Reg[3]+1
carry   1
clock
control $06212          ; Reg[2]=Reg[2]-Reg[1]
carry   1
clock
jpncond $80     divloop ; Ergebnis positiv ?
;
; X(i+1) durch 1/2*(Reg[1]+Reg[3]) ermitteln
;
control $09311          ; Reg[1]=Reg[3]+Reg[1]
carry   0
clock
control $0c141          ; Reg[1]=Reg[1]/2: Division durch shift
carry   1
clock
;
; Test, ob Ergebnis stabil bleibt. Wegen der Rechenungenauigkeit muss auch
; getestet werden, ob sich das Ergebnis nur um 1 nach oben unterscheidet.
;
control $1f516          ; Reg[5]=Reg[1] ?
clock
jmpcond $10     end
control $0f106          ; Reg[6]=Reg[1]-1
carry   0
clock
control $1f566          ; Reg[5]=Reg[6] ?
clock
jpncond $10     sqrloop
control $1f601          ; Reg[1]=Reg[6], Ergebnis setzen
clock
;
; Ende der Berechung: Radiant in 0, Ergebnis in 1, Rest loeschen
;
>end    set     2       0
set     3       0
```

```
set     4      0
set     5      0
set     6      0
dump                    ; Ergebnis ausgeben
quit
```

**Siehe Übungsbuch
Seite 58, Aufgabe 86:
Fahrenheit nach Celsius**

**Siehe Übungsbuch
Seite 58, Aufgabe 87:
Briggscher Logarithmus**

3. Hardware–Parallelität

Wie wir in Kapitel 1 und Kapitel 2 gesehen haben kann durch parallelgeschaltete Operations–Schaltnetze oder durch verdrahtete Algorithmen die Zahl der Verarbeitungsschritte zur Lösung einer bestimmten Aufgabe verringert werden. Alle modernen Computer nutzen diese *Hardware–Parallelität* in irgendeiner Form. Wir können vier Operationen angeben, die durch zusätzliche Hardware an verschiedenen Stellen in einem Computersystem beschleunigt werden können:

1. Ein–/Ausgabe Operationen
2. Operanden verknüpfen
3. Daten lesen oder schreiben
4. Befehle holen

Die in Abb. 2.3 dargestellte Prozessor–Architektur hat den großen Nachteil, dass alle Informationen zum oder vom Prozessor über den Datenbus geschleust werden müssen. Der Datenbus stellt somit einen Engpass dar, den man als *von NEUMANN–Bottleneck* (Flaschenhals) bezeichnet. Eine Methode, die damit verbundenen Zeitverzögerungen zu verringern, ist der *direkte* Speicherzugriff. Er vermeidet unnötige Umwege der Ein–/Ausgabe Daten über den Prozessor. Im Idealfall können DMA–Controller (Direct Memory Access) und Prozessor parallel arbeiten. Ein–/Ausgabe Prozessoren können selbständig Programmme mit einem eingeschränkten Befehlssatz abarbeiten und entlasten so den Prozessor noch stärker als DMA. Eine weitere Maßnahme zur Erhöhung der Speicherbandbreite besteht in der Einführung getrennter Busse für Befehle und Daten (HARVARD–Architektur). Schließlich können Caches zwischen Hauptspeicher und Prozessor eingefügt werden. Dabei handelt es sich um schnelle Speicher, die Ausschnitte aus dem Hauptspeicher puffern. Der Prozessor kann auf diese Speicher mit maximaler Taktrate zugreifen. Die hierbei benutzten Methoden zur Speicherorganisation werden im Kapitel 8 ausführlich behandelt. Bei rechenintensiven Anwendungen kann der Prozessor durch eine parallelgeschaltete Gleitkomma–Einheit unterstützt werden, die auf die schnelle Verarbeitung arithmetischer Operationen optimiert ist.

Parallelrechner können nach unterschiedlichen Gesichtspunkten klassifiziert werden. Nachdem das Flynn'sche Klassifikationsschema eingeführt ist, beschreiben wir die beiden wichtigsten Prozessor-Typen, die man in sogenannten Supercomputern findet. Die verwendeten Methoden werden mittlerweile auch bei Mikroprozessoren angewandt. *Pipelining* ist eine sehr weit verbreitete Methode zur Steigerung der Verarbeitungsgeschwindigkeit durch Überlappung aufeinanderfolgender Teilschritte von Befehlen oder Rechenoperationen. Befehlspipelinig bildet beispielsweise die Grundlage von RISC–Prozessoren, die im übernächsten Kapitel ausführlich beschrieben werden. Arithmetisches Pipelining ist die Basis vieler *Vektorprozessoren* wie z.B. der CRAY–1. Vektorprozessoren werden zur Lösung von Problemen eingesetzt, die viele Vektor- bzw. Matrixoperationen enthalten. Durch Parallelschaltung mehrerer Rechenwerke erhält man einen *Array–Prozessor*. Am Beispiel einer Matrizenmultiplikation wird das Prinzip eines solchen SIMD–Rechners (Single Instruction Multiple Data) verdeutlicht.

3.1 Direkter Speicherzugriff

Nach dem in Kapitel 2 beschriebenen Grundkonzept steuert der Prozessor alle Eingabe– und Ausgabe–Operationen. Die Daten, die vom oder zum Speicher übertragen werden sollen, werden folglich durch das Rechenwerk geschleust. Dieser Umweg kann durch einen zusätzlichen Steuerbaustein vermieden werden, der einen *direkten Speicherzugriff* (Direct Memory Access DMA) ermöglicht. Ein *DMA–Controller* enthält die nötige Logik, um selbständig Datenblöcke zwischen dem Hauptspeicher und einem Ein–/Ausgabe Gerät zu übertragen (Abb. 3.1). Die meisten integrierten DMA–Controller stellen mehrere Ein–/Ausgabe *Kanäle* zur Verfügung.

Der Prozessor erteilt dem DMA–Controller einen Auftrag, indem er für den jeweiligen Ein–/Ausgabe Kanal eine Startadresse, Blocklänge und die Übertragungsrichtung vorgibt. Diese Parameter werden in entsprechende Register des DMA–Controllers geschrieben. Um den Ein–/Ausgabe Auftrag des Prozessors auszuführen, benötigt der DMA–Controller die Kontrolle über den Systembus (Daten–, Adress– und Steuerbus). Dazu erzeugt er zunächst ein Anforderungssignal DMA_REQ (Request), das den Prozessor auffordert, sich vom Systembus abzukoppeln. Sobald der Prozessor hierzu bereit ist, bringt er seine Bustreiber in den hochohmigen Zustand (TriState) und bestätigt die Freigabe des Systembusses, indem er das DMA_ACK (Acknowledge) Signal aktiviert.

Nun kann der DMA–Controller den Systembus übernehmen. Je nach Übertragsrichtung werden Daten zwischen Speicher und einem Ein–/Ausgabe Gerät ausgetauscht. Die zuvor vom Prozessor programmierte Startadresse wird mit jedem Datentransfer um eins inkrementiert und zur Adressierung des Speichers benutzt. Solange der Prozessor intern beschäftigt ist, läuft die Ein–/Ausgabe parallel dazu ab. Ist die Übertragung eines Blocks abgeschlossen, so signalisiert dies der DMA–Controller durch ein Interrupt–Signal.

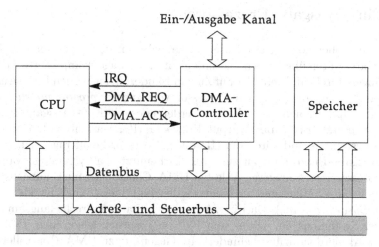

Abb. 3.1. Ein–/Ausgabe mit direktem Speicherzugriff durch einen DMA–Controller

DMA–BETRIEBSARTEN. Nicht immer wird ein ganzer Block auf einmal übertragen. Man kann vielmehr drei Betriebsarten unterscheiden: Burst–Mode, Cycle–stealing Mode und transparentes DMA.

Im *Burst–Mode* wird der gesamte Datenblock auf einmal übertragen. Die CPU muss währenddessen auf Systembus–Zugriffe verzichten. Diese Betriebsart wendet man an, wenn höchste Übertragungsraten benötigt werden (z.B. Festplatten–Zugriff).

Beim *Cycle–stealing Mode* wird die CPU nicht vollständig blockiert, wenn sie auf den Systembus zugreifen will. Nachdem eine vorgegebene Zahl von Datenworten eines Blocks übertragen wurde, gibt der DMA–Controller den Systembus wieder frei. Auf diese Weise werden DMA– und CPU–Buszugriffe gemischt, und die CPU wird bei Maschinenbefehlen mit Buszugriff nicht solange blockiert. Folglich ist bei dieser Methode die Transferrate der Ein–/Ausgabe geringer als beim Burst–Mode. Sie darf nicht für zeitkritische Anwendungen verwendet werden.

Durch *transparentes DMA* wird der Systembus am besten ausgelastet. Die Transferrate ist dabei allerdings am geringsten. Der DMA–Controller erhält den Systembus nur dann, wenn der Prozessor intern beschäftigt ist. Dies bedeutet, dass DMA–Zugriffe den Prozessor in keiner Weise behindern — sie sind transparent.

DMA–Controller entlasten den Prozessor und nutzen die verfügbare Bandbreite des Systembusses besser aus. Da die Daten nicht durch den Prozessor geschleust werden müssen, können höhere Übertragungsraten erzielt werden. Dies ist vor allem bei der Ansteuerung von Massenspeichern (wie z.B. bei Floppy–Disks oder Festplatten) wichtig.

3.2 Ein–/Ausgabe Prozessoren

DMA–Controller können nur Datenblöcke zwischen dem Speicher und Ein–/Ausgabe Geräten übertragen. Sie sind nicht in der Lage, komplizierte Adressrechnungen durchzuführen oder auf Zustandsänderungen bei den Ein–/Ausgabe Geräten zu reagieren. Um den Prozessor von solchen *programmierten* Ein–/Ausgabe Operationen zu entlasten, werden spezielle Ein–/Ausgabe Prozessoren eingesetzt. Ein Input Output Prozessor (IOP) arbeitet als Coprozessor am Systembus und wird vom (Haupt–) Prozessor beauftragt, selbständig Ein–/Ausgabe Programme auszuführen. Er benutzt den Systembus, während der Prozessor intern arbeitet. Wie bei DMA–Controllern muss zunächst der Systembus angefordert und zugeteilt werden (vgl. hierzu auch Kapitel 7 Abschnitt *Busarbitrierung*). Da Ein–/Ausgabe Operationen recht langsam sind, wird der Systembus nur selten vom IOP in Anspruch genommen. Der Prozessor wird hierduch kaum behindert. Im Gegensatz zu DMA–Controllern ist ein IOP in der Lage, mehrere Ein–/Ausgabe Geräte ohne Eingriff durch den Prozessor zu bedienen.

Der IOP arbeitet nämlich ein Programm ab, das — wie das Programm des Prozessors — im (Haupt–)Speicher abgelegt ist. Im Vergleich zu einem „richtigen" Prozessor verfügt der IOP nur über einen eingeschränkten Befehlssatz. Seine Befehle sind auf Ein–/Ausgabe Operationen ausgerichtet. Die Adress–Register des IOPs können meist nur inkrementiert oder dekrementiert werden. Wichtig ist jedoch, dass ein IOP Verzweigungsbefehle ausführen kann, um auf Zustandsänderungen der Ein–/Ausgabe Geräte zu reagieren. Häufig verfügt ein IOP über zwei Busse (Abb. 3.2). Über den Systembus erfolgt die Kommunikation und der Datenaustausch mit dem Prozessor bzw. Speicher. Die Ein–/Ausgabe Geräte sind über einen speziellen IO–Bus mit dem IOP verbunden. Mit dieser Architektur ist es möglich, dass der IOP immer nur ganze Maschinenworte mit dem Speicher austauscht. Da Ein–/Ausgabe Geräte oft byteweise angesteuert werden, sammelt (oder zerlegt) der IOP diese Daten, bevor er sie zum Speicher überträgt. Bei Hochleistungsrechnern wird der IOP durch einen zusätzlichen lokalen Speicher zu einem kompletten Computer (Vorrechner) ausgebaut. Es werden dann nur noch fertig aufbereitete Datenblöcke mit dem (Haupt–)Speicher ausgetauscht. Da hier auch das Programm des IOPs in seinem lokalen Speicher abgelegt wird, werden auch die Zugriffskonflikte auf dem gemeinsamen Systembus verringert. Wir wollen im folgenden von der Architektur in Abb. 3.2 ausgehen und beschreiben, wie die Kommunikation zwischen Prozessor und IOP abläuft.

Im gemeinsamen Speicher gibt es einen Bereich (Message Region), der die nötigen Informationen für eine Ein–/Ausgabe Operation enthält. Der Prozessor legt dort Startadresse und Parameter des gewünschten IOP Programms ab und signalisiert dem IOP über eine Steuerleitung, dass ein Auftrag für ihn vorliegt. Der IOP beginnt danach, das angegebene Programm abzuarbeiten und sendet einen Interrupt an den Prozessor, sobald er seinen Auftrag erle-

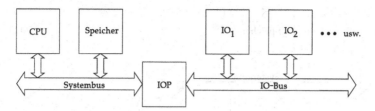

Abb. 3.2. Anschluss von Ein–/Ausgabe Geräten über einen IOP (Input Output Prozessor)

digt hat. In der Message Region kann dem Prozessor mitgeteilt werden, ob die Ein–/Ausgabe Operation fehlerfrei abgeschlossen wurde.

3.3 HARVARD–Architektur

Der *Mark I* war einer der ersten Computer. Er wurde in der Zeit von 1939– 1944 von H. Aiken an der Harvard–Universität entwickelt. Sein Programm– Speicher bestand aus einem Lochstreifen und sein Daten–Speicher war aus 23 stelligen Dezimal–Ziffern aufgebaut. Aiken verwendete hierfür elektromechanisch angetriebene Drehwähler der Fernmeldetechnik. Rechner, die wie der Mark I getrennte Programm– und Daten–Speicher verwenden, werden heute allgemein als Rechner mit HARVARD–Architektur bezeichnet. Im Gegensatz dazu werden bei PRINCETON– oder von NEUMANN–Architekturen Daten und Programm in *einem* Speicher abgelegt. Dies hat zwar den Vorteil, dass Rechner nach diesem Organisationsprinzip einfacher gebaut werden können. Nachteilig ist jedoch, dass Befehle und Daten nur nacheinander geholt werden können. Man findet daher in letzter Zeit immer mehr Prozessoren (vor allem RISCs), die getrennte Daten– und Befehls–Busse haben. Der höhere Hardwareaufwand wird durch eine Verdopplung der Speicherbandbreite belohnt. Um den Aufwand in Grenzen zu halten, wird häufig der gemeinsame (große) Hauptspeicher beibehalten. Nur momentan oft benötigte Programm– und Datenblöcke werden in getrennten *Caches* bereitgehalten (Abb. 3.3).

3.4 Gleitkomma–Einheiten

Häufig wird der Prozessor durch eine parallelgeschaltete Gleitkomma–Einheit (Floating Point Unit) bei Rechnungen mit Gleitkomma–Arithmetik unterstützt. Dies ist vor allem bei CISC–Prozessoren der Fall, da wegen des aufwendigen Leitwerks nicht genügend Platz auf dem Chip vorhanden ist, um ein Rechenwerk für Gleitkomma–Arithmetik zu integrieren. Bei RISC– Prozessoren ist dies anders. Da oft ganz auf ein Mikroprogramm–Steuerwerk

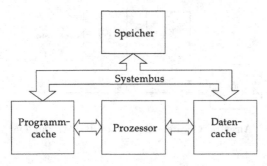

Abb. 3.3. Prozessor mit HARVARD–Architektur und großem Hauptspeicher

verzichtet werden kann, verfügen viele RISC–Prozessoren über eine integrierte Gleitkomma–Einheit (vgl. Kapitel 6). Bei CISC–Prozessoren ist eine Verarbeitung von Gleitkomma–Zahlen durch entsprechende Software möglich, die auf die vorhandenen Festkomma–Operationen zurückgreift. Durch den Einsatz von Gleitkomma–Einheiten[1] kann jedoch die Geschwindigkeit erheblich gesteigert werden, da die Rechenwerk–Struktur eines solchen Prozessors speziell auf die Verarbeitung von Gleitkomma–Operationen abgestimmt ist. Neben den Grundrechenarten, die mit unterschiedlicher Genauigkeit ausgeführt werden können, sind meist auch komplexere Funktionen wie z.B. Logarithmus oder trigonometrische Funktionen vorhanden.

3.4.1 Gleitkomma–Darstellung

Man unterscheidet zwei grundlegende Zahlen–Darstellungen: *Festkomma*– und *Gleitkomma*–Zahlen. Festkomma–Zahlen werden durch eine binäre (oder dezimale) Zahl mit Maschinenwortbreite n dargestellt, bei der das Komma immer an der gleichen Stelle d angenommen wird. Mit dieser Zahlen–Darstellung können insgesamt 2^n verschiedene Werte dargestellt werden, die je nach Position des Kommas einen mehr oder weniger großen Bereich auf der Zahlenachse erfassen. Bei der Zweier–(Zehner–) Komplement–Darstellung enthält der Wertebereich sowohl positive als auch negative Zahlen. Mit der Komplement–Darstellung kann die Substraktion auf die Addition zurückgeführt werden, und somit lassen sich alle Grundrechenarten mit einem Addierschaltnetz ausführen.

Beispiel

Ist n=8 und d=0 (Komma rechts daneben), so werden folgende Wertebereiche dargestellt:

· Gleitkomma–Einheiten werden auch als Gleitkomma– oder Arithmetik–Prozessoren bezeichnet.

Dual–Darstellung: $0 \ldots 255$
Zweier–Komplement–Darstellung : $-128 \ldots 127$

Der wertmäßige Abstand a zweier benachbarter Binär–Darstellungen beträgt 1. Dieser Abstand halbiert sich, wenn wir d=1 wählen:

Dual–Darstellung: $0, 0.5, \ldots 127, 127.5$
Zweier–Komplement–Darstellung : $-64, -63.5, \ldots, 63, 63.5$

Wir erkennen, dass durch Verschiebung des Kommas der darstellbare Wertebereich verringert wird und die Auflösung a steigt.

Allgemein gilt $a = 2^{-d}$ und der Wert z der dargestellten Zahl liegt in folgenden Bereichen

Dual–Darstellung: $0 \le z < 2^{n-d} - a$
Zweier–Komplement–Darstellung : $-2^{n-d-1} \le z < 2^{n-d-1} - a$

Festkomma–Zahlen decken einen festen und relativ kleinen Wertebereich ab. Durch die Gleitkomma–Darstellung kann der mögliche Wertebereich *bei gleicher Wortbreite N* vergrößert werden. Der Wert z einer Zahl wird durch eine Mantisse m und einen Exponenten e bestimmt[2]:

$$z = m \cdot b^e$$

Als Basis b der Gleitkomma–Darstellung wird bei einem Digitalrechner meist der Wert 2 oder eine Potenz von 2 gewählt. Die Werte für m und e werden innerhalb eines oder mehrerer Maschinenworte gespeichert. Die Aufteilung auf die einzelnen Bits bestimmt das *Gleitkomma–Format*, das wie die Basis b fest vorgegeben werden muss.

Gleitkomma–Zahlen müssen stets *normalisiert* werden, da es für einen bestimmten Wert keine eindeutige Darstellung gibt. So kann z.B. 0,1 dargestellt werden als $0,1 = 0,01 \cdot 10^1 = 100 \cdot 10^{-3}$. Durch die Normalisierung *fixiert* man die Komma–Position der Mantisse so, dass das Komma ganz links steht und die erste Ziffer der Mantisse ungleich 0 ist. Dadurch erhält man eine einheitliche Form der Gleitkomma–Darstellung. Damit die Mantisse keine führende Null hat, muss folgende Ungleichung erfüllt werden:

$$\frac{1}{b_m} \le |m| < 1$$

b_m bezeichnet die Basis des zur Darstellung der Mantisse benutzten Zahlensystems. Im Fall des Dual–Systems ist $b_m = 2$, und somit gilt für die normalisierte Mantisse:

$$0,5 \le |m| < 1$$

[·] Daher spricht man auch von einer halblogarithmischen Darstellung.

Wenn die Basis b gleich b_m oder gleich einer Potenz $(b_m)^p$ ist, kann die Normalisierung durch Verschiebung der Bits der Mantisse erfolgen. In diesem Fall wird die Mantisse jeweils um p Bits verschoben. Mit jeder Schiebeoperation nach links (rechts) wird der Exponent e um eins erhöht (erniedrigt).

Zur Darstellung des Vorzeichens einer Gleitkomma–Zahl wird i.a. ein besonderes *Sign*–Bit S verwendet, d.h. man verzichtet auf die Komplement–Darstellung. Dadurch wird sowohl die Normalisierung als auch die Multiplikation und Division vorzeichenbehafteter Zahlen vereinfacht.

Siehe Übungsbuch
Seite 59, Aufgabe 89:
Gleitkomma–Multiplikation

3.4.2 Beispiel: IEEE–754 Standard

Das IEEE (Institute of Electrical and Electronic Engineers) hat 1982 einen Standard zur Darstellung und Verarbeitung von 32– und 64–Bit Gleitkomma–Zahlen eingeführt [*IEEE–754*, 1985]. Er hat zum Ziel, Software für numerische Anwendungen portierbar zu machen. Der IEEE–754 Standard hat sich mittlerweile durchgesetzt und wird weltweit benutzt. Wir wollen hier exemplarisch die 32–Bit Gleitkomma–Darstellung untersuchen. Das 32–Bit Wort wird in ein Vorzeichenbit S, einen 8–Bit Exponenten im Excess–127–Code (siehe unten) und eine 23–Bit Mantisse aufgeteilt. Die Basis b der Gleitkomma–Darstellung und die Basis von Exponent und Mantisse ist jeweils 2.

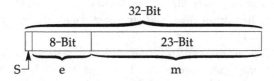

Solange der Dual–Wert des Exponenten e größer ist als 0, wird von einer normalisierten Mantisse ausgegangen. In diesem Fall ist es möglich, die führende 1 der Mantisse m wegzulassen (hidden Bit). Dadurch wird die Auflösung der Mantisse um ein Bit erhöht. Die um das hidden Bit erweiterte 24–Bit Mantisse wird als *Significand* bezeichnet. Für eine nach IEEE–754 dargestellte 32–Bit Gleitkomma–Zahl ergibt sich unter der Bedingung $1 \leq e < 255$ folgender Wert:

$$z = (-1)^S 2^{e-127} \cdot (1{,}0 + \sum_{i=1}^{23} m_{-i} \cdot 2^{-i})$$

Hierbei bezeichnet m_{-i} die Belegung der einzelnen Bits der Mantisse nach dem führenden Komma. Dem niederwertigsten Bit im 32–Bit Wort entspricht m_{-23} der Mantisse. Man beachte, dass —wegen des hidden Bits— der veränderliche Teil der Mantisse nur Werte zwischen 0 und $1 - 2^{-23}$ annehmen darf.

DARSTELLUNG DER NULL. Aus der Normalisierungs–Bedingung folgt, dass es keine normalisierte Darstellung für die Null gibt. Die kleinste normalisierte Zahl ergibt sich dann, wenn der Exponent seinen größten negativen Wert annimmt, die führende Ziffer der Mantisse (hidden Bit) 1 ist und der veränderliche Teil der Mantisse den Wert 0 hat. Die dadurch dargestellten Werte können positiv oder negativ sein und liegen symmetrisch um den „wahren" Nullpunkt. Die Null wird daher als eine Zahl dargestellt, die kleiner ist als die kleinste Zahl aus dem zulässigen Wertebereich. Hierzu wird $e = 0$ gesetzt und eine geeignete Zahlendarstellung des Exponenten gewählt.

DARSTELLUNG DES EXPONENTEN. Damit eine Gleitkomma–Zahl mit einfachen Mitteln auf Null geprüft werden kann, ist es wünschenswert, dass der größte negative Exponent durch Nullen in allen Bitpositionen dargestellt wird. Daraus ergibt sich ein Dualcode mit implizitem negativen Anteil (Bias), den man als *Excess–Code* oder als *Charakteristik* bezeichnet. Bei k Bits für die Darstellung des Exponenten kann man je nach Größe des negativen Bias den *Excess*–(2^k) oder *Excess*–$(2^k - 1)$–Code benutzen. In unserem Fall ergibt sich mit $k = 8$ ein Excess–127–Code, d.h. der duale Wert von e wird zur Bestimmung des Exponenten um 127 vermindert. Damit ergibt sich folgender Wertebereich für den Betrag von z:

$$1,0 \cdot 2^{-126} \leq |z| \leq (1,0 + 1,0 - 2^{-23}) \cdot 2^{127} \approx 2^{128}$$

oder dezimal (gerundet)

$$1,175 \cdot 10^{-38} \leq |z| \leq 3,4 \cdot 10^{38}$$

Bei einer 32–Bit Zweier–Komplement Darstellung mit $d = 0$ erhält man dagegen nur folgenden Wertebereich für den Betrag von z (ebenfalls gerundet)

$$0 \leq |z| \leq 2,15 \cdot 10^9$$

Der darstellbare Wertebereich ist also bei Gleitkomma–Darstellung erheblich größer. Bei der Festkomma–Darstellung wird jedoch eine höhere Auflösung (Genauigkeit) erreicht, da mit 32 Bit etwa $4,3 \cdot 10^9$ verschiedene Einzelwerte innerhalb *eines festen* Wertebereichs darstellbar sind. Dagegen kann bei der Gleitkomma–Darstellung mit dem Exponenten zwischen *verschiedenen Wertebereichen* umgeschaltet werden. Innerhalb eines Wertebereichs können jedoch wegen der kleineren 23–Bit Mantisse nur etwa $8,4 \cdot 10^6$ Einzelwerte unterschieden werden. Die Auflösung ist für große Werte des Exponenten am geringsten. Dies führt zu Rundungsfehlern, wenn zu einer sehr großen Zahl eine sehr kleine Zahl addiert werden soll[3]. Bei der IEEE–754 Gleitkomma–Darstellung unterscheidet sich die größte Zahl von der zweitgrößten Zahl um

---

`*` Oder umgekehrt.

den Wert $2^{127}(2 - 2^{-23}) - 2^{127}(2 - 2^{-22}) = 2^{105} - 2^{104} \approx 2 \cdot 10^{31}$. Im kleinsten Wertebereich beträgt der minimale Unterschied zwischen zwei Zahlen $(1,0 + 2^{-23}) \cdot 2^{-126} - 1,0 \cdot 2^{-126} = 2^{-149} \approx 1,4 \cdot 10^{-45}$.

Folgende Sonderfälle sind im IEEE–754 Gleitkomma–Format definiert:

$m \neq 0, e = 255$: Die dargestellte Zahl ist keine gültige Gleitkomma–Zahl (*Not a Number* NaN). Solche Zahlen entstehen z.B. bei einer Division durch Null.

$m = 0, e = 255$: Überlauf des darstellbaren Zahlenbereichs (Overflow) $z = \pm\infty$ je nach Vorzeichenbit S.

$m \neq 0, e = 0$: Darstellung einer nicht normalisierten Gleitkomma–Zahl, d.h. hidden Bit $= 0$, (Underflow)

$m = 0, e = 0$: Darstellung der Null. Das Sign–Bit kann 0 oder 1 sein.

Siehe Übungsbuch
Seite 59, Aufgabe 88:
Exponent für Gleitkommaformat nach IEEE–754

3.4.3 Anschluss von Gleitkomma–Einheiten

Eine Gleitkomma–Einheit kann *lose* oder *eng* an den Prozessor angekoppelt werden. Bei loser Kopplung wird sie wie ein Ein–/Ausgabe Baustein betrieben, d.h. die Gleitkomma–Einheit verfügt über einen internen Speicher (Registerfile oder Stack), der zunächst mit den Daten geladen wird. Über ein spezielles *Command*-Register erteilt der Prozessor den Auftrag, die Operanden miteinander zu verknüpfen. Neben den reinen Rechen–Operationen gibt es auch Befehle zur Konvertierung zwischen Festkomma– und Gleitkomma–Darstellung. Gleitkomma–Einheiten der gerade geschriebenen Art sind universell einsetzbar, da sie nicht auf einen bestimmten Prozessor ausgerichtet sind. Nachteilig ist jedoch der hohe Zeitbedarf, um Operanden und Ergebnisse vor und nach einer Rechenoperation zu übertragen. Zur Synchronisation mit dem Prozessor gibt es zwei Möglichkeiten:

1. Abfrage des Status–Registers der Gleitkomma–Einheit oder
2. Erzeugung eines Interrupts für den Prozessor, sobald ein Ergebnis vorliegt.

Ein Beispiel für eine universelle Gleitkomma–Einheit mit internem Stack ist der AM 9511 von Advanced Micro Devices.

Bei enger Kopplung kann die Gleitkomma–Einheit als logische Erweiterung des Prozessors aufgefaßt werden. Man spricht bei dieser Anschlussart auch von einem *Coprozessor*, da im Befehlssatz spezielle Maschinenbefehle reserviert sind, die nicht vom Prozessor sondern von der Gleitkomma–Einheit ausgeführt werden. Wenn der Prozessor erkennt, dass keine Gleitkomma–Einheit vorhanden ist, erzeugt er bei diesen Befehlen einen Software–Interrupt (Co-prozessor Trap). In diesem Fall können die Gleitkomma–Operationen durch Software emuliert werden. Dadurch müssen im Maschinenprogramm keine Änderungen vorgenommen werden, wenn aus Kostengründen auf den Einbau einer Gleitkomma–Einheit verzichtet wird. Coprozessoren werden durch einige Steuerleitungen direkt mit dem Prozessor verbunden, damit eine einfache und schnelle Synchronisation ermöglicht wird. Falls mehrere Coprozessoren (z.B. Gleitkomma–Einheit und ein Ein–/Ausgabe Prozessor) vorhanden sind, ist eine Auswahlschaltung nötig. Außerdem sind die Coprozessoren mit dem Systembus (Adress–, Daten– und Steuerbus) verbunden, damit sie mit dem Prozessor und Speicher Daten austauschen können.

Opcodes für Gleitkomma–Operationen werden entweder im Prozessor deco-diert und entsprechend in den Coprozessor delegiert (680X0/68881) oder sie werden gleichzeitig von Prozessor und Coprozessor decodiert und interpretiert (80386/80387).

3.5 Klassifikation nach Flynn

Während der Prozessor ein Programm abarbeitet, kann man einen *Befehls-strom* **I** (Instruction Stream) und einen Datenstrom **D** (Data Stream) un-terscheiden. Der Befehlsstrom ist vom Speicher zum Prozessor hin gerichtet. Daten können in beide Richtungen fließen. Bei parallelen Prozessoren sind gleichzeitig mehrere Daten– und Befehlsströme vorhanden. Da der Grad der Parallelität (Multiplicity) während eines Befehlszyklus nicht immer gleich ist, wird jeweils die minimale Zahl von Daten– oder Befehlsströmen benutzt, um einen parallelen Prozessor in eine der folgenden Klassen einzuordnen [*Flynn*, 1972]:

1. SISD: Single Instruction Single Data
2. SIMD: Single Instruction Multiple Data
3. MISD: Multiple Instruction Single Data
4. MIMD: Multiple Instruction Multiple Data

In die erste Klasse fallen die konventionellen von NEUMANN–Rechner wie sie in Kapitel 2 beschrieben wurden. SIMD–Maschinen enthalten mehrere Rechenwerke, die durch eine zentrale Steuerung verschaltet werden und die über ein Verbindungsnetzwerk miteinander Daten austauschen. Man bezeich-net solche Computer als *Array–Prozessoren* oder *Feldrechner*. Bei MISD–Maschinen ist eine Zuordnung schwierig, da bei den meisten existierenden Parallelrechnern nur ein hoher Datendurchsatz im Vordergrund steht. Man kann *fehlertolerante Computer* (fault–tolerant Systems) in diese Kategorie ein-ordnen, obwohl eigentlich mehrere identische Datenströme vorhanden sind.

Faßt man die Verarbeitungskette durch einen *Pipeline–Prozessor* als einzigen Datenstrom auf, so kann man auch hier von einer MISD–Maschine sprechen (vgl. hierzu Abschnitt *Pipeline–Prozessoren*). Zu den MIMD–Maschinen zählen *Multiprozessor*–Systeme oder *verteilte* Systeme, die gleichzeitig mehrere Programme abarbeiten und mittels Nachrichten miteinander kommunizieren. Interpretiert man die Zwischenergebnisse in den einzelnen Pipeline–Stufen als mehrfachen Datenstrom, so können auch Pipeline–Prozessoren als MIMD–Maschinen klassifiziert werden.

Die Flynn'sche Klassifikation ordnet nicht alle existierenden Computer eindeutig zu, da sehr häufig auch Mischformen vorliegen. So nutzen sehr viele Prozessoren das Pipeline–Prinzip sowohl auf der Rechenwerks– als auch auf der Leitwerksebene. Wenn z.B. solche Prozessoren zum Aufbau eines Multiprozessor–Systems verwendet werden, ist eine Zuordnung nach dem Flynn'schen Schema problematisch. Die Flynn'sche Klassifikation ist sehr grob, da nur vier Klassen unterschieden werden. Eine detailliertere Aussage über die Architektur eines Parallelrechners erreicht man durch eine strukturelle Beschreibung [*Bode*, 1983]. Sie gibt an, wie der Speicher aufgeteilt ist, und wie einzelne Prozessorelemente untereinander bzw. mit Speichern verbunden werden können. Im Kapitel 7 werden verschiedene Verbindungstopologien für MIMD–Maschinen vorgestellt. Im folgenden wollen wir als Beispiele für Parallelrechner die Architektur von Pipeline– und Array–Prozessoren behandeln. Auf dem Pipeline–Prinzip basieren viele Supercomputer und die in letzter Zeit propagierten RISC–Prozessoren. Bei Array–Prozessoren erfolgt die Verarbeitung in mehreren voneinander unabhängigen Rechenwerken. Die einzelnen Operationen überlappen sich nicht, sondern werden nacheinander (aber mehrfach) ausgeführt. In einem Pipeline–Prozessor dagegen überlappen sich die unterschiedlichen Teilschritte einer Operation. Zu einem bestimmten Zeitpunkt enthält die Pipeline mehrere Zwischenergebnisse, die als Eingabe für nachfolgende Teilschritte dienen. Während Array–Prozessoren *explizite* Parallelität aufweisen, arbeiten Pipeline–Prozessoren *implizit* parallel.

3.6 Pipeline–Prozessoren

Bei vielen Anwendungen in Computern müssen die gleichen Operationen mit einer großen Zahl von Operanden durchgeführt werden. So können z.B. viele wissenschaftliche Probleme in Form von Vektor– oder Matrizen–Gleichungen ausgedrückt werden, in denen eine Vielzahl von Gleitkomma–Operationen vorkommen. Eine Möglichkeit der Parallelisierung besteht darin, mehrere Rechenwerke bereitzuhalten, die alle die gleichen Operationen ausführen können. Dieser Ansatz bildet die Grundlage von Array–Prozessoren.

Schaltnetze für Gleitkomma–Operationen sind aber sehr aufwendig herzustellen und enthalten mehrere Stufen. Da sich die Verzögerungszeiten der einzelnen Stufen addieren, wird die maximal mögliche Taktrate beschränkt. Die

Taktrate kann jedoch erhöht werden, wenn man die Stufen durch Zwischen-speicher voneinander entkoppelt und gleichzeitig mehrere Operanden durch einzelne Teiloperationen verknüpft. Solange eine solche *Pipeline* gefüllt ist, wird mit jedem Taktzyklus ein Ergebnis produziert. Im Idealfall sind die Teil-operationen von gleicher Komplexität und haben deshalb alle ungefähr den gleichen Zeitbedarf. Bei einer m–stufigen Pipeline ergibt sich dann eine Lei-stungssteigerung um etwa den Faktor m.

Das hier beschriebene Pipeline–Prinzip wird auch zur Herstellung von Kon-sumgütern benutzt. Ein Beispiel ist die Autoproduktion, die sich sehr gut in viele einzelne Arbeitsschritte zerlegen läßt. Die komplexe Aufgabe, ein Auto herzustellen, wird durch Fließbandarbeit vereinfacht und kann von weniger qualifiziertem Personal ausgeführt werden, da die Teilaufgaben genau defi-niert und schnell erlernbar sind. Auf diese Weise können große Stückzahlen bei vergleichsweise geringen Kosten produziert werden. Auch hier bestimmt der längste Teilschritt die maximal erreichbare Stückzahl pro Zeiteinheit.

3.6.1 Aufbau einer Pipeline

Eine Pipeline besteht aus Schaltnetzen, die durch Register voneinander ent-koppelt sind. Je ein Register und ein Schaltnetz bilden eine *Stufe* oder *Seg-ment* (Abb. 3.4). Als Register dürfen zustandsgesteuerte Flipflops (Latches) verwendet werden, weil keine direkten Rückkopplungen über eine Stufe zu ihrem Eingang vorliegen. Die Schaltnetze der einzelnen Stufen führen arith-metische oder logische Operationen mit den Operanden aus. Diese strömen vom Eingang zum Ausgang durch die Pipeline. Die Zwischenergebnisse wer-den in schnellen Latches aufgefangen, die von einem gemeinsamen Taktsignal gesteuert werden.

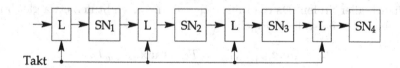

Abb. 3.4. Vierstufige Pipeline mit Latches (L) und Schaltnetzen (SN)

Ein *Präzedenzgraph* beschreibt die Reihenfolge der Teiloperationen, die zur Lösung einer bestimmten Aufgabe (Funktion) mit den Eingabeoperanden aus-geführt werden müssen. Wenn der Präzedenzgraph *linear* ist, baut eine Teil-operation auf der anderen auf. Die Stufen werden einfach hintereinander ge-schaltet. Mit solchen *linearen* Pipelines kann nur *eine einzige* Funktion aus-geführt werden (Single/Unifunction Pipeline).

Enthält der Präzedenzgraph Zyklen, so ist es nötig, Vorwärts– und/oder Rückkopplungen (feedforward/feedback Connections) einzufügen. Durch Multiplexer vor den Registern wird der Datenfluss während der Bearbeitung umgeschaltet. So ist es zum Beispiel möglich, dass Ergebnisse am Ausgang wieder in die Pipeline eingespeist werden. Solche *nichtlinearen* Pipelines können i.a. für verschiedene Funktionen benutzt werden (Multifunction Pipeline). Für jede realisierbare Funktion gibt es eine Reservierungstabelle, die wie ein Time–Space Diagramm (siehe unten) die Belegung der Pipeline–Stufen während der Berechnung dieser Funktion angibt. Mit Hilfe dieser Tabellen, kann die Reihenfolge anstehender Aufgaben, die in die Pipeline eingespeist werden sollen, so geplant werden, dass eine hohe Auslastung der Pipeline–Stufen und damit ein hoher Datendurchsatz erreicht wird (Job Sequencing). Wenn mehrere Aufgaben ineinander verzahnt werden, spricht man auch von *dynamischen* Pipelines. Um Kollisionen zu vermeiden, muss der Startzeitpunkt sorgfältig geplant werden. Da dies sehr aufwendig ist, werden in der Praxis meist nur *statische* Pipelines benutzt.

3.6.2 Time–Space Diagramme

Zur Darstellung der zeitlichen Abläufe in einer Pipeline werden *Time–Space* Diagramme benutzt. Für jede Pipeline–Stufe wird die Belegung während einer Taktperiode angegeben. Die in Abb. 3.5 hervorgehobenen Flächen sollen die Verzögerungszeit darstellen, die sich innerhalb einer Stufe ergibt. Diese Zeit T_S besteht aus zwei Teilen:

1. Einspeicherzeit T_L in das Latch/Register
2. Verzögerungszeit T_{SN} des Schaltnetzes

Die Taktperiode T_C der Pipeline muss größer sein als das Maximum von T_S bezüglich aller Stufen. Da die Einspeicherzeit bei allen Stufen etwa gleich ist, muss bei einer m–stufigen Pipeline gelten:

$$T_C > \mathbf{max}_{i=1...m} T_S{}^i = T_L + \mathbf{max}_{i=1...m} T_{SN}{}^i$$

Aus der Abb. 3.5 wird deutlich, dass bei gefüllter Pipeline mit jedem Takt ein Ergebnis E produziert wird. Gleichzeitig müssen neue Operanden O nachgeschoben werden. Allgemein gilt, dass O_{k+m} eingegeben werden muss, sobald das Ergebnis E_k vorliegt. Pipelining ist vor allem dann günstig, wenn mit *vielen* Operanden die *gleiche* Funktion ausgeführt wird. Ohne Pipelining würde in unserem Beispiel die Berechnung eines Ergebnisses etwa $3 \cdot T_C$ dauern. Diese Zeit ergibt sich als Summe der Verzögerungszeiten der vier Schaltnetze. Der theoretisch erreichbare Geschwindigkeitsgewinn (Speedup) von 4 wird hier nicht erreicht, da nicht alle Stufen die gleiche Verzögerungszeit haben. Dieser Fall tritt auch in der Praxis sehr häufig auf.

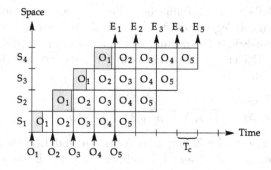

Abb. 3.5. Time–Space Diagramm zur Darstellung der überlappenden Verarbeitung in einer Pipeline

3.6.3 Bewertungsmaße

Zur Bewertung der tatsächlichen Leistung einer Pipeline kann man verschiedene Bewertungsmaße definieren [*Hwang*, 1985].

SPEEDUP. Wie wir gesehen haben ist es ein wichtiges Entwurfsziel, die mit der Pipeline zu lösende Aufgabe (Funktion) in möglichst gleichwertige Teiloperationen zu zerlegen. Diese sollten alle den gleichen Zeitbedarf haben. Geht man davon aus, dass dieses Ziel erreicht ist, so kann der Speedup S_m einer m–stufigen Pipeline zur Lösung von M Aufgaben wie folgt berechnet werden.

Ohne Pipelining beträgt der Zeitaufwand:

$$m \cdot T_C \cdot M$$

Nach m Taktperioden ist die Pipeline aufgefüllt und das erste Ergebnis liegt vor. Mit jedem weiteren Taktschritt wird dann ein neues Ergebnis produziert. Folglich beträgt der Zeitaufwand mit Pipelining:

$$m \cdot T_C + (M - 1) \cdot T_C$$

Der Speedup S_m gibt an, um wie viel sich die Berechnung durch Pipelining beschleunigt. Wir müssen also den Zeitbedarf ohne Pipelining durch den mit Pipelining teilen:

$$S_m = \frac{m \cdot T_C \cdot M}{T_C(m + M - 1)} = \frac{m \cdot M}{m + M - 1}$$

Für $M \gg m$ strebt dieser Wert nach m, d.h. durch eine m–stufige Pipeline erfolgt eine Beschleunigung um den Faktor m, wenn viele Operanden verarbeitet werden.

EFFIZIENZ. Die Effizienz η ist ein Maß für die Auslastung der einzelnen Pipeline–Stufen. Wenn eine Teilfläche im Time–Space Diagramm belegt ist (busy), so wird die dazugehörige Stufe genutzt. Je mehr Teilflächen belegt sind, umso besser wird die Hardware ausgelastet. Da die Pipeline aufgefüllt und entleert werden muss, bleiben immer Teilflächen, die nicht belegt werden können (idle). Bezieht man die belegten Teilflächen auf die insgesamt vorhandenen Teilflächen im Time–Space Diagramm, so erhält man die relative Auslastung oder Effizienz η. Bei einer linearen m–stufigen Pipeline und M Aufgaben erhält man (vgl. Abb. 3.5):

$$\eta = \frac{m \cdot T_C \cdot M}{m \cdot (m \cdot T_C + (M-1) \cdot T_C)} = \frac{M}{m + M - 1} = \frac{S_m}{m}$$

Für $M \gg m$ strebt η nach 1, d.h. die Zeiten zum Auffüllen und Entleeren fallen nicht mehr ins Gewicht. Bei nichtlinearen Pipelines hängt die Effizienz von der Belegung der Reservierungstabelle ab. Sie ist in der Regel geringer als bei linearen Pipelines.

DURCHSATZ. Der Durchsatz (Throughput) gibt an, wie viele Ergebnisse pro Zeiteinheit produziert werden können. So gibt man z.B. bei Gleitkomma–Operationen den Durchsatz häufig in MFLOPS (Millions of Floating Point Operations per Second) an. Da die Effizienz η bereits die durchschnittliche Zahl der Ergebnisse pro Takt ermittelt, können wir daraus den Durchsatz ν berechnen:

$$\nu = \frac{\eta}{T_C}$$

Eine optimal ausgelastete Pipeline liefert demnach pro Taktperiode ein Ergebnis.

3.6.4 Pipeline–Arten

Man kann drei Ebenen unterscheiden, auf denen Pipelining eingesetzt wird:

1. Arithmetische Pipelines im Rechenwerk
2. Befehls–Pipelines zur Verkürzung des Befehlszyklus
3. Makro–Pipelining bei Multiprozessor–Systemen

ARITHMETISCHE PIPELINES. Häufig werden Gleitkomma–Operationen mittels arithmetischer Pipelines realisiert. Für jede arithmetische Operation muss im Rechenwerk eine Pipeline vorhanden sein. Als Beispiel hierfür werden wir im nächsten Abschnitt einen Addierer für Gleitkomma–Zahlen vorstellen.

Wie wir gesehen haben, wird nur dann eine hohe Effizienz erreicht, wenn eine große Zahl von Operanden zu verarbeiten ist. Die Pipeline wird schlecht ausgenutzt, wenn sie für einzelne Operanden(paare) immer wieder neu „einschwingen" muss. Viele Hochleistungsrechner besitzen sogenannte *Vektorprozessoren*, die mit speziellen arithmetischen Pipelines Vektorbefehle ausführen können. Programme mit skalaren Operationen müssen *vektorisiert* werden, damit sie effizient auf diesen Maschinen laufen. Dies kann mit Hilfe vektorisierender Compiler erfolgen, die auf die jeweilige Maschine abgestimmt werden und meist für die Programmiersprache FORTRAN verfügbar sind [*Hwang*, 1985].

Die zu bearbeitenden Vektoren müssen schnell genug an die Pipelines herangebracht werden. Hierzu werden die Vektorkomponenten entweder in Vektor–Registern zwischengespeichert, oder es wird direkt auf den Hauptspeicher zugegriffen. Wegen der hohen Taktraten stellen Pipeline–Prozessoren grundsätzlich hohe Anforderungen an den Hauptspeicher, die nur durch verzahnten Zugriff (interleaved Memory) oder schnelle Caches befriedigt werden können. Bei verzahntem Zugriff müssen die Operanden vor einer Pipeline–Operation richtig im Speicher angeordnet und später wieder in ihre ursprünglichen Speicherplätze zurückgeschrieben werden. Diese zusätzlichen Speicher–Operationen führen zu einer erheblichen Verringerung des maximal erreichbaren Durchsatzes (Peak Performance), mit dem die Hersteller von Supercomputern gerne werben.

Arithmetisches Pipelining ist nicht auf Supercomputer beschränkt. Es wird auch in Prozessoren und in integrierten Gleitkomma–Einheiten angewandt. Insbesondere RISC–Prozessoren benutzen es gleichzeitig zum Befehls–Pipelining (Kapitel 6).

BEFEHLS–PIPELINING. Der Befehlszyklus ist eine permanent auszuführende Operation, die sich ideal dazu eignet, das Pipeline–Prinzip anzuwenden. Befehls–Pipelining (oft auch *Instruction Look Ahead* genannt) wird von fast allen Prozessoren benutzt. Speziell RISC–Prozessoren machen ausgiebig Gebrauch von Befehls–Pipelining, indem sie den Befehlszyklus in eine relativ große Zahl von Teilschritten aufspalten. Die Zahl der Pipeline–Stufen ist prozessorspezifisch und schwankt zwischen 3 und 6 (vgl. Kapitel 6).

Die einfachste Form des Befehls–Pipelining teilt den Befehlszyklus in zwei Stufen auf (Abb. 3.6). Während in der ersten Stufe IF (Instruction fetch) ein Befehl geholt wird, führt die nachfolgende Stufe EX (Execution) den zuvor geholten Befehl aus. Um die Unterschiede zu veranschaulichen, wurden in Abb. 3.6 die Time–Space Diagramme für einen Prozessor ohne und mit Pipelining dargestellt. Dabei wird angenommen, dass ein Programm abgearbeitet wird, das weder Verzweigungen noch Befehle mit Speicherzugriffen enthält. In diesen Fällen kommt es nämlich zu einer Konfliktsituation. Wenn sich z.B. während der Ausführung eines bedingten Sprungbefehls ergibt, dass die Sprungbedingung erfüllt ist, so darf der bereits geholte Befehl nicht ausgeführt werden. Der nächste Befehl muss in einer neuen IF–Phase unter der Sprungadresse geholt werden. Programme für Prozessoren mit Befehls–Pipelining sollten so geschrieben werden, dass Sprungbedingungen *selten* erfüllt werden. Dadurch kann die Effizienz erhöht werden. Im Kapitel 6 werden wir Pipeline–Konflikte und deren Behebung durch Software–Methoden näher untersuchen.

Ähnlich wie arithmetisches Pipelining stellt auch Befehls–Pipelining erhöhte Geschwindigkeitsanforderungen an den Speicher. Um diese Anforderungen zu erfüllen, benutzt man sogenannte *Prefetch–Buffer* oder schnelle *Cache*–Speicher. Prefetch–Buffer arbeiten nach dem FIFO–Prinzip (First In First Out) und werden dann nachgeladen, wenn der Hauptspeicher nicht vom Programm benötigt wird. Cache–Speicher werden in Kapitel 8 behandelt. Sie

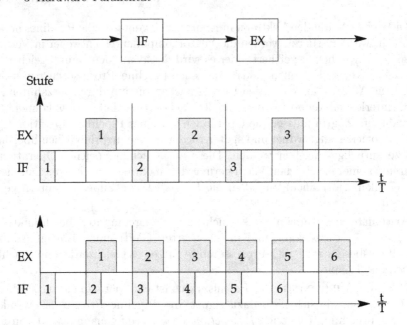

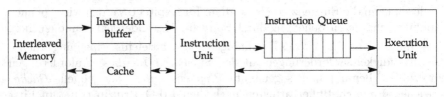

Abb. 3.6. Einfaches Befehlspipelining (Oben: Aufbau; Mitte: ohne Pipelining; Unten: mit Pipelining

sind in der Lage, nicht nur Befehle sondern auch Daten für den Prozessor bereitzuhalten. Gegenüber dem Prefetch–Buffer können auch kürzere Schleifen zwischengespeichert werden. Da der Prefetch–Buffer immer nur aufeinanderfolgende Speicherplätze enthält, muss er bei Sprungbefehlen zuerst nachgeladen werden. Oft wird ein Prozessor in eine *Instruction Unit* und in eine *Execution Unit* aufgeteilt, die durch einen FIFO–Speicher als Warteschlange entkoppelt werden Abb. 3.7. Diese *Instruction Queue* enthält decodierte Maschinenbefehle und Operanden, die von der Instruction Unit erzeugt und von der Execution Unit abgearbeitet werden. Durch eine solche Architektur wird es möglich, gleichzeitig Befehls– und Arithmetik–Pipelines zu benutzen. Die Execution Unit enthält meist eine oder mehrere Pipelines für Gleitkomma–Operationen.

Abb. 3.7. Architektur eines Prozessors, der Befehls– und Arithmetik–Pipelines unterstützt.

MAKRO–PIPELINING. Hier bestehen die Pipeline–Stufen aus programmierbaren Computern, die über Ein-/Ausgabe Bausteine miteinander kommunizieren. Die Entkopplung der einzelnen Prozesse erfolgt durch FIFO–Speicher, die entweder in Hardware oder durch Software (Streams) realisiert sind. Makro–Pipelining ergibt sich als Sonderform eines parallelen Algorithmus, bei dem sich die Prozesse über den Datenstrom synchronisieren. Im Allgemeinen ist hier der Kommunikationsaufwand sehr hoch.

3.6.5 Beispiel: Gleitkomma–Addierer

Als Beispiel für arithmetisches Pipelining wollen wir einen Gleitkomma–Addierer betrachten. Wir gehen von einer normalisierten Darstellung aus, wie sie im Abschnitt *Gleitkomma–Einheiten* beschrieben wurde. Die Pipeline soll zwei Gleitkomma–Zahlen $X = m_X \cdot 2^{e_X}$ und $Y = m_Y \cdot 2^{e_Y}$ addieren und das Ergebnis normalisieren. Zur Darstellung der Zahlen X und Y sei angenommen, dass die Mantisse eine duale Festkomma–Zahl mit Vorzeichenbit ist, und der Exponent im Excess–Code dargestellt wird.

Die Addition (bzw. Subtraktion) von Gleitkomma–Zahlen ist schwieriger als die Multiplikation (bzw. Division), weil die Exponenten der beiden Summanden zunächst aneinander angepasst werden müssen. Da die Summanden normalisiert sind, muss die Zahl mit dem kleineren Exponenten verändert werden. Die Mantisse der kleineren Zahl wird *denormalisiert*, indem sie um den Betrag der Differenz der beiden Exponenten nach rechts geschoben wird. Nun gilt für beide Gleitkomma–Zahlen der gleiche (größte) Exponent, und die Mantissen können als Festkomma–Zahlen addiert werden. Zum Schluss muss das Ergebnis noch normalisiert werden, da die Summe der Mantisse größer als 1 oder kleiner als 0,5 werden kann. Der erste Fall tritt ein, wenn die beiden Summanden von Anfang an gleiche Exponenten haben. Zur Normalisierung wird die Ergebnis–Mantisse solange nach links (rechts) verschoben, bis keine führenden Nullen (Einsen) mehr vorhanden sind. Der Exponent muss entsprechend der Verschiebung verringert (erhöht) werden.

BEISPIEL 1. Die Zahlen 5,0 und 0,25 sollen addiert werden. In normalisierter dualer Darstellung gilt:

$$(5,0 + 0,25)_{10} = 0,101 \cdot 2^3 + 0,1 \cdot 2^{-1}$$

Entnormalisieren der kleineren Zahl liefert:

$$= 0,101 \cdot 2^3 + 0,00001 \cdot 2^3$$
$$= 0,10101 \cdot 2^3 = 101,01 \ = \ (5,25)_{10}$$

Hier muss nicht normalisiert werden, da im Ergebnis keine führenden Nullen vorhanden sind. Dies ist jedoch im folgenden Beispiel der Fall.

BEISPIEL 2. Die Zahlen 0,5 und $-0,25$ sollen „addiert" werden. Eigentlich handelt es sich hier um eine Subtraktion, die aber auf eine Addition des Komplements zu 1,0 zurückgeführt werden kann. In normalisierter dualer Darstellung gilt:

$$(0,5 - 0,25)_{10} = 0,1 + (1,0 - 0,25)_{10} - 1,0$$
$$= 0,1 + 0,11 - 1,0$$
$$= 1,01 - 1,0 \ = \ 0,01 \cdot 2^0$$
$$= 0,1 \cdot 2^{-1} \ = \ (0,25)_{10}$$

Das Ergebnis muss also um eine Stelle nach links geschoben werden, damit es wieder normalisiert ist.

In Abb. 3.8 ist ein vierstufiger Gleitkomma–Addierer dargestellt, der als Pipeline betrieben wird. Ohne die Register erhält man ein Schaltnetz zur Gleitkomma–Addition. Im Bild sind die Register durch eine Pfeilspitze in der linken unteren Ecke markiert. Alle anderen Blöcke sollen als schnelle Schaltnetze realisiert sein. In der ersten Stufe wird der größte der beiden Exponenten ermittelt und die Differenz $e_Y - e_X$ bzw. $e_X - e_Y$ gebildet. Ein Steuersignal C dient zur Auswahl der Mantisse der kleineren Zahl. $C=0$ bedeutet, dass $e_X < e_Y$ ist: m_X wird ausgewählt und um $e_Y - e_X$ Stellen nach rechts geschoben. Umgekehrt wird für $C=1$ m_Y ausgewählt und um $e_X - e_Y$ Stellen nach rechts geschoben. Der Vergleicher für die Exponenten besteht im Kern aus einem Dual–Addierer, der als Zweier–Komplement Subtrahierer arbeitet und einen Exponenten z.B. hier e_Y vom anderen Exponenten e_X abzieht. Bezogen auf das Blockschaltbild in Abb. 3.8 entspricht die Steuervariable C dem Vorzeichenbit aus der höchstwertigen Stelle. Für $C=1$ ist die Differenz $e_Y - e_X$ negativ, und sie muss komplementiert werden, um den positiven Anteil $e_X - e_Y$ zu erhalten. Für $C=0$ ($C=1$) wird m_Y (m_X) auf den Ausgang max geschaltet. Dies entspricht dem (vorläufigen) gemeinsamen Exponenten e'_S. In der zweiten Stufe findet die Addition der angeglichenen Mantissen m'_X und m'_Y statt. Das Ergebnis m'_S dieser Operation wird in der dritten Stufe auf führende Nullen untersucht. Das Schaltnetz $NLZ=?$ bestimmt die Anzahl NLZ der führenden Nullen (Number of leading Zeros). Mit dieser Zahl wird schließlich in der vierten Stufe das Ergebnis normalisiert. Der Exponent wird um NLZ verringert und die Mantisse wird um ebensoviele Stellen nach links geschoben. Nun liegt am Ausgang die korrekt normalisierte Summe S. Wenn der Addierer für die Mantisse intern auch die Vorzeichenbits der Mantisse verarbeitet (z.B. durch Konvertierung negativer Zahlen ins Zweier–Komplement und umgekehrt), kann mit der angegebenen Schaltung sowohl addiert als auch subtrahiert werden.

3.7 Array–Prozessoren (Feldrechner)

Wie eine Gleitkomma–Einheit ist ein Array–Prozessor zur Beschleunigung numerischer Berechnungen bestimmt. Bei Array–Prozessoren werden jedoch in

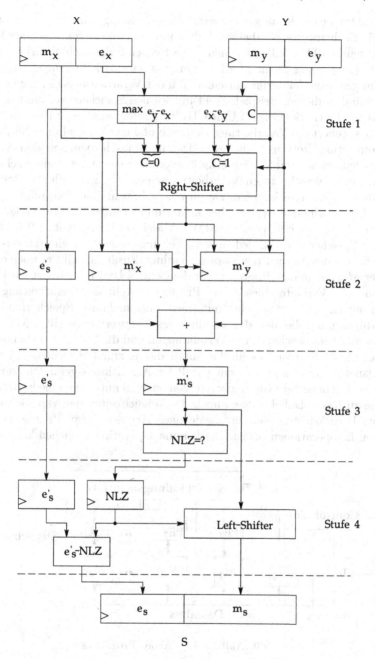

Abb. 3.8. Aufbau eines Gleitkomma–Addierers mit vierstufigem Pipelining

einem Taktzyklus mehr als zwei Operanden vollständig bearbeitet. Dazu werden viele Rechenwerke parallel geschaltet und von einem gemeinsamen Leitwerk gesteuert (Abb. 3.9). Man nennt die Rechenwerke auch Verarbeitungselemente (Processing Elements PEs), um zum Ausdruck zu bringen, dass sie zu einem gewissen Zeitpunkt nur einen Teil der Verarbeitungsleistung erbringen. Sie sind in diesem Beispiel direkt mit lokalen Speichern verbunden. Das gemeinsame Leitwerk (Control Unit CU) kann selbst aus einem Prozessor bestehen. Es steuert die Verarbeitungselemente und das Verbindungs–Netzwerk (Interconnection Network), das zum Datenaustausch zwischen den Verarbeitungselementen dient. Gleichzeitig können mehrere Datenpfade geschaltet werden, um in verschiedenen Verarbeitungselementen gespeicherte Operanden miteinander zu verknüpfen. Da zu einem bestimmten Zeitpunkt immer nur ein Befehl wirksam ist, der aber mehrere Operanden betrifft, verkörpert ein Array–Prozessor eine typische SIMD–Maschine. In der Abb. 3.9 liegt ein *verteilter* Speicher vor, d.h. jedem Verarbeitungselement ist ein Teil des Gesamtspeichers des Array–Prozessors zugeordnet. Zusätzlich gibt es noch einen Speicher M_0, indem das Programm für die Control Unit gespeichert wird. Bei einer anderen Variante eines Array–Prozessors steht den Verarbeitungselementen nur ein *globaler* Speicher mit einem oder mehreren Speichermodulen zur Verfügung, auf die über das Verbindungs–Netzwerk zugegriffen wird. Die Zahl der gleichzeitig schaltbaren Verbindungen und die Zahl der vorhandenen (unabhängigen) Speichermodule bestimmt die maximal erreichbare Parallelität. Daneben muss natürlich ein paralleler Algorithmus gefunden werden, der das vorhandene Feld von Rechenwerken optimal nutzt, um eine bestimmte Aufgabe zu lösen. Dabei müssen auch die Möglichkeiten der Verarbeitungselemente berücksichtigt werden, die je nach Art des Array–Prozessors von einfachen Bitoperationen bis zu Gleitkomma–Operationen reichen können.

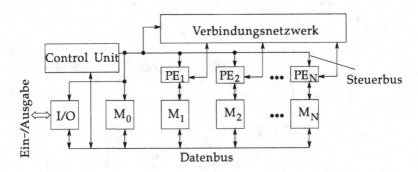

Abb. 3.9. Aufbau eines Array–Prozessors

3.7.1 Verbindungs–Netzwerk

Wenn die Verbindungen festverdrahtet sind, spricht man von einem *statischen* Verbindungs–Netz. Sind die Verbindungen schaltbar, so liegt ein *dynamisches* Verbindungs–Netz vor. Statische Verbindungs–Netze haben den geringsten Hardwareaufwand. Sie können jedoch nur schwer auf wechselnde Aufgabenstellungen angepasst werden. So kann es vorkommen, dass mehrere Transportschritte nötig sind, um die Daten von einem Verarbeitungselement zum anderen zu verschieben (recirculating Networks). Die möglichen statischen Verbindungstopologien werden in Kapitel 7 diskutiert. Dynamische Verbindungs–Netze können durch die Control Unit topologisch verändert werden, da sie über elektronische Schalter verfügen. Im Idealfall ist ein Kreuzschienenverteiler (Crossbar Switch) vorhanden, der jede nur denkbare Verbindung zwischen zwei Verarbeitungselementen herstellen kann. Er besteht bei N Verarbeitungselementen aus einer Sammelschine mit je einem N-zu-1 Multiplexer pro Verarbeitungselement (Abb. 3.10). Da jeder Multiplexer für die volle Maschinenwortbreite ausgelegt ist, muss bereits bei kleinem N ein enormer Hardwareaufwand getrieben werden. Allgemein gilt, dass der Aufwand proportional zu N^2 ist.

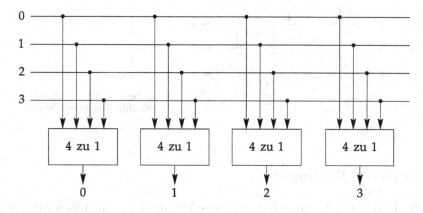

Abb. 3.10. Aufbau eines Kreuzschienenverteilers für 4 Verarbeitungselemente

Aus diesem Grund werden in der Praxis weniger aufwendige Verbindungs–Netzwerke benutzt, die trotz geringerem Aufwand eine effektive Kommunikation ermöglichen. Man unterscheidet *einstufige* und *mehrstufige* Netze, die aus einer Basis–Schaltereinheit (Interchange Box) aufgebaut werden. Solche Schaltereinheiten besitzen in der Regel zwei Eingänge und zwei Ausgänge (alle mit Maschinenwortbreite). Jede Schaltereinheit kann maximal einen von vier Zuständen einnehmen:

1. Eingänge durchreichen (Straight)

2. Eingänge tauschen (Exchange)

3. Unteren Eingang ausgeben (Lower Broadcast)

4. Oberen Eingang ausgeben (Upper Broadcast)

Oft werden Schalter eingesetzt, die nur über die beiden ersten Funktionen verfügen (Two–Function Interchange Box). Die Schaltereinheiten sind in einer spezifischen Netzwerk–Topologie miteinander verbunden und werden mit einer ebenfalls Netzwerk–spezifischen Steuerstrategie betrieben. Meist werden bei mehrstufigen Verbindungs–Netzen die Schalter einer ganzen Stufe einheitlich angesteuert, während bei einstufigen Netzen jede einzelne Schaltereinheit getrennt gesetzt werden kann.

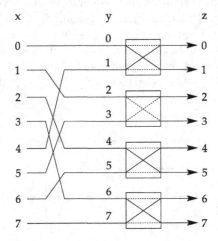

Abb. 3.11. Aufbau eines Shuffle–Exchange Netzes

3.7.2 Shuffle–Exchange Netz

Betrachten wir N Verarbeitungselemente. Wie muss ein einstufiges Netz aufgebaut sein, damit jedes Verarbeitungselement mit einem beliebigen anderen Verarbeitungselement verbunden werden kann? Ein solches Netz kann durch sogenannte *Perfect–Shuffle* Verbindungen und eine nachfolgende Stufe von $N/2$ Schaltereinheiten realisiert werden, die über die oben beschriebenen Funktionen „Straight" und „Exchange" verfügen. Der Name Perfect–Shuffle deutet an, dass die Verbindungen so wirken, wie das perfekte Durchmischen einer zunächst linearen Anordnung von Verarbeitungselementen. Dies geschieht analog zum Mischen eines Stapels von Spielkarten. Nehmen wir an $N = 8$. Die lineare Folge 01234567 wird zunächst zerlegt in zwei „Stapel" 0123 und 4567. Diese beiden Stapel werden nun ineinander gesteckt, so dass sich die einzelnen Elemente verzahnen und sich schließlich die perfekt gemischte Folge 04152637 ergibt (vgl. Abb. 3.11). Bezeichnet man mit x den Index des eingangsseitigen Verarbeitungselements, so ergibt sich folgende allgemeine Abbildungsfunktion

$$y(x) = 2x \bmod (N - 1)$$

Da die Abbildungsfunktion durch eine Permutation dargestellt werden kann, spricht man auch von einem *Permutationsnetz*. Für unser Beispiel $N = 8$ ergibt sich folgende Tabelle:

x	0	1	2	3	4	5	6	7
y	0	2	4	6	1	3	5	7

Wie aus dieser Tabelle zu entnehmen ist, wird nach 3 facher Anwendung (allgemein $log_2 N$) der Abbildungsfunktion wieder das ursprüngliche Verarbeitungselement erreicht. Bestimmte Elemente sind jedoch nicht erreichbar. So ist z.B. kein Datenaustausch von 3 nach 1 möglich. Auch von 0 oder 7 kann durch Perfect–Shuffle kein anderes Verarbeitungselement erreicht werden. Diese Probleme werden durch eine nachgeschaltete Stufe von Schaltereinheiten beseitigt. Wenn die möglichen Shuffle– und Exchange–Verbindungen in der richtigen Reihenfolge hintereinander geschaltet werden, so können in maximal $log_2 N$ Schritten beliebige Verarbeitungselemente untereinander Daten austauschen. Mit einem Shuffle–Exchange Netz können gleichzeitig N Verarbeitungselemente verbunden werden.

3.7.3 Omega–Netzwerk

Schaltet man $log_2 N$ Shuffle–Exchange Netze hintereinander, so erhält man ein *Omega–Netzwerk*. Es enthält $\frac{N}{2} log_2 N$ Schaltereinheiten. Mit einem solchen *mehrstufigen* Netz ist es möglich, beliebige Paare von Verarbeitungselementen untereinander zu verbinden. Im Gegensatz zum Shuffle–Exchange Netz kann eine direkte Verbindung (ohne recirculating) hergestellt werden. Das Omega–Netzwerk in Abb. 3.12 realisiert z.B. folgende Verbindungen:

$$0 \to 7, \ 1 \to 0, \ 2 \to 3, \ 3 \to 6, \ 4 \to 1, \ 5 \to 5, \ 6 \to 4 \text{ und } 7 \to 2.$$

Beim Omega–Netzwerk können *Blockierungen* auftreten. Obwohl prinzipiell jede Verbindung schaltbar ist, kann es vorkommen, dass eine oder mehrere Schaltereinheiten nicht mehr frei benutzt werden können, da sie bereits durch andere Verbindungen belegt sind. Nimmt man in dem obigen Beispiel an, dass statt von $7 \to 2$ eine Verbindung von $1 \to 2$ benötigt wird, so ist dies nur möglich, wenn die Verbindung $1 \to 0$ aufgehoben und durch $7 \to 0$ ersetzt werden darf (hervorgehobene Box). Blockierungen sind der Preis dafür, dass sich durch mehrstufige Verbindungs–Netze der Hardwareaufwand reduziert. Nur die oben genannten Kreuzschienenverteiler sind blockierungsfrei.

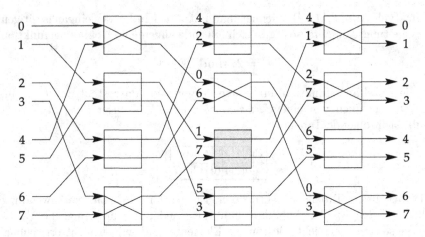

Abb. 3.12. Aufbau eines Omega–Netzwerks mit einzelnen steuerbaren Schaltereinheiten

3.7.4 Beispiel: Matrix–Multiplikation

Die Programmierung von SIMD–Prozessoren ist wesentlich schwieriger als die streng sequentielle Programmierung eines normalen SISD–Prozessors. Wir müssen zunächst einen parallelisierbaren Lösungsalgorithmus suchen (vgl. z.B. [*Zöbel*, 1988]) und dann die Parallelblöcke auf die vorgegebene SIMD–Architektur übertragen. Ein Beispiel soll die Vorgehensweise verdeutlichen. Der Einfachheit halber sei angenommen, dass das Verbindungs–Netz aus einem Kreuzschienenverteiler besteht. Gegeben sei eine $N \times N$–Matrix $A = [a_{ik}]$ und eine $N \times M$–Matrix $B = [b_{kj}]$. Das Produkt der beiden Matrizen soll mit einem Array–Prozessor berechnet werden, der M Verarbeitungselemente besitzt. Für die $N \times M$–Produktmatrix C gilt:

$$C = A \cdot B = [c_{ij}]$$

$$\text{mit } c_{ij} = \sum_{k=1}^{N} a_{ik} b_{kj}$$

$$\text{und } i = 1 \dots N \text{ bzw. } j = 1 \dots M$$

SISD–Algorithmus zur Berechnung von C

```
for (i=1; i≤N; i++){
    for (j=1; j≤M; j++) cij = 0;
    for (k=1; k≤N; k++) cij=cij+aik· bkj;
}
```

Die Berechnung mit dem SISD–Algorithmus erfordert $N \cdot M$ Summenbildungen, die jeweils N akkumulative Multiplikationen der Form

$$c := c + a \cdot b$$

beinhalten. Definiert man die für diese Operation benötigte Zeit als Kosten-einheit, so kann man die Komplexität angeben zu[4]

$$O(N^2 \cdot M)$$

SIMD–Algorithmus zur Berechnung von C

```
for (i=1; i≤N; i++){
    parfor (j=1; j≤M; j++) cij = 0;
    for    (k=1; k≤N; k++)
        parfor(j=1; j≤M; j++) cij=cij+aik· bkj;
}
```

Bei Verwendung eines Array–Prozessors können die akkumulativen Multi-plikationen, die zur Berechnung einer Zeile der Matrix C nötig sind, *gleichzei-tig* in M parallelgeschalteten Verarbeitungselementen berechnet werden. Die Komplexität kürzt sich dadurch um den Faktor M zu

$$O(N^2)$$

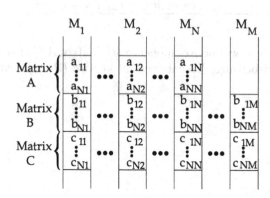

Abb. 3.13. Aufteilung der Matrizen A, B und C auf die lokalen Speicher der Verar-beitungselemente.

Abb. 3.13 zeigt die Aufteilung der Matrizen A, B und C auf die lokalen Speicher der einzelnen PEs für den Fall $M > N$. Das **parfor**-Konstrukt im SIMD–Algorithmus bedeutet, dass für alle vorkommenden Werte der Schlei-fenvariable ein Verarbeitungselement und lokaler Speicher bereitsteht. Die erste **parfor**-Anweisung bewirkt, dass die Elemente der i-ten Zeile gleich-zeitig auf Null gesetzt werden. In ähnlicher Weise werden durch die zweite

---

[4] $O(.)$ bedeutet, dass der Zeitaufwand proportional ist zu der in der Klammer angegebenen Funktion.

parfor–Anweisung M akkumulative Multiplikationen mit sämtlichen Elementen einer Zeile ausgelöst. Im Gegensatz zum SISD–Algorithmus wird hier nicht ein Element nach dem anderen berechnet, sondern alle Elemente einer Zeile gleichzeitig. Nach N Schritten mit akkumulativen Multiplikationen, die durch die k–Schleife gesteuert werden, ist die Berechnung sämtlicher Zeilenelemente abgeschlossen. Über das Verbindungs–Netzwerk müssen den Verarbeitungselementen die nicht in ihrem lokalen Speicher befindlichen Matrixelemente zugänglich gemacht werden. Wie aus Abb. 3.13 ersichtlich, ist für jede Spalte ein Verarbeitungselement vorhanden. Da die Berechnung des Matrixproduktes zeilenweise erfolgt, muss während des k–ten Iterationsschrittes das Element a_{ik} an alle Verarbeitungselemente verschickt werden. Diese Elemente befinden sich im lokalen Speicher des k–ten Verarbeitungselements. Um den Ablauf der Berechnung zu verdeutlichen, wollen wir für den Fall $N = 2$ und $M = 3$ die aufeinanderfolgenden Speicherinhalte der Matrix C in einer Tabelle zusammenfassen. Da die c_{ij} zu Beginn der i–Schleife auf Null gesetzt werden, erhält man nach den angegebenen Berechnungsschritten die Produktmatrix C:

i	j	M_1	M_2	M_3	$Netz$
1	1	$c_{11} = c_{11} + a_{11}b_{11}$	$c_{12} = c_{12} + a_{11}b_{12}$	$c_{13} = c_{13} + a_{11}b_{13}$	a_{11}
	2	$c_{11} = c_{11} + a_{12}b_{21}$	$c_{12} = c_{12} + a_{12}b_{22}$	$c_{13} = c_{13} + a_{12}b_{23}$	a_{12}
2	1	$c_{21} = c_{21} + a_{21}b_{11}$	$c_{22} = c_{22} + a_{21}b_{12}$	$c_{23} = c_{23} + a_{21}b_{13}$	a_{21}
	2	$c_{21} = c_{21} + a_{22}b_{21}$	$c_{22} = c_{22} + a_{22}b_{13}$	$c_{23} = c_{23} + a_{22}b_{23}$	a_{22}

In der Spalte $Netz$ ist angegeben, welche Komponente der Matrix A über das Verbindungsnetz an alle Verarbeitungselemente verschickt wird (Broadcast).

4. Prozessorarchitektur

Im Kapitel 2 haben wir den Aufbau des von Neumann Rechners kennengelernt. Er besteht aus Prozessor (Rechen- und Leitwerk), Speicher und der Ein-/Ausgabe. In den folgenden Kapiteln werden wir uns dem Entwurf von Prozessoren zuwenden, die als komplexes Schaltwerk den Kern eines von NEUMANN-Rechners bilden. Wir haben bereits gesehen, dass das Rechenwerk im Wesentlichen durch die Datenpfade bestimmt ist. Das Leitwerk steuert diese Datenpfade und die Operationen der ALU. Maschinenbefehle werden also durch die Prozessorhardware interpretiert.

Die Schnittstelle zwischen Hardware und *low–level* Software (Maschinenbefehle) wird durch die *Befehls(satz)architektur* (Instruction Set Architecture, ISA) festgelegt. Sie beschreibt den Prozessor aus der Sicht des Maschinenprogrammierers und erlaubt eine vollständige Abstraktion von der Hardware. Die Befehlsarchitektur beschränkt sich auf die Funktionalität, die ein Prozessor haben soll, d.h. sie spezifiziert das Verhaltensmodell des Prozessors. Der Rechnerarchitekt kann für eine gegebene ISA unterschiedliche *Implementierungen* in Hardware realisieren. Eine bestimmte Implementierung umfaßt die logische Organisation des *Datenpfads* (Datapath) sowie die erforderliche *Steuerung* (Control). Die Implementierung wird durch die Art und Reihenfolge der logischen Operationen beschrieben, die ausgeführt werden, um die gewünschte Befehlsarchitektur zu erreichen. Dabei bestimmt die Befehlsarchitektur den Hardwareaufwand, um den Prozessor zu implementieren. Im Laufe der Zeit entstanden vier Klassen von Prozessorarchitekturen, die sich wesentlich bzgl. ihrer Befehlsarchitektur und Implementierung unterscheiden:

- CISC–Prozessoren (Complex Instruction Set Computer) benutzen ein mikroprogrammiertes Leitwerk.
- RISC–Prozessoren (Reduced Instruction Set Computer) basieren auf einem einfachen Pipelining und dekodieren Befehle durch ein Schaltnetz.
- Superskalare RISC–Prozessoren benutzen mehrfaches Pipelining in Verbindung mit dynamischer Befehlsplanung.
- VLIW–Prozessoren (Very Large Instruction Word) benutzen die Datenparallelität von Funktionseinheiten in Verbindung mit statischer Befehlsplanung.

Datenpfad und Steuerung kennzeichnen die *logische* Implementierung eines Prozessors. Die „Bausteine" der logischen Implementierung sind Register, Registerblöcke, Multiplexer, ALUs, FPUs (Floating Point Unit), Speicher, und Caches. Sie werden so zu einem Datenpfad und zugehöriger Steuerung zusammengefügt, dass sie die Funktionalität der Befehlsarchitektur implementieren. Die Umsetzung der logischen Organisation in einer bestimmten Technologie bezeichnet man als *technologische Implementierung* oder auch *Realisierung*. Im Laufe der technologischen Entwicklung standen verschiedene Bauelemente zur Realisierung von Prozessoren zur Verfügung:

1. Relais und elektromechanische Bauteile
2. Elektronenröhren
3. Einzelne (diskrete) Transistoren
4. Integrierte Schaltkreise unterschiedlicher Integrationsdichten

   - SSI = Small Scale Integration
   - MSI = Medium Scale Integration
   - LSI = Large Scale Integration
   - VLSI = Very Large Scale Integration

Die technologische Implementierung umfaßt die Platzierung der Transistoren auf einem Chip und die aufgrund der Schalteigenschaften und Laufzeiten erreichbaren Taktfrequenzen. Die o.g. Epochen der technologischen Entwicklung bezeichnet man auch als *Rechnergenerationen*.

Die Rechnerarchitektur kann grob in zwei Teilbereiche unterteilt werden: Befehlsarchitektur und Implementierung. Die Implementierung läßt sich weiter in logische Organisation und technologische Realisierung unterteilen (Abb. 4.1).

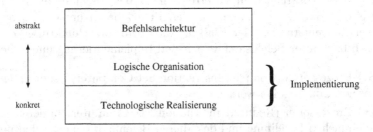

Abb. 4.1. Sichtweisen der Rechnerarchitektur

Die logische Organisation ist in hohem Maße von einer vorgegebenen Befehlsarchitektur abhängig. Je komplexer die Befehlsarchitektur, umso stärker wird der Spielraum für die logische Organisation auf mikroprogrammierte Lösungen beschränkt. Dagegen ist die technologische Realisierung weniger stark von

der logischen Organisation abhängig. Läßt man herstellungstechnische Gründe
außer Betracht, so kann prinzipiell jeder logische Entwurf durch eine beliebige
Schaltkreisfamilie realisiert werden.

Bisher sind wir von konkreten zu immer abstrakteren Betrachtungsweisen
vorgegangen. In diesem und den beiden nachfolgenden Kapiteln werden wir
von diesem Grundsatz abweichen und unsere Vorgehensweise umkehren. Im
folgenden wird auf die drei Sichtweisen der Rechnerarchitektur näher eingegangen. Danach werden die Merkmale der verschiedenen Prozessortypen
behandelt und deren (logische) Organisation diskutiert.

4.1 Befehlsarchitektur

Wenn man beim Entwurf von Prozessoren von einer einmal spezifizierten
Befehlsarchitektur ausgeht, so können sich die Details der Implementierung
ändern ohne dass sich diese auf die Software auswirken. Erfolgreiche Befehlsarchitekturen konnten mehrere Jahre oder gar Jahrzehnte bestehen, weil sie von
technologisch verbesserten Nachfolge–Prozessoren weiter unterstützt wurden.
Ein bekanntes Beispiel hierfür sind die INTEL Prozessoren aus der 80x86–
Familie, deren Befehlsarchitektur 1980 eingeführt wurde und noch heute auf
den modernen Pentium 4–Prozessoren unterstützt wird. Das bedeutet, dass
noch heute 80x86 Objektcode auf technologisch verbesserten Prozessoren ausgeführt werden kann.

Die Befehlsarchitektur umfaßt alle Informationen, die man zur Programmierung in Maschinensprache benötigt. Hierzu gehören im Wesentlichen die
Zugriffsmöglichkeiten auf die Operanden und die ausführbaren Operationen.

Die Operanden können innerhalb oder außerhalb des Prozessors gespeichert
sein. Es gibt verschiedene Adressierungsarten, um auf sie zuzugreifen. Da es
nicht sinnvoll ist, alle Daten mit Maschinenwortbreite darzustellen, werden
verschiedene Operandentypen definiert.

Die durch eine Befehlsarchitektur bereitgestellten Operationen (Maschinenbefehle) sollten auf die Erfordernisse der Anwendungsprogramme abgestimmt sein. Hierzu wird die Nutzungshäufigkeit der geplanten Maschinenbefehle in repräsentativen Anwendungsprogrammen ermittelt. Maschinenbefehle, die vom Compiler nur selten genutzt werden, können möglicherweise
gestrichen und durch eine Folge anderer Maschinenbefehlen nachgebildet werden. Man kann drei Gruppen von Maschinenbefehlen unterscheiden:

- Speicherzugriffe
- Verknüpfungen (ALU/FPU–Operationen)
- Verzweigungen

Maschinenbefehle sollten verschiedene Operandentypen verarbeiten können.
Die Befehlsarchitektur muss festlegen, welche Operandentypen von welchen

Maschinenbefehlen unterstützt werden. Schließlich müssen die Befehle als Opcodes mit Adressfeldern in Maschinenworten codiert werden. Hierzu können verschiedene Befehlsformate definiert werden. Je weniger Befehlsformate es gibt, umso einfacher ist die Dekodierung der Befehle.

Die Befehlsarchitektur repräsentiert den Prozessor aus der Sicht des Maschinenprogrammierers bzw. des Compilers. Einzelheiten der Implementierung werden bewusst ausgelassen, d.h. eine Befehlsarchitektur kann auf verschiedene Arten implementiert werden. Die Eigenschaften der Befehlsarchitektur und der zur Implementierung erforderliche Hardwareaufwand sind jedoch eng miteinander verknüpft.

Eine Entwurfsentscheidung betrifft beispielsweise die Zahl der prozessorinternen Register. Wenn die anwendungstypischen Maschinenprogramme viele Variablen enthalten, ist es günstig einen großen Registerblock vorzusehen, da hierdurch die Häufigkeit der (langsamen) Hauptspeicherzugriffe reduziert wird. Eine große Zahl von Registern hat jedoch den Nachteil, dass sie bei Unterprogrammaufrufen oder Interrupts auf dem Stack gerettet bzw. nach dem RETURN–Befehl wieder zurückgespeichert werden müssen.

4.1.1 Speicherung von Operanden

Die Befehlsarchitektur legt die prozessorinterne Speicherung von Daten und Möglichkeiten zu deren Adressierung fest. Bezüglich der Speicherung innerhalb eines Prozessors unterscheiden wir:

1. Stack–Architekturen,
2. Akkumulator–Architekturen und
3. Register–Architekturen.

Bei einer *Stack–Architektur* werden alle Operanden implizit von einem prozessorinternen Stack geholt, in der ALU verknüpft und das Ergebnis wird wieder oben auf den Stack (Top Of Stack, TOS) zurückgespeichert. Da nur PUSH– und POP–Befehle und keine expliziten Adressen benutzt werden, spricht man von einem *Null–Adress Befehl.*

Bei einer *Akkumulator–Architektur* verfügt der Prozessor nur über ein einziges internes Register, genannt Akkumulator, das einen der beiden Operanden aufnimmt. Der zweite Operand wird direkt im Speicher angesprochen und das Ergebnis der Verknüpfung wird wieder im Akkumulator abgelegt. Da nur eine Adresse (die des zweiten Operanden) im Befehl angegeben wird, spricht man von einem *Ein–Adress Befehl.*

Eine *Register–Architektur* liegt vor, wenn im Adressfeld der Maschinenbefehle zwei oder drei Registeradressen angegeben werden. Die meisten modernen Prozessoren verfügen über eine größere Zahl von frei verwendbaren Registern. Typische Größen sind 8 bis 32 Register. Die Befehlsarchitektur legt fest, ob in Maschinenbefehlen gleichzeitig zwei oder drei Register adressiert werden. Im Fall von *Zwei–Adress Befehlen* werden durch die beiden Adressen im Befehl einerseits die Operandenregister einer arithmetisch–logischen Operation ausgewählt und andererseits nimmt eines dieser Register auch das Ergebnis auf. Beispiel: Der Befehl ADD R_1, R_2 bewirkt, dass die Summe der Registerinhalte $R_1 + R_2$ den Inhalt des Registers R_1 überschreibt.

Bei *Drei–Adress Befehlen* enthält der Maschinenbefehl sowohl die beiden Adressen der Operanden als auch die Adresse des Ergebnisregisters. Beispiel: Der Befehl ADD R_1, R_2, R_3 bewirkt, dass die Summe der Registerinhalte $R_2 + R_3$ den Inhalt des Registers R_1 überschreibt. Man beachte, dass *Zwei–Adress* Maschinen*befehle* zwar kürzer sind, dafür in einem Maschinen*programm* aber mehr Befehle und damit in einer Implementierung auch mehr Zeit (Taktzyklen) benötigt werden. Außerdem überschreiben sie jedesmal einen der beiden Operanden. Aus diesen Gründen findet man heutzutage fast ausschließlich Befehlsarchitekturen mit *Drei–Adress Befehlen*.

Operandenspeicherung und Implementierung

Aus der Anzahl der Register einer Befehlsarchitektur ergibt sich eindeutig die Größe des Registerblocks zu deren Implementierung. Offen ist jedoch, wie viele Register gleichzeitig adressierbar sind. *Zwei– und Drei–Adress Befehle* können durch verschieden organisierte Registerblöcke implementiert werden. Ein Registerblock kann über einen einzigen kombinierten Schreib– und Lese*port*, einen kombinierten Schreib– und Leseport plus zusätzlichen Leseport oder über zwei Leseports plus separaten Schreibport verfügen (Abb. 2.7). Entsprechend können ein, zwei oder drei Register gleichzeitig bearbeitet werden und man spricht von einer Ein–, Zwei– oder Drei–Adress *Maschine*[1]. Abhängig von der Anzahl der Adresseingänge werden mehr oder weniger Taktzyklen zur Ausführung einer ALU–Operation benötigt:

- Eine Ein–Adress Maschine benötigt 3 Taktzyklen: 1. Ersten Operanden holen, 2. Zweiten Operanden holen, 3. Ergebnis speichern.
- Eine Zwei–Adress Maschine benötigt 2 Taktzyklen: 1. Ersten und zweiten Operanden holen, 2. Ergebnis speichern.
- Eine Drei–Adress Maschine benötigt nur einen Taktzyklus, da alle drei Register gleichzeitig adressiert werden können.

Technologisch werden Registerblöcke als SRAM–Speicher realisiert (vgl. Band 1, Kapitel Speicherglieder). Aus Geschwindigkeitsgründen werden heute ausschließlich Drei–Adress Maschinen implementiert.

Einige Register–Architekturen bieten auch die Möglichkeit, die Operanden und/oder das Ergebnis direkt im Speicher zu adressieren. Wir können folgende drei Varianten unterscheiden:

---

[*] Im Gegensatz zu *Befehlen* bei der Befehlsarchitektur.

1. Register–Register Architektur
2. Register–Speicher Architektur
3. Speicher–Speicher Architektur

Bei der *Register–Register Architektur* kann auf den Speicher nur mit den Maschinenbefehlen LOAD und STORE zugegriffen werden. Man spricht daher auch von einer LOAD/STORE–Architektur. Als Beispiel soll ein Maschinenprogramm zur Addition von zwei Speicherinhalten M_1 und M_2 angegeben werden:

LOAD	R_1, M_1	; $R_1 = M_1$
LOAD	R_2, M_2	; $R_2 = M_2$
ADD	R_3, R_1, R_2	; $R_3 = R_1 + R_2$
STORE	M_3, R_3	; $M_3 = R_3$

Hauptnachteil dieses Ansatzes ist die hohe Zahl der Maschinenbefehle bei Operationen auf Speichervariablen. Dieser Nachteil kann jedoch durch eine große Zahl von internen Registern aufgehoben werden. Die Register–Register Architektur ist typisch für RISC–Prozessoren.

Bei der *Register–Speicher Architektur* kann einer der Operanden oder das Ergebnis einer ALU–Operation direkt im Speicher adressiert werden. Die Arbeitsweise dieser Architektur soll wieder an dem bereits oben benutzten Beispiel demonstriert werden:

LOAD	R_1, M_1	; $R_1 = M_1$
ADD	R_3, R_1, M_2	; $R_3 = R_1 + M_2$
STORE	M_3, R_3	; $M_3 = R_3$

Der Hardwareaufwand zur Implementierung einer Register–Speicher Architektur ist höher als bei einer Register–Register Architektur, da die ALU über Ports zum Speicher verfügen muss. Die Zahl der Befehle reduziert sich allerdings. Da ein Befehl mit Speicherzugriff mehrere Taktzyklen erfordert, erhöht sich die Ausführungszeit des ADD–Befehls. Die Register–Speicher Architektur ist typisch für CISC–Prozessoren.

Bei einer *Speicher–Speicher Architektur* können sowohl die Operanden als auch das Ergebnis direkt im Speicher adressiert werden, d.h. die LOAD– und STORE–Befehle können vollständig entfallen. Unser Beispielproblem kann demnach in einer Zeile programmiert werden:

ADD	M_3, M_1, M_2	; $M_3 = M_1 + M_2$

Zur Zwischenspeicherung der Daten werden interne (für den Programmierer unsichtbare) Register benötigt. Aufgrund der hohen Zahl der benötigten Taktzyklen wird die resultierende Ausführungszeit jedoch mit der wesentlich einfacher implementierbaren Register–Register Architektur vergleichbar sein. Die Speicher–Speicher Architektur wird bei heutigen Prozessoren nicht mehr verwendet.

4.1.2 Speicheradressierung

Da Computer sowohl für die Textverarbeitung als auch für hochgenaue numerische Berechnungen eingesetzt werden, ist es sinnvoll, verschiedene Operandentypen zu definieren. Würde man für alle Daten die gleiche Wortlänge benutzen, so würde wertvoller Speicherplatz verschwendet. Man müßte dann sowohl Gleitkommazahlen als auch einzelne alphanumerische Zeichen mit 32 Bit Maschinenworten darstellen. Zur Darstellung einzelner Zeichen sind aber 8 Bit vollkommen ausreichend. Man ist daher zur *byteweisen* Adressierung des Hauptspeichers übergegangen, d.h. jede Speicheradresse entspricht einem Speicherplatz mit 8 Bit = 1 *Byte*. Zwei Bytes faßt man zu einem *Halbwort*, vier Bytes zu einem *Wort* und acht Bytes schließlich zu einem *Doppelwort* zusammen.

Jeder Operand, der mehr als ein Byte belegt, wird im Speicher durch aufeinanderfolgende Bytes dargestellt und durch die Adresse des ersten Bytes angesprochen. Die Befehlsarchitektur legt z.B. LOAD–/STORE–Befehle fest, die zum Zugriff auf diese Mehrbyte Operanden benutzt werden.

Wenn ein ganzzahliger Wert (Integer) in einem Wort mit vier Bytes dargestellt wird, belegt er vier Speicheradressen. Dabei muss aber noch festgelegt werden, ob die Referenzadresse A für den Integerwert das höherwertige oder das niederwertige Byte enthält. Wenn die Adresse A das niedertwertige Byte (LSB) und die Adresse $A + 3$ das höherwertige Byte (MSB) enthält, spricht man von einer *Little–Endian* Maschine. Wird die umgekehrte Reihenfolge benutzt, so bezeichnet man dies als Big–Endian (Abb. 4.2).

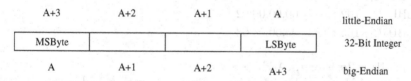

Abb. 4.2. Vergleich zwischen Little– und Big–Endian Speicheradressierung

Die erstgenannte Variante findet man vor allem bei INTEL Prozessoren und bei Netzwerken. MOTOROLA, SUN und die meisten RISC–Prozessoren benutzen die Big–Endian Reihenfolge. Die Ordnung der Bytes ist dann von Bedeutung, wenn zwischen zwei Maschinen mit unterschiedlicher *byte order* Binärdaten ausgetauscht werden.

Um die Implementierung des Speichers zu vereinfachen, enthalten die meisten Befehlsarchitekturen Ausrichtungsbeschränkungen für Mehrbyte Operanden. Dies bedeutet, dass Halbworte nur auf Adressen angesprochen werden dürfen, die durch zwei teilbar sind. Adressen von Worten müssen durch vier und Doppelwortadressen durch acht teilbar sein. Bei einem Prozessor mit 32 Bit Datenbus und 32 Bit Adressbus werden dann die beiden niederwertigen

Adressbits nur prozessorintern verwendet. Die 30 höherwertigen Adressbits werden als Speicheradresse ausgegeben. Beim Zugriff auf den Speicher werden stets vier Byte parallel übertragen. Im Prozessor steuern die beiden niederwertigen Adressbits die Position der Daten innerhalb eines Registers. Nicht benötigte Bytes werden in der Darstellung in den Registern mit Nullen aufgefüllt. Bytezugriffe werden stets dem LSByte des adressierten Registers zugeordnet. Die beiden niederwertigen Adressbits bestimmen die Quell- bzw. Zielposition innerhalb des 32 Bit Speicherwortes. Halbwörter werden stets in den beiden niederwertigen Bytes des adressierten Registers platziert. Das niederwertige Adressbit A_0 muss dann Null sein, damit die Adresse durch zwei teilbar ist. Das Adressbit A_1 bestimmt, welches Halbwort des 32 Bit Speicherwortes benutzt wird.

Beispiele

Die nachfolgenden Beispiele für eine Maschine mit Big–Endian byte order zeigen den resultierenden Registerinhalt nach der Ausführung des Befehls. Der Speicher sei wie folgt belegt:

M[100]= 00, 01, 02, 03

a) LBU <Register>,<Address>
// Load Byte Unsigned into <Register> with <Address>
LBU R_1, 100 : R_1= 00.00.00.00
LBU R_1, 101 : R_1= 00.00.00.01
LBU R_1, 102 : R_1= 00.00.00.02
LBU R_1, 103 : R_1= 00.00.00.03

b) LHU <Register>,<Address>
// Load Halfword Unsigned into <Register> with <Address>
LHU R_1, 100: R_1= 00.00.00.01
LHU R_1, 100: R_1= 00.00.02.03

c) LWU <Register>,<Address>
// Load Word Unsigned into <Register> with <Address>
LHU R_1, 100: R_1= 00.01.02.03

4.1.3 Adressierungsarten

Je nach Anzahl der in einem Befehl anzugebenden Operanden können wir Ein–, Zwei– oder Drei–Adress *Befehle* unterscheiden. Abhängig von der Implementierung können bei CISC–Prozessoren z.B. Drei–Adress Befehle auf einer Zwei–Adress *Maschine* bearbeitet werden. Dies ist bei RISC–Prozessoren nicht sinnvoll, da sie mit jedem Taktschritt ein Ergebnis berechnen sollen. Hier kommt zur Implementierung folglich nur eine Drei–Adress Maschine in Frage. RISC–Prozessoren verzichten allerdings auf aufwendige Adressierungsarten, wenn sie auf Operanden im Hauptspeicher zugreifen. Man spricht auch von einer *LOAD–/STORE–Architektur*, da nur über diese beiden Befehle ein Datenaustausch mit dem Hauptspeicher erfolgen kann. Eventuell nötige Adressrechnungen müssen mit internen Registern ausgeführt werden, die danach zur Adressierung des Hauptspeichers mit einem LOAD– oder STORE–Befehl dienen.

CISC–Prozessoren verfügen meist über besondere Hardware für Adress-Rechnungen. Die vielfältigen Adressierungsarten, die sich im Laufe der Zeit entwickelt haben, sind ein charakteristisches Merkmal dieser Prozessor–Familie. Im folgenden werden typische Adressierungsarten eines CISC–Prozessors mit Beispielen für Zwei–Adress Befehle vorgestellt.

1. IMPLIZITE ADRESSIERUNG (IMPLICIT). Der Operationscode legt eindeutig das Register oder Bit fest, das verändert werden soll.

Beispiel: **STC (Set Carry)**

Setze Carry Flag auf 1

2. REGISTERADRESSIERUNG (IMPLIED). Die Operanden sind in zwei Rechenwerks–Registern enthalten. Ein Register wird zum Speichern des Ergebnisses überschrieben. Der Adressteil (im Maschinenwort) enthält die Registeradressen.

Beispiel: **ADD R2, R4 (Add)**

Addiere die Inhalte der Register 2 und 4 und schreibe die Summe in Register 4. Die Addition erfolgt mit Maschinenwortbreite.

3. REGISTER–INDIREKTE ADRESSIERUNG (REGISTER INDIRECT, REGISTER DEFERED). Die Adresse eines Operanden ist in einem Register gespeichert. Der Zugriff erfolgt über das externe Bussystem.

Beispiel: **MOVEB R1, (R3) (Move Byte)**

Übertrage das niederwertige Byte (LSB)[2] des Registers 1 in den Speicherplatz, auf den Register 3 zeigt.

4. SPEICHER–DIREKTE ADRESSIERUNG (DIRECT, ABSOLUTE). Das auf das 1. Maschinenwort eines Befehls folgende Maschinenwort wird als Adresse für einen nachfolgenden Speicherzugriff interpretiert.

Beispiel: **MOVEL R1,(003F18E0) (Move Long)**

[·] Least Significant Byte (manchmal auch Bit).

Übertrage das Langwort (32–Bit) aus Register 1 zu dem Speicherplatz mit der 32–Bit Adresse $(003F18E0)_{16}$. Die Adresse kann auch durch einen Assembler aus einem Symbol z.B. POINTER ermittelt werden.

5. SPEICHERINDIREKTE ADRESSIERUNG (ABSOLUTE DEFERED). Das auf das 1. Maschinenwort eines Befehls folgende Maschinenwort repräsentiert eine Adresse, unter der die Operandenadresse gespeichert ist. Der Prozessor muss zuerst diese Operandenadresse laden bevor er auf den Operanden selbst zugreifen kann.

Beispiel: **MOVEB R4, @(003F18E0)**

Übertrage das LSByte aus Register 4 zu einem Speicherplatz, dessen Adresse unter der Adresse $(003F18E0)_{16}$ geholt wird. Den Operator @ könnte man durch ein zusätzliches Klammerpaar ersetzen.

6. REGISTER–/SPEICHERINDIREKT MIT AUTOINKREMENT/–DEKREMENT. Der Operandenzeiger, der entweder in einem Register oder im Speicher steht (vgl. 3 und 5), wird vor oder nach dem Zugriff auf den Operanden automatisch erhöht bzw. verringert. Das Inkrement/Dekrement hängt von der Breite des Maschinenwortes und dem Datenformat der Operation ab.

Beispiel: **ADDB R4, (R5+) (Add Byte)**

Addiere das LSByte von Register 4 zum LSByte des Speicherplatzes, auf den Register 5 zeigt. Die Summe wird in demselben Speicherplatz abgelegt. Zum Schluss der Makrooperation wird Register 5 um eins erhöht.[3]

7. UNMITTELBARE ADRESSIERUNG (IMMEDIATE, LITERAL). Der Adressteil des Befehlswortes wird als Datum interpretiert.

Beispiel: **MOVEB #F0,R1**

Übertrage die Hexadezimalzahl F0 in das LSByte des Registers 1.

8. RELATIVE ADRESSIERUNG (RELATIVE). Diese Adressierungsart wird bei Verzweigungsbefehlen angewandt. Der Operand wird unmittelbar adressiert und bewirkt eine vorzeichenbehaftete Verschiebung (Displacement) des Programmzählers PC. Programme, die ausschließlich relative Adressierung benutzten, können beliebig im Adressraum des Rechners verschoben werden.

Beispiel: **JRB #EC (Jump Relative Byte Displacement)**

[·] Der externe Speicher sei Byte–orientiert.

Springe (unbedingt) um 20 Maschinenworte vom aktuellen PC–Stand zurück ($(EC)_{16}$ entspricht der Zweier–Komplement Darstellung von $(-20)_{10}$). Man beachte, dass während der Ausführungsphase der PC nicht auf den Befehl JRB zeigt, sondern auf den nachfolgenden Befehl.

9. REGISTERRELATIVE ADRESSIERUNG (INDIRECT PLUS DISPLACEMENT). Es handelt sich um eine Kombination von registerindirekter und relativer Adressierung. Zu dem Zeiger, der in einem Register gespeichert ist, wird eine vorzeichenbehaftete Verschiebung addiert.

Beispiel: **MOVEL R3, d(R1)**

Übertrage das Langwort aus Register 3 zu dem Speicherplatz mit der Adresse R1+d. Da *d* als Zweier–Komplementzahl interpretiert wird, liegen die adressierbaren Speicherplätze fast symmetrisch um die Basisadresse in Register 1.

10. INDIZIERTE ADRESSIERUNG (INDEXED). Die Operandenadresse wird (wie in 3, 4 oder 5) ermittelt und anschließend zu einem Index–Register R_i addiert.

Beispiel: **MOVEL R1, @(0783FE2B) [R_i]**

Übertrage das Langwort aus Register 1 zu dem Speicherplatz mit der Adresse 0783FE2B + R_i.

4.1.4 Datenformate

Eine Befehlsarchitektur unterstützt unterschiedliche Datenformate, die an die bereitgestellten Operationen gebunden sind. Im Abschnitt 4.1.2 haben wir bereits gesehen, dass auf einzelne Bytes, Halbworte, Worte oder Doppelworte zugegriffen werden kann. Datenformate legen fest, wie diese Daten von den Funktionseinheiten des Prozessors interpretiert werden. Einzelne Bytes können vorzeichenlose ganze Zahlen, Zweierkomplementzahlen, alphanumerische Zeichen im ASCII–Code oder ein BCD–Zahlenpaar repräsentieren. Während frühere Architekturen noch die Bearbeitung von BCD–Zahlen unterstützten, benutzt man heute vorwiegend für ganze Zahlen (Integer) die Zweierkomplementdarstellung und für Gleitkommazahlen (Float) das IEEE 754 Format (vgl. Kapitel 3). Übliche Zahlendarstellungen bei einer 32 Bit Architektur sind 8 Bit Integer (signed/unsigned), 16 Bit Integer, 32 Bit Integer, single–precision (32 Bit) und double–precision (64 Bit) Float nach IEEE 754.

4.1.5 Befehlsarten

Theoretisch ist ein Prozessor denkbar, der mit einem Minimum von nur vier Befehlen jedes *berechenbare* Problem lösen kann. Im Gegensatz zu realen Computern wird bei einer solchen *Turing–Maschine* ein unendlich großer Speicher in Form eines Bandes vorausgesetzt. Um in der Praxis mit einem vertretbaren Speicheraufwand auszukommen, benötigt man leistungsfähigere Befehle, die gleichzeitig auch eine bequemere Programmierung ermöglichen. Grundsätzlich gilt, dass der Aufwand zur Implementierung des Prozessors proportional ist zur Komplexität der bereitgestellten Befehle. Andererseits verringert ein mächtiger Befehlssatz die Komplexität des Maschinenprogramms, da z.B. komplette Steuerkonstrukte, wie sie zur Fallunterscheidung benötigt werden, bereits als Maschinenbefehle verfügbar sind. Im Idealfall ist ein Prozessor in der Lage, direkt höhere Programmiersprachen (High Level Languages, HLL) zu interpretieren. Diese Überlegungen motivierten die Entstehung von CISC–Prozessoren. *Unabhängig* vom Prozessor–Typus (CISC oder RISC) können wir vier Klassen von Befehlen unterscheiden:

1. Datenübertragung
   - Register zu Register
   - Register zu Speicher bzw. Ein–/Ausgabe
2. Datenmanipulation
   - Arithmetische Verknüpfungen
   - Logische Verknüpfungen
   - Schiebe–Operationen
3. Verzweigungen (bedingt oder unbedingt)
   - Sprünge
   - Unterprogramme
4. Maschinensteuerung
   - Interrupts oder Traps
   - Speicherverwaltung

Beispiele der hier genannten Befehlsarten finden wir in jedem Prozessor. Die angegebene Aufstellung kann daher als Orientierungshilfe benutzt werden, um die Befehle eines bestimmten Prozessors nach ihrer Funktion zu ordnen.

Bevor ein Maschinenbefehl in den Befehlssatz aufgenommen wird, muss überprüft werden, ob sich der Aufwand zu seiner Implementierung auch wirklich lohnt. Hierzu kann man die Nutzungshäufigkeit einzelner Befehle in einer Sammlung repräsentativer Anwendungsprogramme heranziehen. In [*Hennessy und Patterson*, 1996] wurden die 10 häufigsten Befehle für die INTEL 80x86 Architektur anhand von fünf Benchmarks aus der SPECint92 Sammlung ermittelt. Erstaunlicherweise decken diese 10 Befehle bereits 96 % aller benötigten Befehle ab (Tabelle 4.1). Die Analyse der Nutzungshäufigkeit hilft also, einen *effizienten* Befehlssatz zusammenzustellen. Für die Implementierung gilt die Regel, häufig vorkommende Operationen möglichst schnell zu machen, da dann die zur Implementierung benutzten Komponenten gut ausgelastet werden.

Tabelle 4.1. Die zehn häufigsten Befehle beim INTEL 80x86 (nach [*Hennessy und Patterson*, 1996])

Platz	Befehl	Häufigkeit in %
1	LOAD	22
2	CONDITIONAL BRANCH	20
3	COMPARE	16
4	STORE	12
5	ADD	8
6	AND	6
7	SUB	5
8	MOVE REGISTER	4
9	CALL	1
10	RETURN	1
	Gesamt	96

4.1.6 Befehlsformate

Ein Maschinenbefehl soll auf einen oder zwei Operanden eine bestimmte Operation ausführen und so ein Ergebnis produzieren. Die gewünschte Operation wird durch den *Opcode* angegeben. Die Information über die Operanden ist entweder implizit im Opcode meist aber in einem separaten *Adressfeld* enthalten. Die Anzahl der vorhandenen Register und der Umfang der unterstützten Adressierungsarten bestimmen die Länge des Adressfeldes, das im Vergleich zum Opcode den größten Anteil eines Maschinenbefehls ausmacht. Beim Entwurf der Befehlsarchitektur sucht man einen Kompromiss bei dem die Vorteile vieler Register und Adressierungsarten mit dem damit verbundenen hohen Dekodierungsaufwand für ein langes Adressfeld abgeglichen werden. Bei Register–Speicher Architekturen ist das Adressfeld länger als bei Register–Register Architekturen, da Speicheradressen um ein Vielfaches größer sind als Registeradressen. Das Adressfeld kann bei Register–Speicher Architekturen i.a. nicht zusammen mit dem Opcode in einem einzigen Maschinenwort untergebracht werden. Es muss also auf einen oder mehrere nachfolgende Maschinenworte verteilt werden. Im Gegensatz dazu können bei Register–Register Architekturen sowohl Opcode als auch die Registeradressen der drei Operanden problemlos in einem 32 Bit Maschinenbefehl untergebracht werden. Bei einer Architektur mit 32 Registern ist das Adressfeld nur insgesamt 3 mal 5 Bit also 15 Bit lang. LOAD/STORE–Befehle nutzen meist die indirekte Adressierung mit einer Verschiebung (displacement) von 16 Bit, d.h. zusammen mit der Registeradresse für Quelle oder Ziel des Transfers werden 21 Bit für das Adressfeld benötigt.

Es ist nicht sinnvoll, für alle Befehle ein einziges einheitliches Adressfeld zu verwenden. Man benutzt vielmehr für verschiedene Befehlsklassen unterschiedliche Adressfeldformate, d.h. die Bedeutung der Bits im Adressfeld ändert sich. Typische Befehlsarchitekturen benutzen zwischen 4–8 verschiedene Befehlsformate, die an die Opcodes der Befehlsklassen gebunden sind. Früher versuchte man durch Opcodes mit variabler Länge den Speicherbedarf zu reduzieren. Häufig benutzte Opcodes wurden kürzer codiert und selten benutzte Opcodes wurden durch mehr Bits dargestellt. Wegen des hohen Dekodierungsaufwandes und drastisch gesunkener Speicherkosten ist man davon jedoch abgekommen und verwendet heute nur noch Opcodes fester Länge.

Siehe Übungsbuch
Seite 57, Aufgabe 85:
Befehlssatz eines Prozessors

4.2 Logische Implementierung

Die Befehlsarchitektur legt fest, wie Operanden innerhalb und außerhalb des Prozessors angesprochen werden, welche Operationen bereitstehen und wie Maschinenbefehle codiert werden. Der Rechnerarchitekt bestimmt dabei zwar keine konkrete Implementierung, dennoch ist der Aufwand für eine Implementierung eng an die vorgegebene Befehlsarchitektur gebunden.

4.2.1 CISC

Bei CISC–Architekturen war es das Hauptziel, die Maschinenprogrammierung so komfortabel wie möglich zu machen. Man stellte daher viele Datenformate und vor allem leistungsfähige Adressierungsarten zur Verfügung. Die Konsequenz daraus war, dass eine Implemtierung nur mit einer aufwendigen Ablausteuerung in Form eines reagierenden Mikroprogrammsteuerwerks möglich war.

4.2.2 RISC

Bei den heute vorherrschenden RISC–Architekturen steht dagegen der Wunsch nach einer möglichst einfachen und effizienten Implementierung im Vordergrund. Auf aufwendige Adressierungsarten wird verzichtet, da sie leicht durch eine Verkettung von LOAD/STORE– und ALU–Befehle nachgebildet werden können. Das Gleiche gilt für selten benötigte Datenformate (z.B. BCD–Zahlen) oder Zeichenkettenoperationen (string operations), die ebenfalls durch ein Unterprogramm mit den vorhandenen Maschinenbefehlen ersetzt werden können. Außerdem kann man davon ausgehen, dass heute nur noch in Hochsprachen programmiert wird, d.h. ein Compiler erzeugt die Maschinenprogramme. Da die Kosten für Speicherbausteine in den letzten Jahren drastisch gesunken sind, braucht man die Maschinenprogramme nicht mehr bzgl. ihrer Länge zu optimieren.[4] Viel wichtiger ist es vielmehr, dass alle Maschinenbefehle in eine Folge immer gleicher Teilschritte zerlegt werden können. Hierdurch wird eine Implementierung durch eine Befehlspipeline ermöglicht. Befehlspipelining bildet die Grundlage aller moderner Prozessorarchitekturen. Die o.g. reguläre Zerlegung in Teilschritte ist nur dann zu erreichen wenn man auf komplexe Adressierungsarten verzichtet. Durch überlappte Verarbeitung der Teilschritte in einer Pipeline kann der *Durchsatz* der Befehle deutlich gesteigert werden.

4.3 Technologische Entwicklung

Die logische Implementierung bildet nur eine Zwischenstufe bei der Entwicklung einer neuen Rechnerarchitektur. Der Prozessor muss schließlich auf Basis einer Halbleitertechnologie *realisiert* werden. Seit der Entwicklung des ersten Mikroprozessors im Jahre 1971 (INTEL 4004) hat sich die Halbleitertechnologie stetig verbessert. Während damals bei integrierten Schaltungen nur Strukturgrößen von 10 μm bei einer Chipfläche von rund 10 mm^2 möglich waren, kann man heute Strukturgrößen von 0,13 μm auf einer Chipfläche von rund 200 mm^2 herstellen (AMD Opteron). Die Zahl der integrierten Transistoren stieg von rund 2000 beim INTEL 4004 auf rund 45 Millionen beim AMD Opteron (Tabelle 4.2). Dies entspricht einer Steigerungsrate vom 1,5 pro Jahr bzw. einer Verdopplung in einem Zeitraum von 18 Monaten. Wenn sich diese Entwicklung in den nächsten Jahren fortsetzt, so müßte es um das Jahr 2011 den ersten Prozessor mit 1 Milliarde Transistoren geben.

Die Verkleinerung der Strukturgröße erlaubt auch die Erhöhung der Taktrate, da die MOS–Transistoren aufgrund geringerer Gatekapazitäten schneller schalten können. So wird für den hypothetischen Prozessor Micro 2011 von INTEL bei einer Strukturgröße von 0,07μm eine Taktfrequenz von 10 GHz vorausgesagt [*Eberle*, 1997].

Die hohe Integrationsdichte ermöglicht es, neben schnelleren Caches für den Hauptspeicher auch Funktionseinheiten für Integer– und Gleitkommaarithmetik mehrfach auf den Prozessorchip zu integrieren. Durch dieses *superskalare* Pipelining und entsprechende Compilerunterstützung können dann

---

[·] Dies war zur Blütezeit der CISC–Architekturen noch ein Kriterium zur Bewertung eines Entwurfs.

Tabelle 4.2. Vergleich technologischer Eigenschaften vom ersten Mikroprozessor bis zu einem hypothetischem Prozessor des Jahres 2011

	INTEL 4004	Pentium 4	AMD Opteron	Micro 2011
Jahr	1971	2000	2002	2011
Architektur	CISC	RISC	RISC	RISC
Strukturgröße	10μm	0,18μm	0,13μm	0,07μm
Anzahl Transistoren	2,3·10$^{\bullet}$	42·10$^{\bullet}$	93 · 10$^{\bullet}$	10$^{\bullet}$
Chipfläche	12mm$^{\bullet}$	180 mm$^{\bullet}$	302 mm$^{\bullet}$	2.090 mm$^{\bullet}$
Taktfrequenz	0,75 MHz	1,3 GHz	2 GHz	10 GHz

pro Taktzyklus mehrere Befehle gleichzeitig abgearbeitet werden. Dies bedeutet, dass sich die Prozessorleistung —aufgrund verbesserter logischer Implementierung— überproportional zur Taktrate (technologische Implementierung) zunimmt. Die theoretisch erreichbare Befehlsrate beim Micro 2011 mit einer angenommenen Superskalarität von 10 und einer Taktfrequenz von 10 GHz würde 100.000 MIPS betragen.

Aber nicht nur die Prozessortechnologie hat sich in den letzten Jahren stürmisch entwickelt. Bei Halbleiterspeichern wuchs die Integrationsdichte bis vor kurzem mit einem Faktor von 1,6 pro Jahr sogar noch etwas schneller. Die Wachstumsrate ist mittlerweile genauso groß wie bei den Prozessoren. Die maximale Speicherkapazität von Festplatten (magnetomotorische Speicher) vervierfacht sich etwa alle drei Jahre, was einem Wachstum von knapp 1,6 pro Jahr entspricht. Gleichzeitig haben sich die mittleren Zugriffszeiten bei den Festplatten in den letzten zehn Jahren um etwa 30% reduziert.

4.4 Prozessorleistung

Um die Leistung eines Prozessors zu bewerten, benutzt man am besten die Laufzeit zur Abarbeitung typischer Anwendungsprogramme. Diese Zeit ergibt sich aus der Zahl der benötigten Taktzyklen multipliziert mit der Zykluszeit.

$$Laufzeit = (Anzahl\ der\ Taktzyklen)Zykluszeit$$

Die Anzahl der Zyklen kann durch die Zahl der abgearbeiteten Befehle (auch Befehlspfadlänge genannt) ausgedrückt werden, wenn man die mittlere Zahl von Taktzyklen pro Befehl kennt. Damit ergibt sich:

$$Laufzeit = (Anzahl\ Befehle)(Taktzyklen\ pro\ Befehl)Zykluszeit$$

Ziel einer Prozessorarchitektur ist es, ein Programm in möglichst kurzer Zeit abzuarbeiten. Die o.g. Gleichung zeigt sehr schön, wie die drei Ebenen der

Prozessorarchitektur auf die Laufzeit wirken. Die Zahl der für ein (Hochspra-chen)Programm erzeugten Befehle hängt von der zugrundeliegenden *Befehl-sarchitektur* und der Compilertechnik ab. RISC–Architekturen benötigen für das gleiche Programm zwar mehr Maschinenbefehle als CISC–Architekturen, aufgrund ihrer *logischen Implementierung* (Pipelining) werden jedoch weniger Taktzyklen pro Befehl „verbraucht". Wegen der geringeren Laufzeit zwischen zwei Pipelinestufen kann zudem mit einer kürzeren Taktzykluszeit gearbeitet werden. Die Zykluszeit beschreibt schließlich die technologische Implementie-rung (Realisierung) einer Prozessorarchitektur. Hiermit ergibt sich:

$$\underbrace{Laufzeit}_{\text{1/Prozessorleistung}} = \underbrace{Anzahl\ der\ Befehle}_{\text{Befehlsarchitektur}} \cdot$$

$$\underbrace{Taktzyklen\ pro\ Befehl}_{\text{logische Implementierung}} \cdot$$

$$\underbrace{Zykluszeit}_{\text{technologische Implementierung}}$$

Die Zahl der Taktzyklen pro Befehl drückt man durch den CPI–Wert aus (Cycles Per Instruction). Skalare RISC–Prozessoren haben CPI–Werte nahe aber größer 1. Superskalare RISC–Prozessoren erreichen im Idealfall den Kehr-wert der theoretisch erreichbaren Befehlsparallelität (1/*Superskalaritätsgrad*). Die CPI–Werte superskalarer Prozessoren liegen also unter 1. Der Superskala-ritätswert wird durch den Kehrwert des CPI bestimmt und gibt an, wie viele Befehle pro Taktschritt abgearbeitet werden können. Man bezeichnet diesen Wert als IPC für Instructions Per Clock. Es gilt also $IPC = \frac{1}{CPI}$.

5. CISC–Prozessoren

Die Computer der 1. Generation (1945–1955) benutzten die Röhrentechnik und wurden ausschließlich in Maschinensprache programmiert. Die Einführung problemorientierter Programmiersprachen (High Level Language HLL) vereinfachte die Programmierung und führte zu einer weiten Verbreitung der elektronischen Datenverarbeitung. Da HLL–Programme Gleitkommazahlen und zusammengesetzte Datentypen enthalten, werden auf Maschinenebene umfangreiche Unterprogramme benötigt. Diese Unterprogramme wurden aus Geschwindigkeitsgründen meist in Assembler programmiert und dann in einer Programmbibliothek abgelegt. Trotzdem war das Laufzeitverhalten der compilierten und gebundenen Maschinenprogramme schlecht.

Die Tatsache, dass gewisse Abschnitte von HLL–Programmen eine große Zahl von Maschinenbefehlen erfordern, bezeichnet man als *semantische Lücke* (semantic Gap). Sie ist Kennzeichen der Computer der 2. Generation (1955–1965), die mit diskreten Transistoren aufgebaut wurden. Die Einführung integrierter Schaltkreise und die Methode der Mikroprogrammierung [*Wilkes*, 1951] führten zur Entwicklung der Computer der 3. Generation (1965–1975). Hier wurde versucht die semantische Lücke durch mächtigere Befehlssätze zu schließen. Die Mikroprogrammierung war dafür das geeignete Werkzeug, da sie eine schnelle und flexible Realisierung beliebig komplizierter Steueralgorithmen erlaubt. Der Trend immer mehr Maschinenoperationen und Adressierungsarten bereitzustellen, setzte sich auch in Anfängen der 4. Computergeneration (1975–1980) fort. Die mit der VLSI–Technik erreichbaren Integrationsdichten ermöglichen es, außerordentlich umfangreiche und komplexe Maschinenbefehle durch Mikroprogrammierung zu realisieren.

Im Laufe der 80er Jahre wurde die CISC–Philosophie neu überdacht und eine Rückkehr zu einfacheren Befehlsarchitekturen propagiert. Die Grundlage dieser RISC–Philosphie bildet die Tatsache, dass heute fast ausschließlich in höheren Programmiersprachen programmiert wird, und dass es leichter ist, optimierende Compiler für Prozessoren mit einfachen Befehlssätzen zu schreiben.

Wir werden im folgenden einige Merkmale von CISC–Maschinen ansprechen, die in unmittelbarem Zusammenhang mit der Mikroprogrammierung stehen. Dann wird exemplarisch der Motorola 68000 als ein typischer Vertreter dieser Prozessor–Klasse vorgestellt und seine Weiterentwicklung zum

68060 beschrieben. Auf RISC–Prozessoren wird im nächsten Kapitel näher eingegangen.

5.1 Merkmale von CISC–Prozessoren

ASSEMBLERPROGRAMMIERUNG. Durch die Bereitstellung mächtiger Maschinenbefehle wird die Assemblerprogrammierung erleichtert. Der Programmierer kann z.B. auf Gleitkommabefehle und komfortable Adressierungsarten zurückgreifen.

KURZE MASCHINENPROGRAMME. Die Maschinenprogramme von CISC–Maschinen sind kurz, da bereits mit einem einzigen Befehl umfangreiche Operationen auf Mikroprogrammebene angestoßen werden. Dadurch wird Speicherplatz eingespart, und die Zahl der Speicherzugriffe zum Holen von Befehlen reduziert sich.

RECHNERFAMILIEN. Mit Hilfe der Mikroprogrammierung ist es möglich, einen einheitlichen Befehlssatz auf verschiedenen Hardware–Plattformen zu implemtieren. Dadurch können auf allen Rechnern die gleichen Programme ablaufen. Man spricht von einer *Rechnerfamilie*. Durch unterschiedliche Implementierungen bzw. Realisierungen werden Maschinen verschiedener Leistungsklassen bereitgestellt.

PARALLELITÄT. Mikroprogramme versuchen möglichst viele Operationen gleichzeitig und prozessor–intern auszuführen. Dadurch wird der Systembus entlastet und andere parallel geschaltete Prozessoren wie z.B. DMA–Controller oder IO–Prozessoren können auf den Hauptspeicher zugreifen.

FEHLERERKENNUNG. Es können Fehler zur Laufzeit erkannt und behoben werden. Durch Anhängen zusätzlicher Informationen wird z.B. der Inhalt des Hauptspeichers strukturiert. So kann z.B. zur Laufzeit zwischen Befehlen und Daten unterschieden werden. Ein anderes Beispiel hierfür sind Befehle zur Prüfung von Feldgrenzen. Sie erzeugen immer dann einen Fehler, wenn ein Adress–Register auf Elemente außerhalb eines Feldes zeigt.

UNTERSTÜTZUNG VON BETRIEBSYSTEMEN. Unter *vertikaler Verlagerung* versteht man die Realisierung von häufig benötigten Algorithmen durch einen einzigen Maschinenbefehl. So werden von einigen Prozessoren z.B. Funktionen zur Speicherverwaltung als Maschinenbefehle bereitgestellt.

COMPILER. Die Entwickler von CISC–Architekturen glaubten, dass durch mächtigere Maschinenbefehle HLL–Programme effizienter übersetzt werden könnten. Existiert zu den HLL–Sprachkonstrukten ein Satz ähnlicher Maschinenbefehle, so könnte ein Compiler die zu bestimmten Programmstücken passenden Maschinenprogramme auswählen. Im Idealfall würde ein HLL–Programm von einer direkt ausführenden Spracharchitektur [*Giloi*, 1981] interpretiert werden, d.h. ein Compiliervorgang wäre überflüssig. Um die Vorteile einer CISC–Maschine zu nutzen, ist ein Compiler nötig, der die Ähnlichkeiten von HLL–Konstrukten zum vorhandenen Befehlssatz erkennt. Die

Praxis zeigt jedoch, dass 60–80% der generierten Maschinenprogramme nur etwa 5–10% der vorhandenen Maschinenbefehle nutzen [*Patterson*, 1982a]. Ein Großteil der implementierten Befehle bleibt also ungenutzt.

MIKROPROGRAMMSPEICHER. Je komplexer der Befehlssatz umso größer ist der Bedarf an Mikroprogrammspeicher (Steuerwort–Speicher). Die Chipfläche eines Prozessors ist aus fertigungstechnischen Gründen begrenzt. Durch einen großen Mikroprogrammspeicher geht wertvoller Platz verloren, der für ALUs, FPUs, Register– oder Cachespeicher verwendet werden könnte.

GESCHWINDIGKEIT DES HAUPTSPEICHERS. Als die Mikroprogrammierung eingeführt wurde, benutzte man vorwiegend Ferritkernspeicher. Die Zugriffszeiten auf den Hauptspeicher waren daher um ein Vielfaches höher als die prozessor–internen Operationen. Mikroprogrammierte Algorithmen waren somit wesentlich schneller als Unterprogramme, die mit einfachen Maschinenbefehlen aufgebaut waren. Durch die heutigen Halbleitertechnologien und die Verwendung von Cache–Speichern kann die *technologische* Lücke zwischen Prozessor und Hauptspeicher verkleinert werden. Wegen des Lokalitätsprinzips von Programmen (vgl. Kapitel 8) können Cache–Speicher erfolgreich zur Beschleunigung des Hauptspeicherzugriffs eingesetzt werden.

VIRTUELLE SPEICHER. Wird in einem Mikroprogramm auf den Hauptspeicher zugegriffen, so können bei virtuellen Speichern Seitenfehler auftreten, d.h. die angeforderte Seite ist momentan auf dem Hintergrundspeicher abgelegt. Diese Situation erfordert eine Unterbrechung des Mikroprogramms und den Start eines Systemprogramms, das die benötigte Information vom Hintergrundspeicher in den Hauptspeicher lädt (vgl. Kapitel 8). Die Möglichkeit der Interrupt–Verarbeitung auf Mikroprogrammebene erfordert zusätzlichen Hardwareaufwand im Leitwerk des Prozessors.

ZAHL DER MIKROSCHRITTE. Komplexe Befehle benötigen eine große Zahl von Mikroschritten. Dies bedeutet, dass der zeitliche Abstand zwischen den Fetch–Phasen verlängert wird. Der Prozessor kann folglich nicht mehr so schnell auf Unterbrechungen reagieren, wie dies bei kurzen Mikroprogrammen möglich ist. Die zeitliche Abfolge der Teilschritte bei der Abarbeitung eines Maschinenbefehls ist in Abb. 5.1 dargestellt. Die Abkürzungen haben folgende Bedeutung:

IF   = Instruction Fetch
ID   = Instruction Decode
EX   = Execute
MEM = Memory Access
WB   = Write Back

Man beachte, dass die einzelnen Teilschritte unterschiedlich lang dauern können. Je nach Operation und Adressierungsart kann die Abarbeitung eines Maschinenbefehls mehr als 20 Taktzyklen erfordern.

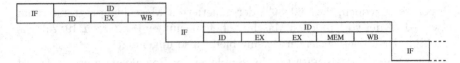

Abb. 5.1. Zeitlicher Ablauf von drei Maschinenbefehlen bei einem CISC–Prozessor

5.2 Motorola 68000

Als Beispiel für einen CISC–Prozessor soll der Motorola 68000 behandelt werden [*Motorola*, 1982]. Der 68000 ist das Basismodell für die 680X0–Familie von Motorola. Er wurde 1979 eingeführt und hat 16–Bit Maschinenwortbreite. Abb. 5.2 zeigt das Programmiermodell des 68000. Durch die verwendete HMOS (High Density MOS)–Technologie konnte die Integrationsdichte gegenüber Standard–NMOS etwa verdoppelt werden. Das resultierende Laufzeit–Leistungs–Produkt (*speed–power–product*) ist etwa um den Faktor 4 besser und beträgt bei HMOS etwa 1pJ ($= 10^{-13}$ Ws) pro Schaltglied.

Im folgenden wird die Befehlsarchitektur des 68000 beschrieben, um typische Merkmale eines CISC–Prozessors zu verdeutlichen. Der 68000 verfügt über ein asynchrones Bussystem, das Steuersignale zur Busarbitrierung bei Multiprocessing–Anwendungen bereitstellt. Zum Anschluss von Ein–/Ausgabe Bausteinen wird auch ein synchrones Busprotokoll unterstützt. Da wir die grundlegenden Eigenschaften solcher Bussysteme in Kapitel 7 ausführlich behandeln werden, wurde hier auf eine Beschreibung der Signalleitungen und Busoperationen beim 68000 verzichtet.

5.2.1 Datenformate

Es werden fünf elementare Datenformate unterstützt: Bits, BCD–Digits mit 4 Bits, Bytes, Worte (16 Bit) und Langworte (32 Bit). Mit wenigen Ausnahmen können Befehle mit expliziter Adressierung alle drei Grundtypen Bytes, Worte und Langworte verwenden. Nur implizit adressierende Befehle verwenden Untermengen der genannten Datenformate. Befehle mit Adress–Registern akzeptieren nur Worte oder Langworte als Eingabeoperanden. Werden Adress–Register für Ergebnisse benutzt, so werden ausschließlich Langworte gespeichert.

5.2.2 Register

Der 68000 enthält 8 Daten– und 7 Adress–Register, einen User– und einen Supervisor–Stack–Pointer (USP/SSP) sowie einen Programm–Counter (PC). Diese Register haben eine Wortbreite von 32 Bit. Das Statusregister ist nur

16 Bit breit und teilt sich in ein System– und ein User–Byte auf. Die Daten–
Register werden hauptsächlich dazu benutzt, Operanden für Maschinenbefehle aufzunehmen. Sie können aber auch als Index–Register verwendet werden.
Die Adress–Register und die beiden Stackpointer dienen zur Realisierung von
Stacks und Queues (Warteschlangen) im Hauptspeicher, bzw. sie nehmen die
Basisadressen oder Indizes bei indirekter oder indizierter Adressierung auf.
Obwohl der PC eine Wortbreite von 32 Bit hat, können nur 24 Bit zur Adressierung des Hauptspeichers benutzt werden. Mit dem 68000 können somit
8 MWorte (je 16 Bit) bzw. 16 MByte Speicher adressiert werden. Mit der
Einführung des 68020 wurde der Adressbus auf die volle Wortlänge von 32
Bit erweitert, so dass dort (und bei allen Nachfolgemodellen) bis zu 4 GByte
externer Speicher adressiert werden können.

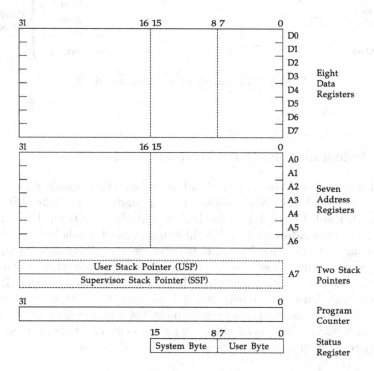

Abb. 5.2. Programmiermodell des Motorola 68000

Das User–Byte des Statusregisters (Abb. 5.3) enthält die *Condition
Codes*: **C**arry, o**V**erflow, **Z**ero, **N**egativ und e**X**tend. Sie werden durch explizite Vergleichsbefehle oder implizit bei bestimmten Maschinenbefehlen gesetzt
und werden von bedingten Verzweigungsbefehlen ausgewertet. Das System–
Byte des Statusregisters enthält die momentane Interruptpriorität in codierter
Form (3 Bit für 7 Prioritätsebenen). Zwei weitere Bits zeigen an, ob sich der

Prozessor im *Trace*–Modus und/oder im *Supervisor*–Modus befindet. Nur im Supervisor–Modus sind alle Maschinenbefehle verfügbar. Bei Unterprogrammen wird je nach Belegung des Supervisor–Bits entweder der USP oder der SSP verwendet, um die Rückkehradressen im Hauptspeicher zu sichern. Bei Interrupts oder Traps wird stets der SSP benutzt, und zusätzlich zur Rückkehradresse wird auch das Statusregister gespeichert.

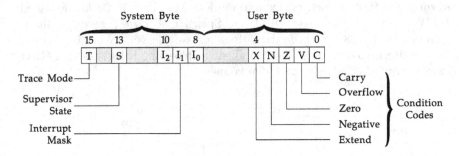

Abb. 5.3. Statusregister des Motorola 68000

5.2.3 Organisation der Daten im Hauptspeicher

Der Maschinenwortbreite entsprechend muss der Hauptspeicher jeweils 16 Bit Worte aufnehmen. Nach außen sichtbar sind nur 23 Adressleitungen (A1..A23). Die Unterscheidung von höher– und niederwertigem Byte erfolgt mit der *internen* Adressleitung A0: $A0 = 0$ adressiert das höherwertige und $A0 = 1$ das niederwertige Byte. Bei byteweisem Zugriff auf den Hauptspeicher wird durch die Steuerleitungen $\overline{UDS}$ und $\overline{LDS}$ (Upper/Lower Data Select) zwischen den beiden Bytes eines Maschinenwortes unterschieden. Befehle, Worte und Langworte dürfen nur auf Wortgrenzen ($A0 = 0$) adressiert werden, da sonst beim Speicherzugriff mehr als eine physikalische Adresse erforderlich wäre. Wird trotzdem ein Zugriff auf einer ungeraden Adresse programmiert, so wird intern ein Adressfehler (TRAP) erzeugt.

5.2.4 Adressierungsarten

Es gibt insgesamt 14 verschiedene Adressierungsarten, die in 6 grundlegende Klassen eingeteilt werden können (Tabelle 5.1). Besonders interessant sind die Möglichkeiten, Adress–Register als Zeiger zu verwenden und mit Post–Inkrement und Pre–Dekrement zu kombinieren. Hiermit können häufig benutzte Datenstrukturen einer höheren Programmiersprache wie Felder, Stapel und Warteschlangen effizient programmiert werden. Das Gleiche gilt für Offset und Index, die sowohl bei Adress–Registern als auch zusammen mit dem

PC zur Berechnung der *effektiven* Adresse benutzt werden können. Ein Index kann sowohl in einem Adress–Register als auch in einem Daten–Register stehen. Der Offset ist Bestandteil eines Maschinenbefehls, d.h. er wird als *effective Address Extension Word* im Befehlsformat definiert. Da die in Tabelle 5.1 gelisteten Adressierungsarten mit fast allen Befehlen kombiniert werden können, ergeben sich insgesamt über 1000 Befehle. Für die Bestimmung der effektiven Adresse besitzt der 68000 eine eigene Adressrechnungs–ALU.

Tabelle 5.1. Addressierungsarten des 68000

Adressierungsart	Adresserzeugung	Syntax
Register direkt		
Daten–Register direkt	EA = Dn	Dn
Adress–Register direkt	EA = An	An
Register indirekt		
Adress–Register indirekt	EA = (An)	(An)
Adress–Register indirekt mit Pre–Dekrement	An − N → An, EA = (An)	−(An)
Adress–Register indirekt mit Post–Inkrement	EA = (An), An + N → An	(An)+
Adress–Register indirekt mit Offset	EA = (An) + d_{16}	d(An)
Adress–Register indirekt mit Index und Offset	EA = (An) + (X_i) + d_8	d(An, X_i)
Absolute Adressierung		
Absolut kurz	EA = (Nächstes Wort)	hhhh
Absolut lang	EA = (Nächstes und übernächstes Wort)	hhhh.hhhh
Unmittelbare Adressierung		
Unmittelbar	Daten = Nächstes Wort/Nächste Wörter	# hhhh
Unmittelbar schnell	Befehlsinherente Daten	# hh
PC–relative Adressierung		
PC–relativ mit Offset	EA = (PC) + d_{16}	d
PC–relativ mit Index und Offset	EA = (PC) + (X_i) + d_8	d(X_i)
Implizite Adressierung		
Implizite Register	EA = SR, PC, USP, SSP	

5.2.5 Befehlssatz

Der Befehlssatz des 68000 wurde so entworfen, dass sowohl höhere Programmiersprachen als auch die Assemblerprogrammierung unterstützt werden. Es wurde versucht, einen regulären und orthogonalen Befehlssatz zu schaffen, um die Gesamtzahl der verfügbaren Maschinenoperationen überschaubar zu machen. In den nachfolgenden Tabellen sind die Maschinenbefehle nach ihrer Funktion geordnet und kurz beschrieben.

Tabelle 5.2. Abbkürzungen in Tabelle 5.1

EA = Effektive Adresse	SP = aktiver Systemstapelzeiger
An = Adress–Register	d. = 8 Bit Offset
Dn = Daten–Register	d.. = 16 Bit Offset
X_i = Index–Register, Adress–/Daten– Register	h = hexadezimales Digit
SR = Statusregister	N = 1 für Byte, 2 für Wort, 4 für Langwort
PC = Programmzähler	(An) = indirekte Adressierung mit An
SSP = Supervisor–Stapelzeiger	
USP = User–Stapelzeiger	b → a = a wird durch b ersetzt

Folgende Befehlsklassen werden unterschieden:

- Datentransfer
- Integer–Arithmetik
- BCD–Arithmetik
- Logische Operationen
- Schieben und Rotieren
- Bit Manipulation
- Programmsteuerung
- Systemsteuerung

Datentransfer

Der Hauptbefehl für Datentransfers ist der *MOVE*–Befehl. Er kann mit fast allen Adressierungsarten und Datenformaten kombiniert werden. Daneben gibt es Spezialbefehle, wie z.B. den *MOVEM*–Befehl, mit dem mehrere Register auf einmal übertragen werden können (Tabelle 5.3).

Integer–Arithmetik

Alle Grundoperationen mit Festkomma–Zahlen (Integer) werden bereitgestellt. Addieren und Subtrahieren ist mit allen Datenformaten möglich, während Adressoperanden nur mit 16– oder mit 32–Bit Wortbreite verarbeitet werden können. Bei der Multiplikation und Division werden vorzeichenbehaftete und vorzeichenlose Zahlen unterschieden. Für die Verarbeitung beliebig langer Integer–Zahlen und die Mischung unterschiedlicher Operandenlängen stehen Operationen zur Vorzeichenerweiterung zur Verfügung (Tabelle 5.4).

Tabelle 5.3. Befehle zum Datentransfer

Befehl	Beschreibung
EXG	Exchange Registers
LEA	Load Effective Address
LINK	Link Stack
MOVE	Move Data
MOVEM	Move Multiple Registers
MOVEP	Move Peripheral Data
MOVEQ	Move Quick
PEA	Push Effective Address
SWAP	Swap Data Register Halves
UNLK	Unlink Stack

Tabelle 5.4. Befehle zur Integer–Arithmetik

Befehl	Beschreibung
ADD	Add
CLR	Clear Operand
CMP	Compare
DIVS	Signed Divide
DIVU	Unsigned Divide
EXT	Sign Extend
MULS	Signed Multiply
MULU	Unsigned Multiply
NEG	Negate
NEGX	Negate with Extend
SUB	Subtract
SUBX	Subtract with Extend
TAS	Test and Set an Operand
TST	Test an Operand

BCD–Arithmetik

Durch Berücksichtigung der Vorzeichenerweiterung können auch beliebig lange binär codierte Dezimal–Zahlen verarbeitet werden (Tabelle 5.5).

Logische Operationen

Logische Operationen gibt es für alle Datenformate (Tabelle 5.6).

Tabelle 5.5. Befehle zur BCD–Arithmetik

Befehl	Beschreibung
ABCD	Add Decimal with Extend
SBCD	Subtract Decimal with Extend
NBCD	Negate Decimal with Extend

Tabelle 5.6. Logische Befehle werden bitweise angewandt.

Befehl	Beschreibung
AND	AND logical
OR	Inclusive OR logical
EOR	Exclusive OR logical
NOT	Logical Complement

Schieben und Rotieren

Beim Schieben werden Nullen entweder von links oder von rechts eingefügt. Beim Rotieren benutzt man stattdessen die Bits, die auf der gegenüberliegenden Seite herausfallen (Tabelle 5.7).

Tabelle 5.7. Befehle zum Schieben und Rotieren.

Befehl	Beschreibung
ASL	Arithmetic Shift Left
ASR	Arithmetic Shift Right
LSL	Logical Shift Left
LSR	Logical Shift Right
ROL	Rotate Left without Extend
ROR	Rotate Right without Extend
ROXL	Rotate Left with Extend
ROXR	Rotate Right with Extend

Bit–Manipulation

Bei Bit–Manipulationen können einzelne Bits eines Registers getestet und/oder gesetzt werden. Dabei werden immer die Condition Codes gesetzt (Tabelle 5.8).

Tabelle 5.8. Befehle zur Bit-Manipulation.

Befehl	Beschreibung
BTST	Test a Bit and Change
BSET	Test a Bit and Set
BCLR	Test a Bit and Clear
BCHG	Test a Bit and Change

Condition Codes und Verzweigungen

Man kann drei Arten der Programmverzweigung unterscheiden: bedingte und
unbedingte Verzweigungen sowie Return–Befehle. Bedingungen für eine Verzweigung werden aus den Bits des Statusregisters abgeleitet und werden in
Assembler durch Mnemonics (Condition Codes) definiert (Tabelle 5.9).

Der Programmfluss wird durch Befehle gesteuert, die mit den o.g. Condition
Codes für cc kombiniert werden können (Tabelle 5.10).

Tabelle 5.9. Condition Codes des 68000.

CC	Carry Clear	LS	Low or Same
CS	Carry Set	LT	Less Than
EQ	Equal	MI	Minus
F	Never True	NE	Not Equal
GE	Greater Equal	PL	Plus
GT	Greater Than	T	Always True
HI	High	VC	No Overflow
LE	Less or Equal	VS	Overflow

Systemsteuerung

Befehle zur Systemsteuerung sind entweder nur im Supervisor–Modus ausführbar oder sie dienen dazu, ein *Exception Processing* auszulösen (vgl.
nächsten Abschnitt). Mit solchen TRAP–Befehlen kann der Benutzer Systemdienste anfordern (Tabelle 5.11).

TAS–BEFEHL. Der TAS–Befehl (Test and Set an Operand) ist eine nicht-
teilbare Operation, die zur Synchronisation des 68000 in Multiprocessing–
Anwendungen benötigt wird. Der Befehl führt zu einem *Read–Modify–Write*
Speicherzyklus. Unter einer effektiven Adresse wird ein Byte gelesen und die
N– und Z–Flags des Statusregisters werden entsprechend dem Inhalt dieses Bytes verändert. Anschließend wird das MSBit desselben Speicherbytes

Tabelle 5.10. Verzweigungsbefehle des 68000.

Befehl	Beschreibung
Bcc	Branch Conditionally
DBcc	Test Condition, Decrement, and Branch
Scc	Set According to Condition
BRA	Branch Always
BSR	Branch to Subroutine
JMP	Jump
JSR	Jump to Subroutine
RTR	Return and Restore Condition Codes
RTS	Return from Subroutine

Tabelle 5.11. Befehle zur Systemsteuerung

Befehl	Beschreibung
ANDI to SR	AND Immediate to Status Register
EORI to SR	Exclusive OR Immediate to Status Register
MOVE from/to SR	Move Status Register
MOVE from/to USP	Move User Stack Pointer
ORI to SR	OR Immediate to Status Register
RESET	Reset External Devices
RTE	Return from Exception
STOP	Load Status Register and Stop
CHK	Check Register Against Bounds
TRAP	Trap
TRAPV	Trap on Overflow
MOVE to CCR	Move to Condition Codes
ANDI to CCR	AND Immediate to Condition Codes
EORI to CCR	Exclusive OR Immediate to Condition Codes
ORI to CCR	OR Immediate to Condition Codes

gesetzt. Während der ganzen Zeit signalisiert der Prozessor mit $\overline{AS} = 0$ (Address Strobe active), dass der Hauptspeicher belegt ist. Solange $\overline{AS} = 0$ ist, kann von anderen Prozessoren nicht auf den Hauptspeicher zugegriffen werden, da der Bus–Arbiter (vgl. Kapitel 7 Abschnitt 7.4.4) alle Anforderungen zur Busfreigabe zurückweist.

5.2.6 Exception Processing

Der 68000 ist immer in einem von drei Ausführungszuständen: *normale* Ausführung, *Exception Processing*[1] oder *angehalten*. Die normale Ausführung wird durch den STOP–Befehl unterbrochen. Danach wartet der Prozessor auf externe Ereignisse. Exception Processing kann durch einen Befehl (z.B. TRAP) und durch interne oder externe Ereignisse (Interrupts) aktiviert werden. Der Zustand *angehalten* zeigt einen Hardwarefehler an. So würde z.B. ein Fehler im Hauptspeicher während der Fehlerbehandlung eines Busfehlers erneut einen Busfehler erzeugen. Diese Situation erkennt der Prozessor als Hardwarefehler und bricht alle Aktivitäten ab. Der angehaltene Prozessor kann nur mit einem Hardware–Reset neu gestartet werden.

BETRIEBSMODI. Es gibt zwei Betriebszustände: User– und Supervisor–Modus. Der jeweilige Modus bestimmt, welcher Stackpointer verwendet wird, steuert die externe Speicherverwaltungs–Einheit (Memory Management Unit MMU) und legt den Umfang der verfügbaren Befehle fest. Durch diese Betriebsmodi kann die Sicherheit des Gesamtsystems erhöht werden. User–Programme dürfen nicht auf alle Funktionen oder Daten des Betriebssystems zugreifen. Dagegen müssen dem Betriebssystem alle Resourcen des Systems (Speicher, Ein–/Ausgabe) und alle Maschinenbefehle des Prozessors zugänglich sein.

SUPERVISOR–MODUS. Wenn das S–Bit im Statusregister gesetzt ist, befindet sich der Prozessor im *Supervisor*–Modus. Explizite Zugriffe mit Register A7 oder implizite Adressierung des Systemstacks benutzen das SSP–Register. Die Funktionscode–Ausgänge *FC0...FC2* zeigen den aktuellen Berechtigungszustand bei Buszugriffen an. Unabhängig von der Belegung des S–Bits werden sämtliche Exceptions im Supervisor–Modus ausgeführt und durch Funktionscodes entsprechend gekennzeichnet. Alle Stackoperationen in diesem Modus verwenden den SSP. Für die Zeit der Exception wird der Prozessor immer in den Supervisor–Modus gebracht. Nur im Supervisor–Modus dürfen die Befehle STOP, RESET und MOVE to/from USP verwendet werden.

USER–MODUS. Die Zahl der verfügbaren Befehle ist im User–Modus eingeschränkt. Explizite Zugriffe mit Register A7 oder implizite Adressierung des Systemstacks benutzen das USP–Register. Aus dem User–Modus kann nur durch eine Exception in den Supervisor–Modus gewechselt werden.

ABLAUF DES EXCEPTION PROCESSING. Das Exception Processing erfolgt in vier Schritten.

1. Zunächst wird eine interne Kopie des Statusregisters angefertigt. Dann wird im Statusregister das S–Bit gesetzt und das T–Bit (Trace–Modus) zurückgesetzt. Bei einem Reset bzw. einem Interrupt wird die Interrupt–Maske aktualisiert.

---

[1] Da nach unserer Ansicht keine vernünftige Übersetzung möglich ist, verwenden wir den englischsprachigen Begriff.

2. Nun wird die Vektor–Nummer der Exception bestimmt. Bei Interrupts liest der Prozessor in einem ACKNOWLEDGE–Buszyklus die Vektor–Nummer vom auslösenden Baustein. Alle anderen Exceptions erzeugen die Vektor–Nummer durch eine prozessor–interne Logik. Für jede Vektor–Nummer gibt es eine Speicheradresse, unter der ein 32 Bit *Exception–Vektor* abgelegt ist (Startadresse).

3. Der zuvor gesicherte Prozessor–Status wird zusammen mit dem Programmzähler auf den Supervisor–Stack geschrieben (Ausnahme Reset). Bei Bus– und Adressfehlern werden zusätzliche Informationen über den Prozessor–Status auf dem Stack gerettet.

4. Der neue Programmzähler ergibt sich aus dem Exception–Vektor. Mit einer Holephase wird die normale Befehlsverarbeitung ab dieser Startadresse eingeleitet.

EXCEPTION–VEKTOREN. Exception–Vektoren sind Speicherplätze, von denen der Prozessor die Startadresse für das Exception Processing liest. Bis auf den Reset–Vektor, der vier Worte lang ist und den initialen Programmzähler sowie System–Stackpointer aufnimmt, sind alle anderen Exception–Vektoren jeweils 32 Bit (2 Worte) lang. Jeder Vektor hat eine Nummer, die durch eine 8 Bit Zahl dargestellt wird und entweder intern oder extern erzeugt wird. Der Prozessor formt die Vektornummern in eine 24 Bit Adresse um, indem er die 8 Bit Zahl um zwei Stellen nach links schiebt. Dabei werden 2 Nullen nachgeschoben. Diese Operation entspricht einer Multiplikation mit 4. Die resultierende Adresse zeigt auf eine Vektortabelle, die bei 0 beginnt und 512 Worte umfaßt. Demnach gibt es insgesamt 256 Exception–Vektoren. Bei folgenden Ereignissen wird die Vektornummer prozessor–intern erzeugt: Adressfehler, Illegale Befehle, Division durch Null, CHK–, TRAPV–Befehl, einer von 16 Software–Traps, Verletzung der Nutzungsrechte von Befehlen bzw. Speicherbereichen, Emulationsbefehlscodes (1010 und 1111), „unklarer" Interrupt sowie bei Interrupts, die im ACKNOWLEDGE–Buszyklus nicht beantwortet werden. Bei externen Interrupts erzeugt derjenige Ein–/Ausgabe Baustein, der den Interrupt ausgelöst hat, die Vektornummer der gewünschten Service Routine. Für den Benutzer stehen 192 solcher Interrupt–Vektoren zur Verfügung. Er kann aber auch einen der 64 Exception–Vektoren ansprechen, die normalerweise für intern auftretende Ereignisse definiert werden. Neben den Ein–/Ausgabe Interrupts sind Busfehler und der Reset weitere Beispiele für extern erzeugte Exceptions.

5.2.7 Entwicklung zum 68060

Hier soll in groben Zügen die Entwicklungsgeschichte des 68000 zum 68060 skizziert werden. Wesentliche Neuerungen bei allen Nachfolgemodellen betreffen die Architektur, die Organisation und die Realisierung der Prozessoren. Verbesserungen wurden in folgenden Punkten erreicht:

- Steigerung der Taktfrequenz
- Erhöhung der externen Wortbreite
- Unterstützung von virtuellem Speicher
- Interne Caches für Befehle und Daten
- Befehls–Pipelining
- Interne HARVARD–Architektur
- Integrierte Floating Point Unit
- mehrfaches arithmetisches Pipelining
- Unterstützung von Multiprocessing–Systemen

Beim 68010 wurden im Wesentlichen Mikroprogramme zur Behebung von Seitenfehlern bei virtuellen Speichern ergänzt[2]. Es wurde die sogenannte Continuation–Methode implementiert (vgl. Kapitel 8). Der 68020 erhielt ein externes Bussystem mit der vollen Maschinenwortbreite von 32 Bit für Adressen und Daten. Im Befehlssatz wurden vier Adressierungsarten hinzugefügt. Mit Hilfe eines 256 Bytes großen Cache–Speichers kann ein Mehrwort–Befehlsprefetch und ein dreistufiges Befehls–Pipelining realisiert werden. Die Schnittstelle zur Floating Point Unit 68881 wurde für den Coprozessor–Betrieb ausgebaut [*Huntsman*, 1983]. Ebenso kann nun auch die Paging MMU 68851 als Coprozessor angeschlossen werden.

Beim 68030 wurde die MMU (Teilmenge des 68851) auf dem Prozessor–Chip integriert und zusätzlich ein vom Befehls–Cache unabhängiger Daten–Cache vorgesehen. Die Speicherkapazität dieser Caches wurde beim 68040 auf 4 KByte erhöht. Außerdem wurde beim 68040 auch eine verbesserte Floating Point Unit integriert (68882), die dem IEEE–754 Standard entspricht und einen Durchsatz von 3,5 MFLOPS erreicht. Für Befehle und Daten sind wegen der internen HARVARD–Architektur getrennte MMUs vorhanden. Für jede MMU gibt es einen integrierten Cache zur Umsetzung von logischen zu physikalischen Adressen (Address Translation Cache ATC). Wie aus Abb. 5.4 zu entnehmen ist, sind die Integer–Unit und die Floating Point Unit durch mehrstufige Pipelines realisiert. Sie können parallel zu den Data und Instruction Memory Units arbeiten, die über den Bus Controller mit dem Hauptspeicher kommunizieren.

Eine Besonderheit beim 68040 sind die sogenannten *Bus Snooper* („Schnüffler"), die das Problem der *Cache Coherence* in Multiprocessing–Systemen lösen (vgl. Kapitel 8). Wegen der internen HARVARD–Architektur gibt es sowohl einen Befehls– als auch einen Daten–Snooper. Die Snooper beobachten den externen Systembus und stellen fest, ob auf „gecachte" Befehle oder Daten zugegriffen wird. Dies ist der Fall, wenn die zugehörigen ATCs einen Cache–Hit melden.

---

[*] Die nachfolgende Beschreibung kann beim ersten Lesen übersprungen werden, da Kenntnisse aus Kapitel 8 vorausgesetzt werden.

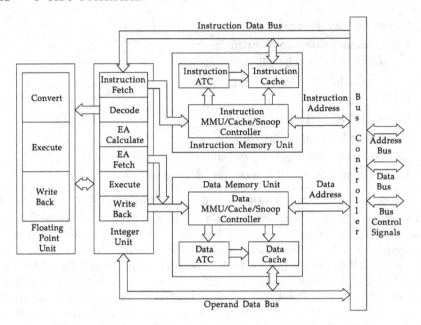

Abb. 5.4. Aufbau des Motorola 68040

Der Befehls–Snooper muss nur externe Schreibzugriffe registrieren. Wird festgestellt, dass ein anderer Busmaster im globalen Systemspeicher Daten verändert, die momentan gecacht sind, so werden die davon betroffenen Cache–Blöcke im ATC als „invalid" gekennzeichnet. Sie müssen beim nächstenLesezugriff aus dem Systemspeicher nachgeladen werden.

Die Reaktion der Daten–Snooper hängt von der gewählten Cache–Aktualisierungsmethode (write–through oder copy–back) ab. Während beim *write–through* Befehls– und Daten–Snooper nach der gerade beschriebenen Strategie arbeiten, muss der Daten–Snooper bei der *copy–back* Aktualisierungsmethode sowohl Lese– als auch Schreibzugriffe anderer Busmaster registrieren und entsprechend reagieren. Beim copy–back werden Cache–Blöcke nur dann im Systemspeicher aktualisiert, wenn sie ersetzt werden müssen. Schreibt ein anderer Busmaster auf eine gecachte Adresse aus dem Systemspeicher, so muss die Daten–MMU dafür sorgen, dass das entsprechende Datum im Cache parallel zu diesem Schreibzugriff aktualisiert wird. Umgekehrt muss bei Lesezugriffen anderer Busmaster —anstelle des Systemspeichers— der betroffene Cache die Daten bereitstellen.

Der 68060 ist der leistungsfähigste Prozessor aus der 68XXX–Familie. Er stellt keinen reinen CISC–Prozessor mehr dar, sondern er verfügt über RISC–Architekturmerkmale. Der 68060 ist der direkte Nachfolger des 68040, d.h. ein 68050 wurde von Motorola nicht auf den Markt gebracht. Gegenüber dem 68040 wurden die Daten– und Befehlscaches auf 8 KByte vergrößert, die Befehlspipeline auf vier Stufen erweitert und durch einen BTC ergänzt. Der 68060 verfügt über zwei Integer–Units mit 6 stufiger Pipeline und eine gegenüber dem 68040 verbesserte FPU. Gleichzeitig können zwei arithmetische Operationen und ein Verzweigungsbefehl ausgeführt werden. Entweder es werden gleichzeitig zwei Integer–Operationen oder eine Integer– und eine Floating Point–Operation ausgeführt. Es handelt sich also um eine superskalare Architektur. Der BTC speichert nicht nur die Verzweigungsadressen, sondern er führt auch eine Vorhersage aus, ob die Verzweigung genommen wird. Über besondere Deskriptorbits wird für jeden Verzweigungsbefehl Buch geführt. Es wird gespeichert, wie bei der letzten Ausführung des Befehls verzweigt wurde. Die Sprungvorhersage des 68060 Prozessors geht stets davon aus, dass bei einem erneuten Aufruf genauso wie zuvor verzweigt wird.

6. RISC–Prozessoren

Seit der Entwicklung der ersten digitalen Rechner wuchs der Umfang und die Komplexität der Befehlssätze stetig an. So hatte 1948 der MARK I nur sieben Maschinenbefehle geringer Komplexität wie z.B. Additions– und Sprungbefehle. Nachfolgende Prozessorarchitekturen versuchten, die *semantische Lücke* (semantic Gap) zwischen höheren, problemorientierten Sprachen und der Maschinensprache zu schließen. Man versprach sich davon eine Vereinfachung des Compilerbaus, kompakteren Opcode und eine höhere Rechenleistung. Die Entwicklung von CISC–Prozessoren wurde durch die Mikroprogrammierung und immer höhere Integrationsdichten bei der Chipherstellung unterstützt.

Die Mikroprogrammierung erleichtert die Implementierung von komplexen Befehlen und Adressierungsarten, weil damit selbst komplizierte Steuerabläufe ohne Hardwareänderungen realisiert werden können. Diese Flexibilität unterstützt außerdem die Suche und Beseitigung von Fehlern in der Ablaufsteuerung. Viele bekannte Prozessoren, wie z.B. die aus der M680X0–Familie (vgl. Kapitel 5), sind mikroprogrammiert und besitzen einen komplexen Befehlssatz. Ein extremes Beispiel für einen CISC–Prozessor ist der Intel iAPX–432. Er verfügt über 222 Maschinenbefehle, die zwischen 6 und 321 Bit lang sein können. Da allein der Mikroprogrammspeicher 64 KBits groß ist, musste der Prozessor auf zwei Chips für Rechenwerk und Leitwerk aufgeteilt werden.

In den 80er Jahren wurde die Verwendung komplexer Befehlssätze neu überdacht. Man untersuchte die von Compilern erzeugten Maschinenbefehle und stellte fest, dass nur ein Bruchteil der verfügbaren Befehle verwendet wurde. Diese Situation war der Ausgangspunkt für die Entwicklung neuartiger Prozessorarchitekturen, die man wegen ihres elementaren Befehlssatzes als RISC–Prozessoren (Reduced Instruction Set Computer) bezeichnet.

RISC Prozessoren nutzen Pipelining, um den Durchsatz bei der Programmverarbeitung zu beschleunigen. Die Abarbeitung der einzelnen Befehle wird dabei in Teilschritte zerlegt, die dann in jeder Taktphase durch Schaltnetze umgesetzt werden. Zu einem bestimmten Zeitpunkt enthält die Pipeline gleichzeitig die Teilschritte mehrerer Befehle. Im Gegensatz zu einem CISC-Prozessor werden die Befehle nicht durch eine zentrale Ablaufsteuerung (Mikroprogrammsteuerwerk) in Steuerbefehlsfolgen für das Rechenwerk dekodiert, sondern es erfolgt eine räumlich verteilte Dekodierung. Im Idealfall sind die Pipelinestufen ständig voll ausgelastet. Bei einer n–stufigen Pipeline ergibt sich dann eine Steigerung des Durchsatzes (speedup) um den Faktor n. Resourcenkonflikte (z.B. beim Versuch zweier oder mehrerer Pipelinestufen auf Registerblock, Speicher und Operationseinheiten zuzugreifen), Datenabhängigkeiten (Datenflusskonflikte) und Verzweigungen (Steuerflusskonflikte) führen jedoch dazu, dass die Pipeline mehr oder weniger oft angehalten werden muss (stall).

Der große Erfolg von RISC Architekturen ist dadurch zu erklären, dass durch die feinkörnige Parallelität auf Maschinenbefehlsebene mit der momentan verfügbaren Halbleitertechnologie eine bis zu n–fache Beschleunigung erreicht werden kann. Hauptziel des RISC Designs ist es deshalb, durch geeignete Hardwareergänzungen und Codeoptimierung bei der Übersetzung zu erreichen, dass die Pipeline optimal ausgelastet wird. Die ersten RISC Architekturen wurden ausschließlich durch optimierende Compiler unterstützt (z.B. MIPS). Durch Einfügen von Leerbefehlen (No Operations, NOPs) können die o.g. Konflikte ohne zusätzliche Hardware zum Anhalten der Pipeline behandelt werden. Um diese nutzlosen Befehle zu eliminieren, werden die Maschinenbefehle bei der Codegenerierung so umgeordnet, dass die NOPs durch tatsächlich im Programm vorkommende (aber an dieser Stelle konfliktfreie) Befehle ersetzt werden. Dieses Zusammenwirken (Synergie) von Compilerbau und Hardwareentwurf bildet daher die Grundlage der RISC Philosophie.

6.1 Architekturmerkmale

6.1.1 Erste RISC–Prozessoren

Die Idee, Prozessorarchitekturen mit möglichst *elementaren* Maschinenbefehle zu entwickeln, kam in den 70er Jahren im IBM Thomas J.Watson Forschungszentrum auf. John Cocke stellte folgendes fest:

1. Die Programme eines IBM360–Rechners nutzten zu 80% nur 10 von insgesamt etwa 200 möglichen Maschinenbefehlen. Zu 99% nutzten die Programme nur 30 Maschinenbefehle.

2. Bestimmte aufwendige Befehle konnten durch eine Folge von einfacheren Befehlen ersetzt werden, die sogar die gewünschte Funktion schneller ausführten.

Aufgrund dieser Ergebnisse wurde in einem Forschungsprojekt ein Rechner (IBM 801) mit ECL–MSI Bausteinen entwickelt, der durch einen optimierenden Compiler unterstützt wurde. Der Grundstein für RISC–Architekturen war gelegt. Kurz danach begann man in Berkeley (D. A. Patterson et al.) und Stanford (J. Hennessy et al.) mit der Entwicklung von RISC–Chips.

6.1.2 RISC–Definition

D. Tabak gibt die wohl eindeutigste Definition für eine RISC–Architektur [*Tabak*, 1995]. Danach soll ein RISC–Prozessor möglichst viele der folgenden neun Kriterien erfüllen:

1. Mindestens 80% der Befehle werden in einem Taktzyklus ausgeführt.
2. Alle Befehle werden mit einem Maschinenwort codiert.
3. Maximal 128 Maschinenbefehle.
4. Maximal 4 Befehlsformate.
5. Maximal 4 Adressierungsarten.
6. Speicherzugriffe ausschließlich über LOAD/STORE–Befehle.
7. Register–Register Architektur.
8. Festverdrahtete Ablaufsteuerung (nicht mikroprogrammiert).
9. Mindestens 32 Prozessorregister.

6.1.3 Befehls–Pipelining

Die geringe Anzahl von Maschinenbefehlen und Adressierungsarten erlaubt die Realisierung der Ablaufsteuerung durch eine festverdrahtete Steuerung. Da nur wenige Befehlsformate verwendet werden, ist der Decodierungsaufwand gering. Die Decodierung der Befehle kann daher in einem Taktzyklus erfolgen, und es ist möglich, das Befehls–Pipelining anzuwenden. Die Abarbeitung eines Maschinenbefehls wird dabei in Teilschritte zerlegt, die gleichzeitig bearbeitet werden (vgl. Kapitel 3). Im Idealfall wird mit jedem Taktzyklus ein Ergebnis produziert. Diesen Idealfall durch möglichst konfliktfreies Pipelining zu erreichen, ist das Hauptziel beim Entwurf von RISC–Prozessoren *und* den dazugehörigen Compilern. Pipeline–Konflikte entstehen bei Zugriffen auf den externen Speicher, durch Datenabhängigkeiten zwischen aufeinanderfolgenden Befehlen oder bei Programmverzweigungen. Sie können entweder durch Hardware oder Software aufgelöst werden.

Bei RISC–Architekturen bevorzugt man die Softwarelösung. Pipeline–Konflikte werden von optimierenden Compilern erkannt und die Maschinenbefehle werden so geschickt umgestellt, dass die Pipeline–Stufen effizient ausgenutzt werden.

Die *Synergie* (Zusammenspiel) von Hardware und Software ist ein wesentliches Kennzeichen von RISC–Architekturen. Durch eine einfache aber orthogonale[1] Befehlsarchitektur wird einerseits der Hardwareaufwand reduziert, andererseits werden aber die Anforderungen an den Compiler erhöht. Der Anwender programmiert ausschließlich in einer höheren Programmiersprache, da wegen der komplexen Zeitbedingungen, die in der Befehlspipeline herrschen, eine direkte Maschinenprogrammierung unmöglich ist. Für eine Zeile

---

[1] Funktionalität der Befehle überschneidet sich nicht.

des Quellprogramms erzeugt der Compiler gewöhnlich mehr Maschinenbefehle als bei einer CISC–Architektur, weil komplexe Maschinenbefehle durch eine Folge einfacherer Befehle nachgebildet werden müssen.

Ausgangspunkt des Befehlspipelining ist die Aufspaltung eines Befehls in Teilschritte (vgl. Kapitel 2). Durch überlappte Verarbeitung der Teilschritte, die zur Ausführung einzelner Befehle nötig sind, kann die Zahl der Befehle pro Zeiteinheit (Durchsatz) erhöht werden. Die Anwendbarkeit des Befehlspipelining setzt voraus, dass für die zugrundegelegte Befehlsarchitektur eine Folge von Teilschritten gefunden wird, die für *alle* Befehle gleich ist. Wegen der (unterschiedlich) großen Zahl von Teilschritten zur Dekodierung besonderer Adressierungsarten ist dies bei CISC–Architekturen nicht möglich. Für RISC–Architekturen kann dagegen eine solche regelmäßige Schrittfolge angegeben werden. *Alle* Befehle (inklusive der Adressierungsarten) können in den folgenden fünf Teilschritten bearbeitet werden (Abb. 6.1):

1. **Instruction Fetch (IF)**: Befehl holen (Opcode und Adressfeld können in einem Maschinenwort untergebracht werden).
2. **Instruction Decode (ID)**: Befehl dekodieren und gleichzeitig die Quelloperanden aus dem Registerblock lesen.
3. **Execute (EX)**: Führe eine arithmetische bzw. logische Operation mit den Operanden aus.
4. **Memory Access (MEM)**: Hole Daten (LOAD) oder speichere Daten (STORE).
5. **Write Back (WB)**: Speichere ein Ergebnis in einem prozessorinternen Register.

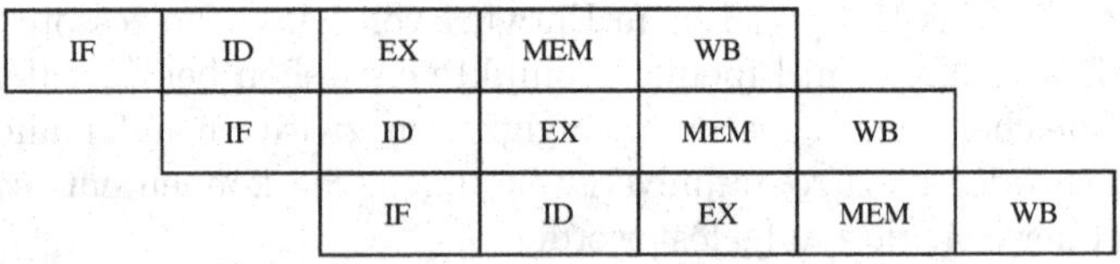

IF	ID	EX	MEM	WB		
	IF	ID	EX	MEM	WB	
		IF	ID	EX	MEM	WB

Abb. 6.1. Zeitlicher Ablauf der Teilschritte bei konfliktfreiem Befehlspipelining (IF = Instruction Fetch, ID = Instruction Decode, EX = Execute, MEM = Memory Access, WB = Write Back)

Man beachte, dass diese Schrittfolge der „kleinste gemeinsame" Nenner für die Befehlsarchitektur darstellt. d.h. bestimmte Teilschritte werden von einigen Befehlen überhaupt nicht benötigt. So ist z.B. bei Verknüpfungen von Registerinhalten in der ALU die MEM–Phase überflüssig. Die Pipelineimplementierung dieser Schrittfolge bietet jedoch den großen Vorteil, dass *alle* Befehle gleich behandelt werden und dass sich daher die Teilschritte zeitlich überlappen können. Während der Befehlsdurchsatz steigt, wird die Ausführungszeit einzelner Befehle durch das Pipelining sogar erhöht: einerseits durch redundante Teilschritte und andererseits durch zusätzliche Zeitverzögerungen der Pipelineregister. Würde man die Pipelineschaltnetze direkt hintereinander schalten, so würde die Latenzzeit der Befehle verringert — aber dann ist auch keine überlappte Verarbeitung mehr möglich.

 Siehe Übungsbuch
Seite 60, Aufgabe 91:
CISC versus RISC

6.2 Aufbau eines RISC–Prozessors

In Abb. 6.2 ist der schematische Aufbau eines RISC–Prozessors dargestellt. In der IF–Stufe befindet sich der Programmzähler (PC–Register). Bei einem 32 Bit Prozessor mit byteweiser Speicheradressierung wird der Programmzähler in der IF–Stufe mit jedem Takt um 4 erhöht. Der aus dem Befehlsspeicher gelesene Befehl wird in das Pipelineregister zwischen IF– und ID–Stufe geschrieben. Der Opcodeteil wird dann in der ID–Stufe durch ein Schalt*netz* dekodiert. Die dabei erzeugten Steuersignale werden an die drei nachfolgenden Stufen EX, MEM und WB (über Pipelineregister gepuffert) weitergeleitet. Parallel zur Opcode–Dekodierung wird auf die Leseports des Registerblockes zugegriffen oder der Verschiebungsteil (displacement) des Adressfeldes wird für die Weitergabe an die EX–Stufe ausgewählt. Dort können arithmetische oder logische Verknüpfungen mit den Registern oder Adressrechnungen für Verzweigungs– bzw. LOAD/STORE–Befehle ausgeführt werden. Verzweigungsadressen werden in der ALU durch Addition der über die Pipelineregister verzögerten Folgebefehlsadresse ($PC + 4$) plus einer Verschiebung aus dem Adressfeld berechnet. Sie können abbhängig von dem Ausgang eines Registervergleichs auf Null in den Programmzähler zurückgeschrieben werden. In der MEM–Stufe kann auf den Datenspeicher zugegriffen werden. Es werden entweder die Daten aus einem Lesezugriff oder die von EX– über die MEM–Stufe weitergeleitete Ergebnisse einer ALU–Operation in den Registerblock geschrieben.

6.3 Pipelinekonflikte

Wenn die aufeinanderfolgenden Befehle beim Pipelining voneinander unabhängig sind, wird —bei gefüllter Pipeline— mit jedem Taktzyklus ein Befehl abgefertigt. Obwohl die Ausführung eines einzelnen Befehls fünf Taktzyklen dauert, kann man durch Befehlspipelining eine Verfünffachung des Befehlsdurchsatzes erreichen. Damit erhöht sich auch die Prozessorleistung um den

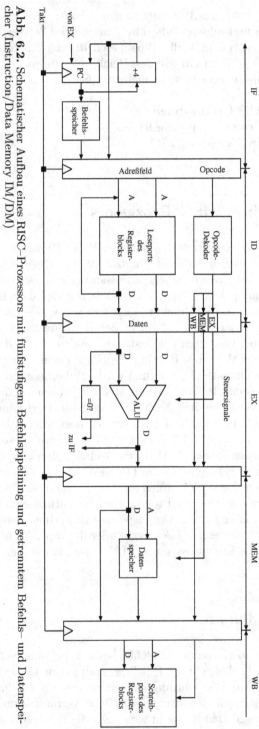

Abb. 6.2. Schematischer Aufbau eines RISC–Prozessors mit fünfstufigem Befehlspipelining und getrenntem Befehls- und Datenspeicher (Instruction/Data Memory IM/DM)

Faktor fünf. Im Idealfall ist beim Pipelining der CPI–Wert gleich eins und die Prozessorleistung erhöht sich entsprechend der Zahl der Pipelinestufen.

Leider sind bei realen Maschinenprogrammen die Befehle voneinander abhängig, d.h. es kommt zu Pipeline*konflikten*, die zu einem $CPI > 1$ führen und den Leistungsgewinn durch Befehlspipelining schmälern.

Wir können vier Arten von Pipelinekonflikten unterscheiden:

1. Strukturelle Konflikte
2. Datenflusskonflikte
3. Laufzeitkonflikte
4. Steuerflusskonflikte

Das Auftreten eines Konfliktes bewirkt, dass die Pipelineverarbeitung eines oder mehrerer nachfolgender Befehle solange eingestellt (stalled) werden muss, bis der Konflikt behoben ist. Wenn ein Konflikt vorliegt, so kann man ihn einerseits *beheben*, indem man durch den Compiler NOPs (No Operations) einfügt und somit die Pipelineverarbeitung nachfolgender Befehle verzögert. Andererseits kann man aber auch versuchen, Konflikte zu *beseitigen*. Bei der Konflikt*behebung* wird die Pipelineverarbeitung angehalten (stalled), d.h. die Pipelinestufen werden nicht optimal ausgelastet. Der CPI–Wert liegt daher deutlich über 1. Bei der Konflikt*beseitigung* wird entweder durch optimierende Compiler oder durch zusätzliche Hardware dafür gesorgt, dass der CPI–Wert möglichst nahe an 1 herankommt.

In den nächsten Abschnitten werden wir sehen, wie man Konflikte teilweise mit Hilfe optimierender Compiler, durch zusätzliche Hardwarelogik oder durch eine Kombination von beidem beseitigen kann. Zuvor sollen die Konflikte beschrieben und anhand von Beispielen erläutert werden.

Die Behebung von Pipelinekonflikten kann hardware– oder softwaremäßig erfolgen. Im erstgenannten Fall unterdrückt man einfach die Taktsignale der Pipelineregister für einen oder mehrere Taktzylen. Dadurch wird die Pipelineverarbeitung ausgesetzt (stalled). Strukturelle Pipelinekonflikte und dynamische Laufzeitkonflikte (z.B. Seitenfehler bei virtuellem Speicher) können nur hardwaremäßig behoben werden.

Die softwaremäßige Behebung von Konflikten erfolgt durch Einfügen von NOP–Befehlen, die nach ihrer Dekodierung alle nachfolgenden Pipelinestufen für einen Taktzyklus blockieren. Auch hier wird der Takt für die Pipelineregister unterdrückt. Die softwaremäßige Behebung bietet jedoch die Vorteile, dass der Hardwareaufwand gering ist und dass die NOP–Befehle mittels optimierender Compiler durch sinnvolle Operationen ersetzt werden können. Hierdurch wird es unter Umständen sogar möglich, die Pipelinekonflikte vollständig zu beseitigen. Zu den Pipelinekonflikten, die softwaremäßig behoben oder gar beseitigt werden können, zählen *statische* Laufzeitkonflikte (delayed load), unbedingte Verzweigungen (delayed branch) und Datenflusskonflikte.

6.3.1 Struktureller Konflikt

Wenn ein Datenpfad oder die ALU *gleichzeitig* von zwei (oder mehr) in Bearbeitung befindlicher Befehle benötigt werden, liegt ein *struktureller* Konflikt vor. Strukturelle Konflikte können beseitigt werden, indem man zusätzliche Datenpfade (z.B. Ports zum Registerblock) und Funktionseinheiten (z.B. eine weitere ALU) bereitstellt. Da sie aber nur bei bestimmten Kombinationen von Befehlen in der Pipeline auftreten, muss geprüft werden, ob sich ihre Beseitigung auch tatsächlich lohnt. Ein Beispiel für einen strukturellen Konflikt findet man bei Prozessoren mit einem kombinierten Daten–/Befehls–Speicher (bzw. Cache), der nur über einen einzigen Leseport verfügt. Wie aus Abb. 6.3 ersichtlich ist, blockiert die MEM–Phase des LOAD–Befehls die IF–Phase des nachfolgenden ADD–Befehls, da nicht beide gleichzeitig auf den Speicher zugreifen können. Der Konflikt kann nur behoben werden, indem die Befehlspipeline[2] für einen Taktzyklus angehalten wird. Der Konflikt kann durch eine andere Speicherimplementierung mit zwei getrennten Leseports (dual–ported RAM) beseitigt werden. Im betrachteten Beispiel würden auch getrennte Befehls– und Datenspeicher den strukturellen Konflikt beseitigen. Man beachte jedoch, dass strukturelle Konflikte durch optimierende Compiler weder behoben noch beseitigt werden können.

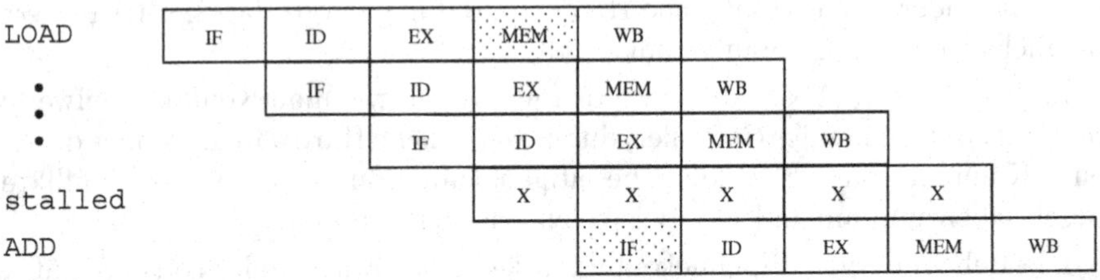

LOAD	IF	ID	EX	MEM	WB				
•		IF	ID	EX	MEM	WB			
•			IF	ID	EX	MEM	WB		
stalled				X	X	X	X	X	
ADD					IF	ID	EX	MEM	WB

Abb. 6.3. Beispiel für die Behebung eines strukturellen Konflikts durch Anhalten der Pipelineverarbeitung

Strukturelle Konflikte bzgl. fehlender Funktionseinheiten löst man durch die Einführung *superskalarer* RISC–Prozessoren. Wir werden diese Prozessorarchitektur später noch ausführlich behandeln. Zunächst beschränken wir uns auf RISC mit einer einzigen (Integer)ALU, die wir im folgenden als *skalare* RISCs bezeichnen wollen.

6.3.2 Datenflusskonflikte

Wenn zwei aufeinanderfolgende Befehle B_i und B_j, $j > i$, Lese– und Schreiboperationen auf dieselbe Register– bzw. Speichervariable ausführen, so be-

---

$\cdot$ hardwaremäßig

steht eine Datenabhängigkeit (Data Hazard). Es gibt drei Arten von Daten-abhängigkeiten, für die es eine Reihe von Synonymen gibt:

1. Read–After–Write (RAW) oder *echte* Datenabhängigkeit (essential dependence).
2. Write–After–Write (WAW) oder *Ausgabe* Datenabhängigkeit (output dependence).
3. Write–After–Read (WAR) oder *Anti/unechte* Datenabhängigkeit, Pseudoabhängigkeit (forward/ordering dependence)

RAW

Beim RAW liest der Befehl B_j den Wert von X, der zuvor durch den Befehl B_i verändert wird.

Beispiel: $\begin{array}{l} \text{ADD } R_3, R_1, R_2 \;;\; R_3 = R_1 + R_2 \\ \text{ADD } R_4, R_1, R_3 \;;\; R_4 = R_1 + R_3 \end{array}$

In einer Befehlspipeline mit den Stufen wie in Abb. 6.1 tritt durch RAW das Problem auf, dass die ID–Stufe des Befehls B_j den Inhalt von R_3 lesen will bevor die WB–Stufe das Ergebnis im Registerblock ablegt. Abb. 6.4 zeigt wie der RAW–Konflikt durch Einfügen von NOPs behoben werden kann. Der RAW–Konflikt kann durch einen sogenannten *Bypass* (auch *forwarding Hardware* genannt) vom Pipelineregister zwischen der EX/MEM–Stufe zurück zum ALU Eingang be*seitigt* werden (Abb. 6.5). Die Bypass Hardware befindet sich in der EX–Stufe und erkennt, dass das Ergebnis direkt aus dem Pipelineregister ausgelesen und über einen Multiplexer an den ALU Eingang weitergeleitet werden kann.

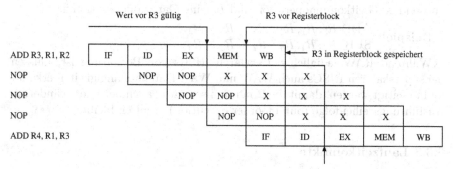

Abb. 6.4. Beispiel für die Behebung eines RAW Datenflusskonflikts durch Einfügen von NOPs

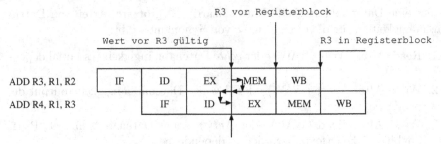

Abb. 6.5. Beseitigung des Datenflusskonflikts aus Abb. 6.4 mit Hilfe einer Bypass Hardware, die den Registerblock umgeht.

WAW

Beim WAW schreiben B_i und B_j in dasselbe Register. Wenn beide Befehle gleichzeitig gestartet werden, kann es vorkommen, dass B_j vor B_i die Variable beschreibt und danach ein falscher Wert abgespeichert ist.

Beispiel: $\begin{aligned} &\text{ADD } R_3, R_1, R_2 \;;\; R_3 = R_1 + R_2 \\ &\text{SUB } R_3, R_4, R_5 \;;\; R_3 = R_4 - R_5 \end{aligned}$

WAR

Beim WAR schreibt B_j ein Register, das zuvor von B_i gelesen wird. Wenn beide Befehle gleichzeitig gestartet werden, kann es vorkommen, dass B_j schreibt bevor B_i den Wert gelesen hat. Dieser Fall tritt z.B. ein, wenn B_i eine zeitaufwendige Gleitkommaoperation und B_j eine Ganzzahloperation ist.

Beispiel: $\begin{aligned} &\text{ADD } R_3, R_1, R_2 \;;\; R_3 = R_1 + R_2 \\ &\text{SUB } R_2, R_4, R_5 \;;\; R_2 = R_4 - R_5 \end{aligned}$

Während RAW lediglich bei skalaren RISCs von Bedeutung ist, müssen bei superskalaren RISCs auch WAW und WAR Datenabhängigkeiten erkannt und beseitigt werden, damit die Programmsemantik auch bei einer geänderten Ausführungsreihenfolge (out–of–order execution) erhalten bleibt.

6.3.3 Laufzeitkonflikte

Der Zugriff auf den Hauptspeicher erfordert normalerweise mehr als einen Taktzyklus. Die MEM–Phase muss daher bei den LOAD/STORE–Befehlen auf zwei oder mehrere Taktzyklen ausgedehnt werden. Dies kann entweder hardware– oder softwaremäßig erfolgen. Wenn im voraus bekannt ist, wie viele Taktzyklen zum Speicherzugriff erforderlich sind, kann das Problem softwaremäßig gelöst werden. Für dynamische Vezögerungen, z.B. infolge eines

Cache Miss (vgl. Kapitel 8) muss jedoch eine besondere Hardware vorhanden sein, um die Pipelineverarbeitung der nachfolgenden Befehle solange auszusetzen, bis der Laufzeitkonflikt behoben ist.

Statischer Laufzeitkonflikt

Betrachten wir den Befehl LOAD $R_1,0(R_2)$ nach Abb. 6.6, der folgende Bedeutung hat: Register 1 soll mit dem Speicherinhalt geladen werden, der durch Register 2 adressiert wird. Am Ende der EX–Phase dieses Befehls wird R_2 ($=0+R_2$) als Speicheradresse ausgegeben. Das Datum für R_1 ist jedoch erst zwei Taktzyklen später gültig, d.h. die MEM–Phase umfaßt zwei Taktzyklen.[3] In Abb. 6.6 wird vorausgesetzt, dass der Registerblock durch einen Bypass umgangen werden kann. Ohne Bypass wären zwei weitere Taktzyklen nötig. Einer, um das gelesene Datum in das Register R_1 zu speichern (WB–Phase des LOAD–Befehls) und ein zweiter, um es wieder aus dem Registerblock auszulesen (ID–Phase des um vier NOP–Befehle verzögerten ADD–Befehls).

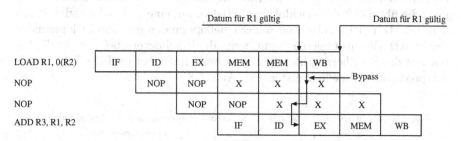

Abb. 6.6. Lesezugriff auf den Hauptspeicher, der zwei Taktzyklen erfordert. Der ADD–Befehl muss wegen der Datenabhängigkeit mit dem LOAD–Befehl ebenfalls um zwei Taktzyklen verzögert werden. Damit zwischen LOAD– und ADD–Befehl kein struktureller Pipelinekonflikt besteht, wird ein getrennter Daten– und Befehlsspeicher verwendet.

Um den Hardwareaufwand zu minimieren, setzen viele RISC–Prozessoren voraus, dass statische Laufzeitkonflikte bei LOAD–Befehlen softwaremäßig behoben werden. Ein Beispiel hierfür ist der MIPS–Prozessor, MIPS steht für Microprocessor without Interlocked Pipeline Stages. Ein LOAD–Befehl führt also immer zu einer Verzögerung bei der Bereitstellung der Daten. Man spricht daher von einem *delayed load* und bezeichnet den mit NOPs gefüllten Befehls„schlitz" als *delay slot*.

· Man bezeichnet die Zeit nach Ende der EX–Phase bis zum Vorliegen eines gültigen Datums auch als *Latenzzeit*.

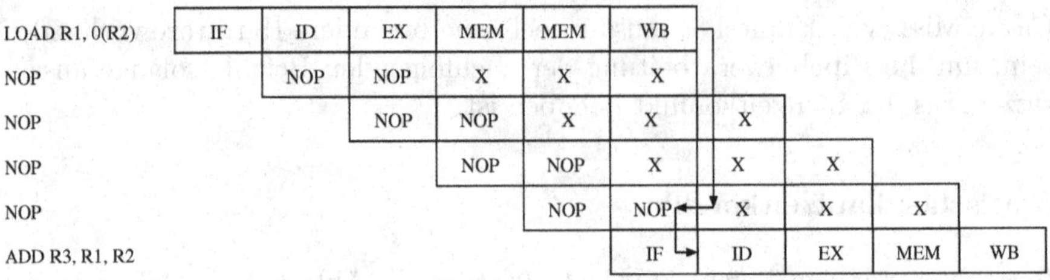

LOAD R1, 0(R2)
NOP
NOP
NOP
NOP
ADD R3, R1, R2
IF ID EX MEM MEM WB
NOP NOP X X X
NOP NOP X X X
NOP NOP X X X
NOP NOP X X X
IF ID EX MEM WB

Abb. 6.7. Delayed Load aus Abb. 6.6, falls *kein* Bypass vorhanden wäre.

Dynamischer Laufzeitkonflikt

Sobald ein Befehl in die EX–Phase eintritt, ist seine Bearbeitung im Prozessor angestoßen. Sie kann nun nicht mehr gestoppt werden. Man bezeichnet diesen Vorgang als Befehlsausgabe (Intruction Issue). Während der ID–Phase muss daher geprüft werden, ob ein dynamischer Laufzeitkonflikt vorliegt. Im Fall eines Lesezugriffs bezeichnet man die zugehörige Hardware als LOAD Interlock. Sie überprüft den nachfolgenden Befehl auf eine Datenabhängigkeit mit dem LOAD–Befehl. Falls einer seiner Quelloperanden mit dem Zieloperanden des LOAD–Befehls übereinstimmt, muss die Pipelineverarbeitung für die Latenzzeit des Speicherzugriffs angehalten werden. Hierzu wird der Takt für die entsprechenden Pipelineregister (vgl. Abb. 6.8) ausgeblendet.

Hier LOAD Konflikt überprüfen
R1 von LOAD-Befehl vor Registerblock (über Bypass zu ADD-Befehl)
R1 im Registerblock gültig
LOAD R1,0(R2)
ADD R3, R2, R1
AND R3, R1, R4
SUB R5, R1, R3
IF ID EX MEM MEM WB
IF ID X X EX MEM WB
IF X X ID EX MEM WB
X X IF ID EX MEM WB
IF ID EX MEM WB
Taktunterdrückung für EX-,ID- und IF Stufe

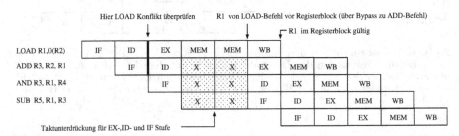

Abb. 6.8. Behebung eines dynamischen Laufzeitkonflikt mittels LOAD Interlock Hardware

6.3.4 Steuerflusskonflikte

Bei Verzweigungskonflikten muss entsprechend einer im Adressfeld angegebenen relativen Verschiebung zum Folgebefehl auf der Adresse $PC + 4$ eine neue Zieladresse berechnet werden. Diese Berechnung geschieht —wie aus Abb. 6.2 ersichtlich— während der EX–Stufe mit Hilfe der ALU. Bei bedingten Verzweigungen wird gleichzeitig ein Registerinhalt auf Null getestet. Vor dem

bedingten Verzweigungsbefehl muss mit einem Vergleichsbefehl die Verzweigungsbedingung geprüft werden. Falls sie erfüllt ist (branch taken), wird das
entsprechende Register auf Null gesetzt. Nur in diesem Fall wird am Ende der
EX–Phase der Programmzähler mit der Zieladresse überschrieben. Das bedeutet, dass in der darauf folgenden IF–Phase die Befehle ab der Zieladresse
abgearbeitet werden. Bei unbedingten Verzweigungen (Sprünge) entfällt der
Test des Registerinhalts, d.h. die in der ALU berechnete Zieladresse wird auf
jeden Fall den *PC* überschreiben. In beiden Fällen erfolgt die Verzweigung
mit einer Verzögerung von zwei Taktzyklen (Abb. 6.9). In dieser Zeit muss
die Pipelineverarbeitung von Befehlen ausgesetzt werden.

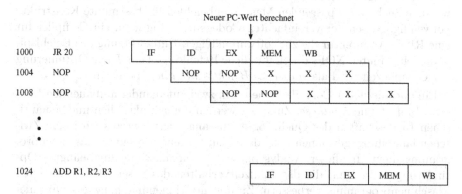

Abb. 6.9. Beispiel für die Behebung eines Steuerflusskonflikts durch Einfügen von
NOPs. JR 20 sei ein Sprungbefehl (Jump Relative), der relativ zum aktuellen *PC*–
Wert (hier 1004) mit der im Adressfeld angegeben Verschiebung (hexadezimal 20)
verzweigt.

Wegen dieser Verzögerung spricht man bei softwaremäßiger Behebung des
Steuerflusskonflikts auch von einem *delayed branch*. Ein optimierender Com-
piler kann die NOPs durch unabhängige Befehle ersetzen, um die Effizienz des
Pipelining zu maximieren (siehe Kapitel 6.4.4).

6.4 Optimierende Compiler

Im letzten Abschnitt haben wir gesehen, dass Pipelinekonflikte durch Einfügen
von NOPs behoben werden können. Diese softwaremäßige Konfliktbehebung
kann teilweise [4] die hardwaremäßige Konfliktbehebung ersetzen. Sie hilft damit, den Hardwareaufwand zur Realisierung des Prozessors zu minimieren.
Aufgrund der komplexen Zeitbedingungen beim Befehlspipelining ist eine Maschinenprogrammierung bei RISC–Prozessoren nicht sinnvoll. Man setzt vielmehr voraus, dass Rechnerarchitektur und Compilerbau sinnvoll aufeinander

---

[4] bis auf strukturelle und dynamische Laufzeitkonflikte.

abgestimmt werden. Das Zusammenwirken (Synergie) dieser beiden Bereiche ermöglicht einerseits eine optimale Nutzung der Hardwarekomponenten und andererseits eine komfortable Programmierung in höheren Programmiersprachen. Gleichzeitig können die in höheren Programmiersprachen codierten Programme leicht auf andere Maschinen bzw. nachfolgende Prozessorarchitekturen übertragen (portiert) werden.

Die in einer höheren Programmiersprache geschriebenen Quellprogramme werden durch einen *Compiler* (Übersetzungsprogramm) in ein semantisch gleichwertiges Maschinenprogramm übersetzt. Wegen der einfacheren Befehlsarchitektur von RISC–Prozessoren kann der Compiler die verfügbaren Befehle besser nutzen. Im Gegensatz zu CISC–Architekturen ist hier keine aufwendige Suche nach passenden Maschinenbefehlen für bestimmte Konstrukte notwendig. Neben der vereinfachten Codegenerierung kann ein Compiler für eine RISC–Architektur die zur softwaremäßigen Unterstützung des Befehlspipeling eingefügten NOPs durch nützliche Befehle ersetzen. Diese Optimierung zur Compilezeit wird als *statisches Befehlsscheduling*[5] bezeichnet.

Ein optimierender Compiler arbeitet in zwei aufeinander aufbauenden Phasen: *Analyse* und *Synthese*. Zunächst werden die syntaktischen und semantischen Eigenschaften des Quellprogramms analysiert. Daraus wird eine Zwischendarstellung gewonnen, die dann zur Erzeugung eines Maschinenprogramms dient. In dieser Analysephase können maschinenunabhängige Optimierungen erfolgen, die das Laufzeitverhalten des anschließend erzeugten Maschinenprogramms verbessern. Zu den maschinenunabhängigen Optimierungen zählen z.B. die Erkennung und Elimierung konstanter oder gemeinsamer Ausdrücke. Die Laufzeit eines Programms verkürzt sich, wenn konstante Ausdrücke bereits zur Compilezeit berechnet werden. Das Gleiche gilt für gemeinsame Ausdrücke, die besser nur ein einziges Mal während der Laufzeit berechnet werden.

Während die Analysephase von der Zielmaschine unabhängig ist, müssen für die Synthesphase die Eigenschaften der Prozessorarchitektur bekannt sein. Bei CISC–Prozessoren ist eine Beschreibung der Befehlsarchitektur ausreichend. Dagegen müssen bei RISC–Prozessoren auch die Implementierungsdetails der Befehlspipeline bekannt sein. Falls die Implementierung eine softwaremäßige Konfliktbehebung voraussetzt, muss der Compiler sicherstellen, dass die nötigen NOPs in das Maschinenprogramm eingefügt werden. Ein optimierender Compiler kann darüber hinaus die Reihenfolge der Befehle so umordnen, dass die meisten der zur Behebung von Pipelinekonflikten eingefügten NOPs wieder eliminiert werden. Ziel dieser Umordnung ist es, ein möglichst konfliktfreies Pipelining zu erreichen und so die Hardware optimal auszulasten. Im folgenden zeigen wir, für die Pipelinekonflikte aus dem letzten Abschnitt, wie ein optimierender Compiler durch Umordnen der Befehle die Effizienz des Befehlspipelining maximieren kann.

· Befehlsplanung.

6.4.1 Minimierung von strukturellen Konflikten

Wie wir bereits wissen, können strukturelle Konflikte nicht softwaremäßig behoben werden. Ein optimierender Compiler kann jedoch ihre Häufigkeit verringern, indem z.B. möglichst viele Variablen im prozessorinternen Registerblock bereitgehalten werden. Hierdurch können sowohl strukturelle Konflikte beim Speicherzugriff als auch dynamische Laufzeitkonflikte minimiert werden.

6.4.2 Beseitigung von NOPs bei Datenflusskonflikten

In Abb. 6.4 mussten drei NOP Befehle eingefügt werden, um einen RAW Konflikt zu beheben. Wenn vor oder nach den beiden Befehlen, zwischen denen der RAW Konflikt besteht, unabhängige Befehle vorhanden sind, so können diese die NOPs ersetzen. Hierzu betrachten wir ein erweitertes Beispiel nach Abb. 6.4:

vorher:	*nachher:*
100: SUB R6,R2,R1	100: ADD R3,R1,R2
104: AND R5,R2,R1	104: SUB R6,R2,R1
108: ADD R3,R1,R2	108: AND R5,R2,R1
10C: NOP	10C: XOR R6,R7,R8
110: NOP	110: ADD R4,R1,R3
114: NOP	
118: ADD R4,R1,R3	
11C: XOR R6,R7,R8	

Da die „vorher"–Befehle aus den Zeilen 100, 104 und 11C das Register R3 nicht als Quelloperanden enthalten, dürfen sie zwischen die beiden (RAW) abhängigen ADD–Befehle eingebaut werden. Da zwischen den „vorher"–Befehlen 100 und 11C ein WAW Konflikt besteht, *muss* der SUB–Befehl nach der Optimierung *vor* dem XOR–Befehl stehen. Die „nachher"–Befehle 104 und 108 oder 108 und 10C dürften jedoch vertauscht werden. Man beachte außerdem, dass wegen der Pipelinelatenz R3 auch als Zieloperand der „nachher"–Befehle 104 bis 10C auftreten dürfte.

6.4.3 Beseitigung von NOPs bei statischen Laufzeitkonflikten

In Abb. 6.6 mussten entsprechend der Speicherlatenz von zwei Taktzyklen ebenfalls zwei NOPs zur Konfliktbehebung eingefügt werden. Je nachdem, welche Befehle sich vor bzw. hinter dem vom Konflikt betroffenen Befehl befinden, können auch diese NOPs teilweise oder vollständig beseitigt werden. Wir betrachten dazu ein erweitertes Beispiel nach Abb. 6.6:

vorher:	*nachher:*
100: ADD R5,R4,R5	100: LOAD R1,0(R2)
104: SUB R4,R2,R3	104: ADD R5,R4,R5
108: LOAD R1,0(R2)	108: SUB R4,R2,R3
10C: NOP	10C: ADD R2,R1,R3
110: NOP	
114: ADD R2,R1,R3	

Die beiden Befehle aus den „vorher"–Zeilen 100 und 104 sind von Register R1 unabhängig. Sie dürfen deshalb an die Stelle der beiden NOP–Befehle verschoben werden. Ihre Reihenfolge ist beliebig, d.h. die Befehle aus den „nachher"–Zeilen 104 und 108 dürfen auch vertauscht werden.

6.4.4 Beseitigung von NOPs bei Steuerflusskonflikten

Bei unbedingten Verzweigungen ist es notwendig, anschließend zwei NOP–Befehle einzufügen (Abb. 6.9). Diese beiden NOPs können durch unabhängige Befehle *vor* der Verzweigung ersetzt werden. Hierzu ein erweitertes Beispiel nach Abb. 6.9:

vorher:	*nachher:*
1000: ADD R1,R2,R3	1000: JR 20
1004: SUB R3,R4,R5	1004: ADD R1,R2,R3
1008: JR 20	1008: SUB R3,R4,R5
100C: NOP	⋮
1010: NOP	1024: ADD R4,R5,R6
⋮	
1024: ADD R4,R5,R6	

Während der JR–Befehl dekodiert und ausgeführt wird (Berechnung des Sprungziels), können zwei weitere Befehle in die Pipeline eingespeist werden. Durch das verzögerte Ausführen dieser Befehle bleibt die Pipeline ständig gefüllt. Nur der erste hinter den Sprungbefehl verschobene Befehl darf eine Sprungmarke haben. Diese Sprungmarke muss der optimierende Compiler auf den Sprungbefehl verlegen. Allgemein bezeichnet man Befehlssequenzen (beliebiger Länge) mit einer einzigen Sprungmarke am Anfang und einer Verzweigung am Ende als *Basisblöcke*. Beim hier betrachteten delayed branch darf die „verzögerte" Verzweigung an den Anfang verschoben werden, da sie wegen der Pipelinelatenz erst als letzte Anweisung wirksam wird.

Wegen der elementaren Befehlsarchitektur bei RISCs generieren Compiler für dieselben Quellprogramme deutlich umfangreichere Maschinenprogramme als CISC–Compiler. Diese große *Befehlspfadlänge* von RISC–Prozessoren stellt somit auch höhere Anforderungen an die Speicherbandbreite eines Computers. Da die Zugriffszeiten von dynamischen RAM–Bausteinen deutlich größer sind als die Zykluszeiten moderner Prozessoren[6], müssen immer ausgefeiltere Speicherhierarchien eingesetzt werden.

6.5 Superpipelining

Wie wir in Kapitel 3 gesehen haben, steigt der Befehlsdurchsatz proportional zur Zahl der Pipelinestufen. Die einfachste Möglichkeit, die Leistung eines RISC–Prozessors zu erhöhen, besteht daher darin, mehr Pipelinestufen vorzusehen. Diese Vorgehensweise ist als *Superpipelining* bekannt. Man zerlegt den Ablauf der Befehlsbearbeitung in mehr als fünf Teilschritte. Um die Effizienz η einer Befehlspipeline zu verbessern, spaltet man zeitintensive Phasen wie IF und MEM in zwei Taktzyklen auf. Da man nun die Taktzykluszeit verringern (bzw. Taktrate erhöhen) kann, erreicht man damit eine Effizienzsteigerung in den zuvor schlecht ausgelasteten Stufen. So verwendet z.B. der MIPS R4000 Prozessor eine achtstufige Pipeline bei der die Befehlsholephase in zwei und der Zugriff auf den Datenspeicher in drei Teilschritte (= Taktzyklen) aufgeteilt wurde.

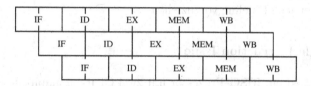

Abb. 6.10. Prinzip des Superpipelining: Durch eine feinere Aufteilung der Pipelineschritte kann die Tiefe der Pipeline vergrößert werden. Gleichzeitig erhöht sich auch die Taktrate.

Wegen der größeren Zahl an Pipelinestufen erhöhen sich beim Superpipelining die Latenzzeiten für Speicherzugriffe (delayed load) und für Verzweigungen (delayed branch). Nachteilig sind außerdem die zusätzlichen Zeitverluste aufgrund des Clock Skew in den Pipelineregistern. Da sich gleichzeitig die Taktzykluszeit verringert, steigt auch der prozentuale Anteil des Clock Skew Verlustes. Superpipelining bietet sich an, wenn eine technologische Implementierung mit extrem schnellen Schaltkreisfamilien wie bipolaren, ECL– oder GaAs–Technologien erfolgen soll. Die erreichbare Integrationsdichte ist hier deutlich geringer als bei MOS–Technologien, dafür sind sehr hohe Taktfrequenzen erreichbar. Während bei den genannten Technologien eine Vervielfachung von Funktionseinheiten zu aufwendig ist, kann dies bei MOS–

---

[6] ca. 50 ns gegenüber 0,5 ns.

Technologien einfach erreicht werden. Unter Beibehaltung der fünf Pipeline-stufen ist durch parallel arbeitende Funktionseinheiten eine Leistungssteige-rung durch feinkörnige Parallelität auf Befehlsebene möglich.

6.6 Superskalare RISC–Prozessoren

Wir sind bisher von einer Befehlspipeline ausgegangen, die lediglich eine ALU für Ganzzahlarithmetik enthält. Da viele Anwendungen Gleitkomma-arithmetik benötigen, ist es sinnvoll, auch Gleitkommaoperationen hardwa-remäßig zu unterstützen. Dadurch entfallen aufwendige Unterprogramme, um diese Gleitkommaoperationen auf der Integer–Hardware nachzubilden. Die Gleitkommaeinheiten können als Schaltwerke oder als arithmetische Pipelines (vgl. Kapitel 3) implementiert werden. Im ersten Fall muss die Ausführungs-phase der Pipeline auf mehrere Taktzyklen ausgedehnt werden (multicycle execution). Das bedeutet, dass nur alle n Taktzyklen eine entsprechende Gleit-kommaoperation gestartet werden kann.

Dagegen kann bei einer Pipelineimplementierung der Gleitkommaeinheit mit jedem Taktzyklus eine Operation gestartet werden. Die Latenzzeit der Gleitkommaoperationen ist jedoch von der Implementierungsform unabhängig. Um einen CPI–Wert nahe 1 zu erhalten, ist jedoch die Implementierung durch eine arithmetische Pipeline vorzuziehen.

6.6.1 Single Instruction Issue

In Abb. 6.11 ist ein RISC–Prozessor mit zwei Gleitkommapipelines für Addi-tion und Multiplikation dargestellt. Die Dekodierstufe gibt die Befehle (inklu-sive Quellregister) an die dem Opcode entsprechende Funktionseinheit aus. Obwohl diese Aufgabe gemäß der Reihenfolge im Maschinenprogramm er-folgt (in–order issue), werden aufgrund der unterschiedlichen Latenzzeiten (FP_ADD = 3, FP_MULT = 6 Taktzyklen) die Ergebnisse der Gleitkomma-operationen zu verschiedenen Zeiten fertig (out–of–order completion). In der ID–Stufe, die für die Ausgabe der Befehle an die EX–Stufe zuständig ist, muss eine zusätzliche Hardware zur Befehlsausgabe vorhanden sein, die strukturelle und Datenfluss–Konflikte erkennt und die Befehlsausgabe solange verzögert, bis diese behoben sind. In dem vorliegenden Beispiel müssen zwei Arten von Konflikten durch die Befehlsausgabeeinheit beachtet werden:

1. Strukturelle Konflikte bezüglich der Anzahl der Schreibports.
2. WAW Konflikte aufgrund unterschiedlicher Latenzzeiten.

Die erstgenannten Konflikte versucht man durch getrennte Registerblöcke für Integer– und Gleitkommazahlen zu verringern. Durch die hohen Latenzzeiten der Gleitkommaeinheiten steigt die Häufigkeit der RAW Konflikte. WAR Konflikte können dagegen keine auftreten, da die Befehle in der ursprünglichen Reihenfolge in die Funktionseinheiten eingespeist werden.

Mit entsprechender Compileroptimierung kann mit der in Abb. 6.11 dargestellten Prozessorarchitektur im Idealfall ein CPI–Wert von 1 erreicht werden. Obwohl die Befehle in verschiedenen Funktionseinheiten überlappend ausgeführt werden, bleibt der sequentielle Befehlsfluss des Maschinenprogramms erhalten.

6.6.2 Multiple Instruction Issue

Es liegt nun auf der Hand die Hardware zur Befehlsausgabe so zu erweitern, dass *gleichzeitig* mehrere Befehle gestartet werden können. Da hier drei verschiedene Funktionseinheiten vorhanden sind, können im Idealfall pro Taktzyklus drei Befehle gleichzeitig abgearbeitet werden, d.h. wir können (theoretisch) einen CPI–Wert von $\frac{1}{3}$ (also deutlich kleiner 1) erreichen. Weil mehrere Registervariablen während eines Taktzyklus bearbeitet werden, spricht man von einem *superskalaren* RISC–Prozessor. In Abb. 6.12 ist der zeitliche Ablauf der Befehlsverarbeitung unter der idealisierten Voraussetzung dargestellt, dass alle Funktionseinheiten in einem Taktzyklus ein Ergebnis liefern. In der Praxis haben die Funktionseinheiten jedoch unterschiedliche Latenzzeiten. Daher ist auch ein statisches Befehlsscheduling durch den Compiler äußerst schwierig. Maschinenabhängige Optimierungen setzen außerdem voraus, dass für jede Prozessorimplementierung ein erneuter Übersetzungsvorgang durchgeführt wird, d.h. vorhandene Maschinenprogramme von Vorgängerprozessoren (z.B. skalaren RISCs) wären nicht unmittelbar lauffähig.

Daher findet man bei superskalaren RISCs eine Kombination von statischem und *dynamischen* Befehlsscheduling. Der Compiler „sieht" während des Übersetzungsvorgangs das gesamte Quellprogramm und kann eine globale Optimierung des erzeugten Maschinenprogramms durchführen. Ziel ist es dabei, für eine hohe Parallelität auf Maschinenbefehlsebene[7] zu sorgen. Der Prozessor selbst verfügt nun über eine spezielle Hardware zur Befehlsausgabe, die momentan im Befehlspuffer vorliegende Maschinenbefehle dynamisch den vorhandenen Funktionseinheiten zuteilt. Die Befehlsausgabe (instruction issue unit) kann also nur eine lokale Optimierung durchführen.

Die *in–order* Ausgabe der Befehle hat den Vorteil, dass keine WAR Konflikte auftreten. WAW und RAW Konflikte mit nachfolgenden Befehlen führen jedoch zu einer Blockierung. Daher ist man zur sogenannten *out–of–order* Befehlsausgabe übergegangen, da diese bessere Optimierungsmöglichkeiten bietet.

Neben der Reihenfolge, in der die Befehle ausgegeben werden, muss auch die Reihenfolge der Ergebnisausgabe beachtet werden. Hier sind ebenfalls *in–order* und *out–of–order* completion zu unterscheiden. Zusammen mit den zwei

---

· Instruction Level Parallelism, ILP.

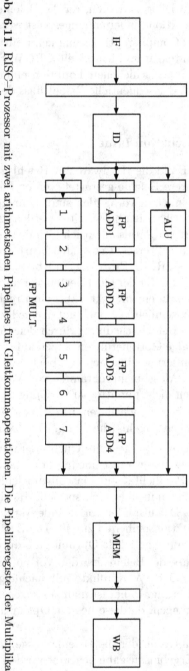

Abb. 6.11. RISC–Prozessor mit zwei arithmetischen Pipelines für Gleitkommaoperationen. Die Pipelineregister der Multiplikationseinheit wurden der Übersicht halber weggelassen.

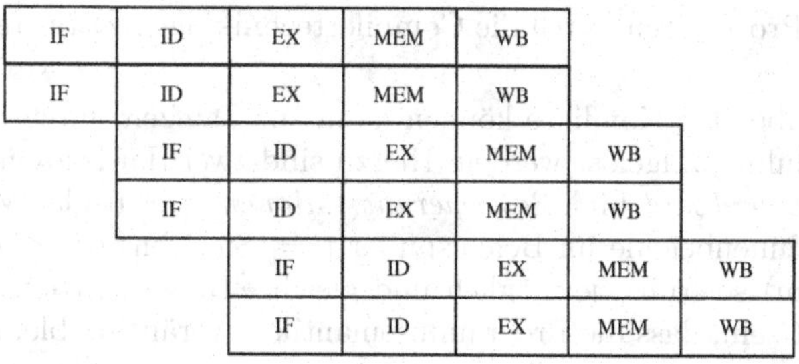

IF	ID	EX	MEM	WB		
IF	ID	EX	MEM	WB		
	IF	ID	EX	MEM	WB	
	IF	ID	EX	MEM	WB	
		IF	ID	EX	MEM	WB
		IF	ID	EX	MEM	WB

Abb. 6.12. Befehlsverarbeitung bei einem superskalaren RISC–Prozessor. Weil gleichzeitig zwei Befehle bearbeitet werden, ist eine hohe Speicherbandbreite erforderlich.

Möglichkeiten zur Befehlsausgabe findet man drei verschiedene Kombinationen:

1. in–order issue und in–order completion
2. in–order issue und out–of–order completion
3. out–of–order issue und out–of–order completion

Die unter dem ersten Punkt genannte Kombination ist charakteristisch für skalare RISC–Prozessoren. Da nur eine ALU vorhanden ist und die Befehle stets in der Reihenfolge des (aus dem Quellprogramm abgeleiteten) Maschinenprogramms abgearbeitet werden, sind hier nur RAW Konflikte zu beachten. Zu ihrer Beseitigung genügt das statische Befehlsscheduling durch den Compiler. Die Hardware zur Befehlsausgabe ist relativ einfach, da sie hier nur die strukturellen Konflikte sowie dynamische Laufzeit– und Verzweigungskonflikte beheben muss.

Bei der unter dem zweiten Punkt gelisteten Kombination müssen zusätzlich auch WAW Konflikte behandelt werden. Die unterschiedlichen Latenzzeiten der vorhandenen Funktionseinheiten dürfen die Semantik des zugrundeliegenden Maschinenprogramms nicht verändern. Neben den WAW Konflikten können während der WB–Phase auch strukturelle Konflikte wegen fehlender Schreibports entstehen. Diese müssen bereits bei der Befehlsausgabe erkannt und durch Pipelinestall behoben werden.

Die unter dem dritten Punkt genannte Kombination ist typisch für heutige superskalare RISC–Prozessoren. Sie verringert die Häufigkeit von Blockierungen der unter Punkt zwei genannten Variante, erfordert aber wegen des dynamischen Befehlsschedulings auch den größten Hardwareaufwand. Die Hardware zur Befehlsausgabe prüft zur Laufzeit, welche der in einem Befehlspuffer stehenden Befehle gleichzeitig gestartet werden können. Neben RAW und WAW Konflikten, müssen hier wegen out–of–order issue auch WAR Konflikte (Anti–Datenabhängigkeiten) aufgelöst werden. Durch die unterschiedlichen Laufzeiten in den Funktionseinheiten können die unechten zu echten Datenabhängigkeiten werden. Zunächst werden WAW und WAR Konflikte bei superskalaren Prozessoren durch die Compilertechnik des *register renaming* minimiert.

Die verbleibenden Konflikte können dann zur Laufzeit durch *dynamisches* Befehlsscheduling aufgelöst werden. Hierzu sind zwei Hardwaremethoden gebräuchlich: *Scoreboard* und *Reservierungstationen*. Ziel beider Verfahren ist es, die Maschinenbefehle im Befehlspuffer (= Sichtfenster auf das Maschinenprogramm) so früh wie möglich und gleichzeitig zu starten. Dabei muss sichergestellt sein, dass die Programmsemantik unverändert bleibt.

Scoreboard

Das Scoreboard bildet eine *zentrale* Instanz, um den Zustand von Befehlen, Funktionseinheiten und Registern zu verzeichnen. Mit Hilfe des Scoreboards kann die Befehlsverarbeitung dynamisch gesteuert werden (Abb. 6.13). Nachdem die Befehle geholt wurden, werden sie dekodiert und warten in einer Warteschlange (FIFO–Register vgl. Kapitel 8) auf ihre Ausgabe an die Funktionseinheiten. Mit Hilfe des Scoreboards wird über den Stand der Befehlsverarbeitung Buch geführt. Hierzu benötigt die Scoreboard Hardware folgende Informationen:

1. Pipelinephase, in der sich die gerade bearbeiteten Befehle befinden.
2. Belegungszustand der vorhandenen Funktionseinheiten.
3. Belegungszustand der Register.

Diese Informationen werden in zusätzlichen Tabellen gespeichert und nach jedem Taktzyklus aktualisiert. Anhand dieser (zentral) gespeicherten Daten wird mit jedem Taktzyklus neu entschieden, welche Befehle bzw. welche Teilschritte davon ablaufbereit sind. Wir wollen hier nur skizzieren, wie der Belegungszustand der Register ausgewertet wird, um RAW Konflikte zu beheben. Eine ausführliche Beschreibung des Scoreboarding findet man in [*Hennessy und Patterson*, 1996].

Angenommen der Registerblock besteht aus 32 Registern. Zur Erfassung des Belegungszustands dieser Register genügt ein 32 Bit Register. Sobald das Register R_i als Zieloperand an eine Funktionseinheit übergeben wird, setzt die Befehlsausgabeeinheit das Bit i auf 1. Erst nachdem das Ergebnis der Operation in den Registerblock zurückgeschrieben wurde, wird das Belegungsbit i von der entsprechenden Funktionseinheit zurückgesetzt. Das Scoreboard zeigt nun der Befehlsausgabeeinheit an, dass das Register R_i wieder verwendet werden darf. RAW abhängige Befehle bleiben bis zu diesem Zeitpunkt in der Befehlswarteschlange blockiert. In ähnlicher Weise können mit der Belegungstabelle der Funktionseinheiten strukturelle Konflikte behoben werden.

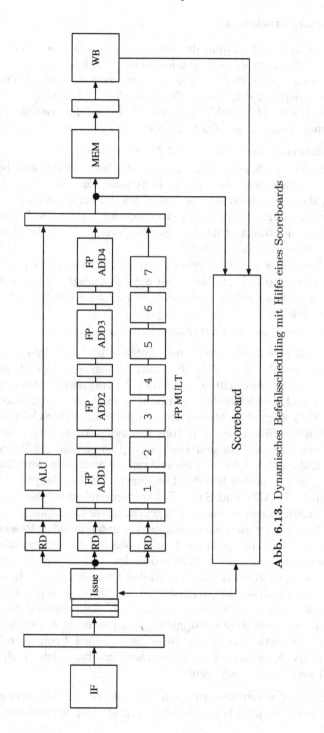

Abb. 6.13. Dynamisches Befehlsscheduling mit Hilfe eines Scoreboards

Reservierungsstationen

Während beim Scoreboarding die Informationen über die Pipelineverarbeitung *zentral* verwaltet werden, handelt es sich bei den sogenannten *Reservierungsstationen* (reservation stations) um eine *verteilte* Ablaufsteuerung. Das Verfahren basiert auf dem Tomasulo–Algorithmus [*Tomasulo*, 1967]. Es wurde erstmals bei der IBM 360/91 angewandt. Jeder Funktionseinheit wird eine Reservierungsstation zugeordnet, die folgende Informationen speichert:

1. Auszuführende Operation gemäß dekodiertem Opcode.
2. Kopien der Quelloperanden, die entweder im Registerblock bereitstehen oder die gerade durch eine andere Funktionseinheit berechnet werden. Ein Zustandsbit pro Operand zeigt an, woher die Funktionseinheit die beiden Quelloperanden erhält. Sofern ein Operand gerade neu berechnet wird, speichert die Reservierungsstation statt seinem Wert die Kennziffer der erzeugenden Funktionseinheit.
3. Eine Kennziffer für das Ergebnis der auszuführenden Operation. Diese Kennziffer wird bei der Befehlsausgabe festgelegt. Dadurch werden die Register *hardwaremäßig umbenannt*, womit dann WAW Konflikte vermieden werden.
4. Belegungszustand der Funktionseinheit (busy/idle).

Die zentrale Idee der Reservierungsstationen ist recht einfach: Sobald eine Funktionseinheit für die im Maschinenbefehl angegebene Operation verfügbar ist, wird die belegt. Sie erhält nun quasi den Auftrag, sich die benötigten Daten zu besorgen und die gewünschte Operation so schnell wie möglich auszuführen. Die Abb. 6.14 zeigt den Aufbau eines superskalaren RISC–Prozessors, der dynamisches Befehlsscheduling mittels Reservierungsstationen realisiert. Die Reservierungsstationen vor den Funktionseinheiten sind als Warteschlangen organisiert, damit zwei (oder auch mehrere) Aufträge unmittelbar nacheinander ausgegeben werden können. Der Zugriff auf den Hauptspeicher erfolgt über separate LOAD– und STORE Funktionseinheiten, die ebenfalls über Reservierungsstationen verfügen. Ein gemeinsamer Datenbus (*Common Data Bus*, CDB) verbindet die Funktionseinheiten untereinander. Reservierungsstationen, die auf Quelloperanden warten, beobachten diesen Ergebnisbus. Wenn eine Funktionseinheit eine Operation beendet, gibt sie das Ergebnis zusammen mit der zugehörigen Kennziffer auf den Ergebnisbus aus. Reservierungsstationen, die auf dieses Ergebnis warten, können es nun gleichzeitig in den betreffenden Operandenspeicher (der Warteschlange) einlesen. Sobald die für eine anstehende Operation benötigten Quelloperanden vorliegen, wird deren Ausführung gestartet. Auf diese Weise ist es —wie beim Scoreboarding— möglich, RAW Konflikte zu beheben. Darüber hinaus leisten die Reservierungsstationen jedoch noch mehr:

1. Befehle werden unmittelbar nach der Dekodierung ausgegeben, d.h. die Befehlsausgabe wird beim Vorliegen von Datenabhängigkeiten nicht blockiert.

2. WAR Konflikte werden vermieden, indem die Registerinhalte unmittelbar nach der Befehlsausgabe in die Reservierungstationen kopiert werden.

3. Bei der Befehlsausgabe werden WAW Konflikte durch die Umbenennung von Registeradressen in Kennziffern (register renaming) vermieden.

4. Sobald ein Ergebnis durch eine Funktionseinheit berechnet wurde, wird es über den sogenannten *Common Data Bus* (CDB) allen wartenden Funktionseinheiten *gleichzeitig* zugänglich gemacht. Der Umweg über den Registerblock wird ähnlich wie bei einem Bypass vermieden.

5. LOAD und STORE Operationen werden durch eigene Funktionseinheiten (mit Reservierungsstationen) und nicht über eine Integer ALU abgewickelt. Hierdurch werden dynamische Laufzeitkonflikte behoben.

Die o.g. Vorzüge der Reservierungsstationen erfordern einen erheblich höheren Hardware–Aufwand als das Scoreboarding. So müssen z.B. die Vergleiche der Kennziffern auf dem Ergebnisbus mit denen in einer Reservierungsstation gleichzeitig mit Hilfe eines Assoziativspeichers erfolgen. Trotzdem benutzen die meisten modernen Prozessoren Reservierungsstationen, da sie eine effizientere Parallelisierung auf Maschinenbefehlsebene erreichen.

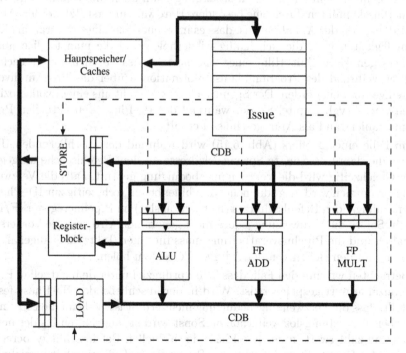

Abb. 6.14. Schematische Darstellung eines superskalaren Prozessors mit Reservierungsstationen

6.6.3 Hardware zur Minimierung von Steuerflusskonflikten

Ein superskalarer Prozessor mit einer *Superskalarität* S verfügt über S Funktionseinheiten. Im Idealfall können damit S Maschinenbefehle gleichzeitig bearbeitet werden. Auch wenn dieser theoretische Spitzenwert nie erreicht wird, so steigt doch die Zahl der pro Taktzyklus abgearbeiteten Maschinenbefehle auf einen Wert zwischen 1 und S an. Parallel dazu steigt aber auch die Zahl der Steuerflusskonflikte. Die Effizienz der Pipelineverarbeitung wird maximiert, indem die Häufigkeit dieser Steuerflusskonflikte software– oder hardwaremäßig reduziert wird.

Zu den optimierenden Compilertechniken zählt z.B. das Abrollen von Schleifen (loop unrolling). Hierbei wird der Schleifenkörper n mal mit einer entsprechend modifizierten Indexberechnung wiederholt und dadurch die Zahl der Steuerflusskonflikte ebenfalls um den Faktor n reduziert. Diese Technik ist aber nur anwendbar, wenn die Zahl der Schleifendurchläufe konstant und ein ganzzahliges Vielfaches von n ist. Sofern sich die Zahl der Schleifendurchläufe erst zur Laufzeit des Programms ergibt, ist eine *dynamische* Optimierungsmethode erforderlich.

Wie beim dynamischen Befehlsscheduling kann auch die Minimierung von Steuerflusskonflikten durch eine besondere Hardware unterstützt werden. Man geht dabei von der Annahme aus, dass es im Steuerfluss eines Programms Regelmäßigkeiten gibt, die sich häufig wiederholen und die man folglich auch vorhersagen kann. Mit Hilfe eines *Sprungzielcaches* (branch target cache) können während des Programmlaufs Informationen über das Programmverhalten gesammelt werden. Der Sprungzielcache besteht aus einem vollassoziativen Cache (vgl. Kapitel 8), der während der IF–Phase den aktuellen Programmzählerstand als Anfrageschlüssel erhält.

Im Falle eines Treffers (Abb. 6.15) wird während der anschließenden ID–Phase die damit assoziierte Sprungzieladresse an dem Befehlscache ausgegeben. Gleichzeitig wird die Verzweigungsbedingung geprüft. Falls die Verzweigung genommen wird, liegt der neue Maschinenbefehl rechtzeitig zur ID–Phase des nachfolgenden Befehlsschlitzes (instruction slot) im Pipelineregister IF/ID bereit. Sofern die Verzweigung jedoch nicht genommen wird, war die Vorhersage falsch und die Pipelineverarbeitung muss für einen Taktzyklus angehalten werden, um den Befehl von der Adresse $PC + 4$ zu holen.

Betrachten wir nun den Fall, dass kein Sprungziel unter dem aktuellen Programmzählerwert gespeichert ist. Wird in der anschließenden ID–Phase festgestellt, dass die Verzweigungsbedingung nicht erfüllt ist, so kann die Pipelineverarbeitung reibungslos weiterlaufen. Sonst wird sie angehalten bis der neue Programmzählerwert in der EX–Phase des aktuellen Befehlsschlitzes berechnet wurde. Damit dieser im weiteren Programmlauf für eine Sprungzielvorhersage bereitsteht, wird der neue Programmzählerwert während der MEM–Phase in den Sprungzielcache eingespeichert. Gleichzeitig wird die IF–Phase des nachfolgenden Befehlsschlitzes gestartet.

Das gerade beschriebene Verfahren kann durch zusätzliche Zustandsinformationen über die Historie des Verzweigungsverhaltens weiter optimiert werden. Diese Zustandsinformationen werden dann zusammen mit den Sprungzielen im Sprungzielcache abgespeichert.

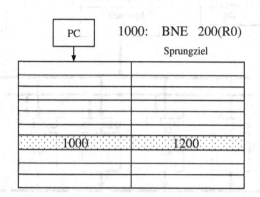

Abb. 6.15. Sprungzielspeicher zur Minimierung von Steuerflusskonflikten. Für den angegebenen Beispielbefehl wurde ein Sprungziel gefunden.

6.6.4 PowerPC 620

Im folgenden soll exemplarisch der PowerPC 620 als typischer Vertreter superskalarer RISC–Prozessoren vorgestellt werden. Die PowerPC Architektur ist ein Nachfolger des IBM 801 RISC–Prozessors. Zwischenstufen in der Entwicklung waren die IBM RT PC und RS/6000 Prozessoren. Bereits die erste PowerPC Architektur, der PowerPC 601, war als superskalarer RISC–Prozessor konzipiert. Er kam 1991 auf den Markt und verfügte über drei Funktionseinheiten mit eigenen Pipelines: eine Integer ALU, eine Floating Point Unit und eine Branch Processing Unit. Über die Nachfolgeprozessoren 603 und 604, die ebenfalls 32 Bit Prozessoren waren und über ein verbessertes dynamisches Befehlsscheduling verfügten, ging die Entwicklung zum PowerPC 620. Dieser Prozessor kam 1995 heraus und ist vollständig auf 64 Bit Wortbreite ausgelegt.

Der interne Aufbau ist in Abb. 6.16 dargestellt. Der Hauptspeicher bzw. der externe L_2–Cache wird über einen 128 Bit breiten Bus mit der CPU verbunden. Mit Hilfe der beiden internen Befehls– und Datencaches erfolgt ein Übergang von der externen Princeton– zu einer internen Harvard–Architektur. Bemerkenswert ist, dass die Cacheorganisation achtfach–assoziativ ausgelegt ist, wodurch sich die Häufigkeit von Cachefehlern (cache miss) verringert. Vergleichbare Prozessoren wie z.B. der Alpha 21264 oder der MIPS 10000 sind nur mit zweifach assoziativen Caches ausgestattet. Die Befehls(ausgabe)einheit wird ebenfalls über einen 128 Bit breiten internen Bus mit jeweils vier

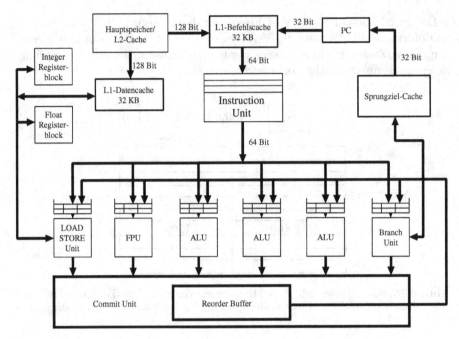

Abb. 6.16. Schematischer Aufbau des superskalaren PowerPC 620 RISC–Prozessors

Befehlen aus dem Cache versorgt, die dann auf eine der fünf Funktionseinheiten verteilt werden:

- Zwei Integer ALUs für einfache arithmetische Operationen (Addition und Subtraktion),
- eine Integer ALU für kompliziertere arithmetische Operationen (Multiplikation und Division),
- eine Floating Point Unit,
- eine Load/Store Unit sowie
- eine Branch Unit.

Die Funktionseinheiten werden über Reservierungsstationen verwaltet. Der PowerPC 620 kann bis zu vier Befehle gleichzeitig bearbeiten und verfügt über Hardware zur Vorhersage von Sprungbefehlen. In Kombination mit einem *Reorder Buffer* ist er in der Lage, *spekulativ* Befehle auf Basis der Sprungzielvorhersage zu verarbeiten. Der Reorder Buffer ersetzt für die Zeit, in der die Verzweigungsbedingung ausgewertet wird, den Registerblock. Er bietet somit *virtuelle* Register zur Aufnahme von Zwischen– bzw. Endergebnissen entlang des vorhergesagten Befehlspfades. Sobald sich herausstellt, dass die Verzweigungsbedingung erfüllt ist, werden die temporär im Reorder Buffer gespeicherten Ergebnisse in den Registerblock übertragen. Sonst werden die spekulativ berechneten Ergebnisse einfach wieder aus dem Reorder Buffer gelöscht.

Die Commit Unit ist die zentrale Instanz, die erkennt, wann spekulativ ausgeführte Operationen gültig werden. Außerdem sie auch für die korrekte Abwicklung von Befehlen zuständig, die durch Interrupts unterbrochen wurden. Maximal können vier unbestimmte Verzweigungsbefehle gleichzeitig bearbeitet werden. Die Sprungzielvorhersage erfolgt über eine sogenannte *Branch History Table*, die ähnlich wie der Sprungzielcache aus Abb. 6.15 aufgebaut ist. Die Tabelle enthält 2048 Einträge, die neben den Sprungzielen Zustandsinformationen in Form eines 2 Bit Zählerstands speichern. Falls eine vorhergesagte Verzweigung genommen wurde, wird der Zähler (gesteuert von der Commit Unit) inkrementiert, sonst wird er dekrementiert[8]. Je höher der Zählerstand, umso wahrscheinlicher ist es, dass die Verzweigung auch tatsächlich genommen wird. Den einzelnen Zählerwerten werden folgende vier Vorhersagestufen zugeordnet: strongly not–taken, not–taken, taken und strongly taken. Wenn für einen bedingten Verzweigungsbefehl ein Sprungziel gefunden wurde, so entscheidet eine zusätzliche Steuerlogik aufgrund dieser Zustandsinformation, welcher Befehlspfad (spekulativ) ausgeführt wird.

6.7 VLIW–Prozessoren

Superskalare RISC–Prozessoren kombinieren statisches und dynamisches Befehlsscheduling: Der Compiler erzeugt Objektcode mit einem hohen Anteil an Befehlsebenenparallelität und die Befehlsausgabeeinheit des Prozessors koordiniert zur Laufzeit, welche Befehle momentan auf den vorhandenen Funktionseinheiten ausgeführt werden können. Bei den sogenannten *Very Large Instruction Word (VLIW)* Prozessoren verzichtet man auf die komplizierte Hardware zur dynamischen Befehlssteuerung, d.h. man beschränkt sich auf ein statisches Befehlsscheduling durch den Compiler. Bei der Übersetzung des Quellprogramms müssen unabhängige Operationen in gleichgroße Befehls„pakete" gepackt werden, die dann einem langen Befehlswort entsprechen (daher der Name VLIW). Die Befehlspackete werden dann parallel geholt, dekodiert und an die Funktionseinheiten ausgegeben[9]. Der Ablauf der Befehlsbearbeitung ist in Abb. 6.17 dargestellt. Durch besondere Compilertechniken wie das Abrollen von Schleifen (loop unrolling) oder die Kombination von Befehlen aus verschiedenen Basisblöcken, erzeugt der Compiler die notwendige Befehlsebenenparallelität. Die langen Befehlsworte werden in einzelne Felder aufgeteilt, die den vorhandenen Funktionseinheiten zugeordnet sind.

---

[*] Natürlich dürfen hierbei die Grenzwerte Null und Drei nicht über- oder unterschritten werden.

[*] ohne weitere Überprüfung auf Pipelinekonflikte.

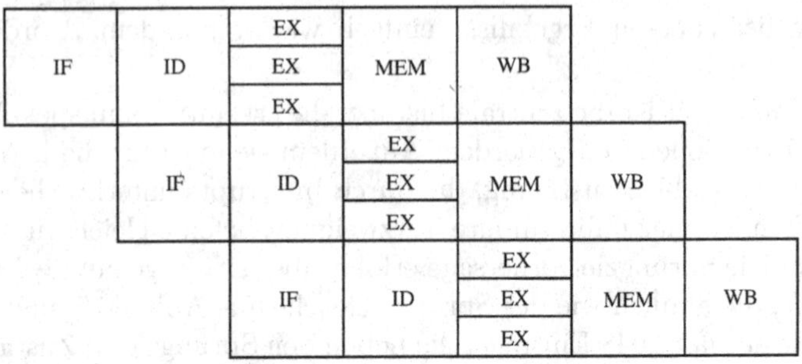

IF	ID	EX	MEM	WB		
		EX				
		EX				

	IF	ID	EX	MEM	WB	
			EX			
			EX			

		IF	ID	EX	MEM	WB
				EX		
				EX		

Abb. 6.17. Befehlsabarbeitung bei einem VLIW–Prozessor

Nachteilig ist am VLIW–Ansatz, dass jede Funktionseinheit einen separaten Zugang zum Registerblock benötigt. Auch bei einer Aufspaltung in zwei getrennte Registerblöcke für Integer und Gleitkommazahlen müssen die einzelnen Registerblöcke über mehrere Ports verfügen. Nachteilig ist weiterhin, dass beim statischen Befehlsscheduling die verfügbare Parallelität selten voll genutzt werden kann und dass ein Konflikt in einer Funktionseinheit die gesamte Pipelineverarbeitung anhält. Im Falle eines Stalls werden also gleich mehrere Operationen blockiert.

Bislang findet man das VLIW–Konzept nur in wenigen kommerziellen Prozessoren. Auch wenn der von INTEL und HP entwickelte IA–64 Prozessor Itanium als EPIC–Architektur (Explicitly Parallel Instruction Computing) bezeichnet wird, handelt es sich dabei um eine VLIW–Maschine mit einer internen Maschinenwortbreite von 128 Bit (vgl. Kapitel 10). Ein weiterer neuer Prozessor mit VLIW–Architektur ist Transmeta's Crusoe. Wie der Itanium verfügt der mit 40 Millionen Transistoren implementierte Crusoe verfügt über einen Hardwareinterpreter, der dynamisch x86–Befehle für den VLIW–Prozessorkern übersetzt. Durch eine sogenannte Code Morphing Software ist der Crusoe jedoch nicht auf x86–Befehle beschränkt, d.h. er kann prinzipiell jeden beliebigen Befehlssatz emulieren.

7. Kommunikation

Kommunikation stellt einen wichtigen Aspekt innerhalb der Computertechnik bzw. Rechnerarchitektur dar. Die Tendenz zu verteilten Systemen und Parallelverarbeitung erfordert leistungsfähige Kanäle und Verbindungstopologien. Bevor die Information verarbeitet werden kann, muss sie zu den einzelnen Teilkomponenten (Prozessoren) transportiert werden. Aufgrund der Entfernung der Teilkomponenten kann eine grobe Unterteilung in *Intrasystem–* und *Intersystem–Kommunikation* vorgenommen werden. Intrasystem–Kommunikation ist auf Entfernungen bis zu 1m beschränkt. Die miteinander verbundenen Teilkomponenten befinden sich in einem Gehäuse wie z.B. bei einem Personalcomputer. Durch Intersystem–Kommunikation werden zwei oder mehrere räumlich voneinander getrennte Computersysteme miteinander verbunden. Je nach Entfernung unterscheidet man LANs und WANs (Local/Wide Area Networks). LANs erstrecken sich im Allgemeinen nur über einige Gebäude (z.B. Universitätscampus); ihre maximale Ausdehnung ist auf einige Kilometer beschränkt. Dagegen können WANs Computersysteme miteinander verbinden, die auf der ganzen Erde verteilt sind (vgl. z.B. [*Stallings*, 1988], [*Tanenbaum*, 1996]).

Je nach Entfernung und Anwendungszweck wird die parallele oder serielle Datenübertragung verwendet. Die serielle Datenübertragung bietet sich vorwiegend zur Intersystem–Kommunikation an. Bei großen Entfernungen ist nur ein einziges Übertragungsmedium vorhanden, das im Zeit– oder Frequenzmultiplex–Betrieb angesteuert wird. Aber auch für Parallelrechner ist die serielle Datenübertragung interessant, weil hier eine Vielzahl von Verbindungen zwischen mehreren Prozessoren hergestellt werden muss. Abhängig von der Entfernung der zu verbindenden Komponenten (und der erforderlichen Übertragungsgeschwindigkeit) werden unterschiedliche physikalische Verbindungskanäle benutzt. Folgende Übertragungsmedien sind heute gebräuchlich:

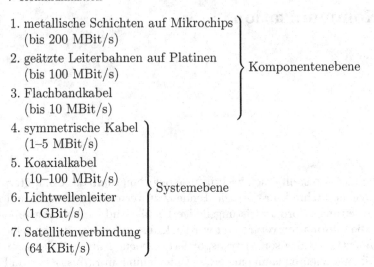

1. metallische Schichten auf Mikrochips
(bis 200 MBit/s)

2. geätzte Leiterbahnen auf Platinen
(bis 100 MBit/s)   } Komponentenebene

3. Flachbandkabel
(bis 10 MBit/s)

4. symmetrische Kabel
(1–5 MBit/s)

5. Koaxialkabel
(10–100 MBit/s)
                          } Systemebene
6. Lichtwellenleiter
(1 GBit/s)

7. Satellitenverbindung
(64 KBit/s)

Wir können eine *Komponenten-* und eine *Systemebene* unterscheiden. Bei WANs ist der kabelgebundene Transport von Informationen zu empfehlen, da er schneller (Laufzeit) und sicherer ist als drahtlose Funkverbindungen.

7.1 Parallele und serielle Busse

Zur Verbindung sehr nahe beieinanderliegender Komponenten werden parallele Busse eingesetzt. Durch die parallele Datenübertragung kann mit preiswerten Verbindungsleitungen (wie z.B. geätzten Leiterbahnen) eine hohe Datenrate erreicht werden.

Die Kosten für die Herstellung eines parallelen Bussystems sind hoch, da eine mechanische und elektrische Anpassung vieler Leitungen nötig ist. Ein paralleler Bus besteht aus Adress–, Daten–, Steuer– und einem *Arbitrierungsbus*, der allerdings nur dann benötigt wird, wenn mehrere *Busmaster* vorhanden sind. Die Leitungsführung (Layout) bei vielen Verbindungsleitungen ist umso schwieriger je weniger Verbindungsebenen (Layer) auf einer Leiterplatte zur Verfügung stehen. Leiterplatten werden über Steckverbindungen mit der *Backplane* verbunden und elektrisch über Treiber und Pufferbausteine angekoppelt. Bei einem seriellen Bus muss nur eine Leitung berücksichtigt werden. Die logische Ankopplung ist hier jedoch schwieriger, da sendeseitig eine parallel/seriell Umwandlung und empfangsseitig eine seriell/parallel Umwandlung erfolgen muss. Serielle Busse werden zur Überbrückung großer Entfernungen benutzt. Um eine hohe Datenrate zu erreichen, müssen hochwertige Kabel benutzt werden. Die verfügbare Kanalkapazität eines Kanals hängt von der Übertragungstechnik ab. Man kann Basisband– und Breitbandübertragung unterscheiden (vgl. Abschnitt 7.8 und Abschnitt 7.6). Bei der Breitbandübertragung wird die verfügbare Kanalkapazität besser ausgenutzt.

7.2 Busprotokolle

Zur sinnvollen Nutzung eines Busses sind klar definierte Vorschriften (Protokolle) erforderlich, die von den Busteilmodulen eingehalten werden müssen. Dabei können mehrere Betrachtungsebenen unterschieden werden. Die beiden Extrema bilden die Leitungs– und die Anwendungsebene. Das Leitungsprotokoll ist die niedrigste Protokollebene. Sie wird durch die Ankopplungselektronik an das physikalische Übertragungsmedium implementiert. Die darüber liegenden Ebenen abstrahieren immer stärker von der physikalischen Realisierung der Übertragungsstrecke und führen schließlich zu einem Anwenderprotokoll, das aus einem Satz von Regeln über Format und Inhalt von Nachrichten zwischen zwei kommunizierenden Anwenderprozessen besteht. Auf allen Protokollebenen sollen folgende Leistungen erbracht werden:

1. Vollständige und fehlerfreie Übertragung der Daten der nächst höheren Ebene,

2. Meldung von nicht korrigierbaren Fehlern an die übergeordnete Ebene,

3. Unabhängigkeit von der Realisierung der darunterliegenden Ebenen,

4. Deadlock–Freiheit, d.h. es dürfen durch Anwendung der Regeln in keinem Fall Verklemmungen entstehen,

5. Unterschiedlich viele Busteilmodule und verschiedene Betriebsarten sollten unterstützt werden.

Um diese Ziele zu erreichen, werden die zu übertragenden Daten auf der Sendeseite — ausgehend von der Anwendungsebene — schrittweise mit protokollspezifischen Informationen gekapselt bzw. verpackt. Die auf der Leitungsebene übertragenen Pakete werden dann empfangsseitig in umgekehrter Reihenfolge ausgepackt, so dass auf der Anwendungsebene im Empfänger wieder die reinen Nutzdaten zur Verfügung stehen.

7.3 Verbindungstopologien

Computer können auf sehr viele Arten miteinander verbunden werden. Die Anordnung der einzelnen *Stationen* mit den dazwischenliegenden Kommunikationskanälen bezeichnet man als Verbindungstopologie. Im Allgemeinen sind zwei kommunizierende Stationen nicht direkt miteinander verbunden (Ausnahme: vollständig vernetzte Topologie), d.h. die auf dem Kommunikationspfad liegenden Stationen dienen als *Relais*. Sie speichern kurz die ankommenden Datenpakete und reichen sie sofort weiter (store–and–forward). Auf diese Weise kann jede logische Topologie auf eine physikalisch vorhandene Topologie abgebildet werden. Der Kommunikationsaufwand steigt jedoch mit der Zahl der Relaisstationen.

Die Verbindungstopologie wird durch einen Graphen beschrieben. Den Kanten entsprechen die Verbindungskanäle und die Stationen werden als Knoten dargestellt. In Abb. 7.1 wurden die wichtigsten Topologien zusammengestellt.

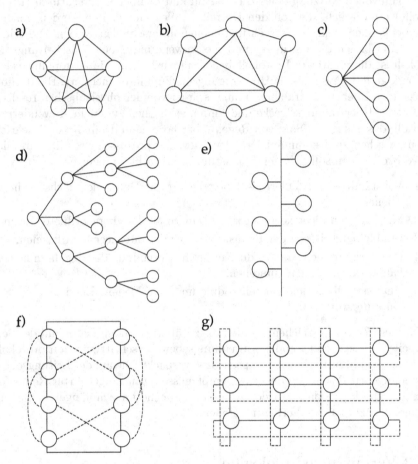

Abb. 7.1. Verschiedene Topologien: a) Vollständiger Graph b) Vermaschtes Netz c) Stern d) Baum e) Bus f) Ring (gestrichelt: Verzopfung) g) Gitter (gestrichelt: Torus)

Obwohl der *vollständige Graph* maximale Flexibilität aufweist, ist er wegen der quadratisch wachsenden Zahl der Kanäle für größere Netze nicht empfehlenswert. Eine Wegsuche (Routing) ist hier nur im Fehlerfall erforderlich. Beim Ausfall der direkten Verbindung zwischen zwei Stationen kann auf $N - 2$ alternative Verbindungen über eine Relaisstation zurückgegriffen werden. Bei zwei Relaisstationen gibt es $(N - 2)(N - 3)$ Möglichkeiten, bei drei $(N - 2)(N - 3)(N - 4)$ usw... Netze mit vollständigem Graph haben bei entsprechendem Routing die höchste Verbindungssicherheit. Neben dem hohen Aufwand an Verbindungskanälen hat der vollständige Graph den Nachteil, dass beim Hinzufügen einer weiteren Station an allen alten Stationen ein Anschluss erforderlich ist.

Das *vermaschte Netz* enthält zur Verbindung zweier Stationen mindestens einen Pfad. Diese Topologie findet man normalerweise in Weitverkehrsnetzen mit öffentlichen Verbindungskanälen, wie Telefonleitungen oder Satellitenverbindungen. Das bekannteste vermaschte Netzwerk ist das *Internet*. Wegen der hohen Betriebskosten dieser Verbindungen ist eine Optimierung der Verkehrsströme notwendig. Hierzu zählen Routing, Verstopfungs– und Flusssteuerung (Congestion, Flow Control).

Bei einem *Sternnetz* sind alle Relaisstationen mit einem zentralen Knoten verbunden, der eine oder gleichzeitig mehrere Verbindungen zwischen zwei Kommunikationspartnern herstellen kann. Der Nachteil dieser Topologie ist, dass beim Ausfall des zentralen Knotens das Netzwerk zusammenbricht. Andererseits läßt sich dadurch der Informationsfluss zentral steuern. Routing ist überflüssig und die Fehlererkennung ist einfach. Solange der zentrale Relaisknoten noch freie Anschlüsse hat, können weitere Stationen hinzugefügt werden.

Mehrere sternförmige Netze können zu einem *Baum* zusammengefügt werden. Mit einer Baumstruktur kann die Zahl der Verbindungskanäle minimiert werden. Damit werden Kosten eingespart. Durch Routing werden Stationen aus verschiedenen Teilsternen (Teilbäumen) miteinander verbunden. Die zentralen Relaisstationen müssen dazu die Adressen der von ihnen ausgehenden Teilbäume kennen. Eine Baumstruktur kann auch durch die Kopplung von zwei oder mehreren Bussen über *Bridges* entstehen. Im Gegensatz zur Kopplung über *Repeater* ist hierbei eine Routing–Funktion erforderlich (vgl. Abschnitt *Kopplung von LANs*).

Beim *Bus* sind die Stationen durch *einen* gemeinsamen Verbindungskanal verbunden. Die von einem Sender eingespeisten Datenpakete breiten sich in beide Richtungen längs des Kanals aus. Daher spricht man auch von einem *Diffusionsnetz*. Routing ist hier nicht notwendig. Es wird jedoch ein Protokoll zur Busarbitrierung benötigt.

Außer der gerade beschriebenen Bustopologie stellen alle anderen Netztopologien *Teilstreckennetze* dar, da mehrere Verbindungskanäle (Teilstrecken) vorhanden sind. Ein großer Vorteil der Bustopologie gegenüber Teilstreckennetzen liegt darin, dass problemlos neue Stationen hinzugefügt oder abgekoppelt werden können. Mit Hilfe von Repeatern kann die maximale Buslänge und die Zahl der anschaltbaren Stationen erhöht werden. Obwohl die Fehlererkennung schwierig ist, wird die Bustopologie häufig zum Aufbau lokaler Netze bzw. für Systembusse benutzt.

Der *Ring* enthält Verbindungen von Station zu Station, die einen geschlossenen Umlauf bilden. Jede Station empfängt Datenpakete, bearbeitet sie gegebenfalls und/oder reicht sie weiter. Ein großer Nachteil dieser Topologie ist, dass der Ausfall einer Station das gesamte Netz lahmlegt. Durch Verzopfung (vgl. Abb. 7.1) oder doppelte Leitungsführung kann man dieses Problem lösen. Ringe werden häufig für lokale Netze benutzt. Die Einkopplung einer neuen Station führt allerdings zu einer Unterbrechung des Netzbetriebs.

Zum Aufbau von Multiprozessor–Systemen benutzt man oft *Gitter*. Mehrere gleichartige Computer werden in einer zwei– oder dreidimensionalen Struktur miteinander verbunden. Ein Spezialfall ist die *Hypercube–Topologie*.

Grundlage bildet die Verbindungsstruktur eines verallgemeinerten Würfels. Ein dreidimensionaler Würfel hat $2^3 = 8$ Ecken, die jeweils einen Prozessor aufnehmen. Jeder Prozessor ist mit 3 anderen Prozessoren verbunden. Ein k–dimensionaler Würfel hat 2^k Ecken und ebensoviele Prozessoren. Es sind $k \cdot 2^{k-1}$ Verbindungen nötig, da von jeder Ecke k–Kanten ausgehen. Insgesamt gibt es 2^k Ecken. Da jeweils 2 Knoten eine Kante gemeinsam haben, muss noch durch 2 geteilt werden. Jede Erweiterung einer Hypercube–Architektur erfordert eine Verdopplung der Prozessoren. Wie aus der folgenden Rechnung hervorgeht, ist für großes k auch eine Verdopplung der Verbindungen nötig.

$$\frac{(k+1) \cdot 2^k}{k \cdot 2^{k-1}} = 2 \cdot \frac{k+1}{k} = 2 \cdot \left(1 + \frac{1}{k}\right)$$

Zwei beliebige Knoten können über maximal k Kanten miteinander verbunden werden. Die Zahl der Kanten ist ein Maß für den Zeitbedarf zur Kommunikation.

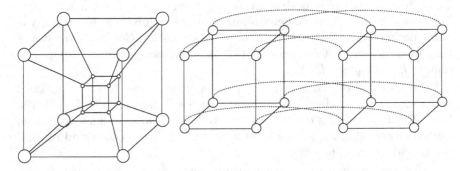

Abb. 7.2. Vierdimensionaler Hypercube in zwei verschiedenen Darstellungen

7.4 Parallelbusse

Man unterscheidet verschiedene Arten von Parallelbussen (Abb. 7.3). *Systembusse* werden benutzt, um mit möglichst vielen parallelen Leitungen einen hohen Datendurchsatz zu erreichen. Sie können auf einer Leiterplatte als *prozessor*– oder *rechnerspezifischer* Bus realisiert werden oder als *Backplane–Bus* zur Verbindung mehrerer Leiterplatten dienen. Es gibt Backplane–Standards von Rechnerherstellern (Rechnerfamilien) und — meist daraus abgeleitet — rechnerunabhängige Standards für Backplane–Busse. Zum Betrieb von Peripherie– und Messgeräten werden I/O–Busse verwendet. Auch hier ist der Trend zu rechnerunabhängigen Standards erkennbar, um Geräte unterschiedlicher Hersteller an einem Computer betreiben zu können. Im Bereich der Peripheriebusse ist der SCSI–Bus verbreitet (vgl. Abschnitt 8.5.2) und für den Anschluss von Messgeräten wird häufig der IEC–Bus verwendet. Weitere Beispiele für Vertreter der einzelnen Busklassen findet man in [*Färber*, 1987].

Neben der mechanischen und elektrischen Auslegung eines Parallelbusses ist die logische Organisation und Steuerung der Datenübertragung wichtig. Auf alle Punkte wird im folgenden eingegangen. Im Vordergrund stehen jedoch die Busprotokolle. Am Ende des Abschnitts werden zwei Beispiele für Parallelbusse vorgestellt.

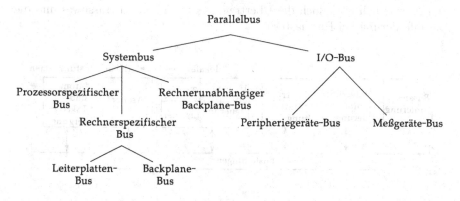

Abb. 7.3. Übersicht über verschiedene Arten von Parallelbussen

7.4.1 Busfunktionen und Businterface

Ein Busmodul will entweder über den Bus mit einem anderen Busmodul Daten austauschen, oder es fordert eine bestimmte Dienstleistung an. Um diese Aufgaben zu erfüllen, müssen die Module über folgende Busfunktionen verfügen, die hardwaremäßig im Businterface realisiert werden:

1. Busanforderung und –arbitrierung
2. Interruptanforderung und –verarbeitung
3. Datenübertragung als Busmaster oder –slave

Die Busarbitrierung kann zentral oder dezentral realisiert werden. Im ersten Fall gibt es nur ein einziges Modul, das über die Buszuteilung entscheidet.

Dieses Modul nennt man *Arbiter*. Die Interruptverarbeitung kann wie die Busarbitrierung zentral oder dezentral organisiert sein. Entsprechend werden ähnliche Busprotokolle angewandt. Die angeforderten Interrupts werden durch besondere Busmodule bedient.

Die wichtigste Busfunktion ist die Datenübertragung. Ein *Busmaster*, der die Übertragung steuert, tauscht dabei mit einem *Busslave* Informationen aus. Während der Datenübertragung hat ein Busmodul eine *Talker–Funktion*, d.h. es fungiert als Datenquelle, und ein anderes Busmodul hat die *Listener–Funktion*, d.h. dieses Modul empfängt Daten. Je nach Richtung des Informationsflusses hat jeder Kommunikationspartner, Busmaster und –slave, eine dieser beiden Funktionen. Ein Busmaster, der Daten übertragen möchte, muss zuerst den Bus anfordern. Erst nach der Zuteilung des Busses durch den Arbiter kann eine Datenübertragung stattfinden. Der Busmaster erzeugt die Adressen und die Steuersignale, die für einen fehlerfreien Datentransfer benötigt werden. In einem Businterface müssen nicht alle der oben angesprochenen und in Abb. 7.4 dargestellten Busfunktionen realisiert werden. Minimal erforderlich ist jedoch die Übertragungssteuerung bei Busslaves und die Busanforderung bei Busmastern.

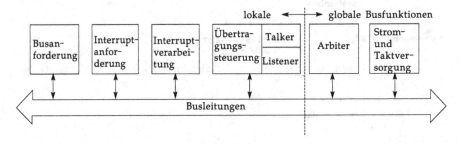

Abb. 7.4. Komponenten eines Businterfaces und globale Busfunktionen

Die Busleitungen eines parallelen Busses können einzelnen Funktionen zugeordnet werden. Man kann vier Leitungsklassen unterscheiden:

1. Datenbus
2. Adressbus
3. Steuerbus
4. Versorgungsbus

Der *Datenbus* dient hauptsächlich zur Datenübertragung. Er kann aber auch für Befehle (an Busmodule) und zur Identifikation von Interruptquellen bei vektorisierten Interrupts verwendet werden. Die Anzahl der Datenleitungen bestimmt die erreichbare Datentransferrate. Typische Werte sind 8, 16 oder 32 Bit. Die Datenleitungen werden im Allgemeinen bidirektional betrieben und stellen *Sammelleitungen* dar. Der *Adressbus* wird verwendet, um einzelne Busmodule zu selektieren. Ein Modul kann entweder durch eine einzige Adresse oder aber über einen ganzen Adressbereich angesprochen werden (Adressdecodierung). Durch besondere Adressleitungen (Adressmodifikatoren) können Adressbereiche für bestimmte Busmodule oder Betriebsarten reserviert werden. So können beispielsweise in einem Speichermodul Betriebssystemteile vor unerlaubtem Zugriff durch Benutzerprogramme geschützt werden. Um die Zahl der Adressleitungen zu reduzieren, werden oft Daten und Adressen zeitversetzt über einen Bus übertragen. Diese *Zeitmultiplex*–Methode führt vor allem bei Schreiboperationen zu Geschwindigkeitseinbußen. Beispiele für Busstandards mit Multiplexbetrieb sind der Q–Bus und der IEC–Bus. Die Leitungen des *Steuerbusses* können entsprechend der Busfunktion unterteilt werden. Ein Teil steuert die Busanforderung und –arbitrierung, ein weiterer Teil wird für die Interruptanforderung und –steuerung sowie für die eigentliche Datenübertragung benötigt. Zum *Versorgungsbus* zählen Stromversorgungs– und Taktleitungen. Sie werden im Allgemeinen an zentraler Stelle erzeugt.

7.4.2 Mechanischer Aufbau

Zur Definition eines (rechnerunabhängigen) Backplane–Busses zählen die Leiterplattenformate und die Steckverbinder. Die genormten Leiterplatten können zum Aufbau größerer Systeme in Trägersysteme mit Backplane–Bussen eingesteckt werden. Als Steckverbinder können *Direktstecker* oder *Indirektstecker* benutzt werden. Beim Direktstecker befindet sich auf der Backplane eine Leiste mit vergoldeten Federkontakten, welche die Leiterplatte aufnimmt. Die Steckerkontakte werden direkt auf die Leiterplatte geätzt und vergoldet, um eine gute Verbindung zu den Federkontakten zu erreichen. Vor allem bei der Massenproduktion ist der Direktstecker eine kostengünstige Lösung. Beim Indirektstecker muss eine Messerleiste auf die Leiterplatte gelötet werden, die in eine dazu passende Federleiste auf der Backplane gesteckt wird. Diese Art der Steckverbindung ist sicherer als der Direktstecker und kann mehr Verbindungen pro Flächeneinheit herstellen. Sie ist aber teurer als der Direktstecker. Backplane–Busse werden durch *geätzte Leiterbahnen* und/oder durch einzelne Drähte (Wrap–Technik) realisiert. Für I/O–Busse verwendet man *Flachbandkabel* oder verdrillte Drähte (twisted Pairs). Flachbandkabel werden auch zur Verbindung von zwei Backplanes in einem Gehäuse benutzt. Zur Verbesserung ihrer Übertragungseigenschaften, z.B. zur Dämpfung des Übersprechens, werden Masseleitungen links und rechts der Signalleitungen vorgesehen.

7.4.3 Elektrische Realisierung

Bustreiber

Bustreiber dienen zur elektrischen Ankopplung von Busmodulen an einen Backplane– oder I/O–Bus. Bei Parallelbussen werden überwiegend zwei Schaltungstechniken angewandt.

1. Ausgänge mit offenem Kollektor (open Collector)
2. TTL–TriState Treiber

Arten von Busleitungen

Es sind drei Arten von Busleitungen zu unterscheiden:

1. Sammelleitung
2. Daisy–Chain
3. Stichleitung

SAMMELLEITUNG. Über eine solche Leitung können ein oder mehrere Busmodule gleichzeitig ein Signal anlegen. Zur Ankopplung werden Ausgänge mit offenem Kollektor verwendet, und für die Signalpegel wird meist die negative Logik definiert. Die Sammelleitung verknüpft in diesem Fall die Signale der einzelnen Busmodule durch eine ODER–Funktion (wired–OR). Typische Anwendungen der Sammelleitung sind die Anforderung eines Busses ($\overline{REQUEST}$), die Anforderung von Unterbrechungen ($\overline{IRQ}$) oder die Anzeige, dass der Bus belegt ist ($\overline{BUSBUSY}$). Im letztgenannten Fall wird die Sammelleitung von den Busmodulen sowohl zum Senden als auch zum Empfangen von Zustandsmeldungen benutzt. Mehrere Sammelleitungen werden zu einem Daten– oder Adressbus zusammengefasst, die dann uni– bzw. bidirektional betrieben werden.

DAISY–CHAIN. Die einzelnen Busmodule werden durch getrennte Leitungen verbunden. Eine Information, die am Anfang der Kette eingespeist wird, muss von den Busmodulen weitergereicht werden. Dies führt zu erheblichen Verzögerungszeiten verglichen mit der Laufzeit von Signalen auf einer durchgehenden Leitung. Die Daisy–Chain wird bei der Busarbitrierung und der Interruptverarbeitung eingesetzt.

STICHLEITUNG. Sie führen zu einem zentralen Busmodul und ermöglichen eine schnelle Identifizierung der Signalquelle. Nachteilig ist ihr hoher Leitungsaufwand. Sie werden bei der zentralen Busarbitrierung verwendet.

Signal Skew

Adress– und Datensignale zwischen einem Busmaster und einem Busslave werden durch Verzögerungszeiten von Schaltgliedern und Bustreibern, sowie durch die Laufzeiten und Einschwingvorgänge auf Busleitungen unterschiedlich lange verzögert. Diesen Effekt bezeichnet man als *Signal Skew*. Die Laufzeiten der Signale unterscheiden sich, weil die einzelnen Leitungen unterschiedlich lang sind. Auch bei *terminierten* Backplane–Leitungen kommt es durch Reflexionen zu Einschwingvorgängen (Ringing), da eine exakte Anpassung der Abschlusswiderstände an den tatsächlichen Wellenwiderstand der einzelnen Busleitungen praktisch unmöglich ist (vgl. Band 1, Abschnitt 1.7). Die Bits einer Adresse oder eines Datums, die ein Busmaster zu einem bestimmten Zeitpunkt aussendet, laufen über verschiedene Schaltglieder und Treiberstufen bis sie schließlich beim Busslave ankommen. Die Verzögerungszeiten dieser Stufen unterscheiden sich aufgrund von Bauteilestreuungen und parasitären Leitungskapazitäten, welche die Anstiegs– und Abfallzeiten der Signalflanken dehnen. Diese Veränderungen der Signalflanken führen bei Eingangsstufen mit Schmitt–Trigger zu zusätzlichen (nicht kalkulierbaren) Verzögerungszeiten. Die maximal auftretende Verzögerungszeit durch die oben genannten Effekte kann durch eine *Skew Time* erfaßt werden. Diese Zeit muss beim Entwurf eines Busprotokolls berücksichtigt werden.

Übersprechen

Zwei benachbarte Leiter beeinflussen sich gegenseitig (vgl. *Band 1*, Abschnitt 1.7). Die Ursache dafür sind kapazitive und induktive Kopplungen zwischen den beiden Leitern. Die Kopplungsstärke nimmt zu, wenn die Länge der Leitungen vergrößert oder ihr Abstand zueinander verkleinert wird. In Flachbandkabeln kann das Übersprechen durch eine großflächige Erde (Abschirmung) bzw. durch alternierende Masseleitungen zwischen benachbarten Signalleitungen reduziert werden. Bei Verbindungen mit gemeinsamer Masse (single–ended Signaling) ist es wichtig, dass die Masseverbindung adäquat dimensioniert ist. Insbesondere Kabelverbinder haben eine wesentlich geringere Leitfähigkeit als Leiterplatten oder Backplane–Busse.

Adressdecodierung

Ein Busmodul vergleicht ständig die Signale auf m Adressleitungen mit dem ihm zugeordneten Adressbereich (Abb. 7.5). Hierzu werden die höherwertigen $m - n$ Adressleitungen in einem Komparator mit einer einstellbaren Moduladresse verglichen. Mit den n niederwertigen Adressleitungen können 2^n Register– oder Speicherplätze in einem Busmodul ausgewählt werden. Man beachte, dass die Adressdecodierung zusätzliche Verzögerungszeiten bewirkt, die sich zur Zugriffszeit der Halbleiterspeicher addieren. Es müssen daher schnelle Schaltkreisfamilien eingesetzt werden, um die Geschwindigkeitsverluste durch die Adressdecodierung klein zu halten.

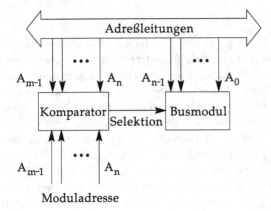

Abb. 7.5. Selektion eines Busmoduls mit 2^n großem Adressbereich.

7.4.4 Busarbitrierung

Busarbitrierung ist dann erforderlich, wenn an einem Bus mehr als ein Busmaster betrieben werden. Die meisten standardisierten Bussysteme sind für Multimasterbetrieb[1] ausgelegt. Über die Zuteilung des Busses entscheidet ein *Arbiter*, der *zentral* oder *dezentral* realisiert werden kann. Je nach verwendetem Leitungssystem zur Anforderung und Zuteilung des Busses unterscheidet man drei Verfahren:

1. Verkettung (Daisy–Chain)
2. Abfrage (Polling)
3. Stichleitungen (independent Requests)

Diese Verfahren können sowohl mit einer zentralen als auch mit einer dezentralen Busarbitrierung kombiniert werden. Bis auf die dezentrale Arbitrierung mit Stichleitungen, die wegen ihres hohen Aufwands wenig sinnvoll erscheint, werden im folgenden die anderen möglichen Kombinationen untersucht. Die wichtigsten Kriterien zur Beurteilung eines Arbitrierungs–Verfahrens sind:

- Kosten und Komplexität der Arbiterlogik
- Arbitrierungszeit (Anforderung → Auswahl → Zuteilung)
- Verdrahtungsaufwand (Backplane)
- Zuverlässigkeit (Ausfall, Hazards)

In der Praxis können nicht alle Kriterien gleichzeitig optimiert werden. Daher sucht man nach einem vernünftigen Kompromiss dieser konkurrierenden Anforderungen.

---

[1] Hierzu zählt auch DMA.

Zentrale Daisy–Chain

Bei *zentraler Daisy–Chain* entscheidet ein Busmaster mit höchster Priorität über die Anforderungen untergeordneter Busmaster, die in einer Kette von *GRANT*–Signalleitungen eingegliedert sind. Die Position in dieser Signalkette bestimmt die Priorität der angeschalteten Busmaster. Im linken Teil von Abb. 7.6 wird das Signal zur Busanforderung an M_0 als Wired–OR Verknüpfung der $\overline{REQUEST}$–Signale der Busmaster $M_1 - M_3$ gebildet. Man beachte, dass es sich um Ausgänge mit negativer Logik handelt (active–low), die durch Transistoren mit offenem Kollektor realisiert werden. Wenn der Busmaster höchster Priorität (M_0) den Systembus nicht benötigt, sendet er bei einer Anforderung auf der $\overline{REQUEST}$–Leitung ein *GRANT* an M_1. Dieser gibt das Zuteilungssignal nur dann weiter, wenn er keine Anforderung gestellt hat. Falls M_2 und M_3 gleichzeitig den Systembus anfordern[2], muss M_3 solange auf den Bus warten bis M_2 seine Anforderung zurücknimmt und sein *GRANT*–Signal weiterleitet. Ein Busmaster behält solange die Kontrolle über den Bus bis seine Datenübertragung abgeschlossen ist.

Das beschriebene Protokoll ist leider nicht sicher, da die untergeordneten Busmaster nach erfolgter Zuteilung nicht anzeigen, ab wann sie den Bus nicht mehr benötigen. Zwischenzeitliche Anforderungen höherpriorisierter Busmaster überlagern die Anforderung des momentanen Busmasters, so dass dieses Ereignis *nicht* durch ein aktiviertes $\overline{REQUEST}$–Signal erkannt werden kann. Über eine zweite Sammelleitung $\overline{BUSBUSY}$ kann dieses Problem gelöst werden (Drei–Draht Protokoll in Abb. 7.6 rechts). Solange ein Busmaster den Bus nutzt, aktiviert er diese Leitung mit einem Nullpegel (offener Kollektor). Der Busmaster höchster Priorität, in unserem Beispiel M_0, erzeugt nur dann ein *GRANT*–Signal, wenn die $\overline{BUSBUSY}$–Leitung inaktiv ist (High–Pegel). Sobald er die Belegung des Busses durch eine fallende Signalflanke an $\overline{BUSBUSY}$ erkennt, nimmt M_0 das *GRANT*–Signal zurück. Ein Busmaster darf den Bus nur dann übernehmen, wenn $\overline{BUSBUSY}$ inaktiv ist, und er eine steigende Flanke an seinem *GRANT*–Eingang wahrnimmt.

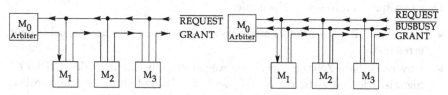

Abb. 7.6. Aufbau einer zentralen Daisy–Chain Busarbitrierung (links: 2–Draht Protokoll; rechts: 3–Draht Protokoll)

---

[2] Keine Busanforderung von $M.$ und $M.$ vorausgesetzt.

Das Drei–Draht Protokoll garantiert, dass immer nur ein Busmaster die Kontrolle über den Systembus erhält. Ein *GRANT*–Signal wird nur dann ausgesandt, wenn der Bus frei ist. Es läuft von M_0 zu untergeordneten Busmastern und bietet *zuerst* dem höherpriorisierten Busmaster an, den Bus zu übernehmen. Da das *GRANT*–Signal über Schaltglieder stärker verzögert wird als das $\overline{BUSBUSY}$–Signal auf der Sammelleitung, werden sogar Störimpulse (Hazards) auf der *GRANT*–Leitung toleriert. Ein fehlerhaft erzeugter kurzer Impuls auf dem *GRANT*–Ausgang eines höherwertigen Busmasters trifft mit hoher Wahrscheinlichkeit erst nach dem $\overline{BUSBUSY}$–Signal ein.

Aus den genannten Gründen wird bei allen Hochgeschwindigkeits–Systembussen das Drei–Draht Protokoll eingesetzt. Ein typisches Zeitdiagramm ist in Abb. 7.7 wiedergegeben. Man beachte, dass die Signale M_1/M_2–$\overline{REQUEST}$ und M_1/M_2–$\overline{BUSBUSY}$ nur innerhalb der Busmaster vorhanden sind und sich durch die Wired–OR Verknüpfung auf den Busleitungen $\overline{REQUEST}$ und $\overline{BUSBUSY}$ überlagern. Wie wir oben gesehen haben, gliedert sich die Busarbitrierung in drei Phasen:

1. Anforderung
2. Auswahl und Zuteilung
3. Busbenutzung

Um zu verhindern, dass durch die Busarbitrierung die Datenrate verringert wird, können die beiden ersten Phasen mit der dritten Phase überlappt werden (Pipelining). Wenn das Datenübertragungssystem unabhängig vom Arbiter realisiert wird, erfolgt die Buszuteilung an den nächsten Busmaster während ein anderer Busmaster noch das Datenübertragungssystem nutzt. Diese Methode wird mit einem Vier–Draht Protokoll realisiert und wurde z.B. beim PDP–11 Unibus angewandt [*Stone*, 1982]. Vorteile der zentralen Daisy–Chain Technik sind:

• Relativ geringer Logikaufwand
• Keine zusätzlichen Leitungen

Dagegen sprechen folgende Nachteile:

• Beim Ausfall eines Moduls sind alle nachfolgenden Busmaster nicht mehr erreichbar.
• Unvermeidbare Zeitverzögerungen wegen des Durchlaufens des *GRANT*–Signals. Die Zeit zwischen $\overline{REQUEST}$ und Buszuteilung ist umso größer, je weiter der Busmaster von M_0 entfernt ist.
• Die Prioritätenfolge kann nur durch die physikalische Anordnung der Busmaster verändert werden. Hochpriorisierte Busmaster werden immer bevorzugt, d.h. unfaire Busvergabe.

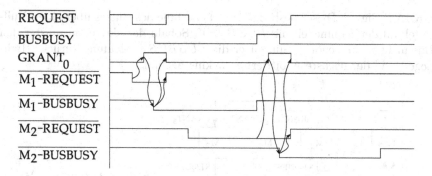

Abb. 7.7. Zeitdiagramm der Bus–Arbitrierung mit dem Drei–Draht Protokoll

Dezentrale Daisy–Chain

Hier wird ein *GRANT*–Impuls (Token) über die geschlossene Kette von Busmastern rundgereicht (Abb. 7.8). Wenn ein Busmaster den *GRANT*–Impuls empfängt, ist der Bus frei, und er kann ihn gegebenenfalls belegen. Sobald die Busbenutzung beendet ist, oder falls keine Anforderung vorliegt, wird der *GRANT*–Impuls weitergegeben. Die Einfachheit dieser Lösung und die prioritätsfreie, faire Busvergabe sind als Vorteile zu nennen. Allerdings gibt es auch schwerwiegende Nachteile:

- Totalausfall bei fehlerhaftem Busmaster
- Erzeugung eines neuen *GRANT*–Impulses nach dem Systemstart oder bei Verlust erfordert zusätzlichen Aufwand.

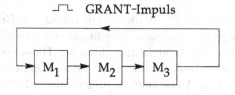

Abb. 7.8. Busarbitrierung mit dezentraler Daisy–Chain

Zentraler Arbiter mit Stichleitungen

Die Busmaster verfügen über je eine eigene *REQUEST*– und *GRANT*–Leitung, die mit dem zentralen Arbiter verbunden sind (Abb. 7.9). Der Arbiter kann problemlos feststellen, welche Busmaster gerade den Bus anfordern. Aufgrund einer Prioritätenfolge, die bei diesem Verfahren leicht geändert werden kann, gibt der Arbiter dem Busmaster mit der höchsten Priorität ein

$GRANT$–Signal. Dieser bestätigt die Übernahme des Busses über einen Nullpegel auf der Sammelleitung $\overline{BUSBUSY}$. Sobald der aktive Busmaster den
Bus nicht mehr benötigt, nimmt er die $\overline{BUSBUSY}$–Meldung zurück (High-
pegel) und der nächste Arbitrierungszyklus beginnt.

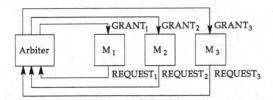

Abb. 7.9. Zentraler Arbiter
mit Stichleitungen

Vorteile:

- Die Arbitrierungszeit ist kurz, da alle Anforderungen gleichzeitig vorliegen.
- Es ist jederzeit möglich, die Prioritätenfolge zu verändern.

Nachteile:

- Viele Leitungen müssen zu einzelnen Steckplätzen geführt werden. Dies
  erschwert das Layout der Backplane.
- Aufwendige Arbiterlogik bei variabler Prioritätenfolge.

In der Praxis findet man häufig eine Mischung aus zentralem Arbiter mit fester
Prioritätenfolge und einer zentralen Daisy–Chain zur weiteren Aufschlüsse-
lung der einzelnen Prioritätsebenen (siehe hierzu Abschnitt *VME–Bus*).

Zentraler Arbiter mit Polling

Bei diesem Verfahren erfolgt die Buszuteilung durch Aussenden von Gerätenummern, die den Busmastern zugeordnet sind. Es gibt entweder besondere
Wähleitungen, oder man nutzt in der Arbitrierungsphase den Datenbus, um
in einem Abfragezyklus den nächsten Busmaster zu bestimmen. Hierzu werden
in der Reihenfolge der Prioritäten die Gerätenummern der Busmaster ausgegeben (vgl. Abb. 7.10). Sobald ein Busmaster mit hängender Anforderung
seine Gerätenummer erkennt, übernimmt er den Bus und kennzeichnet über
$\overline{BUSBUSY} = 0$, dass der Bus belegt ist. Das Polling–Verfahren ist bezüglich
seiner Vor– und Nachteile mit dem zentralen Arbiter mit Stichleitungen vergleichbar. Es hat aber demgegenüber den Nachteil, dass die Arbitrierungszeit
wegen der Abfrage viel größer ist.

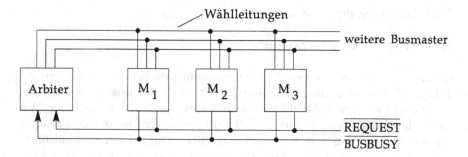

Abb. 7.10. Zentraler Arbiter mit Polling

Dezentrale Arbitrierung mit Polling

Ähnlich wie bei der zentralen Arbitrierung mit Polling wird der nächste Busmaster durch Aussenden von Gerätenummern bestimmt. Der jeweils zuletzt aktive Busmaster bietet den möglichen Nachfolgern gemäß einer lokalen Prioritätenliste den Bus zur Nutzung an (Abb. 7.11). Dazu gibt er die Gerätenummer auf die Wählleitungen und aktiviert die Sammelleitung $\overline{BUSREADY}$. Vorteil:

- Da in jedem Modul die komplette Arbiterlogik für das Polling–Verfahren vorhanden ist, kann bei Ausfall einer Einheit weitergearbeitet werden.

Nachteil:

- Die hohe Zuverlässigkeit erfordert entsprechenden Hardwareaufwand.

Eine Variante der dezentralen Arbitrierung mit Polling wird z.B. beim SCSI–Bus angewandt. Anstelle der Wählleitungen wird der Datenbus benutzt. Die Bitposition einer aktivierten Datenbusleitung entspricht der Priorität des anfordernden Gerätes. Das Gerät mit der höchsten Priorität erhält als nächster *Initiator* die Kontrolle über den Bus (vgl. Abschnitt *SCSI–Bus*).

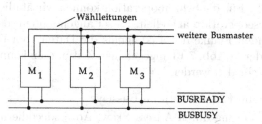

Abb. 7.11. Dezentrale Arbitrierung mit Polling

7.4.5 Übertragungsprotokolle

Synchrone Datenübertragung

Kennzeichen der synchronen Datenübertragung ist ein global verfügbares Taktsignal, das allen Busmodulen zugeführt wird. Ein Buszyklus kann aus einem oder mehreren Taktzyklen aufgebaut sein. Werden mehrere Taktzyklen verwendet, so wird den einzelnen Taktflanken jeweils ein Zustandsübergang im Busmaster- bzw. Busslave-Protokoll zugeordnet. Die Art des Zustandsübergangs wird über zusätzliche Steuerleitungen codiert. Alternativ dazu kann auch mit codierten bzw. decodierten Taktsignalen gearbeitet werden. Dies hat den Vorteil, dass die einzelnen Übertragungsphasen direkt aus den Taktsignalen ermittelt werden können. Bei einem einzelnen Taktsignal muss die Zuordnung der Übertragungsphasen durch Zustandsflipflops und Steuersignale erfolgen.

LESEOPERATION. In Abb. 7.12 ist eine Leseoperation dargestellt. Der Buszyklus besteht lediglich aus einem Taktsignal und wird durch einen High–Pegel auf der Steuerleitung $READ$ gekennzeichnet. Das $READ$–Signal schaltet die Bustreiber so, dass der Busslave Daten sendet, die der Busmaster empfängt. Mit der fallenden Flanke des Taktsignals übernimmt der Busmaster die Daten auf dem Datenbus. Anhand der in Abb. 7.12 angegebenen Zeitmarken können folgende Zeitintervalle unterschieden werden:

$t_2 - t_1$: Busslave–Zugriffszeit

$t_4 - t_3$: Summe der Zeitverzögerung durch Adress–Skew, Adressdecodierung und der notwendigen Setup–Time des Busmasters

$t_5 - t_4$: Summe der Zeitverzögerung durch Takt–Skew und der notwendigen Hold–Time des Busmasters

Durch entsprechend schnelle Speicherbausteine bzw. Schaltkreistechnologien muss sichergestellt werden, dass $t_4 - t_2$ stets größer als $t_4 - t_3$ ist, da sonst die Daten verfälscht werden. Eine sichere Übernahme der Daten durch den Busmaster erfordert, dass das Zeitintervall $t_6 - t_5$ nicht zu klein wird. Die Adresse und das $READ$–Signal müssen mindestens bis zum Zeitpunkt t_5 anliegen. SCHREIBOPERATION. Für die Schreiboperation können wir ähnliche Überlegungen wie für die Leseoperation anstellen. Es sei angenommen, dass der Busslave mit der steigenden Flanke des Taktsignals die Daten vom Datenbus übernimmt. Anhand der in Abb. 7.13 angegebenen Zeitmarken können folgende Zeitintervalle unterschieden werden:

$t_2 - t_1$: Verfügbare Zeit bis zum Einspeichern im Busslave

$t_3 - t_2$: Summe der Zeitverzögerung durch Adress–Skew, Adressdecodierung und der notwendigen Setup–Time des Busslaves

$t_5 - t_4$: Summe der Zeitverzögerung durch Takt–Skew und der notwendigen Hold–Time des Busslaves

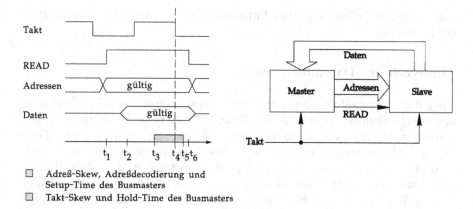

Takt

READ

Adressen ⟨ gültig ⟩

Daten ⟨ gültig ⟩

t_1 t_2 t_3 t_4 t_5 t_6

☐ Adreß-Skew, Adreßdecodierung und
   Setup-Time des Busmasters
☐ Takt-Skew und Hold-Time des Busmasters

Abb. 7.12. Leseoperation bei synchroner Datenübertragung

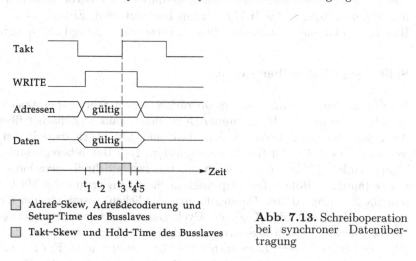

Takt

WRITE

Adressen ⟨ gültig ⟩

Daten ⟨ gültig ⟩

Zeit

t_1 t_2 t_3 $t_4$$t_5$

☐ Adreß-Skew, Adreßdecodierung und
   Setup-Time des Busslaves
☐ Takt-Skew und Hold-Time des Busslaves

Abb. 7.13. Schreiboperation bei synchroner Datenübertragung

Eine fehlerfreie Übertragung ist nur dann garantiert, wenn $t_2 - t_1 \geq 0$ ist, und wenn Adress– und Datenbits mindestens bis t_4 gültig sind.

Mit synchroner Datenübertragung sind prinzipiell höhere Übertragungsraten zu erreichen als mit asynchroner Datenübertragung. Dem stehen jedoch die folgenden Nachteile gegenüber:

1. Der Busmaster erhält keine Rückmeldung, ob der von ihm gewünschte Datentransfer auch tatsächlich erfolgt ist. Es kann sein, dass der adressierte Slave überhaupt nicht existiert.

2. Der Systemtakt muss sich nach dem langsamsten Busmodul richten. Das gilt selbst dann, wenn dieses Busmodul nur selten angesprochen wird. Dadurch werden schnellere Busmodule „ausgebremst" und die verfügbare Busbandbreite wird nicht voll ausgeschöpft.

Das letztgenannte Problem kann durch eine *semisynchrone* Datenübertragung gelöst werden.

Semisynchrone Datenübertragung

Um schnelle Busmodule mit maximaler Übertragungsrate betreiben zu können, erzeugen langsamere Busmodule ein Signal, das den Buszyklus verlängert. Der Busmaster reagiert auf ein solches *WAIT*–Signal[3] mit Wartezyklen (*Wait*–States.). Erst wenn das angesprochene Busmodul anzeigt, dass es bereit ist, wird ein eventuell unterbrochener Buszyklus fortgesetzt. Mit dem *WAIT*–Signal kann sozusagen auf eine asynchrone Datenübertragung umgeschaltet werden. Wenn es nicht aktiviert wird, verhält sich der semisynchrone Bus wie ein synchroner Bus. Der wesentliche Unterschied zu einem asynchronen Bus besteht darin, dass die maximale Buslänge durch den fest vorgegebenen Zeitpunkt zum Erkennen des *WAIT*–Signals begrenzt wird. Ein semisynchroner Bus darf im Gegensatz zum asynchronen Bus *nicht* beliebig lang werden.

Split–Cycle Datenübertragung

Bei diesem Protokoll wird die Leseoperation in zwei Schreiboperationen aufgespalten, die in zeitlich getrennten Buszyklen ablaufen. Zunächst übergibt der Busmaster die Adresse an den Slave und gibt gleich danach den Bus frei (disconnect). Bis der Busslave die angeforderten Daten bereitgestellt hat, können andere Module den Bus nutzen. Die zweite Schreiboperation erfolgt mit vertauschten Rollen: Der ursprüngliche Slave fungiert nun als Master und schreibt die angeforderten Daten zum ursprünglichen Busmaster, der nun als Busslave addressiert wird. Die Split–Cycle Datenübertragung erfordert hohen Hardware– und Verwaltungsaufwand und lohnt sich nur, wenn der Bus zwischen den Schreiboperationen auch tatsächlich genutzt wird. Ein Beispiel für die Anwendung dieses Busprotokolls findet man bei der VAX–11/780.

Asynchrone Datenübertragung

Wenn kein globales Taktsignal zur Übertragung vorhanden ist, spricht man von einem *asynchronen* Protokoll. Es ist besonders geeignet, um unterschiedlich schnelle Busmodule an einem Bus zu betreiben. Die Synchronisation der beiden Kommunikationspartner erfolgt durch besondere Steuersignale, die entweder *unidirektional* oder *bidirektional* sind. Die unidirektionalen Verfahren haben keine praktische Bedeutung. Wichtig sind dagegen die bidirektionalen Protokolle, die mit zwei „Handshake"–Signalen arbeiten.

---

* oder *NotREADY*–Signal

Der Datentransfer kann vom Talker oder vom Listener initiiert werden. Beginnt der Talker die Übertragung, so legt er eine Adresse und ein Datum auf den Bus und aktiviert anschließend ein *DATA_READY*–Signal, das dem (adressierten) Listener anzeigt, dass die Daten gültig sind. Der Listener bestätigt die Übernahme mit dem *DATA_ACKNOWLEDGE*–Signal, und der nächste Übertragungszyklus kann beginnen. Falls während der Übernahme durch den Listener Fehler entdeckt werden (z.B. falsche Parität oder der Listener ist nicht adressierbar), so wird dies durch ein *BUS_ERROR*–Signal gemeldet.

Bei der Listener–gesteuerten Übertragung ist der Ablauf ähnlich nur die Handshake–Signale haben eine andere Bedeutung. Ein Listener adressiert den Talker und fordert ihn durch ein *DATA_REQUEST*–Signal auf, Daten auf den Bus zu legen. Sobald der Talker diese Anforderung erfüllt hat, zeigt er dies durch ein *DATA_VALID*–Signal an. Der Listener liest die Daten und nimmt seine Anforderung zurück.

Wie wir wissen, kann der Busmaster sowohl die Talker– als auch die Listener–Funktion besitzen. Da er grundsätzlich die Datenübertragung (Adresserzeugung) steuert, ändert sich die Bedeutung der beiden Handshake–Signale in Abhängigkeit von der Richtung des Datentransfers (Abb. 7.14).

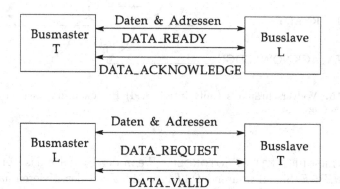

Abb. 7.14. Bedeutung der Handshake–Signale bei asynchroner Datenübertragung (oben: Talker–gesteuert; unten: Listener–gesteuert)

Der Einfachheit halber wollen wir im folgenden nur die Talker–gesteuerte Übertragung (Schreiboperation) betrachten. Abhängig vom Überlappungsgrad der Handshake–Signale können drei asynchrone Protokolle unterschieden werden:

1. nichtverschränkt (non interlocked),
2. halbverschränkt (half interlocked),

3. vollverschränkt (fully interlocked).

VOLLVERSCHRÄNKTES PROTOKOLL. Das vollverschränkte Protokoll wird am häufigsten verwendet, da es eine sichere Datenübertragung garantiert, die unabhängig von Schaltungs– und Bus–spezifischen Verzögerungszeiten ist. Die Handshake–Signale zeigen Zustandswechsel in den Bus–Steuerwerken des Masters und des Slaves an. Kennzeichen des vollverschränkten Protokolls ist, dass die Zustandswechsel ineinandergreifen, d.h. einem Zustandswechsel im Master folgt ein Zustandswechsel im Slave usw. (Abb. 7.15). Diese Vorgehensweise gewährleistet, dass die zu übertragenden Daten nicht verloren gehen oder vom Busslave mehrfach übernommen werden. In Abb. 7.16 ist das Zusammenspiel von Master und Slave veranschaulicht. Die strenge Abfolge der beiden letzten Zustandswechsel gewährleistet, dass weder der Master noch der Slave ihre Handshake–Signale zu schnell ändern. Da immer einer auf den anderern wartet, können keine Impulse auf den Handshake–Leitungen entstehen, von denen der jeweilige Buspartner nichts weiß. Bei den beiden anderen Protokollvarianten ist dies möglich.

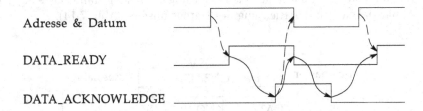

Adresse & Datum

DATA_READY

DATA_ACKNOWLEDGE

Abb. 7.15. Vollverschränktes (fully interlocked) Protokoll zur asynchronen Datenübertragung

HALBVERSCHRÄNKTES PROTOKOLL. Wenn der Busslave das $DATA\_ACKNOWLEDGE$–Signal während $DATA\_READY = 1$ deaktivieren darf, kann es zu einer Datenverdopplung oder zu einer fehlerhaften Übertragung kommen (Abb. 7.17). Das Steuerwerk des Slaves geht nämlich in den Zustand „Eingabe" und sieht sogleich das (alte) aktivierte $DATA\_READY$–Signal. Es beginnt erneut mit dem Einlesen der Daten auf den Bus. Wenn der Busmaster zwischenzeitlich in den Zustand „Ausgabe beenden" wechselt, kommt es zu Übertragungsfehlern. Ein im Vergleich zum Busmaster sehr schneller Slave kann unter Umständen ein Datum mehrfach korrekt einlesen. Es ist aber sehr wahrscheinlich, dass wegen der fehlenden Synchronisation der letzte Lesevorgang scheitert, weil sich während des Slave–Wirkintervalls die Signale auf Adress– und Datenbus ändern.

NICHTVERSCHRÄNKTES PROTOKOLL. Beim nichtverschränkten Protokoll (Abb. 7.18) wird nur gefordert, dass das $DATA\_ACKNOWLEDGE$–Signal

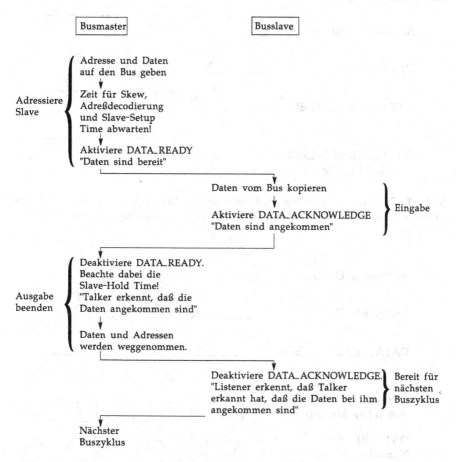

Abb. 7.16. Ablaufdiagramm der Interaktion von Busmaster und Busslave beim vollverschränkten asynchronen Protokoll.

dem *DATA_READY*–Signal folgen muss. Neben den Problemen des halbverschränkten Protokolls besteht hier die Gefahr des Datenverlusts. Wenn der Busmaster das *DATA_READY*–Signal vor dem Ende des *DATA_AC-KNOWLEDGE*–Signals zurücknehmen darf, kann dies bei schnellen Busmastern[4] dazu führen, dass ein oder mehrere neue Adressen/Daten ausgesandt werden, bevor der Slave bereit ist, neue Daten zu empfangen. Diese Situation ist besonders kritisch, da keine Möglichkeit zur Fehlererkennung besteht (vgl. Abb. 7.18 unten).

Aus den obigen Überlegungen folgt, dass für eine sichere Datenübertragung nur das vollverschränkte Protokoll in Frage kommt. Wie aus Abb. 7.15 zu entnehmen ist, kann ein defekter Busslave den Bus blockieren. Um dies

---

[4] Relativ zum Slave.

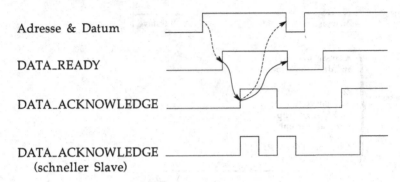

Adresse & Datum

DATA_READY

DATA_ACKNOWLEDGE

DATA_ACKNOWLEDGE
(schneller Slave)

Abb. 7.17. Halbverschränktes (half interlocked) Protokoll zur asynchronen Datenübertragung. Unten: Datenvervielfachung bzw. Übertragungsfehler bei schnellem Busslave.

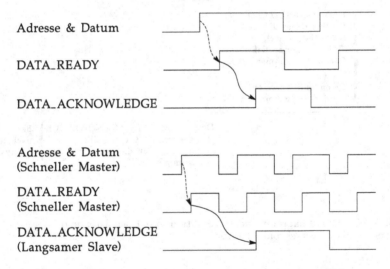

Adresse & Datum

DATA_READY

DATA_ACKNOWLEDGE

Adresse & Datum
(Schneller Master)

DATA_READY
(Schneller Master)

DATA_ACKNOWLEDGE
(Langsamer Slave)

Abb. 7.18. Oben: Nichtverschränktes (non interlocked) Protokoll zur asynchronen Datenübertragung. Unten: Datenverlust bzw. Übertragungsfehler bei schnellem Busmaster.

zu vermeiden, muss bei asynchronen Bussen eine Schaltung zur Zeitüberwachung vorhanden sein, die bei Überschreitung einer vorgegebenen *Auslösezeit* einen Busfehler erzeugt (Time out). Solche Schaltungen bezeichnet man als „Watchdog Timer". Sie erkennen nicht nur defekte Slaves, sondern auch Adressierungsfehler. Wenn der Master ein nicht vorhandenes Busmodul adressiert, wird die Zeitüberwachung aktiviert, da das *DATA_ACKNOWLEDGE-* bzw. *DATA_VALID*-Signal ausbleibt. Der große Vorteil des vollverschränkten asynchronen Protokolls besteht darin, dass es sehr zuverlässig ist und den Betrieb von unterschiedlich schnellen Busmodulen ermöglicht. Wegen der Laufzeiten der Handshake–Signale, die nacheinander und in beide Richtungen einer Verbindung übertragen werden müssen, ergeben sich grundsätzlich geringere Datenraten als bei synchronen Protokollen. Dies gilt insbesondere für große Buslängen. Bei einer synchronen Datenübertragung geht nur die einfache Laufzeit der Takt– und Steuersignale in die Berechnung der minimalen Buszykluszeit ein.

7.4.6 Beispiel: VME–Bus

Der VME–Bus (Versa Module Europe) basiert auf dem prozessorspezifischen (68000) VERSA–Bus. Er wurde 1981 in Kooperation der Firmen Motorola, Mostek, Signetics/Philips und Thomson erarbeitet und definiert ein rechnerunabhängiges Bussystem. Eine Übersicht über die Funktionen von VME–Busmodulen zeigt Abb. 7.19. Detaillierte Funktionsbeschreibungen und Signaldiagramme findet man in [*VME*, 1982] oder [*Rudyk*, 1982]. Der VME–Bus arbeitet mit einem asynchronen Protokoll. Alle Bussignale haben TTL–Pegel. Für die Steuersignale wurde eine negative Logik definiert, um mit open–Collector Bustreibern auf Sammelleitungen die Wired–OR Technik zu nutzen. Je nach Ausbaustufe wird ein 16 oder 32 Bit Datenbus und ein 23 bzw. 31 Bit breiter Adressbus benutzt. Die maximale Datentransferrate beträgt 20 MByte/s. Ein „kleines" VME–Bus Busmodul besteht aus einer Einfach–Europakarte ($100 \times 160 \ mm^2$) und wird mit einem 96 poligen DIN–Indirektstecksystem (P_1) mit der Backplane verbunden. Die große Ausbaustufe besteht aus einer Doppel–Europakarte ($233,4 \times 160 \ mm^2$) und hat einen zweiten DIN–Stecker (P_2) für die fehlenden 16 Datenleitungen und die 8 zusätzlichen Adressleitungen. Alle Steuersignale werden über den Stecker P_1 geführt. Dadurch wird der problemlose Ausbau von 16 Bit auf 32 Bit Systeme ermöglicht.

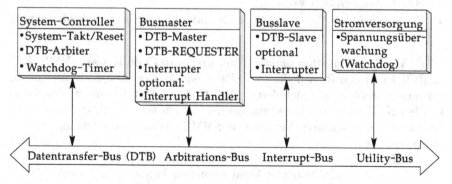

Abb. 7.19. Aufbau des VME–Bus und mögliche Busfunktionen der Module

Der VME–Bus unterstützt *Multiprozessor–Systeme* durch einen zentralen Arbiter, der über 4 *BUS–REQUEST*–Leitungen ($\overline{BR0}$ ... $\overline{BR3}$) und dazugehörigen *BUS–GRANT*–Leitungen ($\overline{BG0}$ ... $\overline{BG3}$) eine prioritätsabhängige Buszuteilung ermöglicht. Jede Prioritätsebene[5] wird durch eine Daisy–Chain weiter aufgeschlüsselt. Die einzelnen Steckplätze der Backplane müssen die Möglichkeit bieten, die Daisy–Chain durchzuschleifen, falls in den Steckplatz lediglich ein Busslave–Modul eingesetzt werden soll.

Der VME–Bus unterstützt die Speicherverwaltung (globaler Speicher) durch logische Adresszusätze, die man *Address–Modifier* nennt. Jeder Busmaster verfügt über zwei Arten von Hauptspeicher, die durch entsprechende Adressdecodierung getrennt werden. Zugriffe auf den *lokalen* Speicher sind unabhängig vom VME–Bus. *Globaler* Speicher ist (als Busslave) für alle Busmaster zugänglich und kann zur Synchronisation und Kommunikation unter den Busmastern benutzt werden. Durch die sechs Address–Modifier $AM0..AM5$ wird zusätzliche Information von den Busmastern an die (Speicher) Slaves weitergegeben. Hier einige Beispiele für die Anwendung von Address–Modifiern:

- Die Einschränkung des zu decodierenden Adressbereichs verringert den Logikaufwand im Slave. Hierzu werden drei Unterbereiche durch *AM*–Codes definiert: short (A1–A15), standard (A1–A23) und extended (A1–A31) Addressing.

- Die Erweiterung des Adressbereichs und Zuordnung bestimmter Speichermodule zu bestimmten Busmastern erlaubt eine Partitionierung des Gesamtsystems.

- Speicherbereiche für Daten und Programme können unterschieden werden.

- Systemprogrammbereiche können vor Fehlern in Anwenderprogrammen geschützt werden (supervisory/non–privileged Access).

- Blockübertragungen können beschleunigt werden, indem die Slaves die nachfolgende Adresse selbst bestimmen. Hiermit wird die Buszykluszeit verringert und der Datendurchsatz erhöht. Für diese Betriebsart sind vier *AM*–Codes definiert worden.

- Es kann zwischen Zugriff auf Speicher– oder I/O–Slaves unterschieden werden.

Die VME–Spezifikation unterscheidet drei *AM*–Code Klassen: VME, RESERVED und USER. Nur die 16 USER–Codes dürfen anwendungsspezifisch verwendet werden. Ein definierter *AM*–Code umfaßt bestimmte Merkmale, die einer Busslave–Adresse zugeordnet werden können. Reservierte *AM*–Codes werden in späteren Versionen der VME–Spezifikation definiert.
Beispiele:

     3E = standard supervisory Program Access
     3B = standard non–privileged ascending Access

· 0 ist die höchste Prioritätsebene.

29 = short non–privileged I/O Access

Die *Interrupt-Verarbeitung* beim VME–Bus erfolgt in 3 Phasen: Anforderung, Identifikation und Bedienung. Es werden 7 Prioritätsebenen unterschieden, die i.a. von verschiedenen Busmastern bedient werden können. Interrupt Anforderungen werden durch die Sammelleitungen $(\overline{IRQ1}\ldots\overline{IRQ7})$ am VME–Bus angemeldet. Dabei hat $\overline{IRQ7}$ die höchste Priorität[6]. Ein Busmaster kann für eine, mehrere oder alle Prioritätsebenen zuständig sein. Es muss jedoch sichergestellt sein, dass pro Prioritätsebene nur *ein* solcher *Interrupt Handler* existiert. Um das Busmodul zu bestimmen, das den Interrupt angefordert hat, muss der Interrupt Handler Busmaster sein bzw. werden, da das Identifikationsprotokoll den Datenbus benötigt. Der Interrupt Handler aktiviert das *INTERRUPT_ACKNOWLEDGE*–Signal, das als fallende Flanke auf der $\overline{IACK}$–Leitung definiert ist. Gleichzeitig legt er den Prioritätscode $(1\ldots7)$ in binärer Form auf die drei niederwertigen Adressleitungen. Das $\overline{IACK}$–Signal wird über eine Sammelleitung zum Steckplatz 1 (höchste Priorität) geführt und dort am Anschluss $\overline{IACKIN}$ in die Kette eingespeist. Nun durchläuft es eine Daisy–Chain bis zum — innerhalb dieser Kette höchstpriorisierten — *Interrupter*. Das $\overline{IACK}$–Signal wird über den $\overline{IACKOUT}$–Ausgang an die nachfolgenden Busmodule weitergereicht, wenn das jeweilige Busmodul selbst keinen Interrupt–Service angefordert hat. Der Interrupter antwortet dem Interrupt Handler, indem er auf den Datenbus einen 8 Bit Interrupt Vektor legt, der die Startadresse der Service Routine bestimmt. Der Interrupt Handler liest diesen Vektor ein[7] und führt dann die Service Routine aus.

Zusätzlich zum asynchronen Parallelbus gibt es noch den sogenannten *Inter–Intelligence* Bus (II–Bus), der mit synchroner Datenübertragung arbeitet. Er dient zur Kommunikation in Multiprozessorsystemen und überträgt jeweils 38 Bit lange Nachrichten.

Der VME–Bus stellt eine Reihe von *Takt-* und *Versorgungsleitungen* zur Verfügung, die als globale Busfunktionen von Bedeutung sind. Es gibt beispielsweise einen 16 MHz–Systemtakt und eine $\overline{SYSFAIL}$–Leitung, um Fehler in einzelnen Busmodulen zu melden. Bei einem Ausfall der Stromversorgung wird mindestens 4 ms vor Unterschreitung der VME–Bus spezifischen Spannungspegel ein $\overline{ACFAIL}$–Signal ausgelöst. In dieser Zeit können z.B. laufende Programme in den Busmodulen abgebrochen werden. Für den Restart wichtige Daten müssen in einem batteriegepufferten Speichermodul gerettet werden.

Ein weiteres Beispiel für einen standardisierten Parallelbus ist der SCSI–Bus (Small Computer System Interface), den wir in Kapitel 8 im Zusammenhang mit Festplatten-Schnittstellen ausführlicher beschreiben werden.

· Umgekehrt wie bei der Busarbitrierung.

· gesteuert durch das $\overline{DTACK}$– Signal.

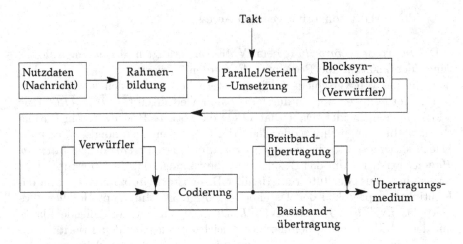

Abb. 7.20. Blockschaltbild der seriellen Übertragungskette im Sendeteil

7.5 Serielle Übertragung

Die Übertragung von Nutzdaten in serieller Form erfolgt durch Bitketten, die sende– und empfangsseitig in gleicher Art und Weise aufgearbeitet werden. Abbildung 7.20 zeigt die im Sendeteil benötigten Funktionsblöcke. Parallelgeschaltete Blöcke stellen alternative Verarbeitungsmöglichkeiten dar. Die Nutzdaten müssen zuerst in Datenblöcke zerlegt werden, die eine feste oder variable (aber begrenzte) Länge haben. Die einzelnen Blöcke werden durch einen Vorspann (Header) und Prüfinformation (CRC–Bits) versehen. Anschließend erfolgt die Umsetzung dieser parallelen Informations*rahmen* in einen seriellen Bitstrom. Die Informationsrahmen werden dazu in Übertragungsblöcke (fester Länge) zerlegt. Je nach Art der Serialisierung werden zusätzliche Informationen zur Blocksynchronisation eingefügt. Bei *zeichenorientierter* Serialisierung müssen Blocksteuerzeichen für Blockanfang und Blockende vereinbart werden; dies erfolgt meist bei asynchroner Übertragung. Die *bitorientierte* Serialisierung hat den Vorteil, dass beliebige Bitkombinationen im seriellen Bitstrom vorkommen dürfen. Auch hier müssen Blocksteuerzeichen definiert werden. Durch einen Verwürfler werden diese Steuerzeichen in den Bitstrom eingestreut und auf der Empfängerseite durch einen Entwürfler wieder herausgefiltert. Steuerzeichen zur Trennung der einzelnen Informationsrahmen sind meist im Header enthalten und werden vom Sender „unverwürfelt" eingespeist. Je nach verwendetem Leitungscode kann nach der Blocksynchronisation ein weiterer Verwürfler folgen, der aus dem Bitstrom von Blocksteuerzeichen und Informationsrahmen eine Pseudozufallsfolge erzeugt, welche empfangsseitig eine Taktrückgewinnung (zur synchronen Übertragung) ermöglicht. Bei *selbsttaktenden* Leitungscodes wie z.B. beim Manchester–Code ist dies nicht erforderlich. Selbsttaktende Leitungscodes haben jedoch den Nachteil, dass sie eine größere Signalbandbreite erfordern. Wenn der Leitungscode ohne weitere Umformung auf das Übertragungsmedium geschaltet wird, spricht man von *Basisbandübertragung*. Erfolgt eine Anpassung des Signalspektrums an die Übergangsbandbreite des Kanals, so handelt es sich um *Breitbandübertragung*.

7.5.1 Verwürfler und Entwürfler

Verwürfler und Entwürfler werden benötigt, um bei synchroner Übertragung eine permanente Synchronisierung des Empfängertaktes zu erreichen. Dies ist bei jedem Wechsel des Leitungssignals möglich. Je nach verwendetem Leitungscode treten jedoch bei Null– oder Einsfolgen nicht genügend oder keine Signalwechsel auf. Ein *Verwürfler* (Scrambler) besteht aus einem rückgekoppelten Schieberegister und erzeugt aus einer beliebigen Bitfolge eine Pseudozufallsfolge. Durch einen *Entwürfler* (Descrambler), der symmetrisch aufgebaut ist, wird auf der Empfängerseite die ursprüngliche Bitfolge wiedergewonnen. Für die Abb. 7.21 gilt

$$c_n = b_n \not\equiv x_n = (a_n \not\equiv x_n) \not\equiv x_n = a_n$$

d.h. die Bitfolge c_n am Ende der Übertragungskette stimmt mit der eingespeisten Bitfolge a_n überein.
Beweis:

$$
\begin{aligned}
c_n &= (\overline{\overline{a_n} \cdot x_n + a_n \cdot \overline{x_n}}) \cdot x_n + \overline{x_n}(\overline{a_n} \cdot x_n + a_n \cdot \overline{x_n}) \\
&= \overline{\overline{a_n} \cdot x_n} \cdot \overline{a_n \cdot \overline{x_n}} \cdot x_n + a_n \cdot \overline{x_n} \\
&= (a_n + \overline{x_n}) \cdot (\overline{a_n} + x_n) \cdot x_n + a_n \cdot \overline{x_n} \\
&= (a_n \cdot \overline{a_n} + \overline{x_n} \cdot \overline{a_n} + a_n \cdot x_n + \overline{x_n} \cdot x_n) \cdot x_n + a_n \cdot \overline{x_n} \\
&= \overline{x_n} \cdot x_n \cdot \overline{a_n} + a_n \cdot x_n \cdot x_n + a_n \cdot \overline{x_n} \\
&= a_n \cdot (x_n + \overline{x_n}) = a_n
\end{aligned}
$$

7.5.2 Betriebsarten

Bei der Datenkommunikation erfolgt die Übertragung entweder im *Duplex*– oder im *Halbduplex–Betrieb* (Abb. 7.22). Beim Duplex–Betrieb können zwei Stationen gleichzeitig senden und empfangen. Es müssen entsprechend zwei Übertragungsstrecken zur Verfügung stehen, z.B eine Vierdrahtverbindung (oder Dreidrahtverbindung, falls eine gemeinsame Masse benutzt wird). Ein Beispiel dafür ist eine RS232/V24–Schnittstelle. Beim Halbduplex–Betrieb nutzen zwei Stationen abwechselnd eine bidirektional betreibbare Übertragungsstrecke. Während eine Station sendet, ist die andere Station (bzw. andere Stationen) auf Empfang. Ein Beispiel für diese Betriebsart ist der Ethernet

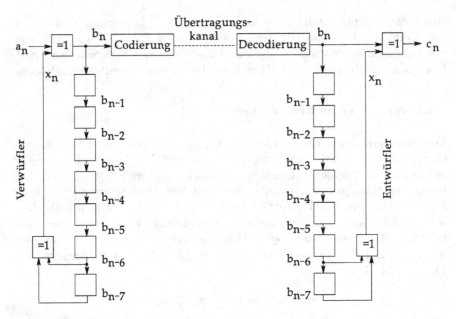

Abb. 7.21. Verwürfler und Entwürfler sind symmetrisch aufgebaut. Sie ermöglichen eine Synchronisierung des Empfängertaktes bei Verwendung einfacher Leitungscodes.

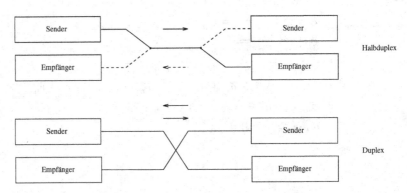

Abb. 7.22. Mögliche Betriebsarten bei der Datenübertragung

Standard. Eine weitere Betriebsart ist der *Simplex–Betrieb*. Hier werden Informationen nur in eine Richtung übertragen. Es findet keine Rückmeldung des Empfängers an den Sender statt. Diese Betriebsart ist daher in der Datenverarbeitung von geringer Bedeutung; sie wird vorwiegend für die Massenmedien (Rundfunk, Fernsehen) eingesetzt.

7.5.3 Synchrone Übertragung

Die miteinander kommunizierenden Stationen verwenden den gleichen Takt. Der Sender stellt das Taktsignal entweder über eine separate Leitung bereit, oder Takt und Daten werden gemeinsam übertragen. Im letztgenannten Fall spricht man von einem *selbsttaktenden* Leitungscode (z.B. Manchester-Code). Der Empfänger muss aus dem zusammengesetzten Signal das Taktsignal herausfiltern und damit die Nutzdaten zurückgewinnen. Der verwendete Leitungscode muss — unabhängig von den zu übertragenden Nutzdaten — in einem bestimmten Zeitraum mindestens eine Signalflanke erzeugen, damit sich der Taktgenerator im Empfänger ständig neu synchronisieren kann. Neben der Möglichkeit, selbsttaktende Leitungscodes zu verwenden, kann auch ein Verwürfler diese Aufgabe übernehmen. Nach einer dem Sender und Empfänger bekannten Vorschrift erzeugt man aus einer Bitfolge eine Pseudozufallsfolge, überträgt diese und wandelt sie auf der Empfängerseite wieder in die ursprüngliche Bitfolge zurück (siehe oben). Dabei entsehen die zur Rückgewinnung des Taktsignals notwendigen Signalflanken auf der Übertragungsleitung. Durch die synchrone Übertragung kann eine wesentlich größere Zahl von Bits hintereinander übertragen werden als durch asynchrone Übertragung. Einzelne Datenblöcke werden durch Blocksynchronisationszeichen voneinander getrennt und um Information zur Fehlererkennung ergänzt. Die maximale Schrittgeschwindigkeit kann je nach Übertragungsmedium und Übertragungstechnik (Basisband oder Breitband) bis zu 100 MBit/s erreichen. Die synchrone Übertragung wird z.B. beim Ethernet Standard mit 10 MBit/s[8] in Basisbandtechnik angewandt. Synchrone Übertragungsverfahren eignen sich sowohl für zeichen- als auch für bitorientierte Kommunikationsprotokolle, mit denen höchste Nutzdatenraten bei der Übertragung binärer Informationen (z.B. Maschinenprogramme) erreicht werden.

7.5.4 Asynchrone Übertragung

Hier gibt es keinen gemeinsamen Zeittakt zwischen Sender und Empfänger. Beide haben einen eigenen Taktgenerator zur Erzeugung eines Sende- und Empfangstaktes. Durch Start- und Stoppbits synchronisiert sich der Empfänger mit dem Sender. Da die Taktgeneratoren nie exakt die gleiche Frequenz haben, kann nur eine relativ kleine Zahl von Bits in den Übertragungsrahmen gepackt werden (meist 1 Byte). Die maximale Datenrate bei asynchroner Breitbandübertragung liegt derzeit bei 56 KBit/s. Dabei ist zu beachten, dass die sogenannte Baudrate (= 1/Schrittdauer pro Bit) bei der Breitbandübertragung geringer ist als die Datenrate, da mit einem Signalwechsel mehr als ein Bit übertragen werden kann. Der Vorteil der asynchronen Übertragung ist, dass sie mit einfachen Mitteln realisiert werden kann (vgl. Kapitel 9, Abschnitt 9.2.1). Asynchrone Übertragungsverfahren eignen sich vor allem für

---

[8] bzw. FastEthernet mit 100 MBit/s.

zeichenorientierte Protokolle. Bitfolgen wie z.B. Maschinenprogramme müssen deshalb in codierter Form übertragen werden.

7.5.5 Leitungscodes

Zur Übertragung binärer Informationen muss eine Codierung der logischen Zustände durch Spannungen erfolgen. Wenn n diskrete Spannungspegel (Kennzustände) benutzt werden, ergibt sich eine Bitrate von

$$V_B = \frac{ld\,n}{T}$$

wobei ld den dualen Logarithmus und T die *Schrittdauer* bezeichnen. Die Schrittdauer entspricht dem minimalen zeitlichen Abstand zwischen zwei verschiedenen Spannungspegeln. Die kleinste Einheit des Leitungssignals wird *Codeelement* genannt. Es kann aus einem, zwei oder mehreren Schritten bestehen. Der Aufwand zur Unterscheidung der n Kennzustände steigt mit der Größe von n. Durch Dämpfung und Rauschen wird es auf der Empfängerseite immer schwieriger, einzelne Kennzustände richtig zu trennen. Daher werden meist nur 2 oder 3 verschiedene Spannungspegel benutzt. Für $n = 2$ entspricht die Bitrate dem Kehrwert der Schrittdauer. Sie wird mit der Einheit Baud angegeben.

Ein wichtiges Merkmal von Leitungscodes ist die *Gleichstromfreiheit*. Sie ist dann erforderlich, wenn die Übertragungsleitung von den angeschlossenen Stationen galvanisch entkoppelt werden soll. Bei einer transformatorischen Ankopplung können keine Gleichstromsignale übertragen werden. Ein anderes wichtiges Merkmal betrifft die Taktrückgewinnung. Die im Sender erzeugten Codeelemente müssen vom Empfänger zum richtigen Zeitpunkt abgetastet und zurückgewandelt werden.

Selbsttaktende Leitungscodes mischen Takt- und Dateninformation in einem Signal und ermöglichen dem Empfänger eine Taktrückgewinnung. Eine separate Leitung zur Übertragung des Taktsignals ist daher nicht nötig, d.h. es entstehen keine zusätzlichen Kosten, um eine schnelle synchrone Datenübertragung zu realisieren. In Abb. 7.23 sind die häufigsten *binären* Leitungscodes dargestellt. Sie werden im folgenden erläutert.

NRZ–CODE (NON–RETURN–TO–ZERO). Diese Codierung ergibt sich direkt bei der parallel/seriell Umsetzung. Während der Schrittdauer T wird eine 0 durch die Spannung U_L und eine 1 durch die Spannung U_H definiert. Da bei längeren 0– oder 1–Folgen keine Signalwechsel erfolgen, ist der NRZ–Code weder gleichstromfrei noch selbsttaktend. Bei der asynchronen Übertragung wird dieser Code für die Nutzdaten verwendet. Diese werden dann von einem Übertragungsrahmen zur Synchronisierung des Empfänger–Taktgenerators umgeben.

RZ–CODE (RETURN–TO–ZERO). Zur Kennzeichnung einer 1 wird ein Rechteckimpuls der halben Schrittdauer ausgegeben. Auch diese Codierung ist nicht gleichstromfrei. Im Gegensatz zum NRZ–Code wird bei 1–Folgen der Takt übertragen, bei 0–Folgen aber nicht.

Manchester–Code (Bi–Phase–Code). Dieser Code überträgt sowohl die 0 als auch die 1 durch Rechteckimpulse, die sich durch ihre Phasenlage relativ zum Takt voneinander unterscheiden. Eine 1 wird wie beim RZ–Code synchron mit der U_H–Phase des Taktes erzeugt. Eine 0 wird synchron zur U_L–Phase des Taktes ausgegeben. Der Taktzyklus wird demnach invertiert. Dagegen bleibt der Taktzyklus unverändert, wenn eine 1 übertragen wird. Der Manchester–Code ist selbsttaktend und gleichstromfrei. Nachteilig ist, dass ein ausgedehntes Frequenzspektrum übertragen werden muss. Der Manchester–Code wird beim Ethernet–LAN benutzt.

Differential–Manchester–Code (coded–Diphase). Der Differential–Manchester–Code wird aus zwei Signalelementen aufgebaut, die um 180° gegeneinander phasenverschoben sind. Bei der Übertragung einer 1 findet kein Phasensprung statt, d.h. der Pegel des vorangehenden Schrittes wird zunächst beibehalten. Er ändert sich erst nach $T/2$ im aktuellen Codeelement. Eine 0 wird durch einen Phasensprung codiert. Die beiden Signalelemente sind also *nicht* fest den logischen Werten zugeordnet, sondern werden abhängig von den vorangehenden Signalelementen ausgewählt. Da spätestens nach der Schrittdauer T eine Pegeländerung erfolgt, ist jederzeit eine Synchronisierung des Empfängers möglich. Außerdem ist das Signal gleichstromfrei. Der Differential–Manchester–Code wird beim Token–Ring benutzt. Zur Kennzeichnung von Rahmeninformationen werden Codeverletzungen eingefügt. Die Codeverletzungen bewirken, dass der Abstand zwischen den Pegeländerungen größer gleich $\frac{3}{2}T$ wird. Sie können im Empfänger leicht erkannt werden.

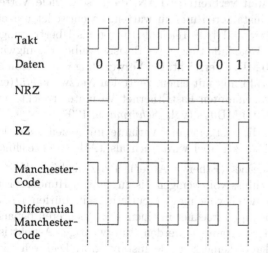

Abb. 7.23. Verschiedene binäre Leitungscodes

7.6 Basisbandübertragung

Von Basisbandübertragung spricht man, wenn der gewählte Leitungscode ohne weitere Umformung übertragen wird. Es handelt sich also um Rechteckimpulse, die ein ausgedehntes Frequenzspektrum besitzen. Als Faustregel gilt, dass das Spektrum umso ausgedehnter ist, je kürzer die Rechteckimpulse des Signals sind. Da Leitungen nur ein begrenztes Frequenzspektrum übertragen, wird das Signal auf der Übertragungsstrecke verformt. Dies gilt besonders bei hohen Schrittgeschwindigkeiten, die nur mit großem schaltungstechnischen Aufwand für Sender und Empfänger und hochwertigen Kabeln (geringe Signaldämpfung) realisiert werden können.

Die verfügbare Übertragungsbandbreite der Leitung wird bei rechteckförmigen Signalen schlecht ausgenutzt, da die entsprechenden Frequenzspektren breit und flach sind. Durch die Übertragung werden die Kanten der digitalen Signale abgerundet und die Amplitude verringert. Die mit elektrischen Leitungen überbrückbaren Entfernungen bei der Basisbandübertragung sind nicht sehr groß; sie liegen meist unter 2 km. Wegen ihrer hohen Übertragungsbandbreite und geringer Dämpfung eignen sich Lichtwellenleiter besonders gut für die Basisbandübertragung. Es können Datenraten von über 100 MBit/s erreicht werden. Die gleichzeitige Übertragung mehrerer Informationsströme ist nur durch zeitversetzte Nutzung des Übertragungsmediums möglich (Zeitmultiplex). Vorteile der Basisbandübertragung sind: geringe Kosten, leicht erweiterbar und wartbar.

7.6.1 Ethernet–LAN

Das Ethernet–LAN ist ein weit verbreitetes LAN, da es sehr viele Vorteile vereint. Es ist einfach zu installieren und zu warten, da entweder nur ein einfaches Koaxialkabel oder twisted–pair Telefonleitungen als Übertragungsmedium benutzt werden. Mit Koaxialleitungen bei Basisbandübertragungwird eine Übertragungsrate von 10 MBit/s erreicht. Bei Verwendung von Telefonkabeln werden die Rechner sternförmig mit einem zentralen Netzwerkgerät(en) (Hub) verbunden. Mit der sogenannten FastEthernet Variante erreicht man mittlerweile Datenraten von 100 MBit/s (vgl. [*Schürmann*, 1997]).

Wir werden uns hier auf die erstgenannte Variante mit einen zentralen Koaxialkabel beschränken. Dieses Kabel wird auch als „Äther" bezeichnet. Daher kommt der Name Ethernet (Ether = Äther). Trotz niedriger Kosten erlaubt es den flexiblen Anschluss von wenigen bis zu einigen Hundert Teilnehmern, die bis zu 1 Kilometer voneinander entfernt sein dürfen [*IEEE 802.3*, 1985]. So können Arbeitsplatzrechner in einem oder mehreren benachbarten Gebäuden miteinander verbunden werden. Ein wichtiger Aspekt ist, dass es außer dem Koaxialkabel keine zentrale Instanz gibt. Dadurch wird die Zuverlässigkeit des LANs erhöht und die Fehlersuche vereinfacht. Zu jedem Zeitpunkt können Teilnehmer ans Netz gehen oder abgeschaltet werden. Besondere Rechner, die Systemdienste anbieten, sind ständig in Betrieb

(Fileserver, Printerserver). Die Antwortzeiten sind von der Auslastung des LANs abhängig. Trotzdem wird selbst unter hoher Last ein stabiler Betrieb gewährleistet, da alle Teilnehmer beim Zugriff auf das Koaxialkabel gleichberechtigt sind. Durch den Anschluss an ein Ethernet–LAN können Computer unterschiedlicher Hersteller miteinander in Verbindung treten. Softwareseitig müssen die Stationen über ein einheitliches Kommunikationsprotokoll verfügen. Die Kommunikationspartner müssen dieselbe „Sprache" sprechen. Es genügt also nicht, dass eine physikalische Verbindung vorhanden ist.

Funktionsprinzip

Die Datenübertragung ist paket–orientiert und erfolgt mit digitalen Signalen (Basisband). Die Paketlänge ist variabel aber begrenzt. Die Transferrate beträgt 10 MBit/s. Jeder Teilnehmer hat eine eindeutige Netzwerk– oder Ethernet–Adresse, die in seinem Netzwerk–Controller festgelegt wird. Diese Adresse darf weltweit nur einmal vergeben werden.

Der gemeinsame Kommunikationskanal wird durch einen verteilten Steuerungsmechanismus verwaltet, der als CSMA/CD für *Carrier Sense Multiple Access with Collision Detection* bezeichnet wird. Es gibt keine zentrale Steuerlogik zur Vergabe des Kanals. Die angeschlossenen Stationen wetteifern um den Kanal. Sobald eine Station feststellt, dass der Kanal nicht belegt ist, fängt sie an, ein Paket zu senden. Falls der Kanal belegt ist (Carrier Sense), geht die Station in einen Wartezustand. Es kann nun passieren, dass zwei oder mehrere sendebereite Stationen gleichzeitig einen freien Kanal erkannt haben und versuchen, ihre Pakete abzuschicken. Die einzelnen Ethernet–Controller beobachten während der Sendung den Kanal und erkennen die Kollision der Datenpakete kurz nach dem Start der Übertragung (Collision Detect). Das Zeitintervall, in dem mögliche Kollisionen nach dem Start mit Sicherheit durch eine Sender–Station erkannt werden, heißt *Collision Window*. Es bestimmt die maximale Länge des Koaxialkabels. Die doppelte Signallaufzeit von einem Ende bis zum anderen Ende des Kabels muss *kleiner* sein als die Dauer des Collision Windows. Nachdem eine Kollision erkannt wurde, unterbrechen alle aktiven Stationen ihre Sendung und gehen für ein *zufallsmäßig* bestimmtes Zeitintervall in einen Wartezustand. Dann versuchen sie nacheinander nach dem gleichen Schema, ihr Paket abzusetzen. Selbst bei hoher Netzlast kommt so jede Station früher oder später an die Reihe. Es wird also ein fairer Zugriff für alle angeschlossenen Stationen garantiert. Wenn die Zeit zur Übertragung der Pakete groß ist gegenüber der Zeit zur Kollisionserkennung und –behebung, wird eine hohe Auslastung des Koaxialkabels erreicht.

Auf Basis der Ethernet-Spezifikation wird *nicht* garantiert, dass jedes Paket an seinen Bestimmungsort ankommt bzw. gelesen wird. Höhere Protokollebenen müssen solche Situationen erkennen, d.h. der Empfänger muss eine Rückmeldung an den Sender schicken. Ethernet–Controller können allerdings Übertragungsfehler erkennen und die an sie adressierten fehlerhaften Pakete zurückweisen.

Aufbau einer Ethernet–Schnittstelle

Eine Ethernet–Schnittstelle besteht aus einem Controller, der über ein Kabel mit einem Transceiver (Sender/Empfänger) verbunden ist. Der Transceiver ist manchmal auch im Controller integriert, so dass das Koaxialkabel direkt angeschlossen werden kann. Der Controller ist mit der Station verbunden und hat die Aufgabe, Datenpakete zu bilden, die Encodierung, Decodierung und Rahmenbildung durchzuführen und das CSMA/CD–Protokoll zur Verwaltung des Kanals zu realisieren.

Der zentrale Kommunikationskanal besteht aus einem Koaxialkabel mit 50 Ω Wellenwiderstand, das an seinem Ende mit gleichgroßen Ohmschen Widerständen abgeschlossen wird. Die Abschlusswiderstände werden benötigt, um Reflexionen an den Kabelenden zu verhindern (vgl. *Band 1*, Abschnitt *Datenübertragung*). Der Anschluss der Stationen (Computer) erfolgt durch T–Stücke, die mit Koaxialverbindern in die Leitung eingeschleift werden.

Adressierung

Das Paketformat enthält sowohl die Sender– als auch die Empfängeradresse, die jeweils 48 Bit lang sind. Man kann netzwerk–spezifische und netzwerk–überspannende Adressen unterscheiden. Im letzten Fall erhält jedes Netzwerk eine eigene Nummer, um den Verbindungsaufbau zwischen den Netzen zu vereinfachen. Neben der Punkt–zu–Punkt Verbindung sind auch Adressierungsarten wünschenswert, die mehrere Empfänger gleichzeitig ansprechen. Man denke an verteilte Anwendungen wie Datenbanken oder parallele Algorithmen. Dieses *Multicast* wird durch Definition bestimmter Adressen als *Multicast ID* ermöglicht. Das *Broadcast* ist ein Spezialfall des Multicast. Außer der sendenden Station sind alle auf Empfang. Controller, die die Empfängeradresse ignorieren, können zur Beobachtung des Netzwerkes oder zur Fehlersuche verwendet werden. Das Vorhandensein einer solchen „Horch"–Station wird nicht bemerkt. Die Anwenderdaten sind deshalb durch Verschlüsselung auf höheren Protokollebenen vor Missbrauch zu schützen.

Träger–Erkennung

Die Träger–Erkennung hat zwei Aufgaben: 1. Der Empfänger erkennt damit Anfang und Ende eines Datenpakets. 2. Der Sender beginnt nur dann zu senden, wenn kein Träger vorhanden ist. Durch die Manchester–Codierung ist ein Träger leicht als Zustandswechsel im Abstand von mindestens 100 ns (entspricht einer Datentransferrate von 10 MBit/s) zu erkennen.

Eine Ausnahme, bei der die Trägererkennung durch Zustandswechsel nicht funktioniert, stellt die *gesättigte Kollision* dar. Es ist denkbar, dass sehr viele Sender gleichzeitig einen freien Kanal feststellen und gleichzeitig mit ihrer Sendung beginnen. Jeder Sender enthält eine schaltbare Stromquelle, die einen Strom ins Kabel einspeist. Die Überlagerung der Ströme zweier (mehrerer) Sender *kann* dazu führen, dass nur noch eine konstante Gleichspannung ausgegeben wird. Bei gesättigter Kollision wird ein Signal mit einem Spannungspegel entstehen, der stets größer als $-2,05\,V = -82\,mA \cdot 25\,\Omega$ ist (vgl. Abb. 7.24). Dies kann durch einen Komparator erkannt werden.

Kollisionserkennung

Um den Kanal möglichst gut auszunutzen, ist es wichtig, Kollisionen schnell zu erkennen und die sendenden Stationen sofort abzuschalten. Ethernet–Systeme erkennen Kollisionen im Transceiver und melden dies dem Controller. Der Controller einer sendenden Station kann *zusätzlich* Sende– und Empfangssignale miteinander vergleichen. Solange keine Kollision vorliegt, müssen sie miteinander identisch sein. Kollisionen können bei empfangenden und sendenden Stationen auf zwei Arten erkannt werden.

1. Bei belegtem Kanal muss alle 100 ns ein Zustandswechsel erfolgen, sonst liegt ein Phasenfehler durch Kollision vor.
2. Einfacher ist die DC–Schwellwert–Erkennung. Ein kollisionsfreier aber belegter Kanal kann gleichstrommäßig wie in Abb. 7.24 modelliert werden. Die beiden Anschlusswiderstände haben jeweils einen Wert von 50 Ω. Wenn U_A ein Vielfaches von $-2,05\,V$ ist, liegt eine Kollision vor. Den Schwellwert kann man z.B. auf $-3\,V$ legen.

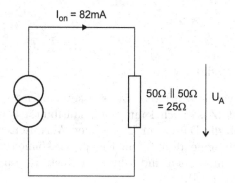

Abb. 7.24. DC–Schwellwert–Erkennung bei Überlagerung zweier Sender im Ethernet

Kanalverwaltung durch den Sender

Sobald der Sender eine Kollision erkennt, wird er sie durch eine kurzzeitige Verstopfung (jam) verstärken und die erneute Sendung des Datenpaketes einplanen. Das *Collision Consensus Enforcement* besteht darin, dass vier bis sechs zufällig bestimmte Bytes gesendet werden. Die Wahl des Zeitpunkts der Wiederholung ist nicht einfach, da zwei widersprüchliche Anforderungen erfüllt werden müssen. Einerseits soll das Datenpaket möglichst schnell abgesetzt werden; andererseits ist ein Zurückstellen des Sendewunsches notwendig, um der anderen Station (bzw. anderen Stationen) den Zugriff auf den Kanal zu ermöglichen.

Die Verzögerungszeit bis zum Wiederholen der Sendung wird bei Ethernet nach dem *truncated binary exponential back-off Algorithm* bestimmt. Die benutzte Verzögerungszeit ist immer ein ganzzahliges Vielfaches der sogenannten *Retransmission Slot Time*. Um weitere Kollisionen zu vermeiden, sollte diese Zeitbasis etwas größer als das Collision Window sein. Der Multiplikator, der als *Retransmission Delay* bezeichnet wird, kann einen zufälligen Wert zwischen 0 und einer oberen Grenze annehmen. Falls es mit dem momentanen Retransmission Delay zu einer Kollision kommt, wird der Wert verdoppelt und ein neuer Versuch gestartet. Der Verdopplungsmechanismus wird bei einem bestimmten Grenzwert für den Retransmission Delay abgebrochen. Nach einer vorgegebenen Anzahl von vergeblichen Sendeversuchen mit diesem Grenzwert gibt der Ethernet-Controller schließlich auf.

Empfänger — Aufgaben und Verwaltung

Der Empfänger wird aktiviert, sobald ein Träger erkannt wird. Nach der Synchronisation auf das Taktsignal wird der Rest der *Präambel* gelesen und die Bestimmungsadresse geprüft. Je nach Initialisierung des Controllers können folgende Adressen akzeptiert werden:

1. Eigene Adresse
2. Multicast-Adresse
3. Broadcast-Adresse
4. Jede Adresse (promiscuous Code)

Falls die Adresse akzeptiert wurde, wird das Datenpaket eingelesen und die CRC-Prüfung durchgeführt. Zusätzlich kann eine Plausibilitätskontrolle durchgeführt werden, z.B. ob die Daten auf Byte- oder Wortgrenzen enden. Häufig gibt es Kollisions-Fragmente auf dem Kanal. Sie können durch einen Filter im Controller entfernt werden und führen zu einem Restart des Empfängerteils (Warten auf Präambel).

Paket-Länge

Ein Ziel der Ethernet-Spezifikation ist die Datentransparenz. Trotzdem muss die Größe der Datenpakete bestimmte obere und untere Grenzen einhalten. Das kleinste Datenpaket hat 74 Byte und das größte Datenpaket darf eine Länge von 1526 Byte haben. Dabei sind jeweils 26 Byte für Overhead wie Präambel, Adressen und CRC-Wert berücksichtigt. Das Datenfeld enthält eine ganzzahlige Anzahl von Bytes. Ein Datenpaket soll länger sein als das Collision Window, damit Kollisionen eindeutig vom Sender erkannt werden können. Nur so können Kollisions–Fragmente vom Empfänger herausgefiltert werden. Die Begrenzung der Datenbytes ist nötig, um die Latenzzeit des Kanals für andere sendebereite Stationen klein zu halten. Außerdem wird so die begrenzte Speicherkapazität des Controller–Puffers berücksichtigt.

Typ–Feld

Die Ethernet–Spezifikation definiert ein 16 Bit langes Typ–Feld, das höhere Netzprotokolle unterstützen soll. Die dort gespeicherte bzw. übertragene Information wird vom Ethernet–Controller ignoriert. Sie hilft aber Routing–Stationen (höhere Protokollebenen), die verschiedenen Zielnetze von Datenpaketen zu unterscheiden und die Datenpakete entsprechend weiterzuleiten.

CRC Erzeugung und Prüfung

Der Sender erzeugt einen 32 Bit CRC–Wert und hängt diesen an das Datenpaket an, bevor er es sendet. Der Empfänger prüft den CRC–Wert und entfernt ihn aus dem Datenpaket. Die CRC–Prüfung kann nur Fehler bei der Übertragung zwischen zwei Ethernet–Controllern erkennen. Andere Übertragungsfehler müssen durch höhere Protokollebenen erkannt und behoben werden.

Der CRC–Wert wird wie folgt gebildet (vgl. vorigen Abschnitt). Die Bits des Datenpakets werden als binäre Koeffizienten eines Polynoms $B(x)$ interpretiert und durch folgendes Generatorpolynom dividiert:

$$G(x) = x^{32} + x^{26} + x^{23} + x^{22} + x^{16} + x^{12} + x^{11} +$$
$$x^{10} + x^8 + x^7 + x^5 + x^4 + x^2 + x + 1$$

Der Rest $R(x)$ dieser Division wird an das Datenpaket angehängt. Wird die so erweiterte Bitfolge fehlerfrei übertragen, so ist sie am Bestimmungsort ohne Rest durch das Generatorpolynom teilbar. Falls sie nicht durch G teilbar ist, weiß man, dass ein Übertragungsfehler vorliegt. Die Bildung des Quotienten erfolgt mit einer speziellen Hardware.

Encodierung und Decodierung

Der Sender hat die Aufgabe, einen seriellen Bitstrom im Manchester–Code zu codieren und auf das Koaxialkabel zu legen. Ein Bit wird durch einen Signalwechsel auf dem Koaxialkabel dargestellt. Eine fallende Flanke codiert eine 0 und eine steigende Flanke eine 1 (vgl. Abschnitt *Leitungscodes*). Dieses Verfahren mischt auf einer Leitung zu den Daten den Takt (10 MHz). Im Empfänger muss durch einen Datenseparator der Bitstrom aus dem Leitungssignal zurückgewonnen werden. Zur Synchronisation wird die 64–Bit Präambel benutzt, die meist einen PLL[9] zur Taktrückgewinnung steuert.

· Phase Locked Loop (vgl. Kapitel 8).

Ethernet–Varianten

Es gibt mittlerweile verschiedene Varianten von Ethrnet–Kabeln und Verbindungstopologien. Die ersten Ethernet–Netzwerke arbeiteten nach dem oben beschriebenen Buskonzept wobei die einzelnen Computer über ein gemeinsames Koaxialkabel und T–Stecker miteinander verbunden wurden. Um anzuzeigen, dass die Datenübertragung mit 10 MBit/s über ein zweiadriges Kabel erfolgt, wird diese Variante *10Base2* genannt. Je nach Kabelqualität darf ein solches *Segment* bis zu 180 m lang sein. Um zwei oder mehrere Segmente zu verbinden, benötigt man eine *Repeater*. Da es sich bei der 10Base2–Variante um einen Bus handelt, können immer nur zwei Computer zu einer Zeit kommunizieren. Außerdem sind Leitungsfehler wie Unterbrechungen und Kurzschlüsse nur schwer zu lokalisieren.

Um diese Probleme zu beseitigen, ist man zu einer *Stern*topologie übergegangen bei der ein so genannter *Switch* geschaltete Verbindungen zwischen den Computern im Netzwerk herstellt. Ein solcher Switch besteht aus einem leistungsfähigen Computer, der über eine bestimmte Zahl von Netzwerkanschlüssen verfügt, die als *Ports* bezeichnet werden. Die Anzahl der Ports ist meist ein Vielfaches von 8, d.h. ein Switch verfügt z.B. über 8, 16, 24 usw. Ports. Diese Ports werden in sehr schneller Folge durch einen Netzwerkprozessor abgefragt. Datenpakete, die den Switch über *Netzwerklinks* der angeschlossenen Computer erreichen, werden an die entsprechenden Empfänger weitergeleitet. Ähnlich wie bei einer *Bridge* (vgl. Abschnitt 7.6.4) baut der Switch hierzu eine interne Vermittlungtabelle (routing table) auf, d.h. er führt eine Liste über die Netzwerkadressen der am jeweiligen Port angeschlossenen Computer.

Im Netzwerk werden Daten in Form von *Paketen* verschickt bei denen die eigentlichen Nutzdaten in einen Übertragungsrahmen eingepackt sind. Dieser Übertragungsrahmen enthält neben Sender– und Empfängeradressen auch Informationen zur Erkennung und Behebung von Übertragungsfehlern. Anhand der Empfängeradresse und der Vermittlungstabelle ermittelt der Switch den Port an den die Nutzdaten übertragen werden müssen. Die Abb. 7.25 zeigt den typischen Aufbau eines Ethernet–Netzwerks mit Switch. Die einzelnen Computer sind über ihre Netzwerkadapter und –links mit den Ports des Switchs verbunden.

Um höhere Übertragungsgeschwindigkeiten zu erreichen, wurden anstatt von Koaxialkabel paarweise verdrehte Kabel (twisted pair) eingeführt. Die Übertragungseigenschaften dieser Kabel erlauben Geschwindigkeiten von 10, 100 und sogar 1000 MBit/s. Entsprechend wurden diese Ethernetverbindungen *10BaseT, 100BaseT* und *1000BaseT* genannt. Das *T* in dieser Bezeichnung deutet auf das „twisted pair" hin. 100BaseT ist auch als *Fast*–Ethernet und 1000BaseT als *Gigabit*–Ethernet bekannt.

Bei twisted pair Kabeln unterscheidet man fünf verschiedene Kabelqualitäten, die als CAT1– bis CAT5–Kabel bezeichnet werden. Die Einordnung

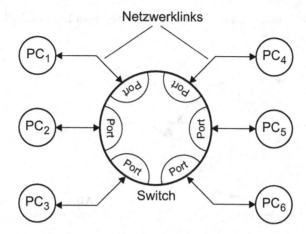

Abb. 7.25. Ethernet–Netzwerk mit Switch

eines Kabels erfolgt anhand des Dämpfungsfaktors. Je geringer die Dämpfung, desto höher ist die Nummer. Für 100BaseT müssen unbedingt CAT5–Kabel verwendet werden. Obwohl alle heute eingesetzten Ethernet–Kabel abgeschirmt sind[10], benötigt man für Gigabit–Ethernet besonders gut abgeschirmte Kabel, die in die Kategorie CAT5E eingeordnet werden. Die jeweilige Kategorie ist normalerweise auf dem Kabel aufgedruckt. Zur Verbindung mit dem Netzwerkadapter bzw. Switch–Port verwendet man RJ45–Stecker, die etwas größer als die von Telefonanschlüssen bekannten RJ11–Stecker sind. Die Steckerkontakte werden dabei 1:1 miteinander verbunden. Vorkonfektionierte Kabel werden als *Patchkabel* bezeichnet und sind in verschiedenen Längen bis 30 m erhältlich. Will man zwei Computer direkt miteinander verbinden, so braucht man ein Patchkabel mit gekreuzten Sende– und Empfangsleitungen, das als *crossover*–Kabel bezeichnet wird.

7.6.2 Token–Ring

Der Token–Ring Standard wurde von IBM entwickelt und benutzt ein rotierendes Token (Berechtigungsmarke), das sendewillige Stationen berechtigt, Datenpakete auszusenden. Die Stationen sind in einer Ring–Topologie miteinander verbunden. Eine Station, die ein Datenpaket sendet, ändert den Zustand des Tokens von „frei" nach „belegt" und beginnt mit der Übertragung. Das Datenpaket enthält die Nutzdaten, einen entsprechenden CRC–Wert, die Sender– und Empfängeradresse sowie Zustandsinformationen über das Token. Wenn der Empfänger die Nutzdaten kopiert hat, kennzeichnet er dies durch Setzen des *Frame–copied* Bits. Das Datenpaket wird schließlich wieder zum

---

·· Man spricht auch von STP (für Shielded Twisted Pair) im Gegensatz zu UTP (für Unshielded Twisted Pair).

Sender zurückkommen. Dieser entfernt die Daten vom Ring und gibt ein freies
Token aus.

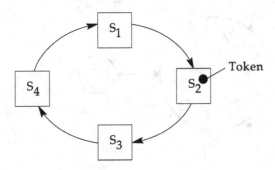

Abb. 7.26. Aufbau eines
Token–Ring LAN

Zusätzlich zu dem normalen Zugriffsmechanismus beim Token–Ring gibt es
einen ausgezeichneten Knoten, der als *aktiver Token–Monitor* arbeitet. Dies
ist immer die Station mit der höchsten Adresse. Der Token–Monitor sorgt
für die ständige Verfügbarkeit des Rings im Fehlerfall. Es kann vorkommen,
dass ein freies Token verloren geht oder dass ein belegtes Token permanent
rotiert, weil der Empfänger die Daten nicht kopiert. Im ersten Fall wird ein
freies Token erzeugt, wenn den Monitor während einer bestimmten Zeit (Time
Out) kein freies oder belegtes Token passiert. Mit dem *Monitor Count Flag*
im rotierenden Datenpaket wird der zweite Fehlerfall erkannt. Sobald das
Datenpaket den Monitor–Knoten zum erstenmal passiert, wird das Count Flag
gesetzt. Im Normalfall wird der Sender die Daten vom Ring entfernen und ein
freies Token ausgeben. Wenn das Datenpaket den Monitor aber ein zweites
Mal mit gesetztem Count Flag passiert (z.B. weil der Sender zwischenzeitig
ausgeschaltet wurde), entfernt dieser die Daten und sendet ein freies Token
aus.

Leitungsfehler können beim Token–Ring leicht erkannt werden, da ein unidirektionaler Signalfluss vorliegt. Der Empfänger kann das Ausbleiben des
Taktsignals erkennen und allen anderen Stationen mitteilen.

7.6.3 Token–Bus

Die Stationen eines Token–Bus LANs bilden einen *logischen* Ring. Jede Station erhält eine Nummer und kennt die Nummer der nachfolgenden Stationen.
Die Nummernfolge bildet eine geschlossene Folge (Zyklus). Sie muss nicht mit
der physikalischen Anordnung der Stationen übereinstimmen (vgl. Abb. 7.27).
Der Zugriff auf den gemeinsamen Bus wird wieder durch ein Token geregelt,
das von einer Station zur Nachfolgestation weitergereicht wird. Wenn eine Station das Token besitzt, darf sie auf dem Bus Datenpakete senden. Außerdem
kann sie andere Stationen (ohne Token) auffordern, ihr Datenpakete zuzu-
schicken (polling). Sobald die Daten gesendet wurden, oder eine Zeitscheibe

abgelaufen ist, gibt die Station das Token an ihre Nachfolgestation weiter. Token– und Datentransfers wechseln sich also ab.

Bei diesem Busvergabeschema müssen besondere Prozeduren vorgesehen werden, um Stationen in den logischen Ring einzukoppeln bzw. zu entfernen. Ebenso werden Vorschriften zur Initialisierung und Fehlerbehandlung benötigt (vgl. z.B. [*Stallings*, 1984, S. 26ff]).

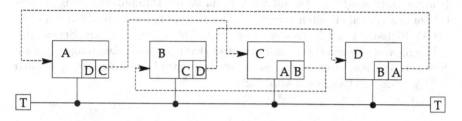

Abb. 7.27. Aufbau eines Token–Bus: logischer Ring durch Verweise auf Nachfolgestation (T = Abschlusswiderstände)

7.6.4 Kopplung von LANs

Zur Kopplung von LANs gibt es drei Möglichkeiten:

1. Repeater
2. Bridges
3. Gateways

REPEATER. Die maximale Länge eines Ethernet–Segments (zwischen zwei Stationen) ist nach der Ethernet–Spezifikation je nach verwendetem Kabeltyp auf 185–500 m begrenzt. Über Repeater können zwei oder mehrere Segmente miteinander gekoppelt werden. Zwei beliebige Stationen dürfen über höchstens zwei Repeater miteinander verbunden sein. Im Repeater werden die digitalen Impulse regeneriert und bidirektional weitergeleitet. Multiport–Repeater verbinden mehrere Segmente, die auch aus unterschiedlichen Kabeltypen oder Lichtwellenleiter aufgebaut sein können.

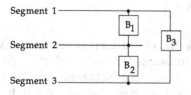

Abb. 7.28. Die redundante Brücke B. erhöht die Verfügbarkeit eines Ethernet–LANs. Stationen aus Segment 1 und Segment 3 können über B. verbunden werden, ohne den Netzbetrieb auf Segment 2 zu stören.

BRIDGES. Bridges arbeiten ähnlich wie Repeater. Sie stellen jedoch keine vollständige bidirektionale Verbindung zwischen zwei Segmenten her, sondern leiten nur dann Datenpakete auf benachbarte Segmente weiter, wenn sich die Empfänger–Station dort befindet. Die Bridges können anhand der Absender-adressen *lernen*, welche Stationen sich auf welcher Seite der Bridge befinden. Durch Bridges wird das Netz in zwei physikalische Teilnetze aufgespalten und damit wird die Netzlast in den beiden Segmenten reduziert. Der Einbau von Bridges sollte sorgfältig geplant werden, da sie die Datenübertragung zusätzlich zu den Kabellaufzeiten verzögern. Der Einbau redundanter Brücken kann die Verfügbarkeit des Netzes erhöhen (vgl. Abb. 7.28). Da eine Brücke unabhängig vom Netzwerkprotokoll arbeitet, kann sie in Verbindung mit allen Netzwerkbetriebssystemen eingesetzt werden. Auch beim Token–Ring können Bridges eingesetzt werden (Abb. 7.29).

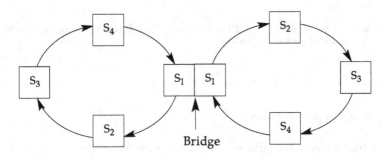

Abb. 7.29. Kopplung zweier Token–Ring LANs über eine Bridge

GATEWAYS. Ein Gateway dient zur Umwandlung unterschiedlicher Netzwerkprotokolle und Übertragungsgeschwindigkeiten. Gateways ermöglichen die Kopplung heterogener Netzwerke. Mit Gateways wird auch der Zugriff von LAN–Stationen auf Wide–Area Networks (WANs) realisiert, die im Bereich von einigen KBit/s arbeiten. Hiermit können LANs über Kontinente hinweg miteinander gekoppelt werden. Ein Gateway muss auch das Routing (Weg-suche) zur Übertragung der Datenpakete durchführen, da es im Allgemeinen mehrere Möglichkeiten gibt, zwei LANs miteinander zu verbinden.

7.7 Drahtlose Netzwerke (WLAN)

Der Aufwand zum Verlegen von Netzwerk–Kabeln ist häufig sehr hoch bzw. teilweise auch nicht möglich (z.B. in historischen Gebäuden oder im Freien). Als Alternative bieten sich hier *drahtlose* lokale Netzwerke an, die als *WLAN* (Wireless Local Network) bezeichnet werden. Um eine Anbindung an ein kabelgebundenes LAN zu ermöglichen, wird eine Basisstation (access point) benötigt, die oft mit einem Kabelmodem zum Internetzugang und einem Switch in einem Gerät integriert ist. Die heute üblichen WLANs arbeiten nach dem *IEEE 802.11*-Standard, der einerseits die Art der Nutzung des verfügbaren Frequenzbandes regelt und andererseits Sicherheitsstandards zur Datenübertragung definiert.

Da Funksignale von jedermann empfangen werden können, wurden im IEEE 802.11–Standard zusätzliche Verschlüsselungsmechanismen nach dem RC4–Algorithmus vorgesehen. Das als *WEP* (Wired Equivalent Privacy) bekannte Verfahren sieht eine RC4–Verschlüsselung von 40 Bit (WEP64) und 104 Bit (WEP128) vor. Auch wenn diese Art der Verschlüsselung durch *known plaintext attacks* relativ leicht angreifbar ist, sichern leider viele WLAN–Anwender ihre Funknetze nicht mit WEP ab. Damit bieten sie jedem, der sich innerhalb ihrer Funkzelle aufhält, einen freien Zugang zu ihrem LAN. So sind z.B. Leute zu Fuß oder mit dem Auto unterwegs, um mit einem PDA oder Notebook (vgl. Kapitel 10) offene Netze aufzuspüren. Wenn sie ein solches Netzwerk gefunden haben, können sie entweder die Daten auf den Festplatten der WLAN–Computer ausspähen oder sich einen kostenlosen Internetzugang verschaffen.

Um die Sicherheit zu erhöhen, unterstützen die meisten WLAN–Basisstationen auch eine Zugriffsbeschränkung auf eine vom WLAN–Betreiber vorgegebene Menge physikalischer Netzwerkadressen (Medium Access Address). Da diese MAC–Adressen an den Netzwerkadapter eines Computers gebunden sind und nur einmal vergeben werden, stellt diese Form der Zugriffsbeschränkung in Kombination mit WEP ein Höchstmaß an Sicherheit dar. Darüber hinaus ist natürlich auch eine private *Firewall* zu empfehlen, um Angriffe auf der Ebene der Internetadressen (IP) zu verhindern. Eine Firewall überwacht den Datenverkehr von und zum Internet und schützt vor unberechtigten Zugriffen über bestimmte Verbindungskanäle, die auch als *Ports* bezeichnet werden. Im Gegensatz zu den Ports von Switches handelt es sich hierbei nicht um physikalische sondern um *logische* Verbindungskanäle. Mit Firewalls kann man den Zugriff auf bestimmte IP–Adressen, ganze Subnetze oder Ports einschränken bzw. kontrollieren.

Um einen Computer mit einem WLAN zu verbinden, benötigt man einen entsprechenden Netzwerkadapter. Zwei Computer, die mit solchen WLAN–Karten ausgestattet sind, können im *Ad–hoc*-Modus ohne weitere Netzwerkkomponenten miteinander kommunizieren. Meist werden die WLAN–Netzwerkadapter jedoch im *Infrastruktur*-Modus betrieben, um wie oben bereits beschrieben über eine Basisstation eine Verbindung mit einem kabelgebundenen LAN bzw. dem Internet herzustellen. Jede Funkzelle um eine Basisstation wird durch einen eindeutigen Namen bezeichnet, den der Betreiber festlegt und den der Benutzer in seine Netzwerkkonfiguration eintragen muss. Der Zugriff sollte zusätzlich durch ein Passwort geschützt werden, aus der der WEP–Schlüssel berechnet wird.

Zur Übertragung der Daten wird bei heutigen WLANs das *DSSS*-Verfahren (Direct Sequency Spread Spectrum) verwendet. Dabei wird das gesamte verfügbare Frequenzband, das zwischen 2,4 und 2,483 GHz liegt, gleichmäßig ausgenutzt. Im Gegensatz zum DSSS-Verfahren springt beim *FHSS*-Verfahren (Frequency Hopping Spread Spectrum) das Sendesignal ständig zwischen verschiedenen Frequenzen hin und her. Das FHSS-Verfahren kommt beim IEEE 802.11 *Bluetooth*-Standard zum Einsatz, der primär zur einfachen drahtlosen Verbindung von Computern und Peripheriegeräten dient. Obwohl die Abhörsicherheit beim DSSS-Verfahren durch die breitbandige Nutzung des Frequenzbandes geringer als beim FHSS-Verfahren ist, können hier mit geringeren Kosten höhere Reichweiten und vor allem höhere Übertragungsbandbreiten erreicht werden.

Während die Daten bei IEEE 802.11–Bluetooth nur mit 1 bis 2 MBit/s übertragen werden können, erreicht man mit der aktuell gebräuchlichen IEEE 802.11g–Variante immerhin Datenraten bis zu 54 MBit/s. Die tatsächlich erreichte Datenrate hängt von der Qualität der Funkverbindung ab und kann bei weit entfernten Basisstationen oder stark absorbierenden Hindernissen (z.B. Betondecken und –wände) bis auf 6 MBit/s abfallen. Die meisten WLAN-Standards arbeiten im 2,4 GHz Frequenzband. Im Jahre 2002 wurde mit dem IEEE 802.11a–Standard erstmalig das 5 GHz Frequenzband zur Nutzung freigegeben. Obwohl dieses Frequenzband weniger stark belegt ist, sind entsprechende WLAN-Komponenten kaum verbreitet und daher auch noch deutlich teurer als Netwerkkomponenten nach IEEE 802.11b oder g.

7.8 Breitbandübertragung

Mit einem *Modulator* auf der Sendeseite wird der Leitungscode so umgeformt, dass das Signalspektrum an die Übertragungsbandbreite des Übertragungskanals angepasst wird. Empfangsseitig gewinnt ein *Demodulator* die Nutzinformationen aus dem übertragenen Signal zurück. Ein Gerät, das sowohl einen Modulator als auch einen Demodulator enthält, bezeichnet man als *Modem*. Eine sinusförmige Trägerschwingung $u(t) = u_0 \, sin(2\pi f t + \varphi)$ kann mit dem Nutzsignal auf drei Arten moduliert werden:

1. Amplitude u_0
2. Frequenz f
3. Phase φ

Der jeweilige Parameter wird mit dem digitalen Signal umgetastet. Entsprechend unterscheidet man drei grundlegende Modulationsarten, die in Abb. 7.30 dargestellt sind. Bei der Frequenzmodulation (FSK) wird die Frequenz f_2 zur Darstellung einer 1 als ganzzahliges Vielfaches von f_1 gewählt, damit kein Phasensprung zwischen zwei verschiedenen binären Werten auftritt. Bei der Phasenmodulation (PSK) werden zwei um 180° phasenverschobene Trägerfrequenzsignale benutzt.

Durch mehrere nutzbare Kanäle auf einer Übertragungsstrecke (z.B. Richtfunkstrecke) können gleichzeitig mehrere Informationsströme übertragen werden (Frequenzmultiplex). Mit der Breitbandübertragung lassen sich relativ große Entfernungen überbrücken (mehrere 10 000 km). Die erreichbaren Datenraten hängen von den Eigenschaften der Übertragungsstrecke ab. Bei Telefonverbindungen werden maximal 9 600 Bit/s erreicht. Je nach verfügbarer Kanalbandbreite sind bei Satelliten– und Richtfunkübertragung bis zu 64 KBit/s Datenrate möglich.

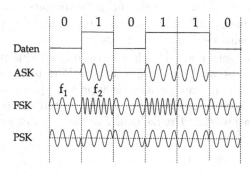

Abb. 7.30. Modulationsarten für die Breitbandübertragung: ASK = Amplitude Shift Keying, FSK = Frequency Shift Keying, PSK = Phase Shift Keying

7.8.1 Übertragungssicherung

Durch Prüfbits oder Prüfworte, die an die zu übertragende Information angehängt werden, kann eine Nachricht gegen Übertragungsfehler geschützt werden. Im Allgemeinen erfolgt diese Übertragungssicherung blockweise, d.h. für einen Teil der Nachricht wird im Sender nach einer bestimmten Vorschrift eine Prüfinformation bestimmt, die zusammen mit dem Nachrichtenblock an den Empfänger gesandt wird. Dieser vergleicht die empfangene Prüfinformation mit einer aus dem Nachrichtenblock selbst erzeugten Prüfinformation. Fehlerhaft erkannte Blöcke müssen vom Sender erneut übertragen werden.

Neben der Wiederholung fehlerhafter Blöcke können auch Zusatzinformationen (Redundanz) übertragen werden, die sowohl zur Fehlererkennung als auch zur Fehlerbeseitigung dienen. Die fehlerhaften Daten können dann unmittelbar auf der Empfängerseite korrigiert werden. Durch die redundante Übertragung wird allerdings die Nutzdatenrate reduziert. Deshalb beschränkt man sich in der Praxis auf die Fehlerbeseitigung durch Wiederholung.

Die Blockfehlerwahrscheinlichkeit hängt von der Blocklänge und der Bitfehlerwahrscheinlichkeit ab, deren Kehrwert angibt, auf wie viele Bits im Mittel ein fehlerhaftes Bit kommt. So liegt beispielsweise die Bitfehlerwahrscheinlichkeit von Fernsprechleitungen bei 10^{-5}, die von Koaxialkabeln bei 10^{-9} und die von Lichtwellenleitern bei 10^{-12}.

Die häufigsten Verfahren zur Erzeugung von Prüfinformation sind:

1. Querparität
2. Längsparität
3. Kreuzsicherung
4. zyklische Blocksicherung

Querparität (Vertical Redundancy Check VRC) und *Längsparität* (Longitudinal Redundancy Check LRC) werden bei zeichenorientierter (Bytes)–Übertragung angewandt (Abb. 7.31). Man unterscheidet gerade und ungerade Parität (even/odd). Bei der Querparität wird an ein Zeichen ein Prüfbit angehängt, so dass die Quersumme der Einsen (einschließlich *Paritätsbit*) gerade bzw. ungerade wird. Mit der Querparität kann nur eine ungerade Zahl von Bitfehlern in einem Zeichen erkannt werden.

Bei der Längsparität–Prüfung geht man ähnlich vor wie bei der Querparität. Für jede Spalte eines Blocks wird ein entsprechendes Paritätsbit gebildet. Unter *Kreuzsicherung* versteht man die Kombination von Quer– und Längsparitäts–Prüfung. Damit können Einfachfehler korrigiert und Doppelfehler erkannt werden. Man beachte, dass Dreifachfehler immer erkannt werden.

									VRC
1. Zeichen	1	0	1	1	0	1	0	1	1
2. Zeichen	1	0	1	0	1	1	0	1	1
3. Zeichen	0	0	0	1	1	0	1	0	0
4. Zeichen	1	1	1	0	1	0	1	0	1
LRC	1	1	1	1	1	0	0	0	

Abb. 7.31. Übertragungssicherung mit gerader Quer- und Längsparität. Durch Kreuzsicherung können Einfachfehler (schattiert) behoben werden.

7.8.2 Zyklische Blocksicherung (CRC)

Die zyklische Blocksicherung (Cyclic Redundancy Check CRC) kann bei bitorientierter Übertragung angewandt werden, d.h. die zu übertragende Information muss nicht byte– oder wortweise organisiert sein. Für jeden Nutzdatenblock wird ein CRC–Prüfwort[11] (mit 16 bzw. 32 Bit) berechnet und bei der Übertragung an ihn angehängt. Das CRC–Verfahren basiert auf der Modulo–2–Arithmetik. Die N Nutzbits werden als Koeffizienten eines Polynoms $B(x)$ interpretiert, das den Grad $N - 1$ hat.

$$B(x) = b_{N-1}x^{N-1} + b_{N-2}x^{N-2} + \ldots b_1 x + b_0$$

Die Nutzbits werden am Ende um K Nullbits erweitert, was einer Multiplikation von $B(x)$ mit x^K entspricht. Das resultierende Polynom $C(x) = x^K \cdot B(x)$

---

[11] manchmal auch FCS = Frame Check Sequence genannt.

wird nun durch ein *erzeugendes* Generatorpolynom $G(x)$ dividiert (z.B. bei CRC–16: $G(x) = x^{16} + x^{15} + x^2 + 1$). Das dabei entstehende Restpolynom $R(x)$ ist höchstens vom Grad $K-1$ und wird nun in das CRC–Feld (letzten K Koeffizientenbits) des Polynoms $D(x)$ eingetragen. $D(x) = x^K \cdot B(x) - R(x)$ wird als Nachricht an den Empfänger weitergeleitet. Dort wird $D(x)$ wieder durch das gleiche erzeugende Generatorpolynom $G(x)$ dividiert. Da $D(x)$ ein Vielfaches von $G(x)$ ist, darf bei fehlerfreier Übertragung empfangsseitig *kein* Rest entstehen, d.h. $R(x) = 0$ bzw. alle Koeffizientenbits von $R(x)$ müssen 0 sein. Mit dem CRC–16–Verfahren können maximal 16 aufeinanderfolgende Bitfehler (Bursts) 100% sicher und alle längeren Bitfehlerfolgen mit 99,997% Sicherheit erkannt werden.

BEISPIEL.   Wir wollen das oben beschriebene CRC–Verfahren an einem konkreten Beispiel verdeutlichen. Zunächst werden die „Rechenregeln" der Modulo–2–Arithmetik angegeben:

a) Addition: $0 + 0 = 0$, $0 + 1 = 1$, $1 + 0 = 1$, $1 + 1 = 0$
b) Subtraktion: $0 - 0 = 0$, $0 - 1 = 1$, $1 - 0 = 1$, $1 - 1 = 0$
c) Multiplikation: $0 \cdot 0 = 0$, $0 \cdot 1 = 0$, $1 \cdot 0 = 0$, $1 \cdot 1 = 1$
d) Division: $0 : 1 = 0$, $1 : 1 = 1$

Wir erkennen, dass Addition und Subtraktion identisch sind und durch ein exklusives Oder realisiert werden können. Nutzinformationen und CRC–Prüfwort seien jeweils 8–Bit lang ($N = 8$, $K = 8$) und durch folgende Polynome gegeben:

$$B(x) = x^7 + x^5 + x$$

$$G(x) = x^8 + 1$$

a) Erweiterung von $B(x)$:

$$C(x) = B(x) \cdot x^8$$
$$= x^{15} + x^{13} + x^9$$

b) Bestimmung von $R(x)$:

$$
\begin{array}{l}
x^{15} + x^{13} + x^9 \quad : \quad x^8 + 1 = x^7 + x^5 + x \\
\underline{-\,x^{15}\ -\,x^7} \\
\qquad x^{13} + x^9 - x^7 \\
\qquad \underline{-\,x^{13} - x^5} \\
\qquad\qquad x^9 - x^7 - x^5 \\
\qquad\qquad \underline{-\,x^9\ -\,x} \\
R(x) = -x^7 - x^5 - x
\end{array}
$$

$$\Rightarrow D(x) = x^{15} + x^{13} + x^9 + x^7 + x^5 + x$$

c) Die Koeffizienten (Bits) von $D(x)$ werden über den Kanal übertragen. Im Empfänger wird $D(x)$ durch $G(x)$ dividiert:

$$x^{15} + x^{13} + x^9 + x^7 + x^5 + x : x^8 + 1 = x^7 + x^5 + x$$
$$\underline{-x^{15}\qquad\qquad\quad -x^7}$$
$$x^{13} + x^9 + x^5 \quad + x$$
$$\underline{-x^{13}\qquad -x^5}$$
$$x^9 \qquad\quad + x$$
$$\underline{-x^9 \qquad\quad -x}$$
$$R(x) = 0$$

Bei fehlerfreier Übertragung entsteht kein Rest.

Dasselbe nun in bitweiser Darstellung mit Modulo–2–Arithmetik.

a)

$$
\begin{array}{c}
B(x) \quad\cdot\quad x^8 \\
1010.0010 \cdot 1.0000.0000 \\
\hline
1010.0010 \\
0000.0000 \\
\vdots \\
0000.0000 \\
\hline
1010.0010.0000.0000
\end{array}
$$

b)

$$
\begin{array}{l}
C(x) \qquad : \qquad G(x) \\
1010.0010.0000.0000 : 1.0000.0001 = 10100010 \\
\underline{1.0000.0001} \\
001.0001.0100 \\
\underline{1.0000.0001} \\
0.0001.0101.0000 \\
\underline{0001.0000.0001} \\
00\;\boxed{1010.0010} \leftarrow R(x)
\end{array}
$$

c)

$$
\begin{array}{l}
D(x) \qquad : \qquad G(x) \\
1010.0010.\boxed{1010.0010} : 1.0000.0001 = 1010.0010 \\
\underline{1.0000.0001} \\
001.0001.0001 \\
\underline{1.0000.0001} \\
0.0001.0000.0001 \\
\underline{1.0000.0001} \\
0
\end{array}
$$

7.9 WANs

WANs verbinden Computer, die weit voneinander entfernt sind. Dabei können beliebige Übertragungskanäle wie Telefonnetze oder Satelliten benutzt werden. Ein Netzwerk zur Verbindung zweier Computer enthält Knotenstationen, die selbst wieder Rechner sind. Man nennt solche Netzwerke Punkt–zu–Punkt Netzwerke. Die Knoten speichern die Nachrichten kurzzeitig und reichen sie dann weiter (store–and–forward). Wie Abb. 7.32 zeigt, sind räumlich benachbarte Computer oder Terminals über Konzentratoren (bzw. LANs) mit den Knotenstationen verbunden.

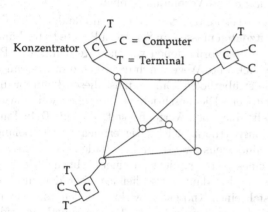

Abb. 7.32. Struktur eines Wide Area Networks (WAN)

7.9.1 Vermittlungstechnik

Die Aufgabe eines WANs ist es, eine uni– oder bidirektionale Verbindung zwischen zwei weitentfernten Computern herzustellen. Es gibt drei Möglichkeiten, eine solche Verbindung zu realisieren:

1. Leitungsvermittlung (Circuit Switching)
2. Paketvermittlung (Packet Switching)
3. Nachrichtenvermittlung (Message Switching)

Die einfachste und teuerste Methode ist die *Leitungsvermittlung*. Auf Initiative eines der beiden Computer wird über das Netzwerk ein statischer Kommunikationskanal aufgebaut, der den beiden Kommunikationspartnern exklusiv zur Verfügung steht. Wenn eine solche Verbindung zustande gekommen ist, werden unabhängig von der Netzauslastung bestimmte Leitungseigenschaften (Datenrate, Laufzeit) bereitgestellt. Diese Vermittlungsart eignet sich vor allem für zeitkritische Anwendungen oder zur Übertragung großer Datenmengen. Nachteilig ist, dass bei spärlichem Datenverkehr das Netz schlecht ausgelastet wird, da die belegten Betriebsmittel wenig genutzt werden. Dies wirkt sich auch auf die Verfügbarkeit des Netzes aus. Da die Zahl der schaltbaren Verbindungen begrenzt ist, und zu einem bestimmten Zeitpunkt jeder Teilnehmer nur über eine Verbindung erreichbar ist, steigt die Wahrscheinlichkeit, dass angeforderte Verbindungen nicht aufgebaut werden können. Der Ausfall eines Netzknotens, der als Relaisstation fungiert, führt zum Zusammenbruch einer Leitungsverbindung. Zur Leitungsvermittlung wird das Telefonnetz benutzt. Die Ankopplung des Computers erfolgt durch ein Modem. Bei preiswerten Akustikkopplern muss manuell gewählt werden. Gut ausgestattete Modems können den Kommunikationspartner automatisch anwählen. Der Kommunikationsvorgang läuft in drei Schritten ab: Verbindungsaufbau, Datenübertragung der Nutzdaten und Verbindungsabbau.

Die *Paketvermittlung* ist weit verbreitet, da sie die Nachteile der Leitungsvermittlung nicht hat. Die Nutzdaten müssen im Sender in Pakete fester Länge zerlegt, numeriert und mit Adressinformationen versehen werden. Diese Pakete werden über vorab nicht bekannte Wege durch das Netz zum Empfänger übermittelt. Da Pakete einander überholen können, muss dieser die ursprüngliche Reihenfolge wiederherstellen. Die beschriebene Vorgehensweise lastet das Netz gut aus und erzielt eine hohe Verfügbarkeit, da ein Teilnehmer von mehreren Kommunikationspartnern gleichzeitig erreichbar ist. Solange jedes Netzknotenpaar über mindestens zwei disjunkte Pfade verbunden werden kann, wird der Ausfall eines Knotens nicht zu einem Abbruch der Verbindung führen. Die Pakete werden dann ausschließlich über den intakten Pfad transportiert. Der Ausfall eines Knotens bewirkt lediglich eine Verringerung des Datendurchsatzes. Generell kann bei der Paketvermittlung weder die maximale Verzögerung noch eine bestimmte Datenrate einer Verbindung garantiert werden. Sie eignet sich daher nicht für zeitkritische Anwendungen, sondern eher für eine stoßartige Übertragung von Daten. Diese Art der Kommunikation findet man bei den meisten Anwendungen. Daher werden paketvermittelnde Netze häufig eingesetzt. Neben der verbindungslosen Paketvermittlung, die man auch als *Datagram Service* bezeichnet, gibt es die Möglichkeit, *virtuelle* Verbindungen einzurichten. Diese Methode entspricht einer logischen Leitungsverbindung und verringert den Aufwand zur Wegsuche (Routing) in den Zwischenknoten. Die einzelnen Pakete werden nun virtuellen Verbindungen zugeordnet und sofort weitergereicht. Nachteilig bei der verbindungsorientierten Paketvermittlung (*Connection oriented Service*) ist der Aufwand zum Auf– und Abbau virtueller Verbindungen und die Reservierung von Pufferspeicher in den Zwischenknoten. Virtuelle Verbindungen sind bei der Übertragung großer Datenmengen in Weitverkehrsnetzen sehr verbreitet. Ein Beispiel für einen Standard zur Paketvermittlung ist die X.25–Norm.

Die *Nachrichtenvermittlung* arbeitet im Prinzip wie die Paketvermittlung. Die Nutzdaten (Nachricht) werden allerdings nicht in Pakete zerlegt, sondern zusammenhängend übertragen. Von Vorteil ist, dass der Empfänger die Nachricht *nicht* zusammensetzen muss. Dafür werden die auf dem Verbindungsweg liegenden Netzknoten stark belastet. Jeder Knoten muss nämlich in der Lage sein, die komplette Nachricht zu speichern. Die Paketvermittlung nutzt dagegen die Betriebsmittel der Netzknoten wesentlich besser aus.

7.9.2 Betrieb von WANs

Der Betrieb von WANs erfordert verschiedene Funktionen, die *verteilt* realisiert werden müssen, d.h. in jedem Knoten muss eine Funktion für folgende Aufgaben vorhanden sein:

- Wegsuche (Routing)
- Staisteuerung (Congestion Control)
- Flusssteuerung (Flow Control)
- Pufferverwaltung (Buffer Management)

Durch die *Routing–Funktion* soll ein möglichst günstiger Pfad zwischen Sender und Empfänger gefunden werden. Ein wichtiges Optimierungkriterium ist die Anzahl der Teilstrecken. Sie sollte möglichst klein sein, um die Laufzeit eines Pakets zu minimieren und möglichst wenig Netzknoten zu belasten. Aus diesem Grund ist es oft ungünstig, nur die geographische Entfernung (Summe der Teilstrecken) eines Pfades zu minimieren. Ein geographisch längerer Pfad mit weniger Netzknoten hat oft eine kürzere Paket–Laufzeit. Ein weiterer wichtiger Aspekt bei der Wegsuche ist die dynamische wechselnde Netzlast. Ein günstiger Pfad führt über wenig genutzte Teilstrecken bzw. Netzknoten. Die gezielte Suche nach *dem* optimalen Pfad ist im Prinzip unmöglich, da die einzelnen Knoten, welche jeweils Teilentscheidungen über den Pfad treffen, zu jedem Zeitpunkt den Auslastungsgrad des gesamten Netzes kennen müßten. Dies ist aber generell unmöglich. Einerseits würde die Übermittlung solcher Zustandsinformationen das Netz stark belasten, andererseits ist wegen der Laufzeit die ankommende Zustandsinformation über einem bestimmten Zeitpunkt bereits veraltet. In der Praxis werden Lösungen mit einem vernünftigen Verhältnis zwischen Optimierungsaufwand und Nutzen angestrebt (vgl. z.B. [*Conrads*, 1989]).

Einfache Routing–Verfahren arbeiten mit Tabellen, die für jeden möglichen Zielknoten auf einen Nachfolgeknoten verweisen, der näher am Zielknoten liegt als der augenblickliche Knoten. Kompliziertere Verfahren geben mehrere alternative Nachfolgeknoten pro Zielknoten an oder verändern während des Netzbetriebs die Routing–Tabellen, um sie an die augenblickliche Auslastung anzupassen. Bei diesem *dynamischen* Routing kann das Problem auftreten, dass Pakete ständig in einer Schleife im Netz kreisen. Dies muss durch geeignete Maßnahmen verhindert werden (z.B. Begrenzung der Zahl der Teilstrecken).

Wie im Straßenverkehr kann es durch Überlastung eines Knotens zu einem *Stau* kommen. Zwei Ursachen müssen unterschieden werden: Entweder ist der Netzknoten nicht leistungsfähig genug, um die ankommenden Pakete weiterzuleiten, oder die nachfolgenden Knoten nehmen die ausgehenden Pakete nicht schnell genug ab. Im letztgenannten Fall liegt ein Rückstau vor, der z.B. durch den Ausfall eines Knotens entstehen kann. Diese Stellen müssen durch die *Stausteuerung* identifiziert werden. Durch Änderung der Routing–Tabellen können die Pakete an der Stauquelle vorbeigeleitet und damit der Rückstau beseitigt werden. Eine gute Stausteuerung soll potentielle Stausituationen frühzeitig erkennen und durch geeignete Gegenmaßnahmen (dynamisches Routing) regelnd eingreifen. Die *Flusssteuerung* ist ein Spezialfall der Stausteuerung. Sie betrifft den Zielknoten einer Verbindung und sorgt dafür, dass dieser Knoten nicht überlastet wird. Da ein überlasteter Zielknoten einen nichtbehebbaren Rückstau erzeugt, muss der Sender durch die Flusssteuerung so beeinflusst werden, dass er pro Zeiteinheit nur soviele Pakete ins Netz schickt, wie der Zielknoten auch aufnehmen kann. Solange sich Zufluss und Abfluss die Waage halten, können sich im Netz keine Pakete ansammeln.

Pufferspeicher ist ein wichtiges Betriebsmittel eines Netzknotens. Effektive Strategien zur Vergabe von Pufferspeicher müssen zwei gegensätzlichen Anforderungen gerecht werden: Einerseits sollte jeder Verbindung möglichst viel Pufferspeicher bereitgestellt werden, und andererseits sollen gleichzeitig mehrere Verbindungen über einen Knoten vermittelt werden. Es ist die Aufgabe der *Pufferspeicherverwaltung*, die Pufferspeicher, deren Anzahl begrenzt ist, möglichst sinnvoll auf die vorhandenen Verbindungen zu verteilen. Verbindungen, deren Vorgänger– und Nachfolgerknoten Pakete mit einer hohen Rate liefern bzw. abnehmen, sollten viel Pufferspeicher erhalten. Wenn die Paketrate der Vorgänger– *oder* Nachfolgerknoten gering ist, muss die Zahl der für solche Verbindungen bereitgestellten Pufferspeicher entsprechend angepasst werden. Wenn solche Verbindungen zu viele Pufferspeicher erhalten, werden schnellere Verbindungen stark behindert. Eine weitere Aufgabe der Pufferspeicherverwaltung ist die Erkennung und Beseitigung von Blockierungen (*Deadlocks*), die bei bidirektionaler Kommunikation zwischen zwei Knoten auftreten können. Beide warten auf freiwerdenden Pufferspeicher, um die Pakete aufzunehmen, die der jeweils andere Knoten senden will. Da alle Pufferspeicher mit Paketen für den anderen Knoten belegt sind, kommt es zu einer Blockierung.

Beispiel: ARPANET

Das ARPANET (Advanced Research Project Agency Network) ist ein experimentelles WAN, das im Jahre 1972 etwa 100 Forschungsinstitute in den Vereinigten Staaten miteinander verbunden hat. Die einzelnen Netzknoten werden als IMP (Interface Message Processor) bezeichnet und sind über Konzentratoren mit Endknoten wie Computern (Hosts) oder Terminals verbunden. Ein IMP stellt eine standardisierte Schnittstelle dar, an die Computer unterschiedlicher Hersteller angeschlossen werden können. Das ARPANET basiert auf einer Paketvermittlung mit dynamischem Routing. Die Pakete können 10–1000

Byte lang sein. Das Paket–Format (Abb. 7.33) besteht aus einem Header, den Nutzdaten und einer CRC–Prüfinformation. Im Header sind die Adressen von Sender– und Empfänger eingetragen. Da Pakete einander überholen können, wird jedem Paket eine Paketnummer zugeordnet. Ein IMP löscht ein weitergeleitetes Paket erst dann aus seinem Pufferspeicher, wenn der Nachfolgeknoten den fehlerfreien Empfang bestätigt hat. Im Fehlerfall, der bei ausbleibender Antwort durch den Ablauf eines Zeitzählers (Time out) erkannt wird, wird das Paket an einen anderen IMP übermittelt. Das ARPANET wurde unter Führung des amerikanischen Verteidigungsministerium DoD (Department of Defense) entwickelt und soll durch das DRI (Defense Research Internet) ersetzt werden.

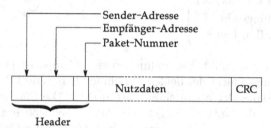

Abb. 7.33. Paketformat beim ARPANET

7.10 OSI–Modell

Das Open Systems Interconnection–Modell wurde von der ISO (International Organisation for Standardization) entwickelt. Es enthält ein hierarchisches Schichtenmodell mit sieben Schichten, die standardisierte Funktionen und Begriffe zur Kommunikation definieren. Ziel ist es, den Austausch von Daten zwischen Computern unterschiedlicher Hersteller zu ermöglichen. Daher wird das OSI–Modell vorwiegend im Zusammenhang mit WANs benötigt.

Das OSI–Modell stellt ein Rahmenwerk dar, um die zur Kommunikation unterschiedlicher Computersysteme benötigten Protokolle zu erarbeiten. Die Bedeutung des OSI–Modells liegt darin, dass es eine einheitliche Terminologie einführt und Schnittstellen identifiziert, für die standardisierte Protokolle entwickelt werden können. Die Spezifikation solcher Protokolle ist nicht im OSI–Modell enthalten. Sie ist Aufgabe anderer nationaler und internationaler Normungsgremien (z.B. ANSI = American National Standards Institute). Das OSI–Modell besteht aus sieben Schichten:

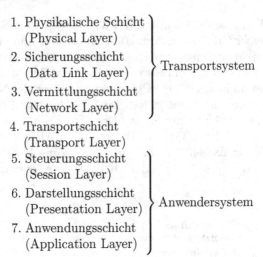

1. Physikalische Schicht
   (Physical Layer)
2. Sicherungsschicht
   (Data Link Layer)   } Transportsystem
3. Vermittlungsschicht
   (Network Layer)
4. Transportschicht
   (Transport Layer)
5. Steuerungsschicht
   (Session Layer)
6. Darstellungsschicht
   (Presentation Layer)   } Anwendersystem
7. Anwendungsschicht
   (Application Layer)

Betrachten wir eine Punkt–zu–Punkt Verbindung zweier Computer (vgl. Abb. 7.34). In der Anwendungsschicht der beiden Maschinen laufen zwei Programme (Prozesse), die miteinander Nachrichten austauschen. Die Informationen von Programm A werden solange umgeformt, bis sie schließlich auf einem physikalisch existierenden Kanal übertragen werden können. Im Computer B wird die Reihenfolge der Umformungsschritte umgekehrt, so dass in allen Schichten im Computer B eine Informationsstruktur vorliegt, die zu den entsprechenden Schichten in Computer A passt. In jeder Schicht laufen Prozesse, die mit gleichgestellten Prozessen (*Peers*) in derselben Schicht kommunizieren. Diese Prozesse sind entweder durch Hardware oder durch Software realisiert. Da die Prozesse einer Schicht auf die Dienste benachbarter Schichten zurückgreifen, liegt eine vertikale Informationsübertragung vor. Ein realer (horizontaler) Datenaustausch erfolgt nur in der physikalischen Schicht. Aufgrund der Protokollhierarchie sind jedoch die einzelnen Schichten *logisch* miteinander gekoppelt. Sendeseitig erweitert jedes Schichtprotokoll die Datenpakete aus der nächst höheren Schicht durch Steuerinformationen, die für das entsprechende Schichtprotokoll auf der Empfängerseite bestimmt sind. Man kann sich vorstellen, dass jede Schicht ihre eigene Verpackung benutzt, die empfangsseitig von einer entsprechenden Schicht wieder entfernt wird. Zwei Schichten sind durch ein *Interface* miteinander verbunden. Mehrere Schichten können mit derselben Hardware bzw. durch ein Programm realisiert werden. Im folgenden werden die einzelnen Schichten kurz beschrieben.

Physikalische Schicht

Auf dieser Ebene werden die einzelnen Bits übertragen. Es muss festgelegt werden, wie eine 0 bzw. 1 repräsentiert werden soll und wie lang eine Bitzelle dauert. Das physikalische Medium zur Übertragung kann ein Kabel, ein Lichtwellenleiter oder eine Satellitenverbindung sein. Zur Spezifikation dieser

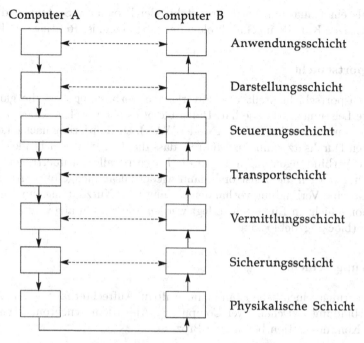

Abb. 7.34. Kommunikation zweier Computer im OSI–Modell

Schicht zählen z.B. auch der mechanische Aufbau und die Anschlussbelegung der Stecker.

Sicherungsschicht

Die Sicherungsschicht beseitigt Fehler, die auf der Übertragungsstrecke entstehen können. Dazu wird der Bitstrom in Übertragungsrahmen (Frames) zerlegt, denen man jeweils einen Prüfwert (meist nach dem CRC–Verfahren) zuordnet. Falls mit dem Prüfwert ein Übertragungsfehler entdeckt wird, sorgt das Protokoll der Sicherungsschicht für die Wiederholung des betreffenden Übertragungsrahmens. Im Allgemeinen wird nicht jeder einzelne Übertragungsrahmen durch den Empfänger bestätigt, sondern es wird eine vorgegebene Zahl von Rahmen gesendet.

Vermittlungsschicht

Die Aufgabe der Vermittlungsschicht ist es, in dem vorhandenen Netzwerk möglichst gute Wege zwischen den zwei Computern zu finden. Schlechtes Routing bewirkt Staus in den Netzwerkknoten. Außerdem werden die verfügbaren Kanäle nicht optimal ausgelastet. Routing ist nur dann erforderlich, wenn mehr als ein Kanal zur Verfügung steht. Bei Broadcast–Systemen, die nur einen einzigen Kanal[12] im Halbduplex–Betrieb nutzen, ist Routing überflüssig.

Transportschicht

Die Transportschicht stellt eine zuverlässige Verbindung her, die ganz bestimmte Leistungsmerkmale hat. Dabei bleibt es offen, welche Übertragungssysteme benutzt werden (z.B. LAN oder WAN). Die Forderung nach einem bestimmten Durchsatz kann dazu führen, dass die Transportschicht gleichzeitig mehrere Verbindungen aufbaut, um die Daten parallel zu übertragen. Empfangsseitig werden die Teilströme dann wieder zusammengeführt. Aber auch wenn nur eine Verbindung vorhanden ist, muss der Nutzdatenstrom durch die Transportschicht in Einheiten zerlegt werden, die einzeln abgeschickt werden können (blocking/deblocking).

Steuerungsschicht

Die Steuerungsschicht ist zuständig für Aufbau, Aufrechterhaltung und Abbau der Verbindung zwischen zwei Computern. Außerdem synchronisiert sie die an der Kommunikation beteiligten Prozesse.

Darstellungsschicht

Je nach Anwendung müssen die Nutzdaten vor und nach der Übertragung aufbereitet werden. Diese Umwandlung kann verschiedene Gründe haben. Hier zwei Beispiele: a) Eine Verdichtung der Daten (z.B. Bilder) vor der Sendung und eine Expansion im Empfänger ermöglicht es, die Übertragungszeit auf dem Kanal zu verkürzen. Damit werden Kosten eingespart. b) Zum Austausch von Textdateien zwischen verschiedenartigen Computern ist eine einheitliche Zeichen–Codierung (z.B. ASCII) erforderlich. Zum Schutz vor Missbrauch sollten wichtige Nutzdaten verschlüsselt und empfangsseitig wieder entschlüsselt werden.

Anwendungsschicht

Anwendungen sind benutzerspezifisch, d.h. sie unterliegen nicht der Standardisierung. Es gibt aber häufig benötigte Funktionen, die i.a. auf dieser Ebene bereitgestellt werden. Beispiele hierfür sind Dateitransfers (file transfer protocol **ftp**), Rechenaufträge an entfernte Computer (remote shell **rsh**) oder Zugang zu einem entfernten Computer über eine Terminal–Sitzung (**telnet**).

Bei der Verbindung weit entfernter Computer sind im Allgemeinen mehrere Netzwerkknoten als Relaisstationen zwischengeschaltet (Abb. 7.35). Es

---

·· wie z.B. das Koaxialkabel beim Ethernet.

werden demnach mehrere (verschiedene) physikalische Kanäle genutzt. Einfache Relaisstationen regenerieren nur die Signale, d.h. sie gehören sende– und empfangsseitig zur Schicht 1. Eine Relaisstation enthält maximal die 3 Schichten des Transportsystems. Durch die Dienste der Transportschicht bleibt der Weg, den die Daten zwischen zwei Anwendungen nehmen, für die Schichten des Anwendungssystems unbekannt.

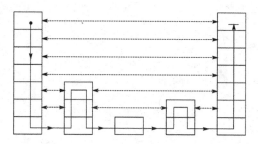

Abb. 7.35. Die Daten zwischen zwei Anwendungen können mehrere Netzwerkknoten (Relais–Stationen) durchlaufen.

8. Speicher

Jeder Computer enthält verschiedenartige Speicher, um Befehle und Daten für den Prozessor bereitzuhalten. Diese Speicher unterscheiden sich bezüglich Speicherkapazität, Zugriffszeit und Kosten. Es wäre wünschenswert, dass der Prozessor immer mit seiner maximalen Taktrate arbeitet. Leider sind entsprechend schnelle Speicher teuer und haben eine vergleichsweise geringe Speicherkapazität. Deshalb verwendet man in Computersystemen verschiedene Speicher, die nach unterschiedlichen physikalischen Prinzipien arbeiten.

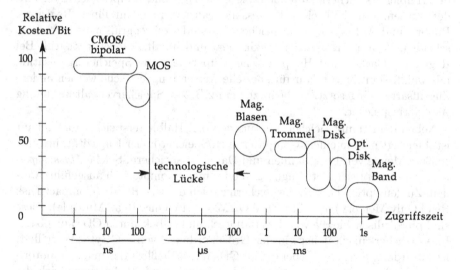

Abb. 8.1. Vergleich gebräuchlicher Speichertechnologien

Abb. 8.1 illustriert die Beziehung der Kosten pro Bit zur Zugriffszeit für einige Speichertechnologien. Preiswerte Speicher haben zwar eine hohe Speicherkapazität, sind aber relativ langsam. Durch eine hierarchische Anordnung unterschiedlicher Speichermedien versucht man, dieses Problem zu lösen. Ziel ist eine hohe Speicherkapazität bei niedrigen Kosten. Gleichzeitig soll die mittlere Zugriffszeit minimiert werden. Dazu wird die Bandbreite des langsamsten Speichers (maximale Geschwindigkeit des Datentransfers vom/zum Speicher) durch zwischengeschaltete Stufen an die Bandbreite des Prozessors angepasst. Die einzelnen Stufen werden durch spezielle Hardware (MMU) und durch das Betriebssystem gesteuert. Heutige Computersysteme benutzen meist eine vierstufige Speicherhierarchie. Der Prozessor kommuniziert direkt mit dem schnellsten Speicher des Systems, dem L_1-Cache (first level cache). Die Datenübertragung erfolgt wortweise. Der L_1-Cache ist auf dem Prozessorchip integriert und hat eine Größe von 8–32 KByte. Oft sind für Befehle und Daten getrennte L_1-Caches vorhanden. Der L_2-Cache (second level cache) befindet sich außerhalb des Prozessorchips und ist entweder in CMOS oder in bipolarer Technologie (TTL) hergestellt. Die nächste Stufe bildet der Hauptspeicher, der mit dem L_2-Cache blockweise Daten austauscht. Die übliche Blockgröße beträgt 2 bis 64 Maschinenwörter. Der Hauptspeicher enthält Teile von Programmen oder Daten, die gerade bearbeitet werden. Programmteile oder Daten, die momentan nicht benötigt werden, befinden sich im Massenspeicher (Hintergrundspeicher). Sie können bei Bedarf in den Hauptspeicher nachgeladen werden.

Entsprechend der oben beschriebenen Hierarchie wollen wir uns zunächst den Halbleiterspeichern zuwenden, die als Cache– und Hauptspeicher verwendet werden. Innerhalb eines Prozessors realisiert man mit ihnen Register–, Puffer– und Mikroprogrammspeicher. Es sind drei Zugriffsarten zu unterscheiden: Wahlfreier, serieller (zyklischer) und inhaltsbezogener Zugriff. Bei Registern, Caches und Hauptspeichern überwiegt die Speicherorganisation mit wahlfreiem Zugriff. Nur für spezielle Anwendungsbereiche werden andere Zugriffsarten eingesetzt. So benutzt man z.B. zur Speicherverwaltung häufig Assoziativspeicher.

Neben dem Hauptspeicher, der aus den o.g. Halbleiterspeichern aufgebaut ist, benötigt man in einem Computer auch Speicher hoher Kapazität, um eine größere Menge von Programmen und Daten zu speichern. Solche *Massenspeicher* können optisch, optomagnetisch oder magnetomotorisch ausgeführt werden. Zu den optischen Massenspeichern zählen die CD–ROMs (Compact Disk Read Only Memory) und die CD–WORMs (Write Once Read Multiple). Diese sind physikalisch wie die von der Audiotechnik her bekannten CDs aufgebaut. Ihre Speicherkapazität liegt in der Größenordnung von 1 GByte. Vorteilhaft ist außerdem, dass es sich bei diesen CDs (einschließlich der magnetomotorischen CDs) um auswechselbare Speichermedien handelt. Sie eignen sich daher besonders für die Softwaredistribution oder für große Datenbestände (z.B. Nachschlagewerke, Kataloge oder Multi–Media Anwendungen). Das magnetomotorische und optomagnetische Speicherprinzip wurde bereits im *Band 1* beschrieben. Im Gegensatz zu den CD–ROMs und –WORMs können diese Massenspeicher beliebig oft beschrieben werden. Da die magnetooptischen CDs beim Schreiben besonders langsam sind, findet man in heutigen Computersystemen vorwiegend magnetomotorische Massenspeicher. Diese Speichermedien sind als Festplatten ausgeführt und bilden nach Cache und Hauptspeicher die dritte Ebene in der Speicherhierarchie. Sie werden daher in einem eigenen Abschnitt ausführlich behandelt.

Eine große Speicherkapazität, permanenter aber veränderlicher Speicherinhalt, niedrige Kosten pro Bit und geringe Zugriffszeiten sind Anforderungen, die nicht gleichzeitig mit einer *einzigen* Speicherart realisiert werden können. Trotzdem soll dem Benutzer ein scheinbar beliebig großer Speicher zur Verfügung stehen, ohne dass er die verschiedenen Speichermedien explizit kennen oder verwalten muss. Diese Aufgabe wird daher dem Betriebssystem übertragen, das i.a. durch geeignete Hardware unterstützt wird. Ein *virtueller* Speicher entsteht durch die Trennung von logischem und physikalischem Adressraum. *Eine* grundlegende Aufgabe von Speicherverwaltungseinheiten ist die schnelle Umsetzung dieser Adressen. Im letzten Teil dieses Kapitels werden wir Strukturierungselemente kennenlernen, um den virtuellen Adressraum auf eine (physikalisch vorhandene) Festplatte abzubilden. Da die Verwaltung von Caches sehr ähnlich organisiert ist, werden wir dabei auch auf Caches eingehen.

8.1 Halbleiterspeicher

Speicher können nach der verwendeten Zugriffsart eingeteilt werden. Wir unterscheiden Speicher mit *wahlfreiem, seriellem (zyklischem)* oder *inhaltsbezogenem* Zugriff (Abb. 8.2). Wahlfreier Zugriff (random Access) erfolgt unter Angabe einer Adresse, die genau einem Speicherplatz zugeordnet wird. Auf die einzelnen Speicherplätze kann in beliebiger Adressfolge zugegriffen werden. Beim seriellen oder zyklischen Zugriff ist die Adressfolge der Speicherworte fest vorgegeben, d.h. es können keine Speicherplätze übersprungen werden. Da die Speicherworte hintereinander abgelegt werden, müssen beim Zugriff auf nicht benachbarte Speicherplätze Verzögerungen in Kauf genommen werden. Halbleiterspeicher mit seriellem bzw. zyklischem Zugriff sind FIFOs, LIFOs und CCDs (Charge Coupled Devices). Beim inhaltsbezogenem Zugriff (Content Addressable Memory CAM) wird statt einer Adresse ein Suchwort benutzt, um Daten zu adressieren, die zusammen mit dem Suchwort eingespeichert wurden.

Hochintegrierte Halbleiterspeicher haben meist wahlfreien Zugriff. Sie können weiter unterteilt werden in *flüchtige* und *nichtflüchtige* Speicher. Nach dem Abschalten der Stromversorgung verlieren flüchtige Speicher ihren Inhalt. Zu den nichtflüchtigen Speichern zählen ROM (Read Only Memory), PROM (Programmable ROM), EPROM (Erasable PROM) und EEPROM (Electrically EPROM).

ROM und PROM können nicht gelöscht werden. Schreib/Lesespeicher werden durch die wenig treffende Abkürzung RAM für Random Access Memory bezeichnet. Wie aus Abb. 8.2 zu erkennen ist, könnten damit auch ROMs gemeint sein. Statische RAMs basieren auf bistabilen Kippstufen. Dynamische RAMs speichern die Information als Ladungspakete auf Kondensatoren.

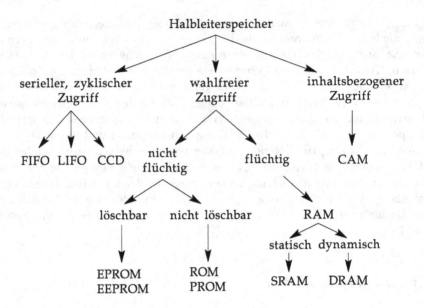

Abb. 8.2. Übersicht über Halbleiterspeicher

8.1.1 Speicher mit wahlfreiem Zugriff

Register bestehen aus Flipflops, die durch einen gemeinsamen Takt gesteuert werden — wir haben sie bereits weiter oben kennengelernt. Sie werden benötigt, um ein Datum kurzzeitig zu speichern. Man findet sie im Rechen- und Leitwerk eines Prozessors. Da sie direkt durch die Ablaufsteuerung angesprochen werden, ist die Zugriffszeit sehr gering. Halbleiterspeicher mit höherer Speicherkapazität müssen für den Zugriff auf die gespeicherten Informationen über eine geeignete Speicherorganisation verfügen.

Wir wollen im folgenden untersuchen, wie RAM– und ROM–Speicher organisiert sind, d.h. wie man die Speicherzellen anordnet und ihren Inhalt liest oder verändert. Eine Speicherzelle nimmt die kleinste Informationseinheit (1 Bit) auf. Je nach Herstellungstechnologie benutzt man unterschiedliche Speicherprinzipien, die in späteren Abschnitten erläutert werden. Allen gemeinsam ist die matrixförmige Anordnung der Speicherzellen, da hiermit die verfügbare Chipfläche am besten genutzt

Bitweise organisierte Halbleiterspeicher (Abb. 8.3) adressieren immer nur eine einzige Speicherzelle. Die Adressleitungen werden in zwei Teile aufgespalten, die man dann als *Zeilen*– und *Spalten*adresse benutzt. Die decodierten Zeilen– und Spaltenadressen dienen zur Auswahlsteuerung für die Speichermatrix. Jeder möglichen Adresse wird genau ein Kreuzungspunkt der decodierten Zeilen– und Spaltenauswahl–Leitungen zugeordnet. Sind beide auf 1–Pegel, so ist die zugehörige Speicherzelle aktiviert. Die Schreib–/Lesesteuerung, die

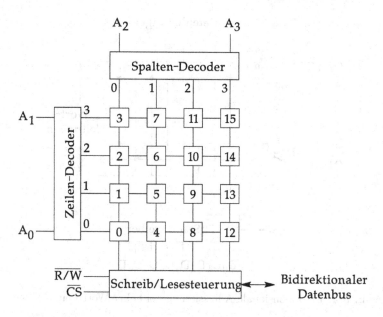

Abb. 8.3. Aufbau eines bitorientierten Halbleiterspeichers (16×1)

mit den Spaltenauswahl–Leitungen gekoppelt ist, ermöglicht den gewünschten Zugriff auf die adressierte Speicherzelle. Mit dem $R/\overline{W}$–Signal ($Read =$ $1, Write = 0$) wird zwischen Lese– und Schreibzugriff unterschieden. Die Schreib–/Lesesteuerung enthält in der Regel auch TriState–Treiber für einen bidirektionalen Datenbus. Mit dem $\overline{CS}$–Signal ($ChipSelect = 0$) wird der TriState–Treiber aktiviert. Bei dynamischen RAMs enthält die Schreib–/Lesesteuerung eine Schaltung zum Auffrischen der in Form von Ladungspaketen gespeicherten Informationen.

Wortorganisierte Speicher adressieren mehrere Speicherzellen gleichzeitig. Setzt man eine quadratische Speichermatrix voraus, so reduziert sich dadurch die Zahl der Spaltenleitungen. Bei großen Wortbreiten kann dies zu einer *eindimensionalen* Adressierung führen. Die Speicherworte sind dabei zeilenweise angeordnet. Diese Organisationsform findet man vorwiegend bei EPROM–Speichern (Abb. 8.4). Der Adressdecoder legt für jede Adresse genau eine Wortleitung auf 1–Pegel. Im Kreuzungspunkt Daten–/Wortleitung befinden sich Koppelelemente wie Dioden oder FET–Transistoren.

Schreib/Lese–Speicher

Schreib/Lese–Speicher sind Speicher mit wahlfreiem Zugriff (RAMs). Die einzelnen Typen unterscheiden sich hinsichtlich

- Halbleiter–Technologie (Schaltkreisfamilie),

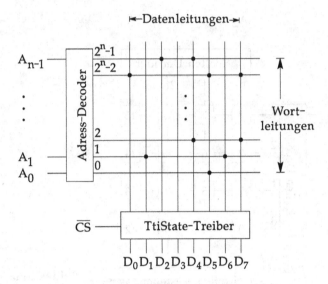

Abb. 8.4. Eindimensionale Adressierung bei hoher Wortbreite ($2^n \times 8$)

- Speicherkapazität (Integrationsdichte),
- Zugriffszeit,
- Leistungsaufnahme,
- Speicherorganisation,
- Speicherprinzip: statisch oder dynamisch.

STATISCHE RAMs (SRAM). Die Basis–Speicherzellen statischer RAMs bestehen aus bistabilen Kippstufen. Sie werden in bipolarer oder in MOS–Technik hergestellt. Bipolare SRAMs benutzt man wegen ihrer hohen Geschwindigkeit als Cache–Speicher. Es sind nur relativ geringe Speicherkapazitäten (Größenordnung 4–16 KBit) erreichbar und die Verlustleistung ist hoch (600–800 mW). Die typische Zugriffszeit beträgt 10–50 ns bei TTL–Technologie.

Mit MOS–SRAMs sind mittlere Speicherkapazitäten erreichbar (NMOS: 16–512 KBit, CMOS: 16–256 KBit). Die Zugriffszeiten sind jedoch höher als bei bipolarer Technologie (typ. 40–120 ns). Bei CMOS–Bausteinen liegt die Ruheleistung (stand–by) im μW–Bereich. Die Betriebsleistung ist von der Taktrate abhängig und beträgt maximal 400 mW. SRAMs in NMOS–Technologie haben wegen ihrer Lasttransistoren eine relativ hohe Leistungsaufnahme. Sie liegt zwischen 500 mW und 1,2 W.

BIPOLARES SRAM. Die Basis–Speicherzelle besteht aus zwei Multi–Emitter Transistoren, die kreuzweise rückgekoppelt sind (Abb. 8.5). Da immer nur ein Transistor leitend ist, kann diese Speicherzelle 1 Bit speichern. 0–

und 1–Pegel müssen vorher definiert werden. Im Speicherzustand liegt entweder die Spaltenleitung oder die Zeilenleitung (oder beide) auf 0–Pegel. Beim Lesen oder Schreiben sind sie beide gleichzeitig auf 1–Pegel. Die beiden Datenleitungen werden zum Lesen über Widerstände auf 0–Pegel geschaltet. Je nach Speicherzustand leitet der Transistor T_1 oder T_2. Der 1–Pegel auf den Auswahlleitungen einer Speicherzelle bewirkt, dass der Emitterstrom des leitenden Transistors auf die entsprechende Datenleitung umgeleitet wird. Der Spannungsabfall über den Widerständen R_L kann mit einem Leseverstärker ausgewertet werden. Nehmen wir an, T_1 sei leitend und T_2 gesperrt. Um diesen Speicherzustand zu ändern (Schreiben), wird die linke Datenleitung auf 1–Pegel und die rechte Datenleitung auf 0–Pegel gebracht. Da die Auswahlleitungen auch auf 1–Pegel liegen, wird der Strom durch T_1 unterbrochen und T_2 leitet. Auf diese Weise wird der Speicherinhalt komplementiert.

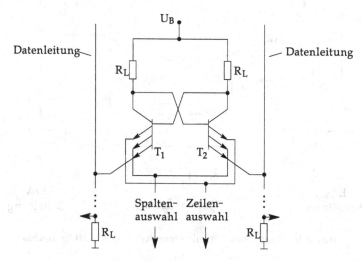

Abb. 8.5. Basis–Speicherzelle eines bipolaren RAMs

NMOS–SRAM. Eine statische NMOS–Speicherzelle ist in Abb. 8.6 dargestellt. Die Transistoren T_2 und T_3 dienen als Lastwiderstände für die bistabile Kippstufe. Eine Auswahlschaltung verbindet die durch Zeilen– und Spaltenleitungen adressierte Speicherzelle mit einer Ein/Ausgabe–Schaltung. Die Transistoren T_7 und T_8 sind für jede Spalte nur einmal vorhanden, pro Speicherzelle werden somit rund 6 Transistoren benötigt. Zum Auslesen der Information kann direkt die linke Datenleitung verwendet werden. Die rechte Datenleitung wird nur zum Ändern des Speicherinhalts gebraucht. Zum Setzen der Speicherzelle legt man an die linke Datenleitung 1–Pegel und an die rechte 0–Pegel. Das Speicherflipflop bleibt in diesem Zustand, solange die

Betriebsspannung vorhanden ist. Das Rücksetzen erfolgt mit komplementären Schreibpegeln.

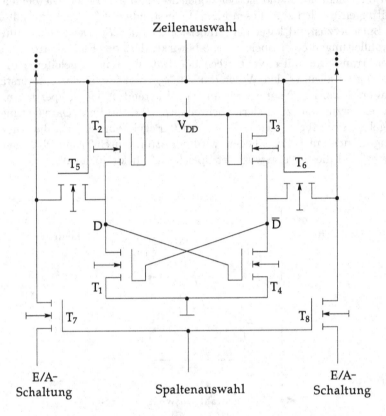

Abb. 8.6. Basis–Speicherzelle eines statischen NMOS–RAMs

CMOS–SRAM. Abb. 8.7 zeigt den Aufbau einer statischen CMOS–Speicherzelle. Sie besteht aus zwei rückgekoppelten Invertern, die jeweils mit einem Paar komplementärer MOS–Transistoren T_1, T_2 bzw. T_3, T_4 realisiert sind. Die Auswahlschaltung ist genauso wie bei der NMOS–Speicherzelle (vgl. Abb. 8.6) aufgebaut.

DYNAMISCHE RAMs (DRAMs). Dynamische RAMs sind nur in MOS–Technik realisierbar. Durch dynamische Speicherung kann sowohl die Zahl der Transistoren pro Speicherzelle als auch die Verlustleistung reduziert werden. Für die Hochintegration verwendet man 1–Transistorzellen. Damit sind Speicherkapazitäten von 4–16 MBit erreichbar. Die Information wird in einem MOS–Kondensator gespeichert, der in regelmäßigen Abständen (ca. 2–5 ms) nachgeladen werden muss, da er sich durch Leckströme entlädt. Auch beim Lesen wird die eingespeicherte Information zerstört. Die Ein/Ausgabe–Schaltung

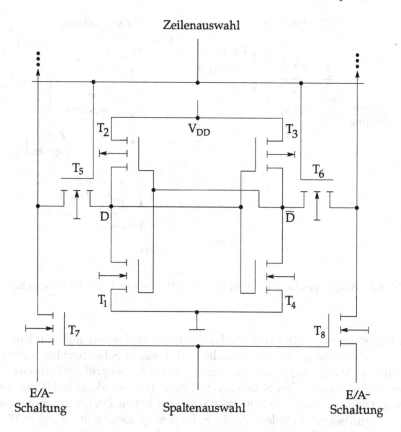

Abb. 8.7. Basis–Speicherzelle eines statischen CMOS–RAMs

muss deshalb eine ausgelesene Information nicht nur in die digitale Darstellung überführen, sondern auch regenerieren. Diesen Vorgang bezeichnet man als *Refresh*. Man benötigt ein Zeilenregister zur kurzfristigen Speicherung der ausgelesenen Zeile.

Abb. 8.8 zeigt den Aufbau einer 1–Transistorzelle in NMOS–Technik, die Ein–/Ausgabe Schaltung ist nur schematisch dargestellt. Die Speicherzellen sind matrixförmig angeordnet und pro Spalte wird nur ein Auswahltransistor T_A benötigt. Beim Schreiben leiten die Transistoren T_A und T_S der adressierten Speicherzelle, der Ausgang des Schreibverstärkers führt 1–Pegel und lädt den Speicherkondensator C_S. Beim Lesen erfolgt ein Ladungsausgleich von C_S mit den Schaltungskapazitäten (Leitungen, Transistoren, Verstärker), die durch den Kondensator C_p modelliert werden. Solange die Eingangsspannung am Leseverstärker über einem (schaltungsspezifischen) Schwellwert liegt, wird sie als 1–Pegel ausgewertet ($D_{out}= 1$). Im anderen Fall war der Kondensator C_S der adressierten Speicherzelle ungeladen, d.h. ihr Speicherinhalt ist 0. Ne-

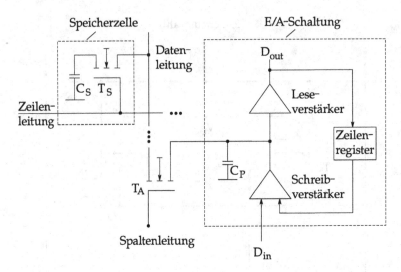

Abb. 8.8. Basis–Speicherzelle eines NMOS–DRAMs mit Ein–/Ausgabe Schaltung

ben Leckströmen verringert auch das Auslesen die Ladung auf dem Kondensator C_S. Wenn man sie nicht anschließend in einem Schreibzyklus auffrischt, wird durch den Ladungsausgleich beim nächsten Lesezugriff die Spannung am Leseverstärker unter den Schwellwert sinken. Dies würde zum Datenverlust führen. Die Ein–/Ausgabe Schaltung sorgt bei jedem Zugriff für ein automatisches Auffrischen der gelesenen Zeile. Es genügt also, wenn in regelmäßigen Zeitabständen (z.B. alle 2 ms) auf irgendeine Speicherzelle einer Zeile zugegriffen wird. Während des Lesezugriffs können die Bustreiber abgeschaltet sein, d.h. das Selektionssignal $\overline{CS}$ ist auf 1–Pegel. Bei neueren DRAMs erfolgt dieser zyklische Refresh–Lesezugriff durch eine integrierte Steuereinheit. Das oben beschriebene Funktionsprinzip und die Notwendigkeit des zyklischen Refreshs erklären die höheren Speicherzykluszeiten von MOS–DRAMs gegenüber MOS–SRAMs.

Wenn die Buszykluszeit des Prozessors kleiner ist als die Speicherzykluszeit, können nutzlose Wartezyklen durch eine *verschränkte Speicheradressierung* (interleaved Memory) vermieden werden. Der Hauptspeicher wird dazu in Speicherbänke aufgeteilt, die durch die niederwertigen Adressbits umgeschaltet werden. Solange bei jedem Adresswechsel auch ein Bankwechsel erfolgt, sind keine Wartezyklen des Prozessor nötig. Die verschränkte Speicheradressierung kann auch mit einer *Überlappung von Buszyklen* kombiniert werden, wenn die *Zugriffszeiten* der verwendeten Halbleiterspeicher größer sind als die minimale Buszykluszeit des Prozessors. Je nach Überlappungsgrad muss der Prozessor die Adressen für einen oder mehrere nachfolgende Buszyklen ausgeben. Wenn die Inhalte zweier aufeinanderfolgender Adressen sich in der gleichen Speicherbank befinden, muss eine Steuerlogik die Fortschaltung der

Adressen durch den Prozessor verzögern. Dagegen kann der Prozessor bei Bankwechseln auf Wartezyklen verzichten und mit der maximal möglichen Übertragungsrate auf den Speicher zugreifen. Eine ausführliche Darstellung dieser beiden Verfahren, die vor allem in Verbindung mit den hier vorgestellten MOS–DRAMs angewandt werden, findet man in [*Liebig*, 1993].

Festwertspeicher

ROMs sind nichtflüchtige Speicher, d.h. die eingespeicherte Information bleibt auch nach Abschalten der Betriebsspannung erhalten. Sie sind überwiegend wortweise organisiert. ROMs mit geringer Speicherkapazität benutzen die eindimensionale Adressierung. Je nach Anwendungsbereich werden unterschiedliche Programmierverfahren (bzw. Speicherelemente) eingesetzt:

1. Maskenprogrammierung (ROM)
2. Elektrische Programmierung (PROM)
3. Löschbare, elektrische Programmierung (EPROM, EEPROM)

Maskenprogrammierung und elektrische Programmierung sind *irreversibel*, d.h. der Speicherchip kann nicht mehr gelöscht werden. Für die programmierbaren Festwertspeicher sind geeignete Programmier– bzw. Löschgeräte erforderlich.

MASKENPROGRAMMIERTE ROMs. Die einzuspeichernde Information muss bereits beim Herstellungsprozess bekannt sein. Sie wird durch eine Metallisierungsmaske auf den Chip übertragen. Der Einsatz maskenprogrammierter ROMs lohnt sich nur bei großen Stückzahlen wie z.B. zur Realisierung des Mikroprogramm–Steuerwerks eines Prozessors. Als Speicherelemente werden MOS–Transistoren benutzt, die in den Kreuzungspunkten der Speichermatrix angeordnet sind. Durch die Metallisierungsmaske wird festgelegt (programmiert), ob ein Transistor durch eine Wortleitung aktiviert werden kann (Abb. 8.9).

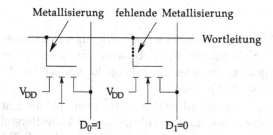

Abb. 8.9. Prinzip des maskenprogrammierbaren ROMs bei eindimensionaler Adressierung

Bei zweidimensionaler Adressierung werden pro Speicherzelle zwei MOS–Transistoren eingebaut, die in Reihe geschaltet sind. Ihre Gates werden durch die Zeilen– und die Spaltenleitungen angesteuert. Wenn mehrere Zellen von einem Zeilen–/Spaltenleitungspaar gleichzeitig angesprochen werden, erhält man einen wortorganisierten, zweidimensional adressierten Speicher.

Wegen des doppelten Aufwands gegenüber der eindimensionalen Adressierung wählt man in der Praxis die in Bild Abb. 8.10 dargestellte Zellenanordnung. In diesem Beispiel werden acht eindimensional organisierte Blöcke mit je 16 Bit Wortbreite von einem einzigen Adressdecoder angesteuert. Durch die höherwertigen Adressleitungen A_4 bis A_{10} wird ein 128 Bit breites Wort ausgewählt. Aus jedem Block selektieren die 1 aus 16 Multiplexer ein Bit für die Ausgabe. Mit einer $\overline{CS}$–Leitung werden 8 Tristate–Bustreiber gesteuert, die acht Datenleitungen $D_0 \ldots D_7$ können deshalb direkt auf einen bidirektionalen Bus geschaltet werden. Mit der dargestellten Zellenordnung erreicht man — bei minimalem Transistor–Aufwand pro Bit — eine quadratische Speichermatrix .

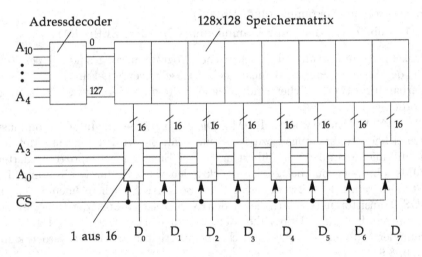

Abb. 8.10. Aufbau eines 2048 × 8 Bit organisierten Masken–ROMs (2716)

PROM–SPEICHER. PROMs können vom Anwender programmiert werden, indem man eingebaute NiCr–Sicherungen durch Überspannungen zerstört. Um die einzelnen Wortleitungen voneinander zu entkoppeln, müssen Dioden in Reihe geschaltet werden (Abb. 8.11).

EPROM–SPEICHER. Der Einsatz von EPROMs ist vor allem für die Entwicklungsphase oder für kleinere Stückzahlen empfehlenswert. Viele Hersteller bieten zu ihren EPROMs elektrisch und pin–kompatible Masken–ROMs für die Massenproduktion an. EPROMs können durch energiereiche, ultraviolette Strahlung gelöscht werden. Sie besitzen ein Quarzfenster, durch das der Chip bestrahlt wird. Folglich löscht man immer den ganzen Speicherin-

Abb. 8.11. Prinzip einer PROM–Speicherzelle

halt auf einmal. Danach müssen alle Speicherzellen neu programmiert werden. EPROMs benutzen als Speicherelemente selbstsperrende Feldeffekttransistoren, die über ein zusätzliches Gate verfügen, das sogenannte *Floating–Gate* (schwebendes Gate). Aufbau und Funktionsweise eines solchen FAMOS (Floating Gate Avalanche Injection MOS) sind in *Band 1*, Abschnitt 4.5.2 beschrieben.

Der FAMOS–Transistor wird in einer wortorganisierten, eindimensional adressierten Speichermatrix eingebaut. Die Datenleitungen werden über pull-up Widerstände mit der Betriebsspannung verbunden (Abb. 8.12). Ein durch seine Wortleitung adressierter Speichertransistor leitet nur dann, wenn sein Floating–Gate aufgeladen ist. In diesem Fall wird auf der Datenleitung eine Null ausgegeben. Gelöschte EPROMs liefern unter allen Adressen 1–Pegel. Sollen bei einem bereits programmierten EPROM Einsen zu Nullen geändert werden, so ist dies ohne vorheriges Löschen möglich.

EEPROM–Speicher. Beim EEPROM können einzelne Speicherinhalte geändert werden, ohne die anderen Speicherzellen zu beeinflussen. Die Speichertransistoren von EEPROMs sind ähnlich wie FAMOS–Transistoren aufgebaut. Gegenüber der Drain–Diffusion haben sie jedoch eine besonders dünne Isolierschicht zum Floating–Gate. An dieser Stelle können die Elektronen, je nach Polarität der Programmierspannung, in beide Richtungen „tunneln". Abb. 8.12 zeigt die 2–Transistor Speicherzelle eines EEPROM, das in NMOS–Technik hergestellt wird. Abfließende Elektronen erzeugen eine positive Raumladung auf dem Floating–Gate, wenn zwischen Drain und Programmiergate des Speichertransistors eine positive Programmierspannung $U_p = 21\,V$ liegt. Danach leitet der Speichertransistor, da die positive Ladung des Floating–Gate einen n–Kanal *influenziert*. Die Speicherzelle wird zum Programmieren und zum Lesen durch einen 1–Pegel auf der Wortleitung ausgewählt. U_p ist während des normalen Betriebs $0V$. Durch Anlegen einer negativen Programmierspannung zwischen Drain und Programmiergate können die Elektronen auf das Floating–Gate „tunneln" und eine dort vorhandene positive Raumladung wieder kompensieren. Die Speicherzelle wird dadurch gelöscht und liefert wieder einen 1–Pegel auf der Datenleitung.

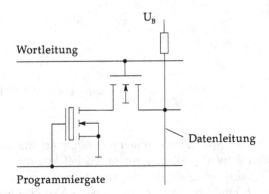

Abb. 8.12. Speicherzelle
beim EEPROM 2816

8.1.2 Pufferspeicher mit seriellem Zugriff

Pufferspeicher werden zur schnellen Zwischenspeicherung von Daten benötigt. Sie arbeiten entweder nach dem LIFO– oder dem FIFO–Prinzip und realisieren Stapelspeicher (z.B. auf Mikroprogrammebene) oder Warteschlangen (z.B. für Computernetze). Sie können durch Hardware oder durch Firmware[1] gesteuert werden. Im folgenden wollen wir die schnellere Hardwarelösung am Beispiel von FIFOs untersuchen.

FIFO–Speicher

FIFO–Speicher geben Daten in derselben Reihenfolge aus, wie sie eingeschrieben wurden. Sie realisieren eine Warteschlange. Die Zahl der gespeicherten Datenworte kann zwischen 0 und der maximalen Speicherkapazität schwanken. Ein eingegebenes Datum fällt immer bis zur letzten freien Position durch. Dieser Mechanismus ist unabhängig von den Schreib– oder Lesesignalen. Der interne Aufbau eines FIFOs bestimmt die maximale Verzögerungszeit (*Bubble–through Time*).
FIFOs können auf zwei Arten realisiert werden:

- Datenspeicherung im RAM
- Datenspeicherung in asynchronen Schieberegistern

FIFO mit RAM–Datenspeicherung

Zur Datenspeicherung wird ein RAM verwendet, das gleichzeitig beschrieben und ausgelesen werden kann. Solche Dual–Port–RAMs haben zwei Adresseingänge und einen getrennten Datenbus zum Schreiben bzw. Lesen. Mit einem geeigneten Steuerwerk, das Schreib–/Lese–Adressregister und ein „Füllstand"–Register enthält, wird dieser Speicher verwaltet (vgl. [*Schmidt*, 1978]).

---

[1] vgl. Stackpointer zur Interrupt– bzw. Unterprogrammverarbeitung.

FIFO mit asynchronem Schieberegister

In Abb. 8.13 ist ein 4 x 8 Bit FIFO mit einem asynchronen Schieberegister dargestellt. Die einzelnen Speicherstufen bestehen aus vier flankengesteuerten 8–Bit–Registern. Die Flipflop–Ausgänge der Stufe i sind die Eingänge der Stufe $i + 1$. Zu jeder Stufe gehört ein SR–Steuerflipflop. Es signalisiert durch $Q = 1$, dass das Datenregister belegt ist. Die Verschaltung der Steuerflipflops sorgt dafür, dass Daten vom Eingang stets bis zur letzten freien Position durchfallen, und dass nach dem Auslesen eines Datums der Rest der Warteschlange um eine Position nach rechts verschoben wird.

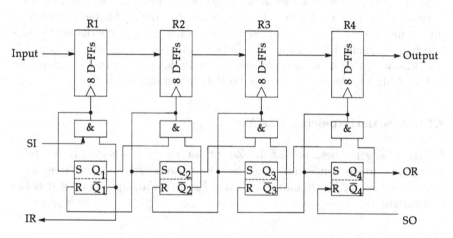

Abb. 8.13. FIFO–Speicher mit asynchroner Steuerung

Nehmen wir an, die Warteschlange sei leer. Das bedeutet, dass alle SR–Flipflops rückgesetzt sind. Der $\overline{Q}$–Ausgang des ersten Flipflops zeigt an, dass die Warteschlange Daten aufnehmen kann. Er signalisiert den *Input Ready*–Zustand $IR = \overline{Q_1} = 1$. Mit dem *Shift–In* Signal $SI = 1$ wird ein Taktimpuls für das Datenregister R1 erzeugt. Kurz danach wird Q_1 gesetzt. Das eingespeicherte Datum liegt jetzt am Eingang des Datenregisters $R2$. $Q_1 = 1$ entspricht dem SI–Signal der ersten Stufe. Der beschriebene Vorgang wiederholt sich nun bei der zweiten, dritten und vierten Stufe. Der Taktimpuls der Stufe i sorgt dabei für das Rücksetzen des Steuerflipflops der Stufe $i - 1$. Dadurch wird angezeigt, dass das Datum nach rechts verschoben wurde.

Das FIFO enthält nun das erste eingeschriebene Datum im Datenregister $R4$. Durch $\overline{Q_4} = 0$ werden weitere Eingaben in diese Speicherstufe gesperrt. Das nächste Eingabedatum bleibt folglich im Datenregister $R3$ hängen. Sobald vier Bytes eingespeichert wurden, zeigt $IR = \overline{Q_1} = 0$ an, dass die Speicherkapazität des FIFOs erschöpft ist. Mit einem *Shift–Out* Signal ($SO = 1$) kann ein Datum aus der Warteschlange entfernt werden. Die Bereitschaft dazu zeigt das *Output–Ready* Signal ($OR = Q_4 = 1$) an. *SO* setzt das Steuerflipflop 4 zurück und erzeugt dadurch einen Einschreibimpuls für Datenregister $R4$, das damit den Inhalt von Datenregister $R3$ übernimmt.[2] Dieser Taktimpuls wirkt auf das Steuerflipflop 3 wie der *SO*–Impuls auf das Steuerflipflop 4. In gleicher Weise werden Taktimpulse für die Datenregister $R3$ und $R2$ erzeugt. Die Warteschlange wird dadurch um eine Position nach rechts geschoben. Am Ende ist das Steuerflipflop 1 zurückgesetzt und ein neues Datum kann in Datenregister $R1$ eingeschrieben werden.

Das dargestellte Funktionsprinzip setzt voraus, dass die dynamischen Kenngrößen der Speicherflipflops (Wirk– und Kippintervalle) und der Steuerflipflops (Übergangszeiten) aufeinander abgestimmt werden. Integrierte FIFO–Bausteine verfügen über Ein– und Ausgänge, die eine problemlose Kaskadierung ermöglichen. So sind Warteschlangen beliebiger Speicherkapazität realisierbar. Typische FIFO–Bausteine haben eine Speicherorganisation von 128 x 4 Bit oder 256 x 4 Bit. FIFOs werden als Pufferspeicher in Rechnernetzen (LAN–Bridges) oder in Ein–/Ausgabe Bausteinen eingesetzt.

8.1.3 Assoziativspeicher (CAM)

Bei Assoziativspeichern erfolgt der Zugriff auf die gespeicherten Daten nicht über eine Adresse, sondern über ein Suchwort, das einen Teil eines oder mehrerer gespeicherter Worte darstellen kann. Ein Assoziativspeicher hat drei Betriebsarten:

1. *Schreiben*
2. *Lesen*
3. *Suchen*

Assoziativspeicher können durch Mikrocomputer realisiert werden. Die Antwortzeiten sind jedoch recht hoch, da die Suche durch ein Maschinenprogramm erfolgt. „Echte" Assoziativspeicher können mit Hilfe einer geeigneten Zellenlogik das gespeicherte Wort bitweise mit dem Suchwort vergleichen und über eine *Match*–Leitung anzeigen, ob das untersuchte Bit mit dem Speicherinhalt übereinstimmt. Dabei können bestimmte Bits durch ein Maskenbit ausgeblendet werden. Abb. 8.14 zeigt den schematischen Aufbau eines wortorganisierten Assoziativspeichers. Er kann zunächst wie ein gewöhnliches RAM gelesen und beschrieben werden. Der Suchvorgang wird durch einen Impuls am Eingang *SEARCH* gestartet und erfolgt bei allen Zellen gleichzeitig. Jede Speicherzelle erhält ein Such– und ein Maskenbit. Die Match–Ausgänge einer Zeile werden durch eine *UND*–Funktion miteinander verknüpft, um das Ergebnis der assoziativen Suche anzuzeigen. Die Speicherzellen der ausmaskierten Spalten (0 im Maskenregister) liefern stets einen 1–Pegel auf ihren Match–Ausgängen.

· Man beachte, dass OR kurzzeitig 0–Pegel annimmt.

Ihr Inhalt bleibt folglich unberücksichtigt. Die bei einer assoziativen Suche erzielten Treffer werden im Ergebnisregister verzeichnet. Danach können die mit dem Suchwort assoziierten Speicherworte nacheinander gelesen werden. Ihre Adressen sind dem Ergebnisregister zu entnehmen (in Abb. 8.14 sind dies die Adressen 1 und $2^n - 1$). Die Adressierung erfolgt nun wie bei RAMs durch die Wort– und Spaltenleitungen. CAM–Speicherzellen enthalten viele Transistoren und beanspruchen daher viel Chipfläche. Da nur geringe Speicherkapazitäten erreichbar sind, beschränkt sich ihr Einsatz auf spezielle Bereiche wie z.B. die Speicherverwaltung. Neben den oben beschriebenen digitalen Assoziativspeichern gibt es auch *neuronale* Assoziativspeicher (vgl. z.B. [*Kohonen*, 1984]). Der Unterschied besteht im Wesentlichen in der Art der Informationsdarstellung. Neuronale Assoziativspeicher benutzen eine verteilte und analoge Darstellung der gespeicherten Informationen. Sie sind in der Lage, zu lernen und *ähnliche* Eingabemuster auf *ähnliche* Ausgabemuster abzubilden. Ein digitaler Assoziativspeicher prüft nur die *Gleichheit* der maskierten Bits. Er hat nicht die Fähigkeit zu generalisieren.

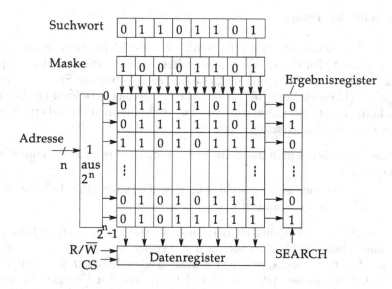

Abb. 8.14. Organisation und Arbeitsweise eines Assoziativspeichers

8.2 Funktionsprinzipien magnetomotorischer Speichermedien

Magnetomotorische Speicher basieren auf dem physikalischen Phänomen des Magnetismus. Die beiden wichtigsten Vertreter sind *Disketten* und *Festplat-*

ten. Wir werden später jedoch nur Festplatten ausführlicher behandeln, da Disketten immer mehr an Bedeutung verlieren.

8.2.1 Speicherprinzip

Bestimmte Materialien, sogenannte *Ferromagnete*, sind permanent magnetisierbar. Ferromagnetische Materialien kann man sich aus mikroskopisch kleinen Magneten zusammengesetzt vorstellen. Sie werden auf eine unmagnetische Trägerscheibe aufgebracht, die zum Schreiben und zum Lesen an einem winzigen Elektromagneten, dem sogenannten *Schreib-/Lesekopf*, vorbeigeführt wird. Bei Disketten wird eine flexible Folie als Trägerscheibe verwendet. Daher bezeichnet man Disketten häufig auch als *Floppy-Disks.* Der Durchmesser heutiger Disketten beträgt 3,5 Zoll. Bei Festplatten werden mehrere übereinandergestapelte *feste* Platten aus Aluminium (oder auch Glas) als Träger für das ferromagnetische Speichermaterial verwendet.

8.2.2 Schreibvorgang

Nach der Herstellung des Ferromagneten sind die Elementarmagnete völlig regellos verteilt. Durch Anlegen eines äußeren Magnetfeldes wird das Speichermaterial bis zur Sättigung magnetisiert, so dass auf der Speicherscheibe Abschnitte (Kreissektoren) bleibender Magnetisierung entstehen (Abbildung 8.15). In diesen Magnetisierungsmustern wird die Information codiert. Hierzu gibt es mehrere Möglichkeiten. Man verfolgt dabei zwei Ziele:

1. Einerseits möchte man möglichst viel Information pro Flächeneinheit unterbringen.
2. Andererseits muss sichergestellt sein, dass die Information beim Leseprozess sicher zurückgewonnen werden kann.

Da die mechanische Genauigkeit bei den Laufwerken prinzipiell und aus Kostengründen beschränkt ist, muss aus den gespeicherten Magnetisierungsmustern ein Lesetakt zurückgewonnen werden. Dieser Lesetakt wird mit Hilfe eines PLL–Schaltkreises (Phased Locked Loop) mit den Übergängen unterschiedlicher Magnetisierung (Flusswechseln) synchronisiert. Er „rastet" somit auf das geschriebene Muster ein und gleicht mechanische Ungenauigkeiten des Laufwerks aus.

Damit eine permanente Magnetisierung entstehen kann, muss ein Magnetiserungsabschnitt auf einer Festplatte und einer Diskette eine bestimmte Mindestgröße haben. Die kleinsten Abschnitte gleichgerichteter Magnetisierung werden *Bitzellen* genannt. Die Größe einer solchen Bitzelle beträgt bei einer Festplatte nach dem aktuellen Stand der Technik (2004) ca. $50 \cdot 10^{-9}$m = 50 Nanometer (nm). Dies entspricht einer Bitdichte von 200.000 Bitzellen pro cm oder rund 500.000 Bit per Inch (bpi).

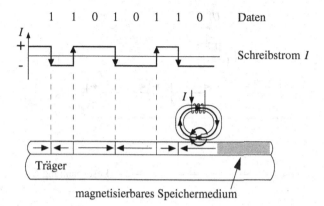

Abb. 8.15. Schreibvorgang bei einem magnetomotorischen Speichermedium.

8.2.3 Lesevorgang

Wir betrachten im Folgenden den Lesevorgang bei einem magnetomotorischen Speicher, der einen ferromagnetischen Schreib–/Lesekopf besitzt. Dabei muss man beachten, dass ein solcher Lesekopf nur auf Wechsel der Magnetisierung anspricht. Die Magnetisierung wird in der Physik auch als magnetischer Fluss bezeichnet. Nur bei einem Wechsel des magnetischen Flusses (Flusswechsel) entsteht in der Spule des Lesekopfs ein Spannungsimpuls aufgrund der sogenannten *elektromagnetischen* Induktion (Abbildung 8.16).

Die zu speichernden Daten müssen nun in Magnetisierungsmuster umgesetzt werden, die möglichst wenige Bitzellen pro Datenbit enthalten. Gleichzeitig muss sichergestellt sein, dass anhand der entstehenden Flusswechsel die Daten eindeutig rekonstruiert werden können.

Es gibt verschiedene Möglichkeiten, die Daten durch Magnetisierungszustände oder –wechsel zu codieren. Die hier untersuchten Verfahren betreffen konventionelle Schreib–/Leseköpfe, bei denen Leseimpulse durch Flusswechsel erzeugt werden. Der Datenstrom muss also in Flusswechsel codiert werden. Die einfachste Codierungsvorschrift ordnet einer '1' im Datenstrom einen Flusswechsel zu; '0'–Bits werden durch einen fehlenden Flusswechsel codiert. Zur Rückgewinnung der Datenbits ist ein Taktsignal erforderlich, das die verstärkte Lesespannung des Kopfes abtastet. Die Abtastimpulse müssen genau an den Stellen liegen, an denen Flusswechsel möglich sind. Der Taktgenerator muss demnach mit dem bewegten Speichermedium synchronisiert werden.

8.2.4 Abtasttakt

Unter *idealen* Bedingungen würde es ausreichen, einen Taktgenerator ein einziges Mal (z.B. beim Einschalten) mit der rotierenden Platte zu synchronisieren. Eine Bitzelle entspricht dem kleinsten Abschnitt auf einer Spur, in dem

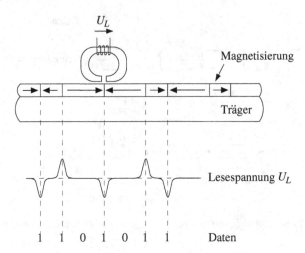

Abb. 8.16. Lesevorgang bei einem magnetomotorischen Speichermedium.

eine konstante Magnetisierung herrschen muss. Die Länge l_0 einer Bitzelle entspricht dem Kehrwert der Aufzeichnungsdichte. Bei 200.000 Flusswechseln pro cm ist eine Bitzelle nur 50 nm breit. Nur wenn sich das Speichermedium mit konstanter Geschwindigkeit bewegt und ein hochwertiges Trägermaterial verwendet wird, ist der zeitliche Abstand t_0 zwischen zwei aufeinanderfolgenden Bitzellen bzw. Flusswechseln konstant. Schwankungen der Rotationsgeschwindigkeit oder Längenänderungen des Trägermaterials durch Temperatureinwirkung führen aber dazu, dass sich t_0 permanent ändert. Um trotz dieser Störeinflüsse mit einem nur einmal synchronisierten Taktgenerator zu arbeiten, müßten mechanisch und elektrisch sehr präzise arbeitende Komponenten verwendet werden. Die hohen Anforderungen bedeuten gleichzeitig auch hohe Kosten. Aus diesem Grund wurden für die Praxis *selbsttaktende* Codierungen entwickelt.

Der Datenstrom wird vor der Aufzeichnung in einen *Speichercode* umgeformt, der eine Rückgewinnung des Taktsignals ermöglicht. Eine '1' im Speichercode bezeichnet einen Flusswechsel. Eine '0' gibt an, dass die momentane Magnetisierungsrichtung beibehalten bleibt. Jedem Bit des Speichercodes steht ein konstantes Längen– bzw. Zeitintervall zur Verfügung. Der Speichercode wird auf das Speichermedium übertragen, indem man den minimalen Abstand zwischen zwei Flusswechseln (Einsen) auf eine Bitzelle abbildet. Ein Maß für die Effektivität einer Codierung ist die mittlere Zahl der Flusswechsel pro Datenbit. Je weniger Einsen in dem gewählten Speichercode vorkommen, umso weniger Bitzellen werden zur Darstellung der Daten benötigt. Da die Zahl der Bitzellen durch die physikalischen Grenzen des Systems Speichermedium–Kopf begrenzt ist, kann durch geeignete Speichercodierung die Speicherkapazität maximiert werden.

Beim Lesevorgang erfolgt die Trennung von Takt und Daten mit dem sogenannten *Datenseparator*. Hauptbestandteil dieser Komponente ist ein Phasen-
regelkreis (Phase Locked Loop, PLL), der einen spannungsgesteuerten Taktgenerator VCO (Voltage Controlled Oscillator) enthält (Abb. 8.17). Das Signal
dieses Taktgenerators wird durch Leseimpulse synchronisiert und dient gleichzeitig auch zur Abtastung der Leseimpulse. Durch ein Antivalenzschaltglied
(exklusives ODER) wird die Phasenlage der digitalisierten Leseimpulse mit
der Phase des VCO–Taktsignals verglichen. Ein Analogfilter glättet dieses
Differenzsignal und bildet daraus die Steuerspannung für den VCO. Durch
den Regelkreis werden eventuell vorhandene Phasendifferenzen ausgeregelt,
d.h. der Abtasttakt *rastet* auf die Leseimpulse ein. Über einer Bitzelle liegen dann genau N Taktzyklen des Abtasttaktes. Damit sind die Zeitpunkte
bestimmbar, an denen Flusswechsel auftreten können. Die Abtastung der digitalisierten Leseimpulse an diesen Stellen liefert den Speichercode, der gemäß
dem verwendeten Aufzeichnungsverfahren in den Datenstrom zurückgewandelt wird. Voraussetzung für die korrekte Funktion des Datenseparators ist,
dass der maximale Abstand zwischen zwei Leseimpulsen nicht zu groß wird.
Die Speichercodierung muss so gewählt werden, dass die maximale Zahl der
Nullen zwischen zwei Einsen nicht zu groß wird.

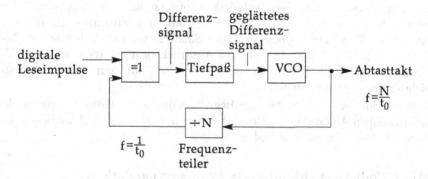

Abb. 8.17. Aufbau eines Phasenregelkreises (PLL) zur Gewinnung eines Abtasttaktes, der synchron zum Aufzeichnungstakt ist.

Eine praktisch anwendbare Speichercodierung muss zwei gegensätzliche Anforderungen erfüllen. Einerseits soll bei technologisch gegebener Aufzeichnungsdichte eine hohe Speicherkapazität erzielt werden. Dies bedeutet möglichst wenig Einsen im Speichercode. Andererseits soll eine Rückgewinnung
des Taktes möglich sein, d.h. es sollen möglichst wenig Nullen im Speichercode vorkommen. Die existierenden Codierungen stellen einen Kompromiss
dar. Die drei gebräuchlichsten Speichercodierungen werden im folgenden untersucht. Grundsätzlich gilt: Je höher die erreichbare Speicherkapazität, desto
komplexer wird die benötigte Hardware zur Codierung und Decodierung.

8.2.5 Codierungsarten

Im folgenden wollen wir drei bekannte Codierungen betrachten, die bei magnetomotorischen Speichern eingesetzt werden. Die ersten beiden werden für Disketten benutzt, die dritte für Festplatten.

FM–Codierung (Frequenzmodulation)

Diese Speichercodierung zeichnet mit jedem Datenbit wenigstens einen Flusswechsel zur Taktrückgewinnung auf. Die folgende Tabelle zeigt die Zuordnung der Datenbits zum FM–Code:

Datenbit	Speichercode
0	10
1	11

Man erkennt, dass bei gleicher Verteilung von Nullen und Einsen im Datenstrom für 2 Datenbits 3 Flusswechsel aufgezeichnet werden. Pro Datenbit werden also im Mittel 1,5 Flusswechsel benötigt. Die beschriebene Speichercodierung ist in Abb. 8.18 dargestellt. Da Floppy–Disks und Festplatten mit gleichförmiger Winkelgeschwindigkeit rotieren, kann die Abszisse als Weg oder Zeitachse interpretiert werden. FM–Codierung wird auch als *Wechseltaktschrift, Manchester–Codierung* oder *Single Density* (SD) bezeichnet. Die Bezeichnung Single Density soll zum Ausdruck bringen, dass mit der FM–Codierung die verfügbare Zahl der Flusswechsel auf dem Speichermedium nicht optimal ausgenutzt wird.

Am Rande sei bemerkt, dass der Begriff Frequenzmodulation *nichts* mit der gleichnamigen Audio–Modulationsart zu tun hat. Man soll deshalb besser den Begriff FM–Codierung verwenden.

MFM–Codierung (Modifizierte Frequenzmodulation)

Bei der FM–Codierung wird nur die Hälfte der vorhandenen Bitzellen für Datenbits genutzt. Wenn durch geeignete Codierung sichergestellt wird, dass genug Leseimpulse zur Synchronisierung des Abtasttaktes entstehen, kann die Speicherkapazität verdoppelt werden. Dies ist bei der *modifizierten* FM–Codierung der Fall. Man spricht auch vom *Miller–Code*. Die folgende Tabell zeigt die Zuordnung der Datenbits zur MFM–Codierung:

Datenbit D_{n-}	D_n	Speichercode
0	0	10
1	0	00
0	1	01
1	1	01

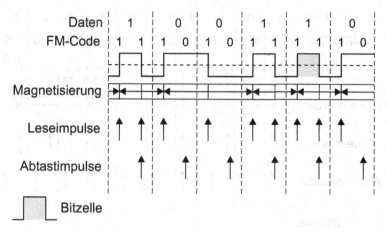

Abb. 8.18. Lesevorgang bei der FM–Codierung.

Bei gleicher Verteilung von Nullen und Einsen im Datenstrom werden für 4 Datenbits 3 Flusswechsel aufgezeichnet. Pro Datenbit werden also im Mittel 0,75 Flusswechsel bzw. Bitzellen benötigt. Das bedeutet, dass sich im Vergleich zu FM die Speicherkapazität verdoppelt. Deshalb wird die MFM– Codierung auch als *Double Density* (DD) bezeichnet. Vergleicht man Abb. 8.19 mit Abb. 8.18, so erkennt man, dass die Breite der *Bitfenster* oder *Bitzellen* bei MFM–Codierung nur noch halb so groß ist. Ist das Datenbit '1', so wird stets ein Flusswechsel in der zweiten Hälfte der Bitzelle geschrieben. Wenn '0'–Bits gespeichert werden, ist die „Vorgeschichte" wichtig: Nur wenn das vorangehende Datenbit ebenfalls '0' war, wird ein Flusswechsel in die erste Hälfte der Bitzelle geschrieben.

Eine weitere Verringerung der Flusswechsel kann durch die *modifizierte* MFM– oder M^2FM–Codierung erreicht werden. Dabei wird nur geprüft, ob in der vorangegangenen Bitzelle ein Flusswechsel vorhanden war. Ist dies der Fall, so wird in einer nachfolgenden '0'–Bitzelle kein Flusswechsel in die vordere Hälfte geschrieben. Obwohl bei längeren Nullfolgen die Zahl der Flusswechsel reduziert wird, ist bei der M^2FM–Codierung der minimale Flusswechselabstand nicht kleiner als bei MFM. Die im Mittel pro Datenbit benötigten Bitzellen sind demnach gleich. M^2FM bietet also keine höhere Speicherkapazität. Da bei M^2FM die Decodierung zusätzlich sehr viel aufwendiger ist, hat es keine praktische Bedeutung erlangt.

RLL–Codierung (Run Length Limited)

Während die MFM–Codierung bei Disketten benutzt wird, verwendet man bei Festplatten die RLL–Codierung. Mit ihr kann man — bei gleichbleibender Breite der Bitzellen, d.h. gleichen technologischen Voraussetzungen — die

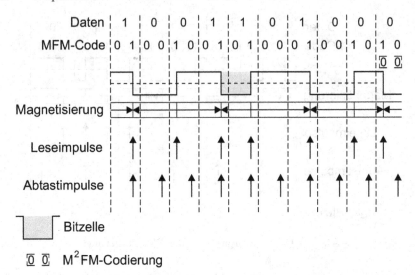

Abb. 8.19. Lesevorgang bei der MFM–Codierung.

Speicherkapazität gegenüber MFM–Codierung fast verdoppeln. Während bei FM und MFM jeweils ein einzelnes Datenbit auf einen 2–Bit–Speichercode umgesetzt werden, ist bei der RLL–Codierung die Zahl der umcodierten Datenbits *variabel*. Die Zahl der Codebits ist aber ebenfalls doppelt so groß wie die Zahl der Datenbits. Die nachfolgende Tabelle zeigt die Zuordnung der Datenbits zu der RLL–Codierung:

Datenbits	Speichercode
000	000100
10	0100
010	100100
0010	00100100
11	1000
011	001000
0011	00001000

Aus der angegebenen Codetabelle entnimmt man, dass bei gleicher Verteilung von '0' und '1' Datenbits 9 Flusswechsel für 21 Datenbits nötig sind. Dies entspricht im Mittel 0,43 Flusswechseln pro Datenbit. Die oben angegebene Speichercodierung wird als RLL 2.7–Code bezeichnet. Zwischen zwei Flusswechseln ('1' im Speichercode) liegen mindestens 2 und höchstens 7 Abschnitte gleicher Magnetisierung ('0' im Speichercode). Bei RLL 2.7 werden jeweils 3 Codebits auf eine Bitzelle abgebildet. Der Datenseparator erhält spätestens nach der Dauer von 7/3 Bitzellen einen Synchronisationsimpuls (Abb. 8.20).

Der beim Lesen abgetastete Speichercode muss mit einer aufwendigen Deco-
dierlogik in den Datenstrom zurückgewandelt werden.

Bei genauer Betrachtung erkennt man, dass die MFM–Codierung ebenfalls
ein RLL–Verfahren darstellt. Die Zahl der trennenden '0'– Bits im Speichercode beträgt minimal 1 und maximal 3. Demnach handelt es sich um einen
RLL 1.3–Code.

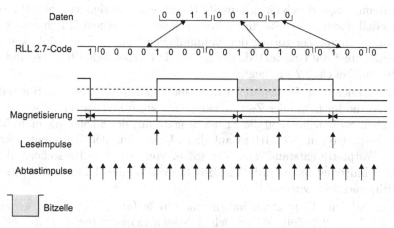

Abb. 8.20. Lesevorgang mit RLL 2.7–Codierung bei einer Festplatte.

Zum Abschluss sollen die drei behandelten Aufzeichnungsverfahren in einer
Tabelle miteinander verglichen werden.

	Flusswechsel/Datenbit
FM (SD)	1,5
MFM (DD)	0,75
RLL 2.7	0,43

Im Folgenden wollen wir uns auf die Betrachtung von Festplatten beschränken, da Disketten immer mehr an Bedeutung verlieren. Außerdem lassen sich die hier vorgestellten Konzepte auch leicht auf Disketten übertragen.

8.3 Festplatten

8.3.1 Geschichte

Die erste Festplatte wurde 1956 von IBM hergestellt. Sie hatte eine Speicherkapazität von rund 5 MByte und einen Durchmesser von ca. 60 Zentimetern

(24 Zoll). IBM beherrschte von diesem Zeitpunkt an fast 20 Jahre lang den Festplattenmarkt. 1973 führte es die sogenannten *Winchester*–Laufwerke ein, die bis heute die Basis beim Bau von Festplatten bilden. Dabei wird ein System von Speicherplatten, Schreib–/Leseköpfen und deren Antriebs– bzw. Positioniereinrichtungen in einem hermetisch gekapselten Gehäuse untergebracht. Durch die Winchester–Technik wurde es möglich, die Speicherkapazität und Betriebssicherheit der Festplatten zu erhöhen, da Schäden aufgrund von Luftverunreinigungen durch die gekapselte Bauweise vermieden wurden. Ohne diese Technik kann es bereits durch Staubteilchen mit einem Durchmesser von nur ca. 5 μm zur Zerstörung der empfindlichen Schreib–/Leseköpfe kommen (so genannte *Head Crashes*), da der Abstand zwischen Schreib–/Lesekopf und Platte nur bei ca. 0,2 μm liegt.[3]

Die Bezeichnung *Winchester* wurde später auch von anderen Herstellern benutzt, die im Laufe der Zeit immer kompaktere Festplattenlaufwerke entwickelten. So brachte 1980 die Firma Seagate mit der ST506, die erste 5,25–Zoll–Festplatte mit 6,4 MByte auf den Markt. Aus der Weiterentwicklung dieser Festplatte entstand dann der später von fast allen Herstellern akzeptierte Schnittstellenstandard ST506/412 mit dem eine Datentransferrate von 5 MBit/s erreicht wurde.

Heute übliche Festplatten haben eine Größe (auch Formfaktor genannt) von 3,5 bzw. 2,5 Zoll, sie erreichen Speicherkapazitäten um 250 GByte und verfügen über integrierte Festplattencontroller mit IDE– oder SCSI–Schnittstelle, die Datentransferraten über 133 MByte/s erreichen (vgl. Abschnitt 8.5).

Die Festplattentechnik entwickelt sich ständig weiter. Durch die mittlerweile fest etablierten Schnittstellenstandards können die Hersteller die Laufwerke intern immer mehr optimieren. Obwohl auf diese Weise stets das Maximum an Speicherkapazität aus dem Speichermaterial herauszuholen ist, können die Festplatten trotzdem leicht gegeneinander ausgetauscht werden.

Zwischen 1956 und 1990 erreichte man jährliche Steigerungsraten von etwa 25%. Seit 1990 vergrößerte sich die jährliche Steigerung auf ca. 60%, d.h. man erreichte alle 18 Monate eine Verdopplung der Speicherkapazität. Die Flächendichte auf einer einzelnen Festplattenscheibe (Platter) lag 1957 bei ca. 2 KBit/inch^2. Heutige Festplatten warten dagegen mit einem um den Faktor 30.000 größeren Wert von ca. 60 GBit/inch^2 auf. In naher Zukunft kann man mit Flächendichten von 100 GBit/inch^2 rechnen.

Geht man bei einer 3,5-Zoll-Festplatte von einem nutzbaren Durchmesser von 3 Zoll aus, so ergibt sich pro Platter eine Speicherkapazität von $2 \cdot 3^2 \cdot$ inch$^2 \cdot \pi \cdot 100$ GBit/inch$^2 = 5,652$ TBit ≈ 700 GByte. Der Faktor 2 ergibt sich, da sowohl die Unter– als auch die Oberseite des Platters beschrieben werden können. Da die meisten Festplatten etwa drei Platter enthalten, würde

---

[.] Zum Vergleich: Ein menschliches Haar hat einen Durchmesser von ca. 10 μm.

man mit einer solchen Festplatte eine Speicherkapazität von über 2 TByte erreichen.

8.3.2 Mechanischer Aufbau von Festplatten

Eine Festplatte enthält einen Plattenstapel mit mehreren (typisch 2–4) magnetisierbar beschichteten Aluminium– (oder Glas–)Scheiben, die mit Winkelgeschwindigkeiten zwischen 4.800 und 15.000 Umdrehungen pro Minute rotieren (Abbildung 8.21). Im Desktopbereich findet man meist Festplatten mit 7.200 rpm[4]. Je höher die Drehzahl, desto kleiner ist auch die mittlere Zugriffszeit und desto größer die erreichbare Datentransferrate.

Die Schreib–/Leseköpfe greifen kammartig in den Plattenstapel ein und können mit einem Elektromotor positioniert werden. Mit Hilfe der Schreibköpfe können magnetische Muster auf konzentrische Spuren der Festplattenscheiben geschrieben werden. Die Schreibköpfe wirken dabei wie kleine Elektromagnete, die je nach Richtung des Stromflusses zwei verschieden gerichtete Magnetfelder erzeugen. Wenn der Schreibkopf nahe genug an die Speicherschicht herangeführt wird, dringt das magnetische Feld in die Speicherschicht ein und magnetisiert einen winzigen Kreisbogenabschnitt des Datenträgers. Die erreichbare Zahl der Bitzellen pro Längeneinheit (auf dem Kreisbogen) ist die Bitdichte. Sie wird meist in *Bit per Inch* oder *bpi* angegeben und hängt von den magnetischen Eigenschaften der Speicherschicht, vom Abstand zwischen Schreib–/Lesekopf und Speicherschicht sowie von den magnetischen Eigenschaften und der Geometrie des Schreib–/Lesekopfes ab.

8.3.3 Kenndaten von Festplatten

Die Leistungsfähigkeit einer Festplatte wird in hohem Maße von der Rotationsgeschwindigkeit des Plattenstapels bestimmt. Während früher Winkelgeschwindigkeiten von 5.400 rpm gebräuchlich waren, rotieren heutige Festplatten mit 7.200 rpm. Je höher die Rotationsgeschwindigkeit, desto kleiner ist die Latenzzeit beim Zugriff und umso größer ist die Datentransferrate.

Im Gegensatz zu CD/DVD drehen sich Festplatten mit konstanter Winkelgeschwindigkeit. Bei einer Winkelgeschwindigkeit von 7.200 rpm dauert eine Umdrehung des Plattenstapels $\frac{1}{\omega_{rot}} = \frac{60\,s}{7.200} = 8,6$ ms.

Die *Positionierzeit* (Seek Time) gibt an, wie lange es dauert, bis die Schreib–/Lese–Köpfe eine bestimmte Spur erreicht haben. Die *Latenzzeit* ist direkt von der Winkelgeschwindigkeit der Festplatte abhängig. Sie ergibt sich im Mittel aus der Hälfte der Zeit, die für eine Umdrehung benötigt wird.

Beim Wechsel von einem Kopf auf den anderen vergeht Zeit, die als *Einstellzeit* bezeichnet wird. Obwohl die elektrischen Umschaltung auf einen anderen

---

[4] rpm steht für rotations per minute.

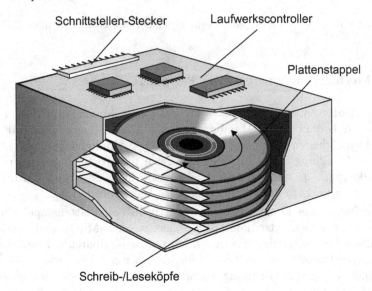

Schnittstellen-Stecker   Laufwerkscontroller

Plattenstappel

Schreib-/Leseköpfe

Abb. 8.21. Aufbau eines Festplattenlaufwerks.

Schreib-/Lesekopf sehr schnell geht, muss dieser erst einmal auf die ange-steuerte Spur „einrasten", indem er die Low–Level–Formatdaten ausliest und auswertet. Erst danach können Daten von dem angeforderten Sektor gelesen bzw. geschrieben werden.

Die *mittlere Datenzugriffszeit* einer Festplatte gibt an, wie lange es zwi-schen der Anforderung und der Ausgabe eines Sektors dauert. Diese Zeit wird durch die Positionierzeit, die Latenzzeit, die Einstellzeit und durch die Verarbeitungsgeschwindigkeit des Laufwerkcontrollers bestimmt. Eine geringe mittlere Zugriffszeit ist wichtig, wenn man viele kleinere Dateien verarbeitet. Bei Multimediaanwendungen kommt es dagegen vorwiegend auf hohe Daten-raten an. Hier versucht man, die Daten möglichst zusammenhängend auf der Festplatte anzuordnen und durch eine hohe Rotationsgeschwindigkeit die Da-tentransferrate zu maximieren. Die mittlere Datenzugriffszeit spielt dann eher eine untergeordnete Rolle.

Die *Mediumtransferrate* gibt an, wie viele Daten pro Sekunde von oder zur Speicherschicht der Festplatte übertragen werden können. Sie wird in MByte pro Sekunde angegeben und hängt von folgenden Parametern ab:

Bitdichte gemessen in Bit per Inch (bpi). Diese Größe hängt von den phy-sikalischen Eigenschaften des Schreib–/Lesekopfes und des verwendeten Speichermaterials ab. Um eine hohe Speicherdichte zu erreichen, sollte der Abstand zwischen Schreib–/Lesekopf und Speichermaterial möglichst klein sein.

Benutzte Codierung (MFM, RLL), die festlegt, wie viele Bitzellen im Mittel für die Speicherung eines Bits benötigt werden.

Lage der Spur, auf der der Sektor liegt. Bei konstanter Winkelgeschwindigkeit und konstanter Größe der Bitzellen ändert sich die Rate der Flusswechsel in Abhängigkeit von der jeweiligen Spur. Auf den inneren Spuren ist die Bahngeschwindigkeit und damit die Flusswechselrate geringer als auf den äußeren Spuren. Somit ergeben sich auch unterschiedliche Transferraten. Auf der innersten Spur ist die Datentransferrate am kleinsten, auf der äußersten Spur ist sie am größten.

Neben der *Mediumtransferrate* gibt es die *Datentransferrate*, die angibt, wie schnell Daten zwischen Hauptspeicher und Festplattencontroller übertragen werden können. Diese Kenngröße ist für die Praxis wichtiger als die Mediumtransferrate. Man beachte, dass die Datentransferrate einer Festplatte meist deutlich unter der Bandbreite des aktuellen Schnittstellenstandards liegt. So lag z.B. Ende 2001 die Datentransferrate von Festplatten bei ca. 7 MByte/s. Mit damaligen Schnittstellenstandards waren dagegen Datenraten von bis zu 20 MByte/s möglich.

Zum Abschluss soll noch auf die Größeneinheiten bei der Angabe der Speicherkapazität hingewiesen werden. Da alle Computer im Dualsystem rechnen, ist es sinnvoll, Größenangaben auch auf dieses Zahlensystem zu beziehen (Tabelle 8.1). Die Tatsache, dass die Größeneinheiten des Dezimalsystems deutlich geringeren Werten entsprechen, nutzen viele Hersteller bzw. Händler, um ihre Festplatten mit größeren Speicherkapazitäten anzupreisen, als diese tatsächlich besitzen. So hat z.B. eine Festplatte, die bezogen auf das Dezimalsystem eine Speicherkapazität von 160 GByte hat, in Wirklichkeit nur eine Speicherkapazität von 149 GByte.

Tabelle 8.1. Vergleich von Größeneinheiten im Dual- und Dezimalsystem.

Zeichen	Name	Wert Dual	Wert Dezimal
K	Kilo	$2^{..}$=1.024	1.000
M	Mega	$2^{..}$=1.048.576	1.000.000
G	Giga	$2^{..}$=1.073.741.824	1.000.000.000
T	Tera	$2^{..}$=1.099.511.627.766	1.000.000.000.000
P	Peta	$2^{..}$=1.125.899.906.842.624	1.000.000.000.000.000

8.4 Softsektorierung

Nachdem wir in Abschnitt 8.2 gesehen haben, wie man einzelne Bitmuster mehr oder weniger kompakt in ein Magnetisierungsmuster codieren kann,

wollen wir nun die Frage stellen, wie größere Datenmengen auf einer Festplatte organisiert werden. Die heute übliche Organisationseinheit ist eine *Datei*, die über einen Namen angesprochen werden kann. Eine Datei setzt sich
aus Speicherblöcken zusammen, die auf der Festplatte als Sektoren abgelegt
werden.

Die Oberfläche einer einzelnen Festplattenscheibe (Platter) wird in eine
Menge konzentrischer Spuren aufgeteilt (Abbildung 8.22). Die Sektoren sind
Kreisabschnitte auf einer Spur und bilden die kleinsten zugreifbaren Einhei-
ten. Sie nehmen üblicherweise Datenblöcke von 512 oder 1024 Bytes auf.

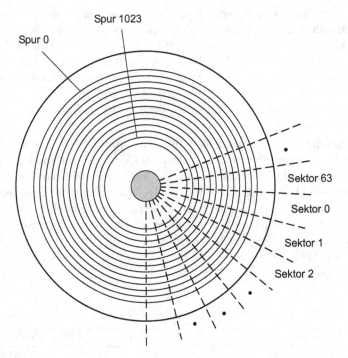

Abb. 8.22. Aufteilung der Plattenoberfläche.

Die Einteilung des Datenträgers in Spuren und Sektoren wird Softsektorierung oder auch *Low–Level–Formatierung* genannt. Früher benutzte man
auch die Hardsektorierung, bei der in die Plattenoberfläche ein oder mehrere Indexlöcher gestanzt wurden, um die Sektorgrenzen zu markieren. Bei der
Softsektorierung wird der Anfang eines Sektors durch bestimmte Magnetisierungsmuster markiert. Daran schließt sich dann ein Header an, in den die
Sektornummer und weitere Verwaltungsinformationen (z.B. CRC–Prüfsummen zur Fehlererkennung) eingetragen werden. Dann folgen die eigentlichen
Nutzdaten und die Prüfbits zur Fehlerkorrektur, die als ECC–Bits (Error
Checking and Correcting) bezeichnet werden (Abbildung 8.23).

Die Low–Level–Formatierung wird bereits bei der Fertigung der Festplatte vom Hersteller durchgeführt. Sie bildet die Grundlage für die übergeordnete Partitionierung und spätere Formatierung mit einem Dateisystem, das einen komfortablen Zugriff auf die Daten über Verzeichnis– und Dateinamen ermöglicht.

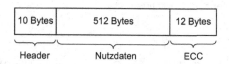

Abb. 8.23. Format eines Sektors bei Softsektorierung.

8.4.1 Fehlererkennung mittels CRC–Prüfung

Da bei der magnetomotorischen Speicherung Schreib– und Lesefehler auftreten können, braucht man eine zuverlässige Methode zur Fehlererkennung. Hierzu wird meist eine CRC–Prüfung (Cyclic Redundancy Check) eingesetzt, die im Folgenden beschrieben wird. Die Fehlerkorrektor mit ECC–Bits basiert ebenfalls auf dem CRC–Verfahren.

Die CRC–Prüfung beruht auf der so genannten Modulo–2–Arithmetik, bei der die einzelnen Stellen zweier Binärzahlen bitweise miteinander XOR–verknüpft werden. Im Gegensatz zur Addition oder Subtraktion werden bei der Modulo–2–Arithmetik keine Überträge zwischen den Stellen berücksichtigt. Daher kann die Modulo–2–Arithmetik einfach und schnell mit Hilfe parallel geschalteter XOR–Schaltglieder realisiert werden. Erstaunlicherweise sind Addition und Subtraktion in der Modulo–2–Arithmetik identisch. Da die Verknüpfungen sehr schnell durchgeführt werden können, ist eine CRC–Prüfung während des Festplattenbetriebs (in Echtzeit) möglich.

Ausgangspunkt für die CRC–Prüfung ist die Division mit der Modulo–2–Arithmetik. Wie bei einer „normalen" Division wird eine Binärzahl (Dividend) durch eine zweite Binärzahl (Divisor) geteilt. Die dabei auszuführende Subtraktion wird durch eine stellenweise XOR–Verknüpfung realisiert. Wie bei der normalen Division erhält man als Ergebnis einen Quotienten und in der Regel auch einen von Null verschiedenen Rest.

Beispiel: *Division zweier Binärzahlen mit Modulo–2–Arithmetik*

```
10110011 : 1000 = 10110 <== Quotient 1000
----
 0110
 0000
 ----
 1100
```

```
1000
----
 1001
 1000
 ----
 0011
 0000
 ----
  011  <== Rest = Prüfsumme
```

◇

Der Rest wird als CRC–Prüfsumme verwendet. Die Wortlänge des Restes ist stets um eine Stelle kleiner als die Wortlänge des Divisors, da die Modulo–2–Division eigentlich einer Polynomdivision entspricht. Die Divisoren bezeichnet man auch als Generatoren (Generatorpolynome). Mit 17– und 33–Bit–Generatoren erhalten wir dann 16– bzw. 32–Bit–Prüfsummen. Die Prüfsummenbildung durch eine Modulo–2–Division ist erstaunlich leistungsfähig bei der Fehlererkennung. Mit dem 16–Bit–CRC–CCITT–Generatorpolynom $x^{16} + x^{12} + x^5 + 1$ werden folgende Fehler 100% sicher erkannt:

- Einzel– und Doppelbitfehler,
- Fehler, bei denen eine gerade Zahl von Bits verfälscht wurden,
- Bündelfehler, die bis zu 16 Bit lang sein können.

Bündelfehler einer Länge von 17 Bit werden mit 99,9967 % und alle anderen Bündelfehler mit 99,9984 % erkannt. Wegen dieser hohen Erkennungsraten wird die CRC–Prüfung sowohl bei Speichermedien als auch bei der Datenübertragung eingesetzt.

Zur Anwendung der CRC–Prüfung müßte man eigentlich zu jedem Sektor mit beispielsweise 512 Byte eine 16 (bzw. 32)–Bit–CRC–Prüfsumme berechnen und diese im Header (vgl. Abbildung 8.23) abspeichern. Der Laufwerkscontroller müsste dann beim Lesen des Sektors die Prüfsumme in gleicher Weise ermitteln und dann die beiden Prüfsummen miteinander vergleichen. Dieser abschließende Vergleich kann jedoch entfallen, wenn man beim Schreiben die Datenlänge um zwei Byte mit Nullen auf 514 Byte erhöht und die daraus resultierende CRC–Prüfsumme im Sektorheader abspeichert.

Betrachtet man die Nutzdaten als Polynom $S(x)$, so erhält man bei einem 16–Bit–CRC–Generatorpolynom $G(x)$ folgendes CRC–Prüfsummenpolynom $R(x)$:

$$R(x) = S(X) \cdot x^{16} : G(x)$$

Die Multiplikation mit x^{16} entspricht der Erweiterung der Sektordaten um zwei Nullbytes. Wenn man nun auf beiden Seiten $R(x)$ gemäß der Modulo–2–Arithmetik addiert (bitweise XOR–Verknüpfung, $\oplus$–Operator), so erhält man

$$R(x) \oplus R(x) = 0$$
$$= (S(x) \cdot x^{16} : G(x)) \oplus R(x)$$
$$= (S(x) \oplus R(x)) : G(x)$$

Hieraus folgt, dass die Modulo–2–Division der um die CRC–Prüfsumme erweiterten Sektordaten Null ergibt, wenn keine Schreib– oder Lesefehler aufgetreten sind.

8.4.2 Festplatten–Adressierung

Wie wir weiter oben gesehen haben, bilden die Sektoren die kleinsten adressierbaren Speichereinheiten einer Festplatte. Um auf einen Sektor zugreifen zu können, muss man dem Laufwerkscontroller eine Adresse übergeben. Aufgrund der Geometrie der Festplatte ist es naheliegend, eine Festplattenadresse in drei Komponenten aufzuteilen: Zylinder–, Kopf– und Sektornummer.

Die Zylindernummer gibt zunächst einmal an, in welcher Spur der Sektor liegt. Da aus dieser Angabe noch nicht hervorgeht, auf welcher Festplattenscheibe (Platter) sich der Sektor befindet, ist der geometrische Ort zunächst einmal ein Zylinder. Mit der Kopfnummer wird diese Ortsangabe nun verfeinert, d.h. hiermit wird die jeweilige Festplattenscheibe und auch die Seite bestimmt, auf der der Sektor liegt. Mit der Sektornummer wird schließlich ein bestimmter Sektor ausgewählt.

Die gerade beschriebene Adressierung anhand der Festplattengeometrie wurde früher vom BIOS ausgeführt und wurde als CHS–Adressierung (Cylinder–Head–Sector) bezeichnet. Hierzu mussten im BIOS–Setup die Parameter der Festplatte eingegeben werden: Anzahl der Zylinder, Anzahl der Köpfe und Anzahl der Sektoren pro Spur. Als logische Schnittstelle zum Betriebssystem diente der BIOS–Interrupt 13h . Mit diesem Interrupt konnte das Betriebssystem die Eigenschaften (Größe) der angeschlossenen Platte abfragen und auf einen ganz bestimmten Sektor zugreifen.

Da das BIOS jedoch nur max. 10 Bit für die Adressierung der Zylinder, 8 Bit für die Adressierung der Köpfe und 6 Bit zur Adressierung der Anzahl der Sektoren bereitstellte, war die Speicherkapazität auf 8064 MByte begrenzt. Dabei wurde ein Standardwert von 512 Byte pro Sektor vorausgesetzt.

In Kombination mit den Kenngrößen von IDE–Schnittstellen (10 Bit für Zylinder, 4 Bit für Köpfe und 8 Bit für Sektoren) ergab sich sogar eine noch niedrigere Grenze von 504 MByte, da jeweils nur der kleinere Wert angesetzt werden konnte. Dabei besteht die max. adressierbare CHS–Kombination aus 1024 Zylindern, 16 Köpfen und 63 Sektoren (nicht 64, da der ungültige Wert 0 für die Sektoranzahl abgezogen werden muss).

Durch Erweiterung zur *Large* oder E–CHS–Adressierung (Extended CHS) beim EIDE–Standard konnte die 504–MByte–Grenze aufgehoben werden. Dabei wurde die Zahl der Bits zur Adressierung der Köpfe auf 8 erhöht (wie vom BIOS bereits unterstützt), obwohl es tatsächlich keine Laufwerke mit 255 Köpfen gab. Die Umrechnung auf die tatsächliche geometrische Position (Mapping) musste deshalb der Laufwerkscontroller intern durchführen. Als maximal möglicher E–CHS–Adressbereich ergibt sich bei 1024 Zylindern, 255 Köpfen und 63 Sektoren eine Festplattengröße von $8.422 \cdot 10^6$ Byte oder 7,84 GByte.

Die Festplattenadressierung mit Geometriedaten wurde ständig durch den Fortschritt der Technologie an die Grenzen ihrer Möglichkeiten gebracht. So kam es Mitte der 90er Jahre häufig dazu, dass die von einer Festplatte bereitgestellte Speicherkapazität vom Betriebssystem nur teilweise genutzt werden konnte. Für kurze Zeit konnte man dieses Problem durch Partitionierung einer Festplatte in zwei oder mehrere logische Festplatten lösen.

Später ging man jedoch dazu über, anstatt der Geometriedaten die Sektoren einfach von Null ab durchzunummerieren und das Mapping auf die Geometriedaten im Festplattencontroller zu realisieren.

Bei feststehender Sektoraufteilung wird außerdem auch nicht die technologisch maximal mögliche Speicherkapazität erreicht. Daher verwendet man die so genannte Zonenaufzeichnung, die wir im folgenden Abschnitt vorstellen.

8.4.3 Zonenaufzeichnung

Bei gleicher Bitzellengröße (bpi) passen auf die innerste Spur einer Festplatte deutlich weniger Sektoren als auf die äußerste Spur. Um die vorhandene Bitzellendichte optimal auszunutzen, ist es daher sinnvoll, auf den äußeren Spuren mehr Sektoren unterzubringen als auf den inneren Spuren. Man teilt daher die Festplatte in Zonen auf, in denen die Sektoranzahl gleich bleibt (Abbildung 8.24). Man nennt dieses Verfahren *Zone Bit Recording* (ZBR). Da die interne Geometrie solcher Festplatten unregelmäßig ist, wäre es schwierig, auf die Sektoren (Speicherblöcke) über eine Zylinder–Kopf–Sektor–Adresse (CHS) zuzugreifen.

Insbesondere kann diese Art der Festplattengeometrie nicht mehr über das BIOS oder ein Betriebssystem verwaltet werden, da man ein kompliziertes Mapping–Schema bräuchte, das die herstellerspezifischen Geometriedaten berücksichtigt. Es ist daher bei modernen Festplatten üblich, das LBA–Verfahren (vgl. nächster Abschnitt) zur Festplattenadressierung zu verwenden und das interne Mapping durch den Laufwerks–Controller auszuführen. Dadurch wird gleichzeitig das Betriebssystem entlastet und man kann die Festplatten verschiedener Hersteller nach einem einheitlichen Adressierungsschema ansteuern.

Bei heutigen Festplatten findet man 4 bis 30 Zonen. Die innerste Spur einer Zone bestimmt, wie viele Sektoren in der Zone untergebracht werden können. In der innersten Zone findet man meist halb so viele Sektoren (z.B. 40) wie in der äußersten Zone.

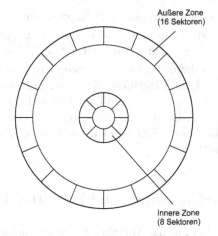

Außere Zone
(16 Sektoren)

Innere Zone
(8 Sektoren)

Abb. 8.24. Prinzip der Zonenaufzeichnung: Bei gleichbleibender Sektorlänge können auf den äußeren Spuren mehr Sektoren untergebracht werden.

Die Datenrate ändert sich beim Übergang zwischen den Zonen. Innerhalb einer Zone bleibt die Datenrate konstant. Das bedeutet, dass die Sektoren der innersten Spur einer Zone kürzer[5] sind als die Sektoren der äußersten Spur einer Zone.

Die Zonenaufzeichnung erschwert die Softsektorierung einer Festplatte, da sich der Lesetakt von Zone zu Zone ändern muss. Daher fügt man zusätzliche Synchronisationsmuster in konstanten Winkelabständen ein, auf die der Laufwerkscontroller „einrasten" kann. Durch diese so genannten *Spokes* müssen die Sektoren teilweise in zwei Hälften zerlegt werden: eine Hälfte vor und eine hinter dem Spoke.

8.4.4 LBA–Adressierung (Linear Block Adressing)

Moderne Festplatten enthalten einen integrierten Laufwerkscontroller, der die Adressierung der Sektoren über eine so gennante LBA (Linear Block Address) ermöglicht. Dabei wird die interne Festplattengeometrie, d.h. die physische Zuordnung der Sektoren auf den Plattenstapel für das Betriebssystem verborgen.

Die Sektoren werden einfach durchnummeriert, d.h. jeder Sektor erhält eine ab Null fortlaufende Nummer. In dieser Art und Weise wird eine klar definierte Schnittstelle für das Betriebssystem bereitgestellt. Seit 1996 wurde die BIOS–Schnittstelle (Software Interrupt 13h) so erweitert, dass ATA–Festplatten über eine LBA angesprochen werden. Dieses Verfahren war bei SCSI–Festplatten schon seit Anfang der 90er Jahre gebräuchlich.[6]

- bzgl. der Länge des zugehörigen Kreissegments.
- Es wurde dort als *Logical Block Addressing* bezeichnet.

Während vor 1996 beim „Int 13h" dem BIOS die genauen Daten der physischen Position des Sektors mit einem 24–Bit–Wort übergeben wurden (CHS–Adressierung), wurde beim „extended Int 13h" der Adressraum im BIOS auf 64 Bit erhöht. Obwohl damit eine kaum vorstellbare Speicherkapazität adressiert werden kann, wird die Adresslänge durch die Festplattenschnittstelle auf 48 Bit reduziert (SATA– oder Ultra–ATA/133 Spezifikation). Aber auch die mit der verbleibenden Adresslänge adressierbare Speicherkapazität von 128 Petabyte wird in absehbarer Zeit nicht erreicht werden (vgl. Schnittstellenstandards in Abschnitt 8.5).

8.5 Festplatten–Controller und Schnittstellenstandards

Der Laufwerkscontroller hat die Aufgabe, den internen Aufbau einer Festplatte für das Betriebssystem transparent zu machen. Er besteht aus einem speziellen Mikrorechner, der nach außen eine standardisierte Schnittstelle (IDE oder SCSI) bereitstellt. An diese Schnittstelle schickt der Prozessor Befehle, um einzelne Sektoren von der Festplatte zu lesen oder zu schreiben.

Bei dem heute üblichen LBA–Verfahren wird dem Controller eine 48 Bit große Sektornummer übergeben. Der Controller ordnet dieser Sektornummer eine physische Position auf dem Plattenstapel zu (Mapping). Dann positioniert er den Kopfstellarm über dem entsprechenden Zylinder, wählt den zugehörigen Kopf aus und liest solange den Inhalt der selektierten Spur, bis er den Sektor gefunden hat. Je nach gewünschter Operation wird dieser dann gelesen oder geschrieben.

Dabei werden hinter den eigentlichen 512 Byte Nutzdaten auch noch 12 Byte zur Fehlererkennung und –korrektur gespeichert. Der am häufigsten verwendete Code ist der Reed–Solomon ECC (Error Correcting Code). In Abbildung 8.23 ist der grundlegende Aufbau eines Sektors dargestellt.

Die Aufteilung eines Laufwerks in physische Sektoren wird vom Hersteller eines Laufwerks ausgeführt. Bei dieser so genannten *Low–Level*-Formatierung werden alle Spuren mit Sektoren beschrieben. Anschließend wird deren ordnungsgemäße Funktion überprüft. Fehlerhafte Sektoren werden markiert und durch Reservesektoren ersetzt. Sie werden beim späteren *Mapping*-Prozess nicht mehr berücksichtigt.

Um den Prozessor beim Schreiben auf die Festplatte nicht zu blockieren, puffert der Laufwerkscontroller die Daten zunächst in einem Cachespeicher. Von dort werden sie dann so schnell wie möglich auf die Platte geschrieben. Man beachte, dass es sich dabei nicht um den Prozessor–Cachespeicher handelt. Der hier angesprochene Cachespeicher befindet sich auf dem Laufwerkscontroller der Festplatte.

Auch der Lesevorgang kann durch einen Cachespeicher optimiert werden: Sobald der Kopf über der jeweiligen Spur positioniert ist, beginnt der Controller sofort mit dem Lesen von Sektoren – auch wenn der gewünschte Sektor noch nicht erreicht wurde. Die gelesenen Sektoren werden dabei im Cache zwischengespeichert. Aufgrund der Lokalitätseigenschaften von Programmen und Daten ist es sehr wahrscheinlich, dass im weiteren Verlauf einer der gespeicherten Sektoren vom Prozessor angefordert wird. Liegt der angeforderte Sektor kurz vor dem Sektor, an dem sich gerade der Kopf befindet, so entfällt die Latenzzeit für (fast) eine vollständige Plattenumdrehung. Die im Cache vorliegenden Sektoren können daher ohne weitere Zeitverzögerungen direkt an die Festplattenschnittstelle übergeben werden.

Der Laufwerkscontroller sorgt für eine optimale Nutzung des Cachespeichers, indem er die vorhandene Cache–Kapazität (typ. 2 – 16 MByte) für Lesen und Schreiben aufteilt.

Liegen gleichzeitig mehrere Speicheranforderungen vor, so versuchen moderne Laufwerkscontroller auch die beim Positionieren zurückgelegten Wege der Köpfe zu minimieren, indem die naheliegenden Sektoren zuerst angefahren werden. Dadurch kann Zeit eingespart werden.

Andererseits wird aber auch versucht, die für einen Zugriff verfügbare Zeit voll auszuschöpfen (*Just–in–Time seek*). Wenn der Kopf gerade rechtzeitig über der anzusteuernden Sektorposition ankommt, wird Strom gespart und die Geräuschentwicklung reduziert. Durch die geringeren Trägheitsmomente wird auch die Zuverlässigkeit der mechanischen Bauteile erhöht. Die typische MTBF (Mean Time Between Failure) liegt bei modernen Festplatten über 10^6 Stunden. D.h. eine solche Festplatte müsste mehr als 110 Jahre fehlerfrei arbeiten.

Um den Stromverbrauch weiter zu minimieren, wird von manchen Herstellern statt des Dualcodes der Gray–Code verwendet. Da sich mit dem Gray–Code bei aufeinanderfolgenden Adressen nur ein Bit ändert, wird der Stromverbrauch aufgrund von Umladungsprozessen bei Transistoren und auf den Verbindungsleitungen minimiert.[7]

Zum Anschluss einer Festplatte wird eine standardisierte Schnittstelle benötigt. Nur so ist es möglich, Festplatten verschiedener Hersteller in einem PC zu betreiben. Diese Schnittstelle wird durch einen Hostadapter der Hauptplatine realisiert und durch den Chipsatz unterstützt.

Zwei Schnittstellenstandards beherrschen heute den Markt: IDE/ATA (Integrated Device Electronics/Advanced Technology Attachment) und SCSI (Small Computer System Interface). Hierbei ist ATA im Desktop– und SCSI im Serverbereich am weitesten verbreitet.

Im Folgenden wollen wir diese beiden Schnittstellenstandards und deren Entwicklungsgeschichte näher betrachten.

· Beim Dualcode ändern sich beim Übergang von 127 (0111.1111) auf 128 (1000.0000) alle acht Bits gleichzeitig.

8.5.1 IDE–Schnittstelle

IDE wurde Mitte der 80er Jahre als kostengünstige Festplattenschnittstelle entwickelt und später in der ATA–Norm standardisiert. Es handelt sich im Wesentlichen um einen 16–Bit–Parallelbus, an dem Festplatten über ein 40poliges Flachbandkabel angeschlossen werden. An der IDE–Schnittstelle einer Hauptplatine können bis zu vier Festplatten angeschlossen werden, von denen sich jeweils zwei im Master–/Slavebetrieb einen primären und einen sekundären Anschlusskanal teilen.

Nach Erweiterung von IDE 1993 zum EIDE (Enhanced IDE) durch die Firma Western Digital und der Spezifikation des ATA–Standards wurde auch der Unterstandard ATAPI (ATA Packet Interface) eingeführt, der den Anschluss von optischen Wechselspeicherlaufwerken wie CD und DVD ermöglicht.

Während bei den ersten IDE– bzw. EIDE–Festplatten die programmierte Ein–/Ausgabe (Programmed Input/Output, PIO) üblich war, findet bei modernen Festplatten der Datentransfer ausschließlich im DMA–Modus statt. Dabei wird allerdings kein DMA–Kanal belegt, sondern der Hostadapter am PCI–Bus steuert als Busmaster den Datentransfer zwischen dem Speichermedium und dem Hauptspeicher. Die Daten werden also ohne Beteiligung des Prozessors zum oder vom Hauptspeicher übertragen. Der direkte Speicherzugriff entlastet die CPU und optimiert so die Datentransferrate zwischen Speichermedium (Festplatte) und Hauptspeicher.

Den PIO–Modus findet man heute höchstens noch bei langsameren Speichermedien wie z. B. CD–ROM–Laufwerken. Selbst beim schnellsten PIO–Modus (PIO–4) bleibt die Datentransferrate auf 16,6 MByte/s beschränkt.

Die Programmierung eines ATA–Laufwerks erfolgt über die Register des Hostadapters mittels der in der ATA–Spezifikation festgelegten Protokolle zur Abwicklung von IDE–Kommandos. Es würde den Umfang dieses Kapitels sprengen, die Funktion der 13 Register und 5 Protokolle im Detail zu besprechen. Eine ausführliche Beschreibung findet man z.B. in [*Schmidt*, 1998].

Seit der Spezifikation der ersten ATA–Schnittstelle mit DMA wurde dagegen die Datentransferrate stetig gesteigert. Bereits 1999 erreichte man mit der Ultra–ATA/66–Spezifikation Datentransferraten von 66 MByte/s. Bis zu dieser Spezifikation betrug die Adresslänge der LBA nur 28–Bit, d.h. die Festplattenkapazität war auf $2^{28} \cdot 512$ Byte = 128 GByte begrenzt. Ab der Ultra–ATA/133– und der nachfolgenden SATA–Spezifikation (Serial ATA) wurde die Adresslänge auf 48 Bit erweitert. Damit können bei einer Sektorgröße von 512 Byte bis zu $2^{48} \cdot 512$ Byte = 128 Petabyte adressiert werden[8]. Diese Speicherkapazität wird von Festplatten so schnell nicht erreicht werden.

Ultra–ATA–Schnittstellen werden über ein 80poliges Kabel mit dem Hostadapter auf der Hauptplatine verbunden. Da diese Kabel sehr unhandlich

---

· Der „enhanced" Interrupt 13h unterstützt bereits 64–Bit–Festplattenadressen.

sind, hat man mit der SATA–Spezifikation eine serielle Datenübertragung eingeführt, die mit einem 7–adrigen Kabel auskommt. Die dünnen Anschlusskabel
verfügen über ca. 8 mm breite Anschlussstecker und können platzsparend im
Gehäuse verlegt werden oder sogar für den Anschluss externer Festplatten
benutzt werden. Gleichzeitig wurde die Datentransferrate auf 150 MByte/s
erhöht, in naher Zukunft soll sie sogar bis zu 600 MByte/s erreichen. Außerdem entfällt bei SATA der Master-/Slave–Betrieb, da nun jedes SATA–
kompatible Gerät eine separate Verbindung zum Hostadapter erhält. Durch
die Entkopplung der einzelnen Laufwerke werden Leistungsengpässe durch
langsame Geräte an einem ATA–Kabel aufgehoben. Damit entfällt ein wichtiger Vorteil des SCSI–Schnittstellenstandards und es ist zu erwarten, dass
SCSI–Festplatten in der Zukunft an Bedeutung verlieren.

8.5.2 SCSI–Schnittstelle

Der SCSI–Bus (Small Computer Systems Interface) ist ein 1986 von der ANSI
standardisierter Schnittstellenstandard, der auf dem SASI[9] basiert. Er hatte
ursprünglich eine Wortbreite von 8 Bit und konnte bis zu 8 Geräte (inklusive
dem Hostadapter) miteinander verbinden. Mittlerweile wurde die Wortbreite
auf 16 Bit erhöht, so dass bis zu 16 Geräte (ebenfalls inklusive dem Hostadapter) angeschlossen werden können.

Der SCSI–Bus unterstützt nicht nur Massenspeicher (wie Festplatten und
CD/DVD), sondern eignet sich auch zum Anschluss von Peripheriegeräten
(z.B. Scanner). Die am SCSI–Bus angeschlossenen Geräte erhalten eine über
Jumper ode DIP–Schalter einstellbare, eindeutige Identifikationsnummer (ID).
Geräte mit hoher ID–Nummer haben gegenüber Geräten mit niedriger ID eine
höhere Priorität beim Buszugriff. Der größte ID–Wert (7 bzw. 15) ist meist
für den Hostadapter reserviert, der oft als PCI–Buskarte in die Hauptplatine
eingesteckt wird. Die an den SCSI–Bus angeschlossenen Geräte müssen nicht
ausschließlich über den Prozessor gesteuert werden. Sie können auch direkt
miteinander Daten austauschen, da der Bus (wie der PCI–Bus) Multi–Master-
fähig ist.

Der SCSI–Bus setzt bei den angeschlossenen Geräten voraus, dass sie bestimmte standardisierte Befehle ausführen können. Der Standard beschränkt
sich also nicht nur auf die mechanische und elektrische Spezifikation, sondern
erfaßt auch die Software–Schnittstelle.

Während der Datenübertragung übernimmt je ein Gerät die *Initiator*-
Funktion (Master) und die *Target*-Funktion (Slave). Der Initiator fordert ein
Target dazu auf, eine bestimmte Aufgabe auszuführen (vgl. Abbildung 8.25).
An einem SCSI–Bus werden die Geräte über 50–polige Kabel (intern Flach-
bandkabel, extern Rundkabel) miteinander verbunden. Dabei ist zu beachten,

---

· Shugart Associates Systems Interface.

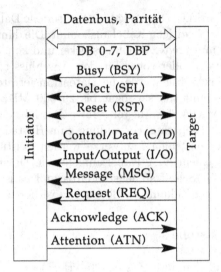

Datenbus, Parität

DB 0–7, DBP

Busy (BSY)

Select (SEL)

Reset (RST)

Control/Data (C/D)

Input/Output (I/O)

Message (MSG)

Request (REQ)

Acknowledge (ACK)

Attention (ATN)

Initiator

Target

Abb. 8.25. Verbindung zwischen Initiator und Target beim SCSI–Bus.

dass die Enden mit *Terminatoren* abgeschlossen werden. Diese enthalten aktive oder passive Abschlusswiderstände, die störende Reflexionen auf dem Bus verhindern.

Der SCSI–Bus kann sich zu einem bestimmten Zeitpunkt immer nur in einem der folgenden vier Zustände befinden (Abbildung 8.26):

1. Bus free Phase,
2. Arbitration Phase,
3. Selection/Reselection Phase,
4. Information Transfer Phase.

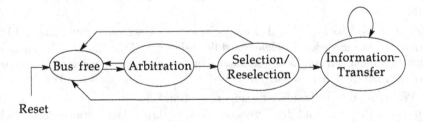

Bus free   Arbitration   Selection/Reselection   Information-Transfer

Reset

Abb. 8.26. Mögliche Zustände des SCSI–Busses.

In der Arbitration Phase wird der Initiator einer Verbindung bestimmt. Falls gleichzeitig mehrere SCSI–Geräte den Bus anfordern, erhält das Gerät mit der höheren SCSI–ID als erstes die Buszuteilung. Diese Arbitrationsfunktion ist allerdings optional, sie wird nur dann benötigt, wenn mehr als ein Gerät als Initiator arbeiten kann.

In der Selection Phase wählt der aktuelle Initiator seinen Kommunikationspartner aus, indem er seine eigene ID und die des gewünschten Partners (z.B. Festplatte) auf die Datenleitungen legt und über entsprechende Steuersignale die Verbindung herstellt. Nun schickt der Initiator Befehle an das ausgewählte Target, die dieses Gerät dann ausführt. Während der Bearbeitung kann das Target–Gerät den Bus wieder freigeben, z.B. während des Formatierens einer Festplatte. Hiermit wird vermieden, dass der SCSI–Bus während zeitintensiver Aufgaben blockiert wird. Der Bus kann zwischenzeitlich solange von anderen Geräten genutzt werden, bis das Target–Gerät in einer Reselection Phase den Initiator über die erfolgreiche Ausführung seines Befehls informiert.

Die Information Transfer Phase ist in vier weitere Phasen unterteilt:

1. Command Phase,
2. Data Phase (In/Out),
3. Status Phase,
4. Message Phase (In/Out).

Befehle an das Target–Gerät werden in der Command Phase übergeben. Zur Steuerung von Festplatten gibt es einen besonderen Befehlssatz, den Common Command Set (CCS). Der Opcode der gewünschten Festplattenoperation wird zusammen mit den zugehörigen Parametern, wie z.B. LBA und der Länge des Transfers, im so genannten Command Descriptor Block (CDB) übergeben. Der SCSI–Laufwerkscontroller ordnet den angeforderten logischen Blockadressen physische Sektoren zu (Mapping) und liefert in der Data Phase die gewünschten Daten an die Schnittstelle. Die Blockgröße wird nicht durch die SCSI–Norm festgelegt. Sie kann 512, 1.024 oder 2.048 Byte betragen.

Das Target–Gerät gibt dem Initiator in der Status Phase eine Rückmeldung über den Verlauf der Datenübertragung. Die Übermittlung von Zustandsinformationen erfolgt in der Message Phase, die auch durch das Target–Gerät selbst gesteuert werden kann. Der SCSI–Standard definiert hierzu eine Reihe von Zustandsbedingungen und –codes, wie z.B. die „Command complete"–Nachricht des Target–Geräts.

Entwicklung

Seit der ersten Standardisierung im Jahre 1986 wurden ständig Verbesserungen und Erweiterungen des SCSI–Standards vorgenommen. Während **SCSI–1** im asynchronen Betrieb bei einer Wortbreite von 8 Bit lediglich 3,3 MByte/s erreichte, konnte man im Synchronbetrieb bereits auf 5 MByte/s kommen. Der SCSI–Standard abstrahierte von Anfang an von der jeweilige Festplattengeometrie, d.h. schon die ersten SCSI–Festplattencontroller führten bereits ein Mapping von logischen zu physischen Blockadressen durch. **SCSI–2** arbeitete nur noch mit der (schnelleren) synchronen Datenübertragung[10] und konnte mit der als Fast–SCSI benannten Betriebsart Übertragungsraten bis zu 10 MByte/s erreichen. Durch Verdopplung der Wortbreite konnten mit **Wide–SCSI** die Datentransferraten auf 20 MByte/s gesteigert werden. Dann erfolgte zweimal hintereinander eine Verdopplung der Taktrate. Zuerst wurde so mit **Ultra–SCSI** eine Datenrate von 40 MByte/s und dann mit **Ultra–2–Wide SCSI** eine Datenrate von 80 MByte/s möglich (jeweils mit 16 Bit Datenbusbreite).

Die beiden aktuellen SCSI–Standards heißen **Ultra–160** und **Ultra–320**. Sie bieten jeweils Datentransferraten von 160 bzw. 320 MByte/s, sind aber deutlich teurer als vergleichbare Systeme nach dem aktuellen Ultra–ATA–bzw. SATA–Standard, die ähnliche Leistungswerte liefern. Festplatten mit SCSI–Controllern findet man heute vor allem in Verbindung mit schnell rotierenden Festplatten (10.000 bzw. 15.000 rpm) für Anwendungen in Servern.

8.5.3 RAID (Redundant Array of Independent Discs)

Die Idee von RAID–Systemen besteht darin, mehrere Festplatten parallel zu betreiben, um die Datentransferrate zu erhöhen und/oder um sich vor Datenverlust beim Ausfall einer Festplatte zu schützen. Hierzu kann man zwei oder mehrere IDE/ATA– bzw. SCSI–Festplatten verwenden, die meist über einen entsprechenden RAID–Controller für den jeweiligen Schnittstellenstandard angeschlossen werden.

Je nach Anwendungsbereich unterscheidet man verschiedene RAID–Level. Die am häufigsten anzutreffenden Level sind RAID–0 und –1, bei denen zwei physische Festplatten zu einer logischen Festplatte zusammengeschaltet werden. Während bei RAID–0 die Erhöhung von Datentransferrate und Speicherkapazität im Vordergrund steht, möchte man mit RAID–1 die Datensicherheit erhöhen. Bei RAID–0 werden die Festplatten alternierend geschrieben bzw. gelesen. Die Daten werden also gleichmäßig auf die beiden Festplatten verteilt. Dabei verdoppelt sich zwar annähernd die Datentransferrate, gleichzeitig verdoppelt sich aber auch das Risiko des Datenverlusts bei Ausfall einer der beiden Platten.

RAID–1 erhöht dagegen die Datensicherheit durch Spiegelung (Mirroring) bzw. doppelte Datenhaltung (Duplexing) auf zwei identischen Festplatten. Beide RAID–Varianten können entweder durch das Betriebssystem oder (besser) durch einen entsprechenden RAID–Controller implementiert werden. Während dazu früher meist nur SCSI–Laufwerke verwendbar waren, gibt es heute auch RAID–Controller für die preiswerteren IDE–Laufwerke.

Mit höheren RAID–Level können weitere Steigerungen der Leistung bzw. Datensicherheit in Form von Festplatten–Arrays aufgebaut werden (vgl. [*Tanenbaum*, 2001]).

** Befehle und Statusmeldungen wurden weiterhin asynchron übertragen.

8.6 Partitionierung

Eine Festplatte mit großer Speicherkapazität wird häufig in mehrere logische Festplatten aufgeteilt. Die einzelnen Bereiche werden auch *Partitionen* genannt. Die Partitionen sind in der Partitionstabelle verzeichnet, die Bestandteil des Master Boot Records (MBR) ist.

Der MBR aller angeschlossenen Festplatten wird nach dem Einschalten des PC als erstes ausgelesen. Jede Festplatte kann in max. 4 Partitionen unterteilt werden. Man unterscheidet primäre und erweiterte Partitionen. Eine Partitionstabelle enthält entweder vier primäre oder drei primäre und eine erweiterte Partition.

Primäre Partitionen werden zum Speichern von Betriebsystemen benutzt, weil sie *bootfähig* sind. Zum Beginn der Partition wird ein Bootsektor[11] geschrieben, der das Programm zum Laden des Betriebssystems enthält. Falls das Programm kein Betriebssystem vorfindet, gibt es eine Fehlermeldung aus und stoppt. Beim Partitionieren wird festgelegt, an welcher Adresse (LBA) der Bootsektor der jeweiligen Partition abgelegt wird.

Wenn man mehrere Betriebssyteme auf einer Festplatte speichern möchte, wird ein so genannter *Bootmanager* benötigt, der meist im MBR abgelegt ist (zusammen mit der Partitionstabelle). Der Bootmanager ist ebenfalls ein kleines Programm, mit dem der Benutzer wählen kann, welches Betriebssystem gestartet werden soll. Dabei kann vom Benutzer auch ein bevorzugtes Betriebssystem festgelegt werden, das automatisch gestartet wird, falls der Benutzer nicht nach einer vorgegebenen Zeit mit Maus oder Tastatur ein anderes Betriebssystem gewählt hat. Beispiele für Bootmanager sind „LILO" (Linux) oder „Boot–Magic" (PowerQuest).

Neben sinnvollen Programmen wie Bootmanagern gibt es leider auch Computerviren, die sich im MBR einnisten und von dort den ganzen PC verseuchen können, da sie bei jedem Bootvorgang ausgeführt werden.

Man wählt eine *erweiterte Partition*, wenn eine Festplatte in mehr als vier Partitionen aufgeteilt werden soll. Die erweiterte Partition muss dann weiter in zwei oder mehr logische Laufwerke unterteilt werden. Es macht keinen Sinn, in einer erweiterten Partition nur ein Laufwerk zu definieren, da man das gleiche Ergebnis auch mit vier primären Partitionen erreichen kann. Erweiterte Partitionen sind nicht bootfähig, d.h. es gibt keinen Bootsektor am Beginn einer erweiterten Partition. Obwohl eine erweiterte Partition auch zur Speicherung eines Betriebssystems genutzt werden kann, muss dieses Betriebssystem dann über den Bootsektor einer primären Partition gestartet werden.

Früher wurden Festplatten vor allem deshalb partioniert, weil das Dateisystem nur begrenzte Datenmengen verwalten konnte. So konnte man z.B. früher mit dem DOS–Dateisystem nur maximal 504 MByte große Partitionen verwalten (s.u.). Heute partitioniert man aus folgenden Gründen:

.. auch Urlader oder Lader genannt.

- Man möchte mehrere Betriebssysteme auf einer Festplatte bereitstellen.
- Die Datensicherung (backup) soll durch Trennung von Anwenderdaten und System– bzw. Anwendungsprogrammen erleichtert werden.
- Man möchte das Verhältnis zwischen Verwaltungsaufwand und verfügbarer Speicherkapazität durch die Verwendung unterschiedlicher Clustergrößen optimieren (siehe auch Abschnitt 8.7.2).

Wie wir später sehen werden, fasst man beim DOS–Dateisystem[12] eine feste Anzahl von Sektoren zu einem so genannten Cluster zusammen. Wenn nun ein Anwender vorwiegend viele kleinere Dateien erzeugt, ist es günstiger, zum Speichern von Anwenderdaten eine Partition mit kleiner Clustergröße (wenige Sektoren pro Cluster) zu wählen. Dadurch steigt zwar der Verwaltungsaufwand, der Kapazitätsverlust durch interne Fragmentierung wird dagegen jedoch verringert. Im Falle von vielen großen Dateien ist die Situation umgekehrt. Da pro Datei größere Datenmengen gespeichert werden müssen, ist es günster, die Clustergröße zu erhöhen. Man kommt dann mit weniger Clustern aus und reduziert so den Verwaltungsaufwand.

Die folgende Tabelle stellt beispielhaft die Aufteilung einer Festplatte in zwei primäre Partitionen dar:

LBA	Inhalt
0	MBR und Partitionstabelle der Festplatte
1	Bootsektor der ersten primären Partition
2	Erster Datensektor der ersten primären Partition
⋮	⋮
L_1	Letzter Datensektor der ersten primären Partition
L_1+1	Bootsektor der zweiten primären Partition
L_1+2	Erster Datensektor der zweiten primären Partition
⋮	⋮
L_2	Letzter Datensektor der zweiten primären Partition

Wenn die Partition mit dem DOS–Dateisystem formatiert ist, entspricht der erste Datensektor dem Anfang der so genannten FAT (vgl. Abschnitt 8.7.2).

8.7 Dateisysteme

Um auf einem Speichermedium Daten oder Programme permanent zu speichern, werden die dazu benötigten Speicherblöcke in einer *Datei* zusammengefaßt. Wenn eine Datei erzeugt wird, wählt man einen Namen, über den man sie später ansprechen kann. Natürlich müssen bei der Wahl des Dateinamens

---

[··] Dieses wurde teilweise auch bei den ersten Windows–Betriebssystemen verwendet.

gewisse Regeln beachtet werden, die das jeweilige Dateisystem vorgibt. So dürfen beispielsweise bestimmte Sonderzeichen nicht benutzt werden. Dateien können ausführbare Programme, Texte, Bilder, Grafiken, Musik oder digitalisierte Videofilme enthalten. Um die Eigenschaften einer Datei bereits am Namen erkennbar zu machen, erhalten gleichartige Dateien alle eine gleichlautende Namenserweiterung (Suffix), die meist aus drei Buchstaben besteht und die durch einen Punkt vom eigentlichen Dateinamen abgetrennt wird. So wird beispielsweise mit der Erweiterung „txt" angezeigt, dass es sich um eine Textdatei handelt.

Die Hauptaufgabe eines Dateisystems ist es, dem Anwender eine logische Sicht zum Zugriff auf Dateien bereitzustellen und außerdem diese logische Sicht auf die physische Schicht, d.h. auf das Speichermedium, abzubilden. Die physische Schicht besteht im Wesentlichen aus der Menge durchnummerierter Speicherblöcke, die jeweils eine feste Datenmenge, z.B. Sektoren mit 512 Byte, aufnehmen können.

Zur übersichtlichen Verwaltung von Dateien benutzen heutige Dateisysteme *Verzeichnisse* (Directory), die hierarchisch in einer Baumstruktur gegliedert sind. Die Wurzel bildet das so genannte *Stammverzeichnis* (Root Directory). Verzeichnisse können demnach nicht nur Dateien sondern wiederum selbst Verzeichnisse enthalten. Zur Verwaltung der Datei– und Verzeichnisnamen bzw. –strukturen müssen vom Dateisystem zusätzliche Informationen auf dem Speichermedium abgelegt werden.

Da ein Sektor mit 512 Byte eine zu kleine Zuordnungseinheit darstellt, fasst man mehrere aufeinanderfolgende Sektoren zu einem *Cluster* zusammen und benutzt zu ihrer Adressierung die LBA des Basissektors.[13] Bei Festplatten werden üblicherweise 4–16 Sektoren zu einem Cluster zusammengefaßt. Dies entspricht Clustergrößen von 2–8 KByte.

Um die vorhandene Speicherkapazität einer Festplatte optimal zu nutzen, sollte man die Speicherblöcke (Cluster) jedoch nicht zu groß wählen. Am Ende jeder Datei entsteht dann nämlich im Mittel ein mehr oder weniger großer Rest, da in den seltensten Fällen die Dateigröße ein Vielfaches der gewählten Blockgröße ist. Der durch diese Reste entstehende Verlust an Speicherkapazität wird *interne Fragmentierung* genannt.

Außerdem wäre es ungünstig, Dateien in vielen zusammenhängenden Speicherblöcken abzulegen. Da in einem Dateisystem ständig Dateien gelöscht werden und neue hinzukommen, würden im Laufe der Zeit kleinere Lücken entstehen, die nicht mehr genutzt werden könnten. Der durch die Lücken entstehende Verlust an Speicherkapazität wird *externe Fragmentierung* genannt.

Um die externe Fragmentierung zu vermeiden ist es sinnvoll, jeden einzelnen Speicherblock getrennt den Dateien zuzuordnen. Sobald eine Datei gelöscht wird, werden die zu ihrer Speicherung verwendeten Speicherblöcke wieder frei gegeben und können *einzeln* weiterverwendet werden.

---

[13] Bei Disketten ist wegen der geringen Speicherkapazität ein Sektor als Zuordnungseinheit ausreichend.

Die effiziente Zuordnung von Dateinamen zu den Speicherblöcken ist die zentrale Aufgabenstellung, die ein Dateisystem lösen muss.

8.7.1 Typen von Dateisystemen

Es gibt eine große Vielfalt von Dateisystemen, die im Laufe der Jahre entwickelt wurden (siehe Tabelle 8.2). Die meisten Betriebssysteme unterstützen neben ihrem eigenen Dateisystem auch Festplattenpartitionen, die mit dem DOS–Dateisystem formatiert sind. Darüber hinaus können sie meist auch frühere Dateisystemversionen unterstützen. LINUX verfügt über ein virtuelles Dateisystem VFS (Virtual File System), das eine Zwischenschicht zwischen Betriebssystem und den Gerätetreibern der Speichermedien bildet. Hiermit können über entsprechende Treiber quasi alle gebräuchlichen Dateisysteme durch LINUX unterstützt werden.

Tabelle 8.2. Bekannte Dateisysteme für verschiedene Betriebssysteme.

DOS	Windows 95/98	OS/2	NT/Windows 2000/XP	LINUX
FAT	VFAT, FAT32	HPFS	NTFS, FAT32	Ext2fs, Reiserfs, Swapfs

Im Folgenden wollen wir die grundlegenden Konzepte der zwei gebräuchlichsten Dateisysteme vorstellen: das DOS– und das LINUX–Dateisystem. Das DOS–Dateisystem basiert auf der so genannten FAT (File Allocation Table), die im Abschnitt 8.7.2 genauer beschrieben wird. Daraus sind später die VFAT und die FAT32 hervorgegangen. Das heute bei Microsoft Windows übliche Dateisystem NTFS (New Technology File System) ging aus dem HPFS (High Performance File System) von OS/2 hervor. Das NTFS–Dateisystem ist im Wesentlichen ähnlich wie das LINUX–Dateisystem strukturiert und bietet gegenüber dem DOS–Dateisystem (FAT–basiert) deutliche Stabilitäts– und Geschwindigkeitsvorteile.

8.7.2 DOS–Dateisystem

Die einfachste Lösung zum Aufbau eines Dateisystems besteht darin, jedem Dateinamen eine physische Blockadresse zuzuordnen. Die letzten vier Byte in dem damit adressierten Speicherblock kann man dann als Blockadresse für den nachfolgenden Speicherblock interpretieren. Ein besonderer Wert für eine Blockadresse muss das Dateiende (End–Of–File, EOF) anzeigen.

Die oben skizzierte Organisationsform einer Datei als verkettete Liste von Blockadressen bildet auch die Grundlage des FAT–Dateisystems. Da jedoch das vollständige Einlesen der Speicherblöcke zum Bestimmen der nachfolgenden Blockadresse sehr viel Zeit kostet, realisiert man die Verkettung der Blockadressen in einer Tabelle, die als File Allocation Table (FAT) bekannt ist.

Durch die Clusterbildung wird die Anzahl der benötigten Tabelleneinträge reduziert. Aus dem Tabellenindex (beginnend bei 0) kann leicht die LBA des Anfangssektors eines Clusters berechnet werden. So muss bei einer Clustergröße von vier Sektoren der Tabellenindex nur mit 4 multipliziert werden, um die LBA des zugehörigen Startsektors zu bestimmen. Die Tabelleneinträge enthalten nun einfach den Tabellenindex des nachfolgenden Clusters. Unter diesem Tabelleneintrag findet man dann den Tabellenindex des nächsten Clusters usw. bis man schließlich auf das Dateiendezeichen EOF stößt.

Bootsektor

Im Bootsektor eines DOS–Dateisystems wird die Art des Speichermediums anhand von verschiedenen Parametern beschrieben. Am Ende des Bootsektors befindet sich ein Programm zum Laden des Betriebssystems. Die wichtigsten Parameter sind:

- Kennung, die Hersteller und Betriebssystemversion angibt,
- Sektorgröße, d.h. die Anzahl der Bytes pro Sektor,
- Clustergröße,
- Anzahl der FATs, die unmittelbar auf den Bootsektor folgen,
- Anzahl der Einträge im Stammverzeichnis,
- Anzahl der logischen Blockadressen (LBAs) im Stammverzeichnis,
- Medium–Descriptor–Byte.

Anhand des letztgenannten Parameters gibt DOS den Typ des Speichermediums an. Heute sind nur noch zwei Werte von Bedeutung: $F8_H$ für eine Festplatte und $F0_H$ für eine zweiseitige 3,5 Zoll Diskette (mit 80 Spuren, 18 Sektoren und 1,44 MByte Speicherkapazität).

Das Programm zum Laden des Betriebssystems ist auf jedem Bootsektor vorhanden. Es prüft, ob die zum Start des Betriebssystem benötigten Systemdateien (IO.SYS, COMMAND.SYS) auf der Diskette oder Partition vorhanden sind. Nur wenn dies der Fall ist, kann das Betriebssystem von der in der Partitionstabelle (MBR) aktivierten Partition booten.

FAT (File Allocation Table)

Die FAT wird unmittelbar nach dem Bootsektor gespeichert. Direkt hinter der Orginaltabelle wird auch eine Kopie abgelegt, auf die im Falle von Fehlern zurückgegriffen werden kann. Zur Erhöhung der Datensicherheit können auch mehr als zwei FATs vorgesehen werden. Dies reduziert aber bei großen Festplatten die verfügbare Speicherkapazität erheblich.

Die FAT dient zur Realisierung einer verketteten Liste, die sämtliche Cluster einer Datei oder eines Verzeichnisses umfasst. Man beginnt mit dem Startcluster als Index. Unter diesem Index wird in der Tabelle der Index des darauffolgenden Clusters gespeichert. Je nach Clustergröße entsprechen dem Indexwert ein (Diskette) oder mehrere Sektoren (bei Festplatten 4–64). Anhand des Indexwertes können die Adressen (LBAs) der zugehörigen Sektoren bestimmt werden. Da eine Datei bzw. ein Verzeichnis aber nur eine begrenzte Länge hat, muss man besondere Indexwerte reservieren, die das Dateiende anzeigen. Außerdem gibt es besondere Indexwerte bzw. Wertebereiche, die spezielle Zustände der zugeordneten Cluster kennzeichnen.

Damit die verkettete Liste schnell bearbeitet werden kann, wird sie ganz oder teilweise im Cache bzw. Hauptspeicher zwischengespeichert und es werden nur die Änderungen auf die Festplatte zurückgeschrieben.

Im Laufe der Entwicklung von DOS/Windows gab es drei verschiedene Formate für die FAT–Indizes. Anfangs wurde ein Cluster–Index mit 12 Bit (DOS), dann mit 16 Bit (ab Windows 95) und schließlich mit 32 Bit dargestellt. Die Bedeutung der Indexwerte ist aus Tabelle 8.3 ersichtlich. Man beachte, dass die FAT–32 nur 28 Bit zur Adressierung von Clustern ausnutzt.

Tabelle 8.3. Bedeutung der verschiedenen FAT–Einträge.

FAT–12	FAT–16	FAT–32	Bedeutung
000	0000	0000.0000	freier Cluster
XXX	XXXX	0XXX.XXXX	nächster Cluster
obige Zeile gilt nur, sofern nicht eine der nachfolgenden Belegungen			
FF0–FF6	FFF0–FFF6	FFFF.FFF0–FFFF.FFF6	reservierte Werte
FF7	FFF7	FFFF.FFF7	Cluster defekt
FF8–FFF	FFF8–FFFF	FFFF.FFF8–FFFF.FFFF	Letzter Cluster der Datei

Unmittelbar auf die 1. und 2. FAT folgt das Stammverzeichnis (Root Directory), das aus jeweils 32 Byte großen Verzeichniseinträgen besteht, deren Anzahl im Bootsektor festgelegt ist. Die Größe des Stammverzeichnisses kann später nicht mehr geändert werden. Außerdem enthält ein Verzeichniseintrag auch Attribute wie Datum und Uhrzeit der letzten Änderung der Datei bzw. des Verzeichnisses. Der Aufbau eines Verzeichniseintrags ist in Tabelle 8.4 dargestellt.

Die Länge des Stammverzeichnisses wird in einem Parameter des Bootsektors angegeben. Sie muss so gewählt werden, dass die Zahl der Verzeichniseinträge auch den letzten Sektor vollständig auffüllt. Da man pro Sektor mit 512 Byte 16 Verzeichniseinträge speichern kann, sollte die Zahl der Stammverzeichniseinträge stets ein Vielfaches von 16 sein. Eine Festplatte mit DOS–Dateisystem wird nicht nur als voll gemeldet, wenn ihre Speicherkapazität ausgeschöpft ist, sondern auch dann, wenn im Stammverzeichnis keine freien Verzeichniseinträge mehr verfügbar sind. Man sollte daher im Stammverzeichnis die Anzahl der Dateien bzw. Verzeichnisse klein halten.

Tabelle 8.4. Aufbau eines Verzeichniseintrags.

Offset	Bedeutung	Größe
00_H	Dateiname	8 Byte, ASCII
08_H	Erweiterung	3 Byte, ASCII
$0B_H$	Attribut	1 Byte
$0C_H$	reserviert	10 Byte
16_H	Uhrzeit der letzten Änderung	2 Byte
18_H	Datum der letzten Änderung	2 Byte
$1A_H$	Startcluster	2 Byte
$1C_H$	Dateilänge	4 Byte

An das Stammverzeichnis schließt sich der so genannte Dateibereich an. Aufeinander folgende Sektoren werden hier zu Clustern zusammengefasst. Da die ersten beiden FAT–Einträge reserviert sind, beginnt der Dateibereich mit der Cluster–Nummer 2.

Unterverzeichnisse werden im Stammverzeichnis wie normale Dateien behandelt. Durch ein spezielles Attributbit können sie von Dateien unterschieden werden. Der Inhalt eines Verzeichnisses besteht – wie beim Stammverzeichnis – aus 32 Byte langen Verzeichniseinträgen.

Die Verzeichniseinträge können wiederum Dateien oder weitere Unterverzeichnisse beschreiben. In jedem Unterverzeichnis werden bei seiner Erzeugung standardmäßig zwei Verzeichniseinträge vorgenommen. Einer der beiden Einträge verweist auf das Unterverzeichnis selbst. Dieser Eintrag erhält den Verzeichnisnamen '.'. Der zweite Eintrag verweist auf das übergeordnete Verzeichnis, in dem das aktuelle Verzeichnis erzeugt wurde. Dieser Verzeichniseintrag erhält den Verzeichnisnamen '..'. Mit Hilfe dieser beiden Verzeichnisnamen ist es möglich, Dateinamen relativ zum aktuellen Verzeichnis anzugeben.

Im Folgenden wird beschrieben, wie drei häufige Dateioperationen unter dem DOS–Dateisystem ablaufen.

Lesen einer Datei

Zum Lesen einer Datei wird diese zunächst geöffnet. Dazu wechselt man anhand des Dateinamens in das entsprechende Verzeichnis (eventuell über ein oder mehrere Unterverzeichnisse) und sucht darin den Verzeichniseintrag (Abbildung 8.27). Dort wird dem Dateinamen ein Startcluster (hier 10) zugeordnet. Nehmen wir an, die Clustergröße sei 4. Dann wird die Startcluster–Nummer mit 4 multipliziert und wir erhalten die Sektornummer (LBA) des ersten Sektors. Dieser Sektor (40) und die drei darauffolgenden Sektoren (41–43) werden von der Festplatte gelesen. Der Wert des Startclusters (10) wird nun als Index für die FAT benutzt. Unter diesem Index finden wir den Index des nächsten Clusters (351). Damit kann wie oben die Startadresse der nächsten 4 Sektoren bestimmt werden (1404–1407). Dieser Vorgang wiederholt sich nun solange, bis das Dateiende erreicht wird. Dies ist der Fall, wenn zu einer Cluster–Nummer in der FAT der Wert $FFFF_H$ gefunden wird. In unserem Beispiel endet die Datei mit dem Cluster 520. Die 4 letzten Sektoren der Datei befinden sich somit unter den Festplattenadressen 2080–2083. Folgende Clusterkette wird also mit Hilfe der FAT erzeugt:

$$10 \rightarrow 351 \rightarrow 205 \rightarrow 520$$

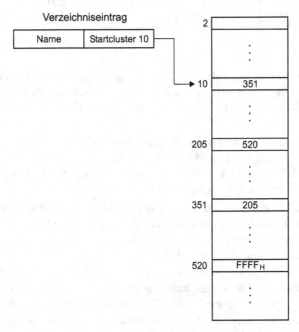

Abb. 8.27. Beispiel für das Lesen einer Datei mittels FAT.

Löschen einer Datei

Beim Löschen einer Datei wird das erste Zeichen im Verzeichniseintrag auf den Wert 229 gesetzt. Damit wird angezeigt, dass der Verzeichniseintrag nicht belegt ist. Ab dem Startcluster–Index werden dann alle FAT–Einträge einschließlich dem Endcluster–Eintrag auf 0 gesetzt. Damit wird angezeigt, dass die Cluster unbelegt sind und dass sie zum Erzeugen neuer Dateien verwendet werden können. Die Sektoren auf der Festplatte bleiben beim Löschen einer Datei zunächst unverändert. Nur die Einträge in der Clusterkette werden also gelöscht. Es ist daher unter Umständen möglich, eine versehentlich oder „voreilig" gelöschte Datei (oder ein gelöschtes Verzeichnis) wiederherzustellen. Ein weiterer Vorteil dieser Vorgehensweise beim Löschen von Dateien besteht darin, dass nur ein Bruchteil der Einträge auf der Festplatte gelöscht werden muss und dass dadurch der Löschvorgang beschleunigt wird.

Erzeugen einer Datei

Zum Erzeugen einer Datei wird zunächst im momentanen Arbeitsverzeichnis ein Verzeichniseintrag vorgenommen. Dann wird in der FAT ein unbelegter Cluster gesucht, dessen Index als Startcluster eingetragen wird. Nun werden entsprechend der gewünschten Dateilänge weitere unbelegte Cluster gesucht und in die Clusterkette aufgenommen. Schließlich wird unter dem Index des letzten Clusters der Wert für das Dateiende eingetragen (z.B. FFFF bei der FAT–16).

8.7.3 LINUX–Dateisystem

Mit jeder Datei bzw. mit jedem Verzeichnis assoziiert LINUX einen 64 Byte großen Datenblock, der zu dessen Verwaltung dient. Dieser Block heißt „Inode". Die Inodes einer Festplatte befinden sich am Anfang einer Partition. Bei 1024 Byte großen Sektoren passen 16 Inodes in einen logischen Speicherblock (LBA). Anhand der Inode–Nummer kann LINUX den Speicherort finden, indem es die Inode–Nummer einfach durch 16 teilt.

Ein Verzeichniseintrag besteht aus einem Dateinamen und der zugehörigen Inode–Nummer. Beim Öffnen einer Datei sucht LINUX im angegebenen Verzeichnis nach dem Dateinamen und liefert die Inode–Nummer zurück. Nun wird der zugehörige Inode von der Festplatte in den Hauptspeicher gelesen. Mit den im Inode gespeicherten Informationen kann auf die Datei zugegriffen werden.

Man hat beim LINUX–Betriebssystem die Wahl zwischen mehreren Dateisystem–Varianten. Obwohl das Format eines Inodes vom jeweils ausgewählten Dateisystem abhängt, sind die folgenden Informationen stets vorhanden (vgl. Abbildung 8.28):

1. Dateityp und Zugriffsrechte,
2. Eigentümer der Datei,
3. Gruppenzugehörigkeit des Eigentümers,
4. Anzahl von Verweisen (Links) auf die Datei,
5. Größe der Datei in Bytes,

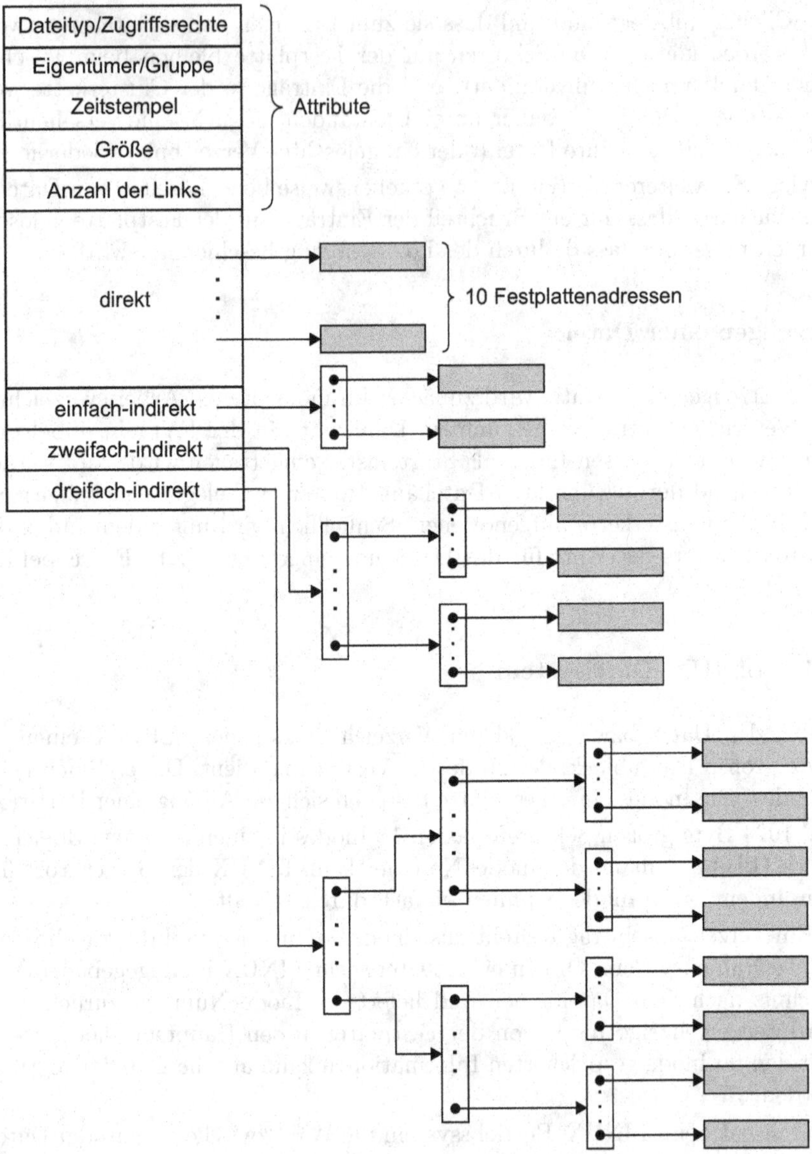

Abb. 8.28. Aufbau eines Inode.

6. 13 Festplattenadressen (LBAs),
7. Uhrzeit des letzten Lesezugriffs,
8. Uhrzeit des letzten Schreibzugriffs,
9. Uhrzeit der letzten Inode–Änderung.

Dateien und Verzeichnisse werden anhand des Dateityps unterschieden. Da LINUX alle Ein–/Ausgabegeräte als Dateien betrachtet, wird durch den Dateityp auch angezeigt, ob es sich um ein unstrukturiertes oder blockorientiertes Ein–/Ausgabegerät handelt.

Wichtig für die physische Abbildung der Datei auf die Festplatte sind die unter Punkt 6 aufgeführten Einträge für Festplattenadressen (LBAs). LINUX verwaltet die Festplattenadressen **nicht** wie die FAT durch Verkettung, sondern mittels Indexierung der Festplattenadressen einzelner Speicherblöcke.

Mit den ersten zehn Einträgen können bei einer Blockgröße von 1024 Byte Daten mit bis zu 10.240 Byte verwaltet werden. Wegen der direkten Indexierung ist – gegenüber dem FAT–Dateisystem – ein wahlfreier Zugriff möglich. So muss man beispielsweise zum Lesen des letzten Speicherblocks nicht sämtliche Vorgängerindizes durchlaufen.

Ist die Datei größer als 10.240 Byte, so geht man zur einfach indirekten Adressierung über. Die 11. Festplattenadresse verweist auf einen indirekten Block, der zunächst von der Festplatte gelesen werden muss und der auf weitere 256 (1024/4) Festplattenadressen verweist. Hier wird angenommen, dass eine Festplattenadresse 32 Bit lang ist. D.h. es können 2^{32} Speicherblöcke angesprochen werden. Bei 1024 Byte pro Speicherblock entspricht die Verwendung von 32–Bit–Werten für LBAs einer maximalen Speicherkapazität der Festplatte von $2^{42} = 4$ TByte.

Die maximale Dateigröße bei einer Beschränkung auf 11 Festplattenadressen beträgt somit

$$(10.240 + 256 \cdot 1024) \text{ Byte} = 272.384 \text{ Byte.} \approx 266 \text{ KByte}$$

Die 12. Festplattenadresse zeigt auf einen Block, der doppelt indirekt auf weitere Speicherblöcke zeigt. Wie beim einfach indirekt adressierten Block wird dieser Block zunächst von der Festplatte gelesen und in den Hauptspeicher gebracht. Jede der 256 in diesem Block stehenden 32 Bit (4 Byte) Werte wird wiederum als Speicherblockadresse auf einen Block mit weiteren 256 Festplattenadressen interpretiert. Somit können mit Hilfe der ersten 12 Festplattenadressen des Inodes insgesamt

$$(272.384 + 256 \cdot 256 \cdot 1024) \text{ Byte} = 67.381.248 \text{ Byte.} \approx 64,26 \text{ MByte}$$

große Dateien verwaltet werden.

Falls die zu verarbeitende Datei noch größer sein sollte, nimmt man noch die 13. Festplattenadresse hinzu. Hiermit ist dann eine dreifach indirekte Adressierung möglich. Analog zu der obigen Darstellung können nun Dateien bis zu einer Größe von

$$(67.381.248 + 256 \cdot 256 \cdot 256 \cdot 1024) \text{ Byte} = 17.247.250.432 \text{ Byte}$$

$$\approx 16,06 \text{ GByte}$$

verwaltet werden.

Wir sehen, dass hiermit ausreichend große Dateien angesprochen werden können. Wie oben gezeigt, können mit dem beschriebenen LINUX–Dateisystem Festplatten mit bis zu 4 TByte verwaltet werden. Durch Verdopplung der Sektorgröße könnte die maximale Dateigröße sogar auf 256 GByte erhöht werden.

8.8 CD–ROM

Speichermedien, die auf der 1985 von Philips und Sony eingeführten CD (Compact Disc) basieren, werden als CD–ROM (Compact Disc Read–Only Memory) bezeichnet. Auf einer CD–ROM können Datenmengen von bis zu 682 MByte abgelegt werden. CD–ROMs eignen sich für die Distribution von Software und für die Speicherung anderer Daten, die sich selten ändern (z.B. Bilder, Enzyklopädien usw.).

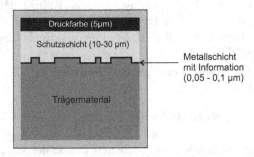

Abb. 8.29. Schichtenfolge bei einer CD–ROM.

8.8.1 Aufbau und Speicherprinzip

Anstelle von magnetosensitiven Leseköpfen werden bei CD–Laufwerken Laserstrahlen[14] benutzt. Die CD–ROM besteht aus einer Kunststoffscheibe aus Polycarbonat, die einen Durchmesser von 12 cm hat. Der Schichtenaufbau ist in Abbildung 8.29 dargestellt. Auf die silberfarbige Speicherschicht wird von der Unterseite der CD zugegriffen. Sie wird von einer durchsichtigen Kunststoffschicht vor Beschädigungen geschützt. Man codiert die Information in der Speicherschicht durch Erhöhungen (Lands) und Vertiefungen (Pits), die beim Herstellungsprozess als winzige Einkerbungen eingepresst werden. Hierzu wird in einem als Mastering bezeichneten Prozess eine Metallplatte als Negativvorlage erstellt.

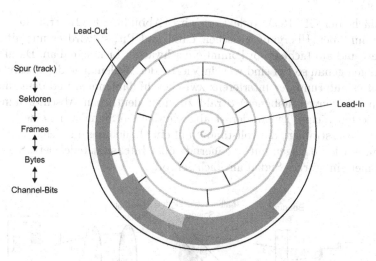

Abb. 8.30. Datenorganisation bei einer CD–ROM.

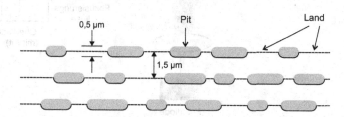

Abb. 8.31. Abmessung der Speicherelemente auf einer CD–ROM.

Im Gegensatz zu Festplatten sind CD–ROMs nicht in konzentrische Spuren und gleichwinklige Sektoren aufgeteilt. Die Daten werden vielmehr in einer einzigen *spiralförmigen Spur* mit einer Länge von ca. 5,6 km und ca. 22.000 Windungen geschrieben. Die Spur beginnt im Zentrum und läuft nach außen (Abbildung 8.30). Der Spurabstand beträgt 1,5 μm, die Länge der Pits und Lands muss zwischen 0,9 und 3,3 μm liegen. Die Pits sind 0,5 μm breit und 0,125 μm tief (Abbildung 8.31). Die Tiefe der Pits spielt eine wichtige Rolle bei der Datenspeicherung, da sie auf die Wellenlänge des Laserstrahls abgestimmt sein muss (s.u.).

8.8.2 Lesen

Zum Lesen wird ein Laserstrahl mit Licht aus dem Infrarotbereich (780 nm) auf die Speicherschicht fokusiert. Mit der im Strahlerzeugungssystem integrierten Leseoptik wird nun festgestellt, in welcher Weise der Strahl von der

---

.. Bei CD–R und CD–RW werden auch zum Schreiben Laserstrahlen verwendet.

Oberfläche der CD–ROM reflektiert wird (Abbildung 8.32). Trifft der Laserstrahl auf einen Übergang zwischen Land und Pit, so wird er nur diffus reflektiert und am Lichtsensor kommt ein schwaches Lichtsignal an. Da die Einkerbungen genau so tief sind wie ein Viertel der Wellenlänge des Laserstrahls, kommt es aufgrund der Interferenz zwischen hinlaufendem und dem rücklaufenden (phasenverschobenen) Strahl zu einer deutlichen Abschwächung des reflektierten Lichts. Einem derart abgeschwächten Signal wird eine '1' zugeordnet. Laserstrahlen, die vollständig auf eine Erhebung oder eine Vertiefung treffen, werden dagegen mit annähernd voller Intensität reflektiert. Sie erzeugen daher ein starkes Signal am Lichtsensor.

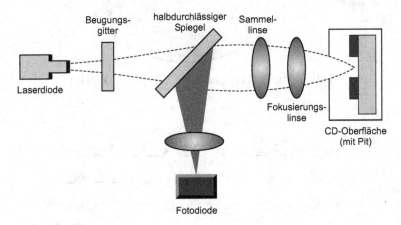

Abb. 8.32. Schematischer Aufbau der Leseoptik.

Aus dem Reflektionsmuster wird die gespeicherte Bitfolge rekonstruiert. Durch Kratzer auf der Schutzschicht und durch andere Lesefehler könnten die Daten leicht verfälscht werden. Daher benutzt man zum Speichern eine besondere Form der redundanten Codierung der Daten, die es erlaubt, Fehler zu erkennen bzw. zu korrigieren (siehe Abschnitt 8.8.4).

8.8.3 Laufwerksgeschwindigkeiten

CDs wurden ursprünglich zur Wiedergabe von Audiodaten entwickelt. Um einen konstanten Datenstrom bei der Wiedergabe zu erreichen, mussten die Daten mit konstanter Bahngeschwindigkeit gelesen werden. Dies erreichte man mit der CLV–Technik (Constant Linear Velocity). Dabei ändert sich die Drehzahl der CD in Abhängigkeit von der momentanen Position der Leseoptik genau so, dass sich die gespeicherten Daten stets mit einer konstanten Bahngeschwindigkeit von 1,3 m/s unter dem Laserstrahl vorbeibewegen. Die CD muss dazu im innersten Teil der CD mit 540 rpm und im äußersten Teil der

CD mit 214 rpm rotieren. Mit den Winkelgeschwindigkeiten ergibt sich eine konstante Datenrate von 153 kByte/s. Ein Laufwerk mit diesen Eigenschaften wird als 1x–Laufwerk oder *Single–Speed* Laufwerk bezeichnet.

Um die Datenrate zu erhöhen, entwickelte man entsprechend schnellere Laufwerke mit 2x–, 4x–, 8x– und 12x–Transferraten. Ein 12x–Laufwerk mit CLV–Technik muss jedoch in der Lage sein, seine Drehzahl von 2.568 rpm (außen) bis zu 5.959 rpm (innen) zu verändern. Da es schwierig ist, Spindel-motoren für solche großen Drehzahlbereiche zu entwickeln, ging man bei CD–Laufwerken ab 16x–Geschwindigkeit zu Antrieben mit konstanter Drehzahl (Winkelgeschwindigkeit) über. Wegen der geringeren Anforderungen an die Antriebsmotoren sind CD–Laufwerke mit dieser so genannten CAV–Technik (Constant Angular Velocity) preiswerter und dazu auch noch leiser. Dagegen liefern sie je nach Position der Leseoptik unterschiedliche Datentransferraten. Die volle Lesegeschwindigkeit wird nur im äußeren Bereich der CD erreicht. So liefert ein 56x–Laufwerk im inneren Bereich lediglich die 24fache Geschwindigkeit.

Vor allem bei CD–RW–Laufwerken[15] werden die CLV– und CAV–Antriebstechnik miteinander kombiniert. Solche Laufwerke werden als PCAV–Laufwerke (Partial CAV) bezeichnet. Zum Brennen wird ein solches Laufwerk im CLV–Modus und zum Lesen im CAV–Modus betrieben.

8.8.4 Datencodierung

Für die verschiedenen Einsatzmöglichkeiten von CD–ROMs (z.B. digitale Audio– oder Datenspeicherung) wurden entsprechende CD–Typen und CD–Formate definiert. Diese Definitionen findet man in „farbigen" Büchern. So wird z.B. das Format der klassischen Audio–CD (CD–DA) im Red Book spezifiziert. CD–Formate zur Datenspeicherung findet man im Yellow Book (CD–ROM) bzw. im Orange Book (CD–R, CD–RW). Im Folgenden wird die grundlegende Konzeption zur Datenspeicherung mit CDs vorgestellt.

Die Speicherung der Daten auf einer CD–ROM erfolgt hierarchisch und ist in hohem Maße redundant. Dies ist dadurch begründet, dass man Fehler erkennen und beheben möchte. Um eine hohe Datensicherheit zu erreichen, werden Fehlerkorrekturmethoden auf drei Ebenen angewandt:

- Channel–Bits,
- Frames und
- Sektoren.

Auf der untersten Ebene findet man die Bitzellen, die in Form von 0,3 μm langen Abschnitten als Pits oder Lands dargestellt werden. Diese kleinsten Speichereinheiten werden *Channel–Bits* genannt.

.. Auch als „CD–Brenner" bezeichnet. RW steht für „ReWriteable".

Auf der nächsten Ebene werden Daten als 8–Bit–Wörter (Bytes) betrachtet. Man verwendet das so genannte EFM–Verfahren (Eight–to–Fourteen Modulation). Hierbei wird jedes Byte in ein 14–Bit–Muster übersetzt, das dann auf der CD–ROM–Spur in Channel–Bits gespeichert wird. Der EFM–Code sorgt dafür, dass zwischen zwei Einsen (Land–Pit–Übergang) mindestens zwei und höchstens 10 Nullen (Land–Bereiche) stehen. Es handelt sich also um eine 2,10–RLL–Codierung. Die EFM–Codierung stellt sicher, dass der im Laufwerkscontroller enthaltene Taktgenerator zur Abtastung der vom Sensor gelieferten Signal häufig genug synchronisiert wird. Als selbsttaktender Code erlaubt der 2,10–RLL–Code also eine sichere Lesetaktgewinnung mit Hilfe eines Datenseparators. Beim Lesen werden von den 16.384 möglichen Kombinationen der Channelbits nur 256 zugelassen. Alle anderen Bitmuster werden als falsch erkannt.

In der nächsten Stufe werden 42 Bytes zu einem Frame zusammengefaßt. Ein Frame entspricht daher 588 (42·14) Channel–Bits. Von diesen werden 396 Bit (!) zur Fehlerkorrektur und Adressierung verwendet. Der Rest von 192 Bit bleibt schließlich für 24 Byte Nutzdaten übrig. Schliesslich werden 98 Frames zu einem Sektor zusammengefaßt.

Das so genannte Yellow Book spezifiziert zwei Modi für das Layout eines CD–ROM–Sektors. Im Modus 1 besteht ein Sektor aus einer 16–Bit–Präambel, 2.048 Byte nutzbare Daten und 288 Byte ECC–Code, der aus einem Reed–Solomon–Code besteht.

Im Modus 2 wird auf die Fehlerkorrektur auf Frame–Ebene verzichtet und stattdessen die Zahl der nutzbaren Datenbytes auf 2.336 erhöht. Dieser Modus ist für gegen Fehler unempfindliche Anwendungsdaten wie z.B. Musik oder Videos gedacht.

Zur Speicherung eines Sektors (mit 2.048 bzw. 2.336 Byte) werden 98·588 Bit = 57.624 Bit, d.h. 7.203 Byte, benötigt.

8.8.5 Datenorganisation in Sessions

Der zur Datenspeicherung nutzbare Teil einer CD–ROM wird als Session bezeichnet und ist im Wesentlichen in drei Abschnitte gegliedert:

- Lead–In,
- Daten– und/oder Audiospuren,
- Lead–Out.

Das Lead–In beschreibt den Inhalt der Session, d.h. es enthält ein Inhaltsverzeichnis des nachfolgenden Datenbereichs. Dieser kann in maximal 99 Spuren (Tracks) aufgeteilt sein, die sowohl Daten als auch Audioinformationen enthalten können. Eine Spur ist ein zusammenhängender Abschnitt auf der CD, der eine bestimmte Zahl aufeinanderfolgender Sektoren enthält. Das Lead–In ist selbst eine Spur, die bis zu 4.500 Sektoren oder 9,2 MByte an Daten enthalten kann. Um CDs schrittweise beschreiben zu können, hat man im so genannten Orange Book die Möglichkeit der *Multisession*–Aufzeichnung spezifiziert. Dies ist jedoch nur für beschreibbare CDs wie CD–R und CD–RW von Interesse.

Eine Multisession–CD besteht sozusagen aus mehreren virtuellen CDs, die alle jeweils aus Lead–In, Daten– und Audio–Spuren und dem zugehörigen Lead–Out zusammengesetzt sind. Das erste Lead–Out einer Multisession–CD[16] enthält stets 6.750 Sektoren bzw. belegt 13,8 MByte an Daten. Alle nachfolgenden Lead–Outs sind 2.250 Sektoren lang bzw. belegen 4,6 MByte an Daten. Wie man sieht, ist der Speicherbedarf für das Anlegen einer Session sehr groß. Man sollte daher nicht zu viele Sessions auf einer CD–R oder CD–RW anlegen.

Es gibt zwei Möglichkeiten, eine Multisession–CD zu schreiben:

- Track–at–Once und
- Packet Writing.

Während bei der ersten Variante stets eine komplette Spur geschrieben wird, kann bei der zweiten Variante eine Spur auch in kleineren Einheiten geschrieben werden. Mit Hilfe eines speziellen Treiberprogramms ist es so möglich, auf eine CD–R oder CD–RW[17] wie auf eine Festplatte zuzugreifen. Dazu wird das leistungsfähige Dateisystem UDF (Universal Disc Format) benötigt, bei dem – im Gegensatz zu den klassischen CD–ROM–Dateisystemen (ISO 9660, Joilet, s.u.) – das Inhaltsverzeichnis der CD nicht abgeschlossen werden muss. Packet Writing in Kombination mit dem UDF–Dateisystem ist jedoch recht langsam und hat leider auch noch einige Kompatibilitätsprobleme. Es ist daher ratsam, die Daten erst auf der Festplatte zu sammeln und dann auf einmal auf die CD zu schreiben.

8.8.6 Dateisysteme für CDs

Wie bei einer Festplatte wird auch für die Speicherung von Daten auf CDs (und DVDs) ein Dateisystem benötigt. Dieses baut auf den Sektoren auf und stellt dem Betriebssystem eine logische Schnittstelle in Form von Dateinamen bereit, unter denen dann die Daten dauerhaft gespeichert werden können. Damit man CDs unter verschiedenen Betriebssystemen verwenden kann, benötigt man ein einheitliches Dateisystem.

Das erste international anerkannte CD–Dateisystem war der ISO 9660–Standard.[18] Es gibt insgesamt drei Varianten des ISO 9660–Dateisystems. Der Level 1 ist am weitesten verbreitet und wird von jedem Betriebssystem

---

[16] gehört zur ersten Session.
[17] Beschreibbare CD–Varianten (s.u.).
[18] Abkürzung für International Standardization Organisation.

unterstützt. ISO 9660 ermöglicht daher einen systemübergreifenden Daten-austausch mit Hilfe von CDs.

Der ISO 9660–Standard wurde 1998 freigegeben und baut auf Vorarbeiten des so genannten High Sierra–Standards auf. Es handelt sich um ein hierar-chisches Dateisystem, das folgenden Beschränkungen unterliegt:

- Für Dateinamen sind nur acht ASCII–Zeichen plus 3 ASCII–Zeichen für eine Erweiterung zulässig.
- Die Dateinamen dürfen nur aus Großbuchstaben, Zahlen und dem Unter-strich gebildet werden.
- Die Verzeichnisnamen dürfen nur acht Zeichen enthalten; Erweiterungen sind nicht zulässig.
- Die maximale Verzeichnistiefe ist auf acht Ebenen beschränkt.
- Daten müssen in aufeinanderfolgenden Sektoren abgelegt werden, d.h. die Daten dürfen nicht fragmentiert sein.

Level 2 unterscheidet sich lediglich dadurch, dass längere Dateinamen (bis zu 31 Zeichen) verwendet werden dürfen. Im Level 3 wird zusätzlich die letzte oben aufgelistete Beschränkung aufgehoben, d.h. dort sind auch fragmentierte Dateien zulässig.

Die Daten des ISO 9660–Dateisystems beginnen in der ersten Daten-spur (nach dem Lead–In) mit dem logischen Sektor 16. Im Gegensatz zu Festplatten–Dateisystemen werden bei CD–Dateisystemen auch die absolu-ten Adressen zu Dateien in Unterverzeichnissen angegeben. Hierdurch wird der Aufwand beim Navigieren auf der langen Spiralspur erheblich verringert.

Um die o.g. Beschränkungen des ISO 9660–Standards zu beseitigen, hat Microsoft eine Erweiterung dazu entwickelt. Bei diesem so genannten Joilet–Dateisystem dürfen Datei– und Verzeichnisnamen bis zu 64 Unicode–Zeichen enthalten, Verzeichnisnamen dürfen Erweiterungen haben und tiefer als 8 Ebenen verschachtelt sein. Darüber hinaus werden auch Multisession–CDs unterstützt.

Neben den langen Dateinamen für Windows enthält das Joilet–Dateisystem auch ein ISO 9660–kompatibles Subsystem, so dass auch andere Betriebssy-steme eine Joilet–formatierte CD benutzen können.

8.8.7 CD–R (CD Recordable)

Die Herstellung von CD–ROMs ist nur bei einer Massenproduktion rentabel. Um einzelne CDs oder kleine Stückzahlen herzustellen, eignet sich die CD–R (CD–Recordable). CD–Rs unterscheiden sich von CD–ROMs im Aufbau der Speicherschicht. Bei CD–Rs werden keine Vertiefungen eingepresst, sondern es werden mit einem Schreiblaser Farbschichten zerstört, die dadurch ihre Reflektionseigenschaften ändern.

Die unbeschriebenen CD–Rs werden *Rohlinge* genannt. Es gibt sie in verschiedenen Farben (grün, blau, gold– und silberfarbig), die ein mehr oder weniger gutes Reflektionsvermögen haben. Silberfarbene Rohlinge haben die besten Eigenschaften und sind daher auch am teuersten.

Zum Beschreiben einer CD–R wird ein *CD–Writer* benötigt, der über einen zusätzlichen Schreiblaser verfügt. Um den Strahl des Schreiblasers zu führen und der Schreiboptik eine Positionsbestimmung zu ermöglichen, ist auf einer CD–R bereits eine spiralförmige Spur eingeritzt. Die Positionsbestimmung erfolgt mit Hilfe eines fortlaufenden Wellenmusters, das der Spurrille überlagert ist.

Während des Schreibens wird das Laufwerk meist im CLV–Modus betrieben, um möglichst genau die Land– und Pit–Abstände einzuhalten. Zum Schreiben wird die Leistung des Laserstrahls erhöht. Dadurch wird die Molekülstruktur der Farbschicht zerstört und es entsteht eine dunkle Stelle, die beim Lesen als Pit interpretiert wird.

Wichtig ist, dass die gesamte Spur an einem Stück geschrieben wird. Um leichte Schwankungen der von der Festplatte gelieferten Datenrate abzufedern, wird ein Pufferspeicher verwendet. Wenn die Festplatte die benötigten Daten nicht schnell genug liefern kann, läuft dieser Speicher leer. Da der CD–Writer später nicht nochmals an die Stelle zurückkehren kann, an der der Pufferunterlauf stattfand, wird die teilweise beschriebene CD unbrauchbar. Um Pufferunterläufe zu vermeiden, bietet die CD–Writer–Software meist die Option, ein vollständiges Abbild der Datenspur (CD–Image) zu erzeugen. Dabei wird versucht, die gesamte Datenspur so auf der Festplatte zu platzieren, dass während des Schreibvorgangs ohne Verzögerungen darauf zugegriffen werden kann.

Mittlerweile gibt es auch CD–Writer mit einer so genannten *Burn–Proof*-Technologie. Sobald der CD–Writer einen drohenden Pufferunterlauf erkennt, unterbricht er den Brennvorgang an einer genau positionierbaren Stelle, die er später wieder ansteuert. Sobald der Puffer wieder ausreichend gefüllt ist, setzt er den Brennvorgang ab dieser Stelle fort.

8.8.8 CD–RW (CD Rewritable)

Die CD–RW ist ähnlich wie die CD–R aufgebaut. Statt einer organischen Farbschicht wird eine Legierung aus Silber, Indium, Antimon und Tellur als Speicherschicht benutzt. Das Speichermaterial nimmt je nach Erhitzungsgrad durch den Schreiblaser unterschiedliche Aggregatzustände an.

Im gelöschten Zustand liegt eine kristalline (regelmäßige) Struktur vor. Dieser Zustand kann herbeigeführt werden, wenn man die Legierung über einen längeren Zeitraum mit mittlerer Laserleistung erhitzt. Dabei schmilzt die Legierung und die Schmelze erstarrt im kristallinen Zustand.

Zum Schreiben wird der Laser mit hoher Leistung betrieben. Wenn man eine bestimmte Stelle der Speicherschicht kurzzeitig erhitzt, geht das Speichermaterial lokal in einen amorphen (ungeordneten) Zustand über.

Die beiden Aggregatzustände zeigen unterschiedliches Reflektionsverhalten. Zum Lesen wird der Laser mit niedrigster Leistung betrieben. Während an Stellen in kristallinem Zustand eine hohe Reflektion des Laserstrahls erfolgt, wird dieser an Stellen in amorphem Zustand nur schwach reflektiert.

Das oben beschriebene Speicherprinzip wird als Phasen–Wechsel–Technik (Phase–Change Technology) bezeichnet. Es wird sowohl für CDs als auch für wiederbeschreibbare DVDs eingesetzt.

Da die Reflektionen bei RW–Medien geringer sind als bei CD–R– und CD–ROM–Medien, benötigt man zum Lesen solcher Speichermedien ein Laufwerk mit einem Leseverstärker, der die schwächeren Sensorsignale auf einen brauchbaren Signalpegel anhebt. Wenn dieser so genannte AGC (Automatic Gain Controller) vorhanden ist, bezeichnet man das Laufwerk als multiread–fähig.

8.9 DVD (Digital Versatile Disc)

DVD stand früher für „Digital Video Disc", da sie ürsprünglich für die Aufzeichnung von Videos gedacht war. Ähnlich wie bei den CDs erkannte man aber bald, dass man damit auch sehr gut Software und Daten dauerhaft speichern kann. Prinzipiell gibt es keine wesentlichen Unterschiede zur CD–ROM, sogar die Abmessungen sind identisch. Gegenüber CD–ROMs wurden jedoch die folgenden kapazitätssteigernden Maßnahmen vorgenommen:

- Der Abstand zwischen den Spuren wurde von 1,6 μm auf 0,74 μm verringert. Dadurch erreicht man mehr Windungen und eine insgesamt mehr als doppelt so lange Spiralspur.
- Die Wellenlänge der Leseoptik wurde von 780 nm auf 650 nm verringert (rotes statt infrarotes Licht).
- Die Länge der Pits und damit die Länge der Channel–Bits wurde halbiert. Die Pits der DVD sind nur noch 0,45 μm lang (0,9 μm bei der CD).
- Der nutzbare Datenbereich wurde vergrößert.
- Die Leistungsfähigkeit der Fehlerkorrektur wurde um mehr als 30% verbessert.
- Der Sektor–Overhead konnte reduziert werden.

Die aufgeführten Maßnahmen steigern die Speicherkapazität gegenüber der CD–ROM um den Faktor 7 auf 4,7 GByte. Man bezeichnet dieses Speichermedium als **DVD–5**. Wegen der großen Ähnlichkeit zwischen DVD und CD–ROM kann ein DVD–Laufwerk auch benutzt werden, um CD–ROMs zu lesen. Wegen der unterschiedlichen Pit–Größe wird dazu meist ein zweiter Laser im Infrarotbereich benutzt.

Um die Speicherkapazität der DVD–5 zu erhöhen, führte man drei weitere DVD–Varianten ein. Die einfachste Methode besteht darin, zwei 4,7–GByte–Speicherschichten in eine einzige DVD zu integrieren. Diese Variante wird als **DVD–10** bezeichnet. Die DVD–10 hat eine Speicherkapazität von 9,4 GByte und muss von Hand umgedreht werden, wenn eine Seite ausgelesen wurde.

Man kann aber auch eine einseitige DVD herstellen, die zwei übereinander-liegende Schichten hat. Die erste Schicht (von der Leseoptik gesehen) besteht aus einem halbtransparenten Material, das von einem entsprechend fokusier-ten Laser durchdrungen werden kann, um die dahinter liegende zweite Spei-cherschicht abzutasten. Währen auf der ersten Schicht 4,7 GByte Platz finden, können auf der zweiten Speicherschicht nur 3,8 GByte gespeichert werden. Dies ist dadurch zu erklären, dass die zweite Schicht etwas größere Pits und Lands erfordert.

Wie bei der DVD–10 kann man nun wieder zwei Doppelspeicherschichten in einer einzigen DVD verschmelzen. Man erhält so eine DVD mit einer Speicher-kapazität von 17 GByte. Diese **DVD–18** muss allerdings wieder von Hand umgedreht werden.

8.10 Speicherverwaltung

Wie wir gesehen haben, benutzt man in einem Computersystem verschiedene Arten von Speichern, die sich hinsichtlich ihrer Zugriffszeit, Speicherkapazität und Kosten pro Bit voneinander unterscheiden. Um die einzelnen Speicher-arten effektiv auszunutzen, wird das Speichersystem hierarchisch organisiert. Das Betriebssystem und geeignete Zusatzhardware sorgen dafür, dass der Be-nutzer nur einen einzigen großen Speicherbereich *sieht*. Dies ist wichtig, da-mit die insgesamt verfügbare Speicherkapazität effizient ausgenutzt wird, und damit die Programme von der jeweiligen Rechnerkonfiguration unabhängig bleiben.

Bei der früher oft angewandten *Overlay*–Methode muss der Programmie-rer die Nutzung des Hauptspeichers explizit durch sein Programm steuern. Programme, die größer als der verfügbare Hauptspeicher sind, müssen in Seg-mente (Overlays) zerlegt werden, die sich gegenseitig von der Platte in den Hauptspeicher laden und aufrufen. Heute verwendet man die Technik des *vir-tuellen* Speichers, die für den Anwender transparent ist. Gleichzeitig kann man damit in Multiprograming–Systemen die Speicherbereiche verschiedener Be-nutzer voneinander trennen und schützen. Viele Prozessoren unterstützen das Betriebssystem bei der Speicherverwaltung, indem sie zwischen Supervisor- und User–Mode unterscheiden und eine geeignete Fehlerbehandlung bei Seg-ment- oder Seitenfehlern ausführen. Die hierarchische Organisation des Spei-chers ist möglich, da viele Programme die Eigenschaft der *Lokalität* aufweisen.

Viele Rechner verwenden eine zwei- oder dreistufige Speicher–Hierarchie. Wir wollen uns im folgenden auf eine zweistufige Hierarchie beschränken, die

einen Hauptspeicher und einen magnetomotorischen Massenspeicher enthält.
Der Hauptspeicher M_1 besteht aus schnellen Halbleiterchips und hat, verglichen mit dem sekundären Speicher M_2, eine geringere Speicherkapazität.
Der Benutzer unterscheidet nicht zwischen den verschiedenen Speicherarten,
sondern er schreibt sein Programm für einen logischen Adressraum, dessen
Kapazität theoretisch unbegrenzt ist. Während des Übersetzens und Bin-
dens eines Programms werden dem Programmcode und den Bezeichnern logische Adressen zugeordnet. Um das Programm auszuführen, muss der logische
Adressraum L auf die Menge der physikalisch vorhandenen Speicherplätze
P abgebildet werden. Virtuelle Speicher implementieren also eine Funktion
$f : L \rightarrow P$.

Im Allgemeinen haben Programme die Eigenschaft, dass sich die Adress–Re-
ferenzen während eines kurzen Beobachtungszeitraums nur in einem schmalen
Bereich des logischen Adressraums verändern [*Denning*, 1968]. Diesen Sach-
verhalt bezeichnet man als *Lokalität der Referenzierung* oder kurz *Lokalitäts-
effekt*. Er ist eine wesentliche Voraussetzung für die Anwendbarkeit virtueller
Speichersysteme. Die während eines Beobachtungszeitraums $t - T$ bis t referenzierten Speicherzellen bilden den *Working Set* $W(t-T, t)$. Es wurde durch
Simulationen festgestellt, dass $W(t - T, t)$ für größere Zeiträume unverändert
bleibt. Hält man den Working Set im schnellsten Speicher M_1 vor, so kann
der Prozessor ungehindert auf die benötigten Informationen (Daten/Befehle)
zugreifen. Sobald sich $W(t - T, t)$ verändert, wird eine Teilmenge von Informationen zwischen M_1 und den anderen Speicherebenen der Hierarchie
ausgetauscht.

Das Hauptziel beim Entwurf virtueller Speicher ist es, die mittleren Kosten pro Speicherbit auf die Kosten pro Bit des billigen Massenspeichers M_2
zu reduzieren und gleichzeitig die hohe Zugriffsgeschwindigkeit des teureren
Halbleiterspeichers M_1 zu erreichen. Zur Organisation eines Speichersystems
können drei Strukturierungs–Elemente benutzt werden:

- Segmente
- Seiten (Pages)
- Dateien (Files)

8.10.1 Segmentierung

Segmentierung ist eine Technik zur Verwaltung eines großen virtuellen Spei-
cherraums. Sie wird im Gegensatz zu Paging vom Benutzer unterstützt (vgl.
Overlays), indem er seine Programme in Dateien oder Bibliotheken organisiert. Ein Segment ist eine Menge logisch zusammengehöriger Speicherworte,
die durch einen Compiler erzeugt bzw. durch den Programmierer definiert
werden. Ein Wort innerhalb eines Segments wird über seine Verschiebung relativ zur Basisadresse des Segments referenziert. Die Basisadressen können
durch das Betriebssystem dynamisch verändert werden. Ein Programm besteht zusammen mit seinen Datensätzen aus einer Sammlung von miteinander

gekoppelten Segmenten. Es ist sinnvoll, nur komplette Segmente im Hauptspeicher bereitzuhalten. Wenn die Speicherverwaltung nach diesem Prinzip verfährt, spricht man von *Segmentierung*. Zwischen Hauptspeicher und Hintergrundspeicher werden nur vollständige Programm– oder Datensegmente ausgetauscht. Die Basisadressen der momentan im Hauptspeicher geladenen Segmente werden in der sogenannten Segment–Tabelle festgehalten. Sie ist ihrerseits selbst ein Segment. Die Einträge in der Segment–Tabelle werden als *Deskriptoren* bezeichnet. Jeder Eintrag hat einen Index, welcher der Segment–Nummer entspricht. Die Segmentnummern werden dynamisch vergeben (durch das Betriebssystem) und in die *Tabelle der aktiven Segmente* eingetragen. Diese Tabelle enthält im Allgemeinen folgende Informationen:

1. Ein *Adress–Feld*, das entweder die momentane Hauptspeicher–Basisadresse oder die Adresse des Segments im Hintergrundspeicher angibt.

2. Eine *Größenangabe* für das betreffende Segment.

3. Ein *Präsenz–Bit*, das angibt, wo das Segment momentan gespeichert ist. Es ist z.B. für $P = 1$ im Hauptspeicher zu finden und für $P = 0$ im Hintergrundspeicher.

4. Zugriffsrechte zum Schutz gegen unzulässige Benutzung.

Der Hauptvorteil der Segmentierung ist, dass die Segmentgrenzen mit den natürlichen Programm– und Datengrenzen übereinstimmen. Programmsegmente können unabhängig von anderen Segmenten neu übersetzt und ausgetauscht werden. Datensegmente, deren Länge sich während der Laufzeit ändert (Stacks, Queues) können durch Segmentierung effizient den vorhandenen Speicherraum nutzen. Andererseits erfordert die Verwaltung variabler Speichersegmente aufwendige Algorithmen zur Hauptspeicherzuteilung, um eine starke Fragmentierung zu vermeiden. Dieses Problem kann durch eine Kombination von Segmentierung und Paging gelöst werden. Ein weiteres Problem bei der Segmentierung ist die hohe Redundanz (Superfluity) bei großen Segmenten. Oft wird nur ein Bruchteil des eingelagerten Segments vom Prozess tatsächlich benötigt. Auch dieses Problem wird durch die Kombination von Segmentierung und Paging gelöst.

8.10.2 Paging

Paging–Systeme benutzen Blöcke fester Länge, die in sogenannten *Page–Frames* im Hauptspeicher abgelegt werden. Da alle *Seiten* die gleiche Größe haben, vereinfacht sich das Verfahren zur Zuteilung von Hauptspeicher. Nachzuladende Seiten können jedem beliebigen Page–Frame zugeordnet werden. Jede logische Adresse besteht aus zwei Teilen: Einer Seitenadresse und einem Verschiebungsteil (Displacement), der auch als Zeilenadresse (Line Address) bezeichnet wird. In einer Seiten–Tabelle wird die Zuordnung von logischen Seitenadressen zu physikalischen Seitenadressen verzeichnet. Die logische Seitenadresse dient dabei als Index. Neben der physikalischen Seitenadresse enthält jeder Eintrag der Seiten–Tabelle ein Präsenz–Bit P (vgl. Segmentierung), ein Modified–Bit M sowie ein Feld, in dem die Zugriffsrechte festgehalten werden. Sobald eine im Hauptspeicher befindliche Seite geändert wird, wird auch das M–Bit auf 1 gesetzt. Bevor diese Seite überschrieben werden darf, muss sie zuerst im Hintergrundspeicher aktualisiert werden. Die Zugriffsrechte geben an, ob eine Seite geschrieben, gelesen oder ausgeführt werden darf. Im Gegensatz zu Segment–Tabellen enthalten die Deskriptoren in Seiten–Tabellen *keine* Größenangaben. Es ist hilfreich, *Segmentierung* als Partitionieren des logischen Adressraums zu betrachten. *Paging* dagegen partitioniert den physikalischen Adressraum. Beim Paging tritt die *interne* Fragmentierung auf. In den einzelnen Page–Frames können die Endbereiche ungenutzt bleiben. Nur wenn die Zahl der zu speichernden Worte ein Vielfaches der Page–Frame Größe ist, entsteht keine interne Fragmentierung. Bei segmentierter Speicherverwaltung „wuchern" aufgrund unterschiedlicher Segmentgrößen unbrauchbare Löcher im Hauptspeicher. Man spricht hier von *externer* Fragmentierung. Sie kann nur durch zeitaufwendige Kompaktifizierung des Hauptspeichers beseitigt werden.

PAGED SEGMENTS. Die Kombination von Segmentierung und Paging dient dazu, die Vorteile der beiden Verfahren miteinander zu vereinigen. Die logische Adresse eines Wortes besteht dann aus drei Komponenten:

1. Segmentadresse
2. Seitenadresse
3. Zeilenadresse

Die Speichertabelle besteht aus einer Segment–Tabelle und einer Menge von Seiten–Tabellen. Für jedes Segment gibt es eine Seiten–Tabelle, die durch einen Zeiger in der Segment–Tabelle referenziert wird. Es handelt sich also um ein zweistufiges Verfahren.

Die Größe der Page–Frames hat einen starken Einfluss auf die Speicherausnutzung. Wenn sie zu groß ist, hat man eine hohe interne Fragmentierung. Ist sie zu klein, so benötigt man sehr lange Seiten–Tabellen pro Segment. Die optimale Seitengröße stellt einen Ausgleich zwischen beiden Effekten her. Man kann die optimale Seitengröße berechnen, die die Speichernutzung maximiert. Will man jedoch gleichzeitig die Trefferrate optimieren, so muss man auf Simulationsergebnisse zurückgreifen. Es zeigt sich, dass die optimale Seitengröße bezüglich der Trefferrate deutlich größer sein muss als die optimale Seitengröße bezüglich der Speichernutzung. Der i386 benutzt z.B. 4K große Seiten (vgl. [*Hayes*, 1988]).

8.10.3 Adressumsetzung

Ein Compiler übersetzt vom Benutzer definierte Bezeichner in binäre Adressen. Vorausgesetzt ein Programm enthalte *keine* Software–Parallelität oder

Rekursion. Es kann dann direkt durch den Compiler in den physikalischen Adressraum abgebildet werden. Der Output des Compilers besteht aus einer Menge von Programm– und Datenblöcken. Jedes Maschinenwort innerhalb eines Blocks kann einer logischen Adresse zugeordnet werden, die aus der Summe einer Basisadresse B und einem Offset O (Displacement) besteht. Der Compiler erzeugt eine gewisse Anzahl von Blöcken B_i als relativierbares Programm (inklusive Daten). Bei linearen nichtrekursiven Programmen kann die Adressumsetzung durch Zuordnung fester Werte zu den einzelnen Basisadressen B_i erfolgen. Da dabei der physikalische Adressraum des Programms während der Laufzeit festgelegt ist, spricht man von statischer Speicherzuteilung (static Allocation).

Bei parallelen oder rekursiven Programmen ändert sich die Größe des logischen Adressraums während der Laufzeit. Rekursive Funktionen werden mit Hilfe eines Stacks realisiert, der eine Verbindung zwischen aufeinanderfolgenden Funktionsaufrufen herstellt. Seine Größe kann im voraus nicht exakt bestimmt werden, weil sie von den Eingabedaten abhängt (z.B. Fakultäts–Funktion). In solchen Fällen ist es wünschenswert, den benötigten Speicher (blockweise) während der Ausführung des Programms bereitzustellen. Dies führt insbesondere bei Multiprograming–Systemen zu einer besseren Ausnutzung des Hauptspeichers. Da die Funktion $f : L \to P$ sich nun mit der Zeit ändert, spricht man von dynamischer Speicherzuteilung (dynamic Allocation). Sowohl die statische als auch die dynamische Speicherzuteilung wird durch das Betriebssystem realisiert. Dazu werden die Basisadressen der Informationsblöcke in einer Umsetztabelle (Address Map) im Hauptspeicher oder in schnellen Prozessor–Registern (Relocation Registers) abgelegt. Die Basisadressen B_i bestehen meist aus den höherwertigen Bits der physikalischen Adresse und werden mit den niederwertigen Bits der logischen Adresse A_i vereinigt, um die effektive physikalische Adresse zu ermitteln (Vorteil: kein zusätzliches Adressrechenwerk erforderlich).

Tabellen zur Adressumsetzung

Die logische Adresse wird in einen Auswahl– und Verschiebungsanteil aufgespalten. Der Auswahlanteil dient als Index in einer Seiten– bzw. Segment–Tabelle. Die Einträge in der Tabelle heißen *Deskriptoren*. Sie enthalten einen Teil der physikalischen Adresse (Busadresse), die zusammen mit dem Verschiebungsanteil die Hauptspeicheradresse ergibt. Daneben enthält ein Deskriptor Informationen über die

- Präsenz der Seite bzw. des Segments im Hauptspeicher (Present–Bit),
- Zugriffsrechte und Speicherschutz (Lese–, schreib– oder ausführbar, Supervisor–Bit),
- Daten für Ersetzungsalgorithmen (Modified (oder dirty)–Bit, Referenzierungsalter oder –häufigkeit).

Bei der *direkten* Umsetzmethode ist bei jedem Hauptspeicherzugriff (logische Adresse) ein weiterer Hauptspeicherzugriff auf die Seiten/Segment–Tabelle erforderlich. Diese zusätzlichen Zugriffe verringern die Rechnerleistung erheblich. Man benutzt daher einen *assoziativen Cache* zur Speicherung einer gewissen Anzahl aktuell benötigter Deskriptoren. Der assoziative Cache heißt auch TLB (Translation Lookaside Buffer) und enthält 32–128 Paare von „logischer Adresse zu physikalischer Adresse" bzw. komplette Deskriptoren. Der TLB puffert nur einen kleinen Teil der kompletten Seiten/Segment–Tabelle. Simulationen haben gezeigt, dass selbst ein relativ kleiner TLB bereits Trefferquoten (Hit–Rate) von 98% erreicht. Dies ist durch die Lokalität der Referenzierung zu erklären. Bei einem TLB–Hit ist es nicht nötig, die Seiten/Segment–Tabelle im Hauptspeicher zu „befragen". Dadurch wird wertvolle Zeit eingespart.

Wenn der benötigte Deskriptor nicht im TLB vorhanden ist (TLB Miss) muss der betreffende Deskriptor aus dem Hauptspeicher nachgeladen werden. Als Ersetzungsalgorithmus wird meist das LRU (Least Recently Used) Verfahren benutzt. Obwohl es möglich ist, Seiten– bzw. Segment–Tabellen im virtuellen Speicher (konkret auf der Festplatte) zu halten, ist es aus Zeitgründen sehr ungünstig, die Deskriptor–Tabellen auf den Hintergrundspeicher auszulagern.

Register zur Adressumsetzung

Da Segmente i.a. größer sind als Page–Frames können die Segment–Deskriptoren auch in Prozessor–Registern bereitgehalten werden. Die Zahl der aktiven Segmente ist geringer als die Zahl der diesen Segmenten zugeordneten Page–Frames. Daher werden häufig kleinere Blöcke (Tabellen) assoziativ adressierbarer Register auf dem Prozessor–Chip integriert, die einen schnellen Zugriff auf die aktiven Segment–Deskriptoren ermöglichen.

Tabelle der aktiven Segmente

Bei einem Multiprograming–System kann die Tabelle der aktiven Segmente von allen Prozessen benutzt werden, weil sie global verfügbar ist. Sie wird vom Betriebssystem aufgebaut und ordnet Segmentnamen entsprechende Nummern zu, die als Index der Tabelle benutzt werden. Wenn ein Segment nicht in der Tabelle der aktiven Segmente ist, wird es nachgeladen. Aktive Segmente können von mehreren Prozessen gleichzeitig benutzt werden. Jeder Prozess hat seine eigene Segment–Tabelle, die verzeichnet, welche Segmente(–namen) zu dem Prozess gehören. Wenn zwei Prozesse dasselbe Segment benutzen, kann in ihren Segment–Tabellen auf dieselbe Hauptspeicher(basis)adresse verwiesen werden, d.h. das Segment braucht nur einmal geladen zu werden.

Seiten–Tabellen bei Multiprograming

Für jeden Prozess gibt es eine Seiten–Tabelle, die Bestandteil des Betriebssystem–Kerns ist. Jedem aktiven Prozess ist in einem Page–Table–Basis–

Register eine Basisadresse (Hauptspeicher) für die Seiten–Tabelle zugeordnet. Die höherwertigen Bits der virtuellen Adresse können als Prozessidentifier (pid) benutzt werden, um zwischen verschiedenen virtuellen Adressräumen umzuschalten. Damit kann zwischen mehreren Seiten–Tabellen gewählt werden. Falls ein Deskriptor–Bit anzeigt, dass die Seite nicht im Hauptspeicher ist (Present–Bit $P = 0$), so wird die physikalische Adresse als Sektoradresse auf der Festplatte interpretiert.

8.10.4 Hauptspeicherzuteilung (Allocation)

Eine Hauptoperation bei virtuellen Speichersystemen ist der Austausch (Swapping) von Informationsblöcken zwischen unterschiedlichen Speicherebenen. Beim Entwurf einer Speicherverwaltung müssen drei Fragen beantwortet werden:

1. Wann sollen Blöcke ausgetauscht werden?
2. Wo sollen neu geholte Blöcke im Hauptspeicher abgelegt werden?
3. Was ist die optimale Blockgröße?

Die einfachste Antwort auf die erste Frage ist, die Speicherblöcke bei Bedarf auszutauschen (demand Swapping). Eine andere Möglichkeit besteht darin, voraussichtlich benötigte Blöcke im voraus in den Hauptspeicher einzulagern (anticipatory Swapping). Es ist aber relativ schwierig, langfristige Vorhersagen über Adressreferenzen zu machen.

Speicherplatz im Hauptspeicher wird meist dynamisch bereitgestellt (dynamic Allocation), d.h. je nach augenblicklicher Belegung des Hauptspeichers werden Blöcke aus dem Sekundärspeicher in irgendeine freie (oder freigemachte) Region transportiert. Bei der nichtauslagernden Zuteilung (nonpreemptive Allocation) muss genügend Freispeicher vorhanden sein, um die zu übertragenden Blöcke aufzunehmen. Im Gegensatz dazu kann bei der auslagernden Zuteilung (preemptive Allocation) Freispeicher durch Auslagern von Blöcken erreicht werden, die in Zukunft *wahrscheinlich* nicht mehr benötigt werden. Mit leistungsfähigen Algorithmen zur Allocation erzielt man hohe Hit–Raten. Bei niedriger Trefferquote findet ein starker Austausch zwischen Haupt– und Sekundärspeicher statt. Dieses Phänomen nennt man *Thrashing*[19].

Nonpreemptive Allocation

In Verbindung mit segmentiertem Hauptspeicher ist die nonpreemptive Allocation problematisch. Hierbei ist es nötig, einen genügend großen, freien Speicherbereich zu finden, um ein neues Segment zu laden. Man benutzt dazu entweder die *first–fit* oder die *best–fit* Methode [*Hayes*, 1988]. Durch freiwerdende (abgearbeitete) Segmente wird der Hauptspeicher mehr oder weniger

---

.. hin– und herschlagen, verprügeln

stark fragmentiert. Dabei kann es vorkommen, dass Speicheranforderungen zurückgewiesen werden, obwohl der Hauptspeicher nur teilweise belegt ist. Durch „Verlagerung" der belegten Blöcke könnte ein freier Bereich mit ausreichender Speicherkapazität bereitgestellt werden (vgl. Abb. 8.33). Wenn alle belegten Blöcke an ein Ende des Adressbereichs verlagert werden, spricht man von Kompaktifizierung (Memory Compaction). Dies ist eine sehr aufwendige Methode, um einen freien Speicherbereich mit maximaler Kapazität zu erhalten.

Bei Paging–Systemen ist die nonpreemptive Allocation unproblematisch, da alle Speicherblöcke die gleiche Größe haben. Es muss kein passender freier Speicherbereich gesucht werden. Es kann aber vorkommen, dass Prozesse blockiert werden, weil *insgesamt* nicht genügend Freispeicher vorhanden ist. Diese Prozesse müssen dann warten, bis andere Prozesse terminieren und dadurch Page–Frames (bzw. Segmente) freigeben. Abhilfe schafft hier die preemptive Allocation.

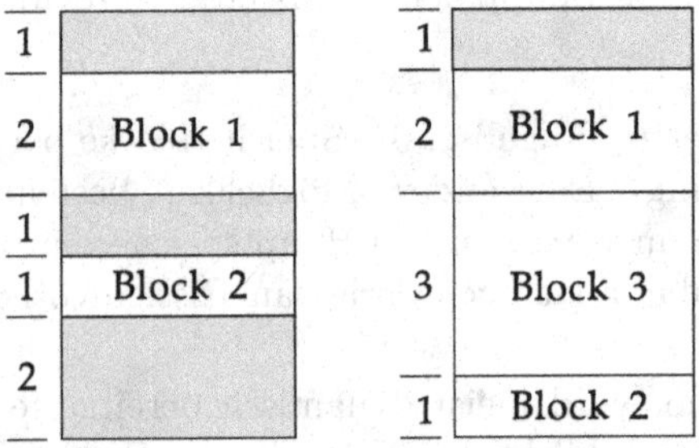

Abb. 8.33. Einfügen eines Blocks der Länge 3 ist erst nach Verlagerung des Blocks Nr. 2 möglich.

Preemptive Allocation

Bei diesem Verfahren werden momentan belegte Blöcke ausgelagert (Swapping), um freien Speicherplatz für neue Programme oder Daten zu schaffen. Wenn beim Paging kein Freispeicher mehr vorhanden ist oder die Kapazität der freien Speicherbereiche (in Abb. 8.33 schraffiert) geringer ist als die erforderliche Speicherkapazität zum Laden eines Segments, müssen belegte Blöcke überschrieben werden. Dies erfordert Regeln, um diejenigen Blöcke zu bestimmen, die dafür in Frage kommen. Man unterscheidet „saubere" (clean) und „schmutzige" (dirty) Blöcke. Wenn der Inhalt eines Blocks seit dem Laden von der Platte sich nicht geändert hat (z.B. Programmcode), so ist der Block clean. Er kann sofort überschrieben werden. Dirty Blocks müssen vor dem Überschreiben im sekundären Speicher aktualisiert werden. Dies erfordert wegen der notwendigen Ein–/Ausgabe Operationen mehr Zeit.

Um die auszulagernden Blöcke zu bestimmen, können verschiedene Ersetzungs–Strategien (Replacement Policies) benutzt werden. Die zwei wichtigsten Verfahren bei der preemptive Allocation werden im folgenden beschrieben.

LRU–ALGORITHMUS. Der LRU–Algorithmus (Least Recently Used) wählt diejenige Seite zum Auslagern aus, die am *längsten* nicht benutzt wurde. Man geht davon aus, dass diese Seite in Zukunft nicht mehr benötigt wird und lagert die Seite auf den Hintergrundspeicher aus. Umgekehrt verbleiben kürzlich noch referenzierte Seiten im Hauptspeicher.

Zur Implementierung von LRU benötigt man einen Hard– oder Softwarezähler, der das „Referenzierungsalter" registriert. Der Zähler kann über ein Reference–Bit des Seiten–Deskriptors gesteuert werden. Dieses Bit wird in regelmäßigen Zeitabständen vom Betriebssystem getestet und zurückgesetzt. Bei zwischenzeitlichen Zugriffen auf einen Page–Frame wird das Reference–Bit erneut gesetzt. Wenn das Betriebssystem feststellt, dass die Seite seit dem letzten Rücksetzen referenziert wurde, wird ein zu dieser Seite gehörender Zähler auf einen vorgegebenen Wert gesetzt (z.B. 1000). Die Zähler der nicht referenzierten Seiten werden alle um 1 verringert. Sobald eine Seite ausgelagert werden muss, wählt das Betriebssystem diejenige Seite aus, deren Zähler den kleinsten Wert hat. Diese Seite wurde am längsten nicht mehr benutzt.

Ein praxisnäheres Verfahren für LRU benutzt nur das Reference–Bit R und das Modified–Bit M. Der Wert der Binärzahl aus der Verkettung von R und M dient als Kriterium für die Auslagerung. Zuerst werden die Seiten mit dem niedrigsten RM–Wert ausgelagert. Das Betriebssystem setzt in regelmäßigen Abständen das R–Bit auf 0 zurück.

R	M	Bedeutung
0	0	nicht referenziert und nicht verändert
0	1	nicht referenziert aber verändert
1	0	referenziert aber nicht verändert
1	1	referenziert und verändert

Wie die angegebene Tabelle verdeutlicht, wird zuerst diejenige Seite ausgelagert (bzw. überschrieben), die in der Vergangenheit weder referenziert noch verändert wurde. Kürzlich referenzierte *und* veränderte Seiten werden nach Möglichkeit nicht ausgelagert. Der LRU–Algorithmus bezieht sich in erster Linie auf den Nutzungs*zeitraum*. Im Gegensatz dazu können wir auch die Nutzungs*häufigkeit* als Kriterium für eine Ersetzungsstrategie verwenden.

LFU–ALGORITHMUS. Der LFU–Algorithmus (Least Frequently Used) lagert diejenige Seite aus, die in letzter Zeit am *seltensten* benutzt wurde. Im Hauptspeicher verbleiben häufig referenzierte Seiten. Das Betriebssystem wertet in regelmäßigen Abständen das Reference–Bit des Seiten–Deskriptors aus, das bei jedem Zugriff gesetzt wird. Bei gesetztem Reference–Bit wird ein Zähler inkrementiert und das Reference–Bit wird zurückgesetzt. Wenn eine Seite ausgelagert werden muss, wählt das Betriebssystem die Seite mit dem geringsten Zählerstand aus. Der Zähler einer neu eingelagerten Seite erhält den Anfangswert Null.

**Siehe Übungsbuch
Seite 61, Aufgabe 92:
Virtueller Speicher mit Paging–Technik**

8.10.5 Hardware–Unterstützung virtueller Speicher

Zur Unterstützung der Speicherverwaltung durch das Betriebssystems wird häufig eine spezielle Hardware eingesetzt, die man *Memory Management Unit (MMU)* nennt. Die MMU ist entweder bereits in der CPU integriert, oder sie wird als Coprozessor betrieben. Sie wird zwischen die Einheit zur Berechnung der effektiven Adresse eines Speicherzugriffs und dem Hauptspeicher (bzw. sofern vorhanden vor dem Cache) eingebaut.

Die MMU hat im Wesentlichen vier Aufgaben:

1. Adressumsetzung beschleunigen,
2. Segment– oder Seitenfehler erkennen,
3. Daten für Ersetzungsalgorithmen aktualisieren und
4. Speicherbereiche vor unzulässigen Speicherzugriffen schützen.

Adressumsetzung beschleunigen

Meist ist auf der MMU ein assoziativer Cache (TLB) integriert, um Auszüge aus den Deskriptor–Tabellen zu puffern (vgl. Abschnitt *Adressumsetzung*). Wenn sich die zu einer logischen Adresse gehörenden Deskriptoren im TLB befinden, ist eine sehr schnelle Umsetzung in eine physikalische Hauptspeicheradresse möglich. Die MMU muss durch eine geeignete Hardware den TLB verwalten. Da sich einige Teile der Tabelleneinträge ändern können (z.B. Modified–Bit), müssen die betreffenden Einträge vor dem Laden neuer Deskriptoren im Hauptspeicher aktualisiert werden.

Segment– oder Seitenfehler erkennen

Die MMU muss anhand der Deskriptoren (Present–Bit) prüfen, ob eine logische Adresse im Hauptspeicher (Page–Frame oder Segment) vorhanden ist. Wenn festgestellt wird, dass dies nicht der Fall ist, liegt ein Seiten– oder Segmentfehler vor. Da der laufende Befehl die Daten unter der logischen Adresse zum Weiterarbeiten benötigt, muss eine geeignete Fehlerbehandlung (Interrupt) durch den Prozessor erfolgen. Dazu wird in jedem Fall eine Betriebssystem–Funktion aufgerufen, um die benötigte Information

(Seite/Segment) vom Hintergrundspeicher nachzuladen. In der Regel muss hierzu neuer Speicher zugeteilt werden (preemptive Allocation). Alle ausgereiften Prozessoren unterstützen durch ihre Firmware die Unterbrechung laufender Befehle. Im folgenden werden zwei Methoden zur Behandlung von Seitenfehlern vorgestellt, die analog auch bei Segmentfehlern angewandt werden können.

RESTART–METHODE. Bei dieser Methode wird der Befehl, bei dem der Seitenfehler auftrat, komplett neu gestartet. Das Hauptproblem dieser Methode ist, dass der Prozessor aus dem Maschinenzustand zum Unterbrechungszeitpunkt (Seitenfehler) den Zustand zu Anfang des Befehls rekonstruieren muss. Dies ist oft sehr schwierig, wie z.B. bei Adressierungsarten mit Pre–Inkrement klar wird. Das Adressregister wurde bereits erhöht und darf beim Restart des Maschinenbefehls nicht nocheinmal erhöht werden. Es gibt verschiedene Lösungsmöglichkeiten für dieses Problem:

1. Register, die der Programmierer beeinflussen kann, werden erst am Ende eines Maschinenzyklus verändert (unmöglich z.B. bei Befehlen mit Pre–Inkrement).

2. Alle Veränderungen an „sichtbaren" Registern werden registriert und vor dem Restart des unterbrochenen Befehls wieder rückgängig gemacht.

3. Von allen veränderten sichtbaren Registern werden Kopien angelegt, so dass sie einfach rekonstruiert werden können.

Die Restart–Methode ist besonders günstig, wenn die Prozessoren eine Pipeline–Architektur besitzen. Eine on–Chip MMU kann den Seitenfehler erkennen bevor ein Speicherzugriff erfolgt und bevor irgendwelche Register verändert werden.

CONTINUATION–METHODE.   Diese Methode kann als Interrupt–Verarbeitung auf Mikrobefehlsebene bezeichnet werden. Bei Erkennung eines Seitenfehlers wird das Mikroprogramm unterbrochen, sein Zustand auf dem Stack gesichert und zum Unterprogramm verzweigt, das den Seitenfehler behebt. Der Mikroprogramm–Zustand ist definiert durch temporäre und für den Programmierer nicht sichtbare Register, wie z.B. dem Mikrobefehlszähler (CMAR in Abschnitt 2.5.2) und Steuer–Latches. Entsprechend muss eine große Menge von Informationen auf dem Stack gespeichert werden. Die Prozessoren von Motorola (M 680X0) benutzen die Continuation–Methode. Nur beim TAS–Befehl, der zur Realisierung von Semaphoren[20] in Multiprozessor– und Multiprograming–Systemen benötigt wird, kann die Continuation–Methode nicht angewandt werden. Seitenfehler beim TAS–Befehl werden mit einem Restart des Befehls behoben.

·· Ein Semaphor (griechisch: *Zeichenträger*) dient als Synchronisationsvariable.

Daten für Ersetzungsalgorithmen

Die MMU speichert und aktualisiert die für die Hauptspeicherzuteilung benötigten Informationen. Hierzu zählen das Reference– und Modified–Bit oder Zähler, die das Referenzierungsalter oder die Referenzierungshäufigkeit eines Segments bzw. einer Seite messen.

Zugriffsrechte und Speicherschutz

Sie sind vor allem in Multitasking und Multiprograming–Systemen notwendig. Anhand von im Deskriptor codierten Zugriffsrechten kann die MMU prüfen, ob die momentane Speicheroperation im betreffenden Speicherbereich zulässig ist. Sobald die Zugriffsrechte verletzt werden, erzeugt die MMU einen Interrupt. Während die Zugriffsrechte durch das Betriebssystem verwaltet werden, muss das Betriebssystem selbst vor unzulässigen Zugriffen geschützt werden. Hierzu bieten die meisten CPUs zwei Betriebsmodi an: normale Befehlsbearbeitung im *User–Modus* und privilegierte Befehlsverarbeitung im *Supervisor–Modus*. Das Betriebsytem läuft im Supervisor–Modus und nur in diesem Modus darf auf Speicherbereiche zugegriffen werden, bei denen das Supervisor–Bit im Deskriptor gesetzt ist. Außerdem unterscheiden diese Prozessoren für jeden der beiden Betriebsmodi einen eigenen Adressbereich (für Programm–Stacks) und es kann für verschiedene Tasks je ein eigener Adressraum bereitgestellt werden.

8.10.6 Caches

Ein Cache ist ein kleiner, sehr schneller Speicher zwischen CPU und Hauptspeicher. Der Cache ist –abgesehen von den prozessorinternen Registern– die schnellste Komponente innerhalb einer Speicherhierarchie. Es ist üblich, das in Abb. 8.34 dargestellte 3–Ebenen System als zwei voneinander unabhängige 2–Ebenen Systeme (M_1, M_2) und (M_2, M_3) zu betrachten. In einem System mit mehreren Prozessoren (CPUs, IOPs) kann jeder Prozessor über einen eigenen Cache verfügen. Man kann general–Purpose und special–Purpose Caches unterscheiden. Für die Speicherverwaltung sind z.B. Address Caches zur Übersetzung von virtuellen zu physikalischen Adressen gebräuchlich (TLB). Auch spezielle Befehls–Caches werden verwendet (z.B. M 68020 und Nachfolger). Sie unterscheiden sich von allgemeinen Caches dadurch, dass ihr Inhalt nicht geändert werden kann. Es findet nur ein unidirektionaler Informationsfluss statt. Caches sind „Lückenfüller" zwischen dem schnellen Prozessor und dem langsameren Hauptspeicher.

Cache versus Hauptspeicher

In älteren Maschinen findet man meist kleine Befehls–Caches. Da die Technik des virtuellen Speichers dem Cache–Prinzip vorausging, konnten — wegen der

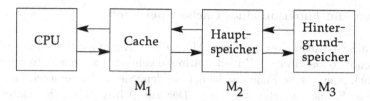

Abb. 8.34. Dreistufige Speicherhierarchie mit Cache

prinzipiellen Ähnlichkeit — viele für virtuelle Speicher entwickelte Verfahren übernommen werden. Obwohl die Entwicklung von Cache–Speichern durch die virtuellen Speicher motiviert wurde, gibt es wichtige Unterschiede zwischen diesen beiden Speicherebenen:

1. Das Verhältnis der Zugriffszeiten $M_1 : M_2$ beträgt etwa 20 und ist nicht so groß wie das Verhältnis zwischen $M_2 : M_3$, das in der Größenordnung von 1000 liegt.

2. Die typische *Blockgröße* bei Caches ist etwa um den Faktor 10–20 kleiner als die übliche Seitengröße im Hauptspeicher.

3. Der Prozessor kann im Allgemeinen sowohl auf M_1 als auch auf M_2 direkt zugreifen. Deshalb werden Caches auch als *Lookaside*–Speicher bezeichnet.

4. Caches werden wegen der hohen Geschwindigkeitsanforderungen ausschließlich durch spezielle Hardware verwaltet. Der Austausch zwischen Hintergrundspeicher und Hauptspeicher wird dagegen hauptsächlich durch das Betriebssystem gesteuert und lediglich durch Hardware–Elemente unterstützt.

Cache–Architekturen

Man kann vier häufig verwendete Cache–Architekturen unterscheiden:

1. off–Chip allgemeiner Cache (Befehle und Daten)

2. on–Chip Befehls–Cache

3. kleinerer on–Chip Cache und größerer off–Chip (allgemeiner) Cache

4. getrennte off–Chip Daten– und Befehlscaches (HARVARD Cache–Architektur)

Allgemein gilt, dass Datencaches weniger effektiv sind als Befehlscaches, da die Lokalität der Referenzierung hier nicht so stark ausgeprägt ist. Die Lokalität kann aber durch „gut" optimierende Compiler verbessert werden.

Die HARVARD Cache–Architektur eliminiert Konflikte zwischen Daten– und Befehlszugriffen und ist besonders vorteilhaft bei Prozessor–Architekturen mit Pipelining. Außerdem wird die (Gesamt–)Cache–Bandbreite erhöht.

Aufbau und Funktion eines Cache–Speichers

Ein Cache speichert eine gewisse Menge von Hauptspeicher–Adressen *und*
dazugehörige Datenworte. Zu jeder Adresse gehören mehrere Datenworte, die
als Block oder *Cache Page* bezeichnet werden. Sie sind wesentlich kleiner als
die Page–Frames im Hauptspeicher. Der zur Adressierung der Datenworte
benutzte Teil der Block–Adresse heißt auch *Adress–Tag*.

Ein Cache arbeitet wie folgt. Von der CPU bzw. der Speicherverwaltungs-
einheit wird eine physikalische Adresse A bereitgestellt. Der Cache vergleicht
den Adress–Tag Teil mit sämtlichen gespeicherten Adress–Tags. Falls er eine
Übereinstimmung findet (Cache–Hit), wird das Datum unter der Adresse A
ausgewählt. Es wird entweder von der CPU gelesen oder verändert. Wenn der
Cache–Inhalt verändert wird, müssen entweder die zugehörigen Adress–Tags
mit dem Attribut „dirty" gekennzeichnet werden, oder der Hauptspeicher wird
grundsätzlich beim Schreiben aktualisiert (write–through). Bevor ein Block
mit dem Attribut „dirty" überschrieben werden darf, muss ein *write–back*[21]
im Hauptspeicher erfolgen. Falls das angeforderte Adress–Tag nicht im Cache
vorliegt, müssen die dazugehörigen Daten aus dem Hauptspeicher nachgeladen werden. Zunächst muss der zu überschreibende Block bestimmt werden (z.B. nach dem LRU–Algorithmus). Gegebenenfalls wird der Inhalt des
auszulagernden Blocks im Hauptspeicher aktualisiert (bei gesetztem „dirty"–
Bit). Nun wird der angeforderte Block nachgeladen. Die Blockgröße wird so
gewählt, dass ein ganzer Block in einem einzigen Hauptspeicherzyklus gelesen
oder geschrieben werden kann. Daraus folgt, dass sich bei einem Cache–Miss
die Zugriffszeit auf den Hauptspeicher maximal verdoppelt. Im günstigsten
Fall (kein copy–back nötig bzw. write–through) ist die Zugriffszeit gleich der
Zykluszeit des Hauptspeichers. Wenn mehrere Prozessoren auf den Hauptspeicher zugreifen, empfiehlt sich die Anwendung des write–through, da damit
das *Cache-Coherence* Problem am einfachsten gelöst wird, und gleichzeitig
die Verzögerungszeiten beim Cache–Miss minimal sind. Bei Cache–Hit Raten
nahe 100% ist natürlich das copy–back günstiger, da der Hauptspeicher nur
selten aktualisiert werden muss.

Demand Fetching versus Prefetching

Jeder Cache unterstützt das demand Fetching, d.h. nicht gecachte Cache–
Blöcke werden nachgeladen. Prefetching nutzt einen Leerlauf des Systembus-
ses, um den Cache mit *voraussichtlich* benötigten Cache–Blöcken zu füllen.
Man unterscheidet zwei Arten des Prefetching:

1. Statisches Prefetching wird von einem optimierenden Compiler gesteuert.

---

[21] oft auch als *copy–back* bezeichnet.

2. Dynamisches Prefetching entspricht einem Lookahead (Vorausschau) von Cache–Blöcken. Sobald eine Referenz auf den Cache–Block mit dem Adress–Tag i erfolgt, wird der Block mit dem Adress–Tag $i+1$ vom Hauptspeicher nachgeladen.

Remote–PC

Ein wichtiges Ziel beim VLSI–Entwurf ist die Reduktion von off–Chip Kommunikation. Bei externem Cache kann man aufgrund der vorhersehbaren Natur des Programmzählers (PC) einen zweiten PC, den *Remote–PC*, im Cache einbauen. Dieser Remote–PC bestimmt den voraussichtlichen Wert des realen PCs und führt ständig ein Prefetch von Befehlen aus. Dieser Ansatz optimiert die Hit–Rate bei sequentiellen Programmabschnitten.

Adressumsetzung

Ein wichtiger Aspekt beim Cache–Entwurf ist die Art und Weise, mit der Hauptspeicher–Adressen in Cache–Adressen umgesetzt werden. Sobald eine physikalische Adresse vorliegt, muss festgestellt werden, ob die zugehörigen Daten im Cache vorhanden sind. Da dies sehr schnell erfolgen muss, empfiehlt sich ein Assoziativspeicher. Er erlaubt es, sämtliche Adress–Tags mit dem Such–Tag gleichzeitig zu vergleichen und im Falle eines Cache–Hit den entsprechenden Block zu selektieren. Mit Hilfe der Wort–Adresse wird dann das gewünschte Datum innerhalb des Blocks adressiert. Das Adress–Tag besteht aus den höherwertigen Bits der physikalischen Adresse.

z.B.
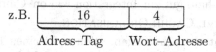

Adress–Tag   Wort–Adresse

Reine Assoziativspeicher sind sehr teuer und haben meist eine geringe Speicherkapazität. Deshalb sucht man nach preiswerten Lösungen, die mit wenig oder aber ganz ohne Assoziativspeicher arbeiten. Im folgenden werden die Möglichkeiten zur Adressumsetzung zusammengefasst.

VOLL ASSOZIATIVE CACHE ORGANISATION. Dies ist die leistungsfähigste aber auch teuerste Art, einen Cache zu verwalten. Jeder Hauptspeicherblock kann jedem Block–Frame zugeordnet werden. Diese Flexibilität erlaubt eine große Vielzahl von Ersetzungsstrategien. Während der Zeitaufwand zur assoziativen Suche nur unwesentlich von der Größe des Suchbereichs abhängt, erhöht sich der Hardware–Aufwand zur Realisierung des Assoziativspeichers proportional zur Zahl der assoziativen Speicherstellen.

EINWEG–ASSOZIATIVE CACHE ORGANISATION. Bei dieser einfachsten Organisationsform eines Cache–Speichers wird ein Hauptspeicherblock i in einen Block–Frame j modulo S abgebildet. S bezeichnet dabei die Anzahl der Block–Frames, die der Cache aufnehmen kann. Die Hauptspeicheradresse besteht aus drei Teilen:

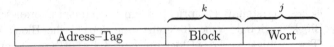

Die Zahl der Speicherworte pro Block beträgt 2^j. Dies gilt sowohl für den Hauptspeicher als auch für den Cache. Eine physikalische Adresse wählt einen aus 2^k Block–Frames aus. Zu jedem Block–Frame ist ein Adress–Tag mitgespeichert, das die höherwertigen Adressbits „gecachter" Hauptspeicherblöcke enthält. Stimmt dieses Tag mit dem Adress–Tag der vorliegenden physikalischen Adresse überein, so kann der Prozessor unmittelbar über die Wortadresse auf die Daten im Cache zugreifen. Bei einem Cache–Miss wird auf den Hauptspeicher zugegriffen, und der angeforderte Block wird nachgeladen. Meist verwendet man 2^j–fach verzahnten Hauptspeicher (interleaved Memory), um in einem Hauptspeicherzyklus nachladen zu können. Der beschriebene Ablauf setzt voraus, dass kein copy–back (bzw. write–through) nötig ist.

Bei direkter Adressumsetzung ist keine Ersetzungs–Strategie erforderlich bzw. möglich, da ein bestimmter Hauptspeicherblock ausschließlich einem Block–Frame zugeordnet werden kann. Es besteht also keine Wahlmöglichkeit. Vorteilhaft ist dabei, dass keine „Buchhaltung" für einen Ersetzungsalgorithmus nötig ist. Wenn aber zwei abwechselnd benötigte Hauptspeicherblöcke auf denselben Block–Frame abgebildet werden, steigt die Cache–Fehlerrate stark an. Die Wahrscheinlichkeit dafür, dass dieser Fall eintritt, ist besonders hoch bei gleichzeitiger Benutzung eines Caches durch mehrere Prozessoren. Vorteilhaft an der direkten Adressumsetzung ist der geringe Hardware–Aufwand. Sie eignet sich deshalb gut zur Integration von on–Chip Caches.

SET–ASSOZIATIVE CACHE ORGANISATION.

Die Set–assoziative Cache Organisation stellt einen Kompromiss zwischen direkter und assoziativer Adressumsetzung dar. M bezeichne die Anzahl der Block–Frames im Cache. Es werden nun S Sets mit jeweils $\frac{M}{S}$ Block–Frames gebildet. Ein Block i aus dem Hauptspeicher kann in irgendeinem Block des Sets $s = i \bmod S$ abgelegt werden. Es gibt verschiedene Möglichkeiten, um eine physikalische Adresse in eine Set–Nummer umzuwandeln. Die einfachste und am häufigsten angewandte Methode decodiert einen Teil der physikalischen Adresse. Die Zahl der möglichen Sets ist dann eine Potenz von 2. Im Gegensatz zur direkten Umsetzung wird ein Set von Block–Frames ausgewählt. In einem dieser Block–Frames ist möglicherweise die adressierte Information enthalten. Die höherwertigen Bits der physikalischen Adresse werden nun assoziativ mit den Tags des ausgewählten Sets verglichen. Falls die assoziative Suche erfolgreich war (Cache–Hit), wird der betreffende Block–Frame selektiert und mit den niederwertigen Bits der physikalischen Adresse das gewünschte Speicherwort ausgewählt. Durch die beschriebene Vorgehensweise wird der Aufwand gegenüber vollständiger, assoziativer Adressumsetzung verringert, da nicht mehr soviele und dazu noch kürzere Adress–Tags untersucht werden müssen. Es werden also gleichzeitig die Vorteile assoziativer Adressumsetzung beibehalten bzw. die Nachteile direkter Adressumsetzung aufgehoben.

Die Anzahl E der Block–Frames pro Set und die Anzahl S der Sets stellen Entwurfsparameter dar. Durch E wird der Aufwand für die assoziative Suche bestimmt. Die Set–assoziative Organisation des Caches erlaubt die überlappende Ausführung von zwei Operationen:

1. Auswahl eines Set s und Auslesen der E Adress–Tags, der darin enthaltenen Block–Frames (Cache lookup)
2. Adressumsetzung der logischen Adresse in eine physikalische Adresse mit Hilfe eines TLB

Die virtuelle Adresse kann dabei wie folgt aufgebaut sein:

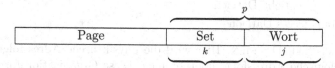

Ein Block–Frame enthält 2^j Speicherworte und es gibt $S = 2^k$ Sets. Damit die oben angeführten Operationen gleichzeitig durchgeführt werden können, muss die Größe der 2^p Page–Frames größer oder gleich 2^{k+j} sein. Die Auswahl bestimmter Werte für S und E bestimmt die Fehlerrate beim Cache–Zugriff. Obwohl unter bestimmten Voraussetzungen ein theoretischer Vergleich zwischen voll assoziativer und Set–assoziativer Cache Organisation möglich ist [*Smith*, 1982], kann ein Entwurf nur bei typischer Arbeitslast oder mit Hilfe von Simulationen bewertet werden. In der Praxis zeigte sich, dass eine 2 bis 16–fache Set–assoziative Cache Organisation ähnlich leistungsfähig ist wie eine voll assoziative Adressumsetzung.

Wenn nur 1 Set vorhanden ist, liegt direkte Adressumsetzung vor. Wenn S gleich der Kapazität des Caches ist, liegt eine voll assoziative Cache–Organisation vor. Dazwischen liegt irgendwo das Optimum zwischen Hardware–Aufwand und Nutzen.

8.10.7 Datei–Organisation

Zum Schluss dieses Kapitels wollen wir untersuchen wie Informationen auf dem Hintergrundspeicher abgelegt werden. Als Strukturelement werden Dateien (Files) benutzt, die mit einem Namen referenziert werden können. Kennzeichen von Massenspeichern sind hohe Speicherkapazitäten und große Zugriffszeiten (wegen sequentiellem Zugriff). Man muss daher die Dateien sorgfältig organisieren, um effizient auf die gespeicherten Informationen zugreifen zu können. Wie beim Paging basieren Dateisysteme auf elementaren Speichereinheiten, die beliebig auf dem Hintergrundspeicher (Festplatte) verteilt werden können. Oft sind die benutzten Blockgrößen mit der Speicherkapazität eines Sektors identisch. Wie wir gesehen haben erhält jeder physikalische Sektor beim Formatieren eine logische Sektor–Nummer. Eine Datei besteht dann einfach aus der Liste von logischen Sektoren, die in einem Verzeichnis zusammen mit dem Dateinamen gespeichert werden. Beim Zugriff auf eine Datei dienen die logischen Sektornummern als Zugriffs–Schlüssel. Auf einer Festplatte werden neben den einzelnen Speicherblöcken auch die Verzeichnisse abgelegt. Es gibt nun verschiedene Möglichkeiten die Zugriffs–Schlüssel den physikalischen Adressen aus Zylinder- und Kopfnummer zuzuordnen und die Verzeichnisse zu speichern. Wir unterscheiden drei Arten von Dateien:

1. Sequentielle Dateien
2. Index–sequentielle Dateien
3. Random–access Dateien

SEQUENTIELLE DATEIEN. Hier wird die physikalische Adressfolge weitgehend als logische Adressfolge übernommen. Diese Organisationsform ist vor allem dann günstig, wenn die gespeicherten Informationen auch in dieser Reihenfolge bearbeitet werden können. Sie hat jedoch den Nachteil, dass das Einfügen und Löschen neuer Daten aufwendig ist und dass kein wahlfreier Zugriff möglich ist.

INDEX–SEQUENTIELLE DATEIEN. Charakteristisch für diese Organisationsform ist die Verwendung von Verzeichnissen, die einen schnellen semi–random Zugriff erlauben. Im einfachsten Fall wird aus *einem* Verzeichnis für jeden Zugriffs–Schlüssel sofort die Festplatte, der Zylinder und die Spur ermittelt. Wenn viele Zugriffs–Schlüssel gespeichert sind, erfordert die Arbeit mit *einem* Verzeichnis viel Zeit und Speicherplatz. In diesem Fall ist es günstiger, eine Hierarchie von Verzeichnissen zu verwenden, die jeweils auf einen Teil der physikalischen Adresse verweisen. Dadurch wird Speicherplatz gespart und die Zugriffszeit verringert. Ein Platten–Verzeichnis enthält Einträge mit den Zugriffs–Schlüsseln der dort gespeicherten Blöcke. Ähnlich gibt es für jeden Zylinder und jede Spur entsprechende Verzeichnisse. Die verschiedenen Verzeichnisse werden im Allgemeinen an den physikalischen Adressen, die sie definieren, abgelegt. Zur Verarbeitung werden die einzelnen Verzeichnisse bzw. Spuren in den Hauptspeicher geladen, „abgesucht" und eventuell verändert zurückgeschrieben.

RANDOM–ACCESS DATEIEN. Random–access Dateien kommen ohne Verzeichnisse aus, da die physikalische Adresse *berechnet* wird. Es gibt zwei Hauptmethoden:

1. Compression: Die Compression wird vor allem bei nichtnumerischen Zugriffs–Schlüsseln angewandt. Meist wird einfach ein Teil des Schlüssels abgeschnitten und daraus eine physikalische Spuradresse berechnet.

2. Hashing: Der Zugriffs–Schlüssel ist eine Zahl, die mit einer arithmetischen
   Funktion, der *Hash Function*, in die physikalische (Spur–)Adresse umgewandelt wird. Ziel ist es, eine Funktion zu finden, welche die Zugriffs–
   Schlüssel möglichst gleichmäßig auf die vorhandenen (Spur–)Adressen verteilt. Speicherblöcke, die die gleiche Adresse erhalten, werden hintereinander auf einer Spur abgelegt. Die Daten stehen somit verstreut und unsor-
   tiert auf den Spuren. Beim Zugriff auf die Platte in geordneter Reihenfolge
   muss ständig zwischen den einzelnen Zylindern und Spuren hin und her-
   geschaltet werden.

9. Ein–/Ausgabe und Peripheriegeräte

Die Ein–/Ausgabe ist notwendig, um eine Verbindung zwischen einem Computer und seiner Umwelt herzustellen. Zur Umwelt zählen Massenspeicher, andere Computer, Produktionsprozesse und natürlich der Mensch. Zum Anschluss von Peripheriegeräten müssen Schnittstellen am Computer vorgesehen werden. Hierbei kann man zwischen digitalen und analogen Schnittstellen unterscheiden. Wir werden im Folgenden die grundlegenden Prinzipien paralleler und serieller Ein–/Ausgabe Bausteine als Vertreter digitaler Schnittstellen behandeln. Da bei der Ein–/Ausgabe oft genaue Zeitbedingungen eingehalten werden müssen, wird auch kurz auf die Zeitgeber (Timer) eingegangen. Bei den analogen Schnittstellen beschränken wir uns auf direkte Umsetzverfahren, die (ohne weitere Zwischengrößen) digital dargestellte Zahlen in entsprechende Spannungen umsetzen (Digital–/Analog Umsetzer) bzw. in der umgekehrten Richtung arbeiten (Analog–/Digital Umsetzer). An Peripheriegeräten wurden diejenigen ausgewählt, mit denen ein Anwender eines Arbeitsplatzrechners am häufigsten konfrontiert wird: Tastatur, Maus, Scanner, Digitalkamera, LCD–Bildschirm und Drucker. Die Funktionsprinzipien dieser Peripheriegeräte werden erläutert und anhand von Abbildungen verdeutlicht.

9.1 Parallele Ein–/Ausgabe

Eine einfache bitweise Ein– oder Ausgabe (E/A) erfolgt mit Latches, deren Takteingänge parallelgeschaltet sind. Abb. 9.1 zeigt eine 8–Bit Latch–Zeile mit nachgeschalteten TriState–Treibern. Die Ausgänge DO_0 bis DO_7 können über $ENABLE = 0$ in den hochohmigen Zustand gebracht werden. Wenn die Latch–Zeile als Eingabe–Baustein benutzt werden soll, werden die Ausgänge direkt auf den Datenbus geschaltet. Solange das $CLOCK$–Signal auf 1 liegt, folgen die Ausgänge den Dateneingängen. Die Speicherung der Eingabedaten erfolgt, wenn $CLOCK$ auf 0 geht. Das $ENABLE$–Signal muss von der Adressdecodierlogik erzeugt werden. Es aktiviert die Datenausgänge nur dann, wenn die Bausteinadresse anliegt. Das in den Latches zwischengespeicherte Datum wird über den Datenbus[1] vom Prozessor gelesen. An die Eingänge

---

· bei 32–Bit Prozessoren wird nur das niederwertige Byte gelesen.

DI_0 bis DI_7 können beispielsweise binäre Sensoren, wie Endschalter und Tasten oder Analog–/Digital Umsetzer zur Erfassung analoger Spannungen angeschlossen werden.

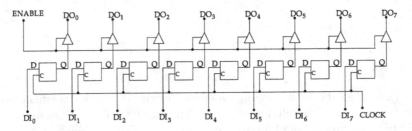

Abb. 9.1. Aufbau eines einfachen digitalen Bausteins zur byteweisen Eingabe oder Ausgabe.

Soll die Latch–Zeile als Ausgabebaustein benutzt werden, so müssen die Eingänge DI_0 bis DI_7 mit dem Datenbus (oder einem Teil davon) verbunden werden. Der *ENABLE*–Steuereingang kann in diesem Fall permanent aktiviert sein. Die Ausgänge DO_0 bis DO_7 dienen beispielsweise zum Schalten von Motoren, Anzeigen oder D/A–Umsetzern. Wegen der Treiberstufen steht ein Ausgangsstrom von etwa 10...30 mA zur Verfügung.

Durch zusätzliche Steuerlogik bzw. –signale wird der Betrieb des Bausteins vereinfacht. Ein Flipflop zur Speicherung von Interrupt–Anforderungen ermöglicht eine schnelle interrupt–gesteuerte Eingabe. Es zeigt an, dass die Daten in den Latches verarbeitet werden sollen. Mit diesem Signal kann auch ein Ausgabegerät synchronisiert werden.

Die in der Praxis eingesetzten parallelen E/A–Bausteine verfügen meist über mehrere 8–Bit *Ports*. Dies hat den Vorteil, dass die Verbindung zum Datenbus nur einmal hergestellt werden muss. Durch eine mikroprogrammierte Steuerlogik (Mikrocontroller) wird es möglich, den Baustein zu programmieren, indem Befehlsworte in ein *COMMAND*–Register geschrieben werden. Der Anwender kann bei der Initialisierung bestimmen, welche Ports zur Eingabe und welche Ports zur Ausgabe dienen. Bei manchen Bausteinen können die Ports auch bidirektional betrieben werden. Die dazu benötigten Steuersignale sind dann auf den Leitungen eines anderen Ports definiert. Parallele Datentransfers und die interrupt–gesteuerte Ein–/Ausgabe werden durch interne Anforderungs–Flipflops unterstützt. Sie zeigen an, dass auf einem Port Daten bereitstehen. Durch Quittungssignale werden diese Flipflops vom jeweiligen Kommunikationspartner zurückgesetzt. Dadurch wird eine schnelle, asynchrone Datenübertragung ermöglicht und der Prozessor wird entlastet.

Mit programmierbaren, parallelen E/A–Bausteinen können die unterschiedlichsten Peripheriegeräte an einen Computer angeschlossen werden. Über entsprechende Treiberprogramme ist es z.B. möglich, sogar Floppy–Disk Laufwerke an solchen Schnittstellen zu betreiben. Da es hierfür jedoch spezielle Controller–Bausteine gibt, sollte man den Prozessor nicht mit solchen (zeitkritischen) Aufgaben belasten. Das Gleiche gilt für die Steuerung von Tastaturen, LED– bzw. Flüssigkristallanzeigen oder Monitoren. Parallele E/A–Bausteine eignen sich vor allem zum Anschluss von Druckern, Digital–/Analog– bzw. Analog–/Digital Umsetzern oder zur Steuerung von Maschinen.

9.2 Serielle Ein–/Ausgabe

Bei der seriellen Datenübertragung werden die einzelnen Bits zeitlich nacheinander über *eine* Leitung geschickt. Dadurch können die Hardwarekosten gesenkt werden, insbesondere dann, wenn große Entfernungen zu überbrücken sind (vgl. auch Kapitel 7). Eine bidirektionale Verbindung zwischen zwei Computern kann schon mit 3 Leitungen realisiert werden. Neben Sende– und Empfangsleitung wird nur noch eine gemeinsame Masse benötigt. Da hier die Zahl der Leitungen gegenüber der parallelen Übertragung drastisch reduziert wird, steigt auch die Zuverlässigkeit (Leitungsschäden, Steckverbinder). Zusätzliche Handshake–Leitungen erlauben dem Empfänger, den Sender zu stoppen, wenn er die Daten nicht schnell genug verarbeiten kann. Den genannten Vorteilen der seriellen Übertragung steht der erhöhte Zeitbedarf gegenüber.

Peripheriebausteine für die serielle Datenübertragung müssen die parallel anliegenden Sendedaten serialisieren und umgekehrt die empfangenen Bits parallelisieren. Hierzu werden Schieberegister verwendet. In den Bitstrom müssen Zusatzinformationen eingefügt werden, die den Anfang und das Ende der Nutzdaten markieren. Durch diese Rahmenbildung ist der Empfänger in der Lage, aus der ankommenden Bitfolge das gesendete Datum eindeutig zu rekonstruieren bzw. Fehler zu erkennen. Die Rahmenbildung erfolgt beim Asynchronbetrieb durch zusätzliche Bits und beim Synchronbetrieb durch bestimmte SYNC–Worte. Diese Zusatzinformation wird am Sender eingefügt und empfangsseitig wieder entfernt. Ein serieller Ein–/Ausgabe–Baustein kann diese Aufgaben von Sender und Empfänger übernehmen und dadurch den Prozessor entlasten. Gebräuchliche Bausteine unterstützen meist den gleichzeitigen Betrieb von Sender– und Empfängerteil (Vollduplex).

9.2.1 Asynchronbetrieb

Bei der *asynchronen* seriellen Übertragung arbeiten Sender und Empfänger mit getrennten Taktgeneratoren. Da beide Taktsignale nur annähernd die gleiche Frequenz haben, muss sich der Taktgenerator des Empfängers in regelmäßigen Zeitabständen mit dem Sendetakt synchronisieren. Der Empfängertakt dient zum Abtasten der Empfangsleitung, die mit der Sendeleitung der anderen Station verbunden wird. Die zu übertragenden Datenbytes werden mit einem Start–Bit und zwei[2] Stopp–Bits versehen (Abb. 9.2). Jedes Bit

---

· manchmal wird nur 1 Stopp–Bit verwendet.

hat eine genau definierte Schrittweite, d.h. zur Übertragung steht für jedes Bit ein Zeitfenster bereit. Der Kehrwert dieser Zeit ist die sogenannte *Baudrate*, sie entspricht der Sollfrequenz der Taktgeneratoren.

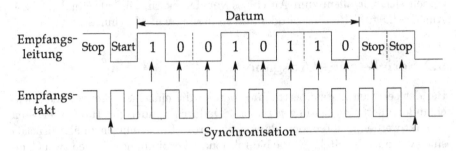

Abb. 9.2. Asynchrones Übertragungsformat mit 1 Start–Bit, 8 Daten–Bits und 2 Stopp–Bits

Der Empfangstakt wird mit der $1 \rightarrow 0$ Flanke des Start–Bits synchronisiert. Danach prüft der Peripheriebaustein, ob die Datenbits — wie im Übertragungsformat vereinbart — durch ein Start–Bit und zwei Stopp–Bits eingerahmt werden. Wenn er statt eines Stopp–Bits ein 0–Bit erkennt, so interpretiert er den nächsten $1 \rightarrow 0$ Übergang als Start–Bit und meldet einen Rahmenfehler (Framing Error). Auf diese Weise kann der Empfänger zu jedem beliebigen Zeitpunkt eingeschaltet werden, er synchronisiert sich nach einigen Fehlversuchen automatisch auf das richtige Start–Bit. Die beiden Taktgeneratoren müssen nur annähernd mit der gleichen Taktfrequenz schwingen. Eine fehlerfreie Datenübertragung mit dem oben angegebenen Format ist gewährleistet, solange der Empfangstakt folgende Bedingung erfüllt:

$$10,5 \cdot Sendetakte < 11 \cdot Empfangstakte < 11,5 \cdot Sendetakte$$

Die Steuerung des Empfängers erkennt drei Arten von Übertragungsfehlern:

1. Paritätsfehler (Parity Error)
2. Rahmenfehler (Framing Error)
3. Überlauf (Overrun Error)

Paritätsfehler können Einfachfehler in der Datenübertragung erkennen (vgl. Kapitel 7). Wenn die Paritätsprüfung aktiviert ist, wird das Paritätsbit einfach an das zu übertragende Datum angehängt. Es steht also unmittelbar vor den Stopp–Bits. Rahmenfehler treten nur im Asynchronbetrieb auf. Statt eines im Format definierten Stopp–Bits wurde vom Empfänger ein 0–Bit abgetastet. Ein Überlauf tritt auf, wenn der Prozessor die im Empfänger ankommenden Daten nicht schnell genug abnimmt. Zur Pufferung wird oft nur ein einziges

Register oder ein FIFO mit geringer Speicherkapazität (z.B. 8 Bytes) verwendet.

Siehe Übungsbuch
Seite 62, Aufgabe 93:
Asynchrone Übertragung

9.2.2 Synchronbetrieb

Zum Synchronbetrieb müssen eines oder mehrere Synchronisationsworte definiert werden, die den Anfang eines größeren Datenblocks markieren. Der Sender streut diese Synchronisationsworte in den Datenstrom ein. Da zwischen zwei SYNC–Worten nur die reinen Nutzdaten (eventuell mit Paritätsbits) übertragen werden, ist die effektive Datenrate wesentlich höher als beim Asynchronbetrieb. Gegenüber dem in Abb. 9.3 benutzten asynchronen Übertragungsformat werden 3 Bit pro Byte eingespart. Das bedeutet, dass bei gleicher Baudrate etwa die 1,4–fache Datenrate erreicht wird (SYNC–Worte sind dabei nicht berücksichtigt). Im Empfänger werden die SYNC–Worte erkannt und zur Adjustierung der Abtastimpulse benutzt. Die Taktgeneratoren von Sender und Empfänger werden mit jedem SYNC–Zeichen neu synchronisiert. Nachteilig bei Synchronbetrieb ist, dass keine Binärdaten übertragen werden können, da sie möglicherweise die SYNC–Worte enthalten. Abhilfe schaffen Ausweichzeichen, die anzeigen, dass das (die) nachfolgende(n) Zeichen nicht als SYNC–Wort(e) interpretiert werden soll(en).

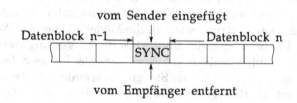

Abb. 9.3. Synchronbetrieb eines seriellen E/A–Bausteins

Neben der Verwendung von SYNC–Worten gibt es auch die Möglichkeit der *externen* Synchronisation. Hier wird aber eine zusätzliche Leitung benötigt, über die dem Ein–/Ausgabe–Baustein signalisiert wird, wann ein neues Datenwort beginnt. Ein Beispiel für einen programmierbaren seriellen Ein–/Ausgabe–Baustein, der sowohl Asynchron– als auch Synchronbetrieb unterstützt, ist der Intel 8251.

9.3 Zeitgeber (Timer)

Zeitgeber enthalten programmierbare Zähler, die zur Erzeugung genau bestimmbarer Verzögerungszeiten dienen. Sie stellen die Zeitbasis eines Computersystems dar und werden vorwiegend vom Betriebssystem benutzt. Insbesondere in Echtzeit–Systemen sind sie unverzichtbar [*Zöbel*, 1986]. Zeitgeber–Bausteine, wie z.B. der Intel 8253, enthalten meist mehrere Zähler, die einzeln oder in Kombination genutzt werden können. Nachdem ein Zähler mit einem bestimmten Wert geladen wurde, zählt er mit dem extern zugeführten Taktsignal abwärts. Sobald der Zählerstand Null erreicht ist, löst der Baustein ein Ende–Signal aus, das zur Erzeugung eines Interrupts verwendet werden kann. Neben dieser Hauptanwendung gibt es noch besondere Betriebsarten wie z.B. die Verwendung als Rechteckgenerator, Ereigniszähler, digitales Monoflop oder Frequenzteiler. Auch in den o.g. seriellen E/A–Bausteinen werden Zeitgeber–Schaltungen zur programmierten Aufbereitung der Taktsignale benutzt.

9.4 Analoge Ein–/Ausgabe

Die in unserer Umwelt auftretenden physikalischen Größen (wie z.B. Temperatur, Druck, Kraft, usw.) haben im Allgemeinen *analogen* Charakter. Bevor solche Größen mit einem Computer verarbeitet werden können, müssen sie durch geeignete Sensoren in elektrische Ströme oder Spannungen umgeformt werden, die dann mit einem *Analog–/Digital Umsetzer* (A/D) in eine digitale Darstellung überführt werden. Diese Art der Messwerterfassung ist besonders wichtig, wenn man die Daten von vielen Messstellen oder Zeitreihen mit einem Computer verarbeiten oder analysieren möchte. Hierfür gibt es ein breites Anwendungsspektrum, wie z.B. die Modellbildung zur Wettervorhersage oder im Umweltschutz, die automatisierte Auswertung von Biosignalen in der Medizintechnik oder die Regelung industrieller Prozesse. Im letzten Fall ist auch eine analoge Ausgabe von Stellgrößen erforderlich, die sich über die Regelstrecke auf die Regelgröße auswirken. Mit Hilfe eines *Digital–/Analog Umsetzers* (D/A) können Integer–Werte in elektrische Ströme oder Spannungen umgewandelt werden, die dann geeignete Stellglieder ansteuern. Da viele A/D–Umsetzer auf D/A–Umsetzern basieren, wollen wir deren Aufbau und Funktionsweise zuerst behandeln.

9.4.1 D/A–Umsetzer

Es können zwei grundlegende Umsetzverfahren unterschieden werden. Die *direkte* und die *indirekte* Umsetzung. Beim ersten Verfahren wird der in einem gewichteten[3] Code vorliegende Digitalwert entweder parallel oder seriell in

---

· Ungewichtete Codes wie z.B. der GRAY–Code sind ungeeignet.

eine entsprechende Spannung umgesetzt. Bei der indirekten Umsetzung wird zunächst eine digital leicht erzeugbare Zwischengröße gebildet, die dem Codewort proportional ist. Beispiele hierfür sind die Frequenz oder die Tastzeiten eines Rechtecksignals. Die Zwischengröße kann beispielsweise mit einem programmierbaren Zeitgeber erzeugt werden. Sie wird anschließend mit einer Schaltung in Analogtechnik (z.B. Tiefpass) in eine Spannung umgeformt. Eine ausführliche Behandlung indirekter Umsetzverfahren findet man in [*Schrüfer*, 1984]. Im folgenden sollen nur die direkten Umsetzverfahren näher beschrieben werden.

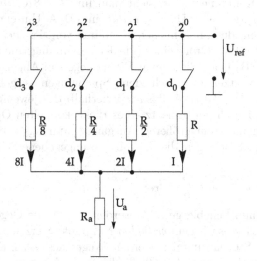

Abb. 9.4. 4–Bit D/A–Umsetzer mit abgestuften Widerstandswerten.

D/A–Umsetzer mit gestuften Widerständen

In Abb. 9.4 ist ein einfacher 4–Bit D/A–Umsetzer mit gestuften Widerständen dargestellt. Wenn die Ausgangsspannung U_a klein ist gegenüber der Referenzspannung U_{ref}, so sind die Ströme, die über die einzelnen „Stellen"–Widerstände in den gemeinsamen Widerstand R_a eingespeist werden, proportional zum jeweiligen Stellengewicht. Die Schalter werden elektronisch realisiert (z.B. CMOS–Transmission–Gates) und können vom Prozessor über einen parallelen E/A–Baustein angesteuert werden. Der Ausgangs–Widerstand R_a summiert die Stromanteile aus den einzelnen Stellen auf und liefert als Spannungsabfall die Ausgangsspannung U_a, für die gilt:

$$U_a = R_a \cdot \frac{U_{ref}}{R_a + \frac{R}{D}}$$

mit $D = d_3 \cdot 2^3 + d_2 \cdot 2^2 + d_1 \cdot 2 + d_0$

$$\text{falls } R_a \ll \frac{R}{D} \text{ folgt}$$

$$U_a \approx D \cdot \frac{R_a}{R} \cdot U_{ref}$$

Wir erkennen, dass unter der angegebenen Bedingung die Ausgangsspannung zu dem binär codierten 4–Bit Wert D proportional ist. Gleichzeitig ist aber der Ausgangsspannungsbereich sehr gering, da U_{ref} mit $\frac{R_a}{R}$ skaliert wird. In Abb. 9.5 wurden zwei Kennlinien für unterschiedliche Werte von R bei festem $R_a = 1K\Omega$ und $U_{ref} = 10\,V$ berechnet und dargestellt. Während sich für $R = 80K\Omega$ eine fast ideale Kennlinie ergibt, sieht man für $R = 8K\Omega$ eine deutliche Abweichung von der Idealform. Die *Linearität* eines D/A–Umsetzers gibt die maximale Abweichung der tatsächlichen Kennlinie von der idealen Kennlinie an. Der Wert wird auf die Größe einer (idealen) Spannungstufe bezogen und mit der Einheit LSB (Least Significant Bit) angegeben. Allgemein gilt, dass ein n–Bit D/A–Umsetzer 2^n verschiedene Spannungen ausgeben kann. Der Kehrwert 2^{-n} ist die *relative* Auflösung innerhalb des jeweiligen Ausgangsspannungsbereichs. Durch den Einsatz eines rückgekoppelten Operationsverstärkers kann auch in einem größeren Ausgangsspannungsbereich eine hohe Linearität erreicht werden. Für die in Abb. 9.6 angegebene Schaltung gilt:

$$U_a = -D \cdot \frac{R_a}{R} \cdot U_{ref}$$

d.h. das Verhältnis $\frac{R_a}{R}$ darf nun beliebig gewählt werden. Durch die Gegenkopplung des Operationsverstärkers wird ein *virtueller* Nullpunkt S erzeugt, in dem die Ströme der einzelnen Stellen summiert werden. Wegen des hohen Eingangswiderstands eines Operationsverstärkers fließt der Summenstrom über R_a ab und erzeugt die (negative) Ausgangsspannung U_a. Die Umschalter auf Masse sorgen dafür, dass die Referenzspannungsquelle immer mit dem gleichen Widerstand belastet wird. Dadurch ergibt sich eine höhere Spannungsstabilität.

Die Linearität des gezeigten D/A–Umsetzers hängt im Wesentlichen von der Genauigkeit der Widerstandswerte der einzelnen Stellen ab. Fordert man, dass die Linearität mindestens $\pm\frac{1}{2}$ LSB betragen soll, so ist die Kennlinie mit Sicherheit *monoton*. Bei Erhöhung von D vergrößert sich in jedem Fall auch die Ausgangsspannung. Um diese Anforderung zu erfüllen, darf die Toleranz in der j–ten Stelle nicht größer als $1/2^{j+1}$ sein[4]. Das würde z.B. für einen 8–Bit D/A–Umsetzer bedeuten, dass der Präzisionswiderstand der höchstwertigen Stelle eine Toleranz von maximal 0,4% haben dürfte. Dabei sind andere Fehlerquellen, wie z.B. Spannungsabfälle an den Schaltern oder der Offsetstrom beim Operationsverstärker noch nicht berücksichtigt. Außerdem ist der große Variationsbereich der Widerstände problematisch. Wenn z.B. der Widerstand

---

· Auf die Herleitung wird aus Platzgründen verzichtet.

in der höchsten Stelle den Wert 1 KΩ hat, so muss er bei einem 8–Bit D/A–
Umsetzer in der nullten Stelle 128 KΩ betragen. In der Praxis werden deshalb
vorwiegend D/A–Umsetzer mit einem R–2R Leiternetzwerk verwendet.

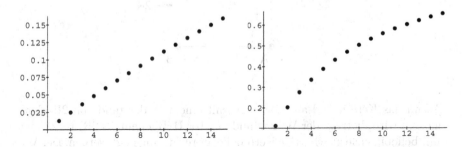

Abb. 9.5. Vergleich der Kennlinien zweier 4–Bit D/A–Umsetzer mit abgestuften
Widerständen (R_a=1 KΩ, $U_{ref} = 10V$; links R=80 KΩ; rechts: R=8 KΩ). In beiden
Kennlinien ist die Spannung U_a in V über dem dezimalen Eingabewert abgetragen.

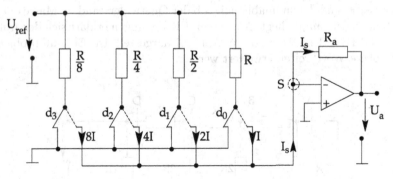

Abb. 9.6. Aufbau eines 4–Bit D/A–Umsetzers mit abgestuften Widerstandswerten
und Operationsverstärker

D/A–Umsetzer mit R–2R Leiternetzwerk

Ein R–2R D/A–Umsetzer benutzt nur zwei verschiedene Widerstandswerte
und basiert auf fortgesetzter Spannungsteilung. Obwohl die Zahl der benötigten Präzisionswiderstände doppelt so groß ist wie beim D/A–Umsetzer mit
gestuften Widerständen, läßt sich der R–2R D/A–Umsetzer wesentlich leichter herstellen. Das Grundelement des Leiternetzwerks ist ein belasteter Span-
nungsteiler:

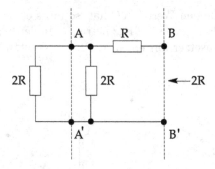

Wenn das Kettenglied am Tor A–A' mit einem Widerstand von 2R abgeschlossen wird, beträgt der Widerstand am Tor B–B' ebenfalls 2R. Es können somit beliebig viele gleichartige Kettenglieder rechts angefügt werden. Der Widerstand, den man am äußerst rechten Tor „sieht", beträgt immer 2R. Speist man am offenen Torpunkt B die Referenzspannung[5] über einen weiteren Widerstand ein, der ebenfalls den Wert 2R hat, so wird diese halbiert, d.h. am Anschluss B liegt $U_{ref}/2$. Da der Innenwiderstand einer idealen Spannungsquelle Null ist, kann der Querwiderstand des nächsten Kettenglieds (Wert 2R) zur Einspeisung der Referenzspannung benutzt werden. Die Widerstandsverhältnisse sind davon unabhängig, ob der Querwiderstand an Masse oder an der Referenzspannung liegt. Aus diesen Überlegungen erklärt sich der Aufbau des R–2R D/A–Umsetzers, der in Abb. 9.7 dargestellt ist. Er kann problemlos auf größere Wortbreiten erweitert werden.

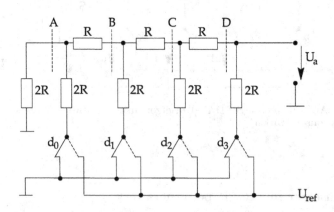

Abb. 9.7. Aufbau eines R–2R D/A–Umsetzers für eine Wortbreite von 4–Bit.

Der Einfluss der einzelnen Bitpositionen auf die Ausgangsspannung U_a kann isoliert betrachtet werden, da es sich um eine lineare Schaltung handelt. Die

---

⁕ mit Nullpunkt an B'.

gesamte Ausgangsspannung ergibt sich dann aus der Überlagerung der Teil-spannungen der jeweiligen Bits (Superpositionsprinzip). Wie wir bereits gese-hen haben, stellt sich für $d_3 = 1$ und $d_2 = d_1 = d_0 = 0$ die Ausgangsspannung $U_a = U_{ref}/2$ ein. Für alle anderen Bits erhält man die Ausgangsspannung nach der Methode der Ersatzspannungsquelle. Ihr Innenwiderstand beträgt stets R. Wenn das Bit $d_2 = 1$ ist und $d_0 = d_1 = d_3 = 0$, so kann die Schaltung nach Abb. 9.7 wie folgt vereinfacht werden:

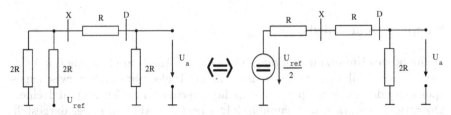

Die Teilschaltung links der Trennstelle X kann durch eine Spannungsquelle mit dem Innenwiderstand R und der Leerlaufspannung $\frac{U_{ref}}{2}$ ersetzt werden. Der durch d_2 bewirkte Spannungsanteil von U_a ist also $U_{ref}/4$. Ähnliche Über-legungen können für alle anderen Bitpositionen angestellt werden. Allgemein gilt

$$U_a(d_j) = \frac{U_{ref}}{2^{n-j}}$$

wobei n die Wortbreite des D/A–Umsetzers bezeichnet. Für unser Beispiel liefert die Überlagerung aller Teilspannungen:

$$U_a(D) = U_{ref}(\frac{d_0}{2^4} + \frac{d_1}{2^3} + \frac{d_2}{2^2} + \frac{d_3}{2})$$

$$= \frac{U_{ref}}{2^4} \cdot (d_0 + 2d_1 + 4d_2 + 8d_3)$$

$$= \frac{U_{ref}}{2^4} \cdot D$$

Wir sehen, dass der Ausgangsspannungsbereich des hier vorgestellten R–2R D/A–Umsetzers die gesamte Referenzspannung umfaßt. Wegen seiner re-gelmäßigen Struktur läßt sich ein R–2R D/A–Umsetzer gut integrieren (meist in Verbindung mit CMOS–Transmissions–Gates).

9.4.2 A/D–Umsetzer

Ziel der Analog–/Digital–Umsetzung ist es, eine Spannung U_x in eine da-zu proportionale Zahl D umzuwandeln. Häufig sollen Zeitsignale digitalisiert werden. Der umzusetzende Spannungswert muss dann zu einem bestimmten Zeitpunkt abgetastet und „eingefroren" werden. Diese Aufgabe übernimmt ein sogenanntes Sample–and–Hold Glied (S&H–Glied). Wie bei den D/A–Umsetzern kann man *direkte* und *indirekte* Umsetzverfahren unterscheiden.

Indirekte Verfahren benutzen Impulszeiten oder Frequenzen als Zwischengrößen, die mit digitalen Verfahren leicht messbar sind. Direkte Verfahren erreichen jedoch eine höhere Genauigkeit und sind schneller. Einen guten Kompromiss zwischen Aufwand und Leistung bieten direkte Verfahren, die einen D/A–Umsetzer zum Testen von Schätzwerten benutzen. Wir wollen uns hier auf diese Umsetzverfahren beschränken. Zuvor wird jedoch kurz auf zwei benötigte Hilfsbausteine eingegangen.

Sample & Hold–Glied

Während des Umsetzungsvorgangs muss die Spannung am Eingang des A/D–Umsetzers stabil sein. Sie wird mit einem *Analogwertspeicher* zwischengespeichert, der im Prinzip aus einem hochwertigen Kondensator und einem Operationsverstärker als Spannungsfolger besteht (Abb. 9.8). Der dargestellte Schalter ist elektronisch realisiert (z.B. CMOS–Transmission–Gate) und dient zur Umschaltung zwischen Einspeichern und Halten des Analogwertes. Der Widerstand soll den von Null verschiedenen Durchgangswiderstand des Schalttransistors andeuten.

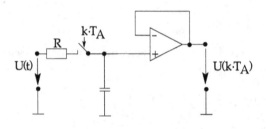

Abb. 9.8. Schaltung eines S· H–Gliedes. T_A bezeichnet die Periodendauer des Abtastsignals

   Wenn der Schalter geschlossen ist, wird nach einer von der RC–Kombination abhängigen Einschwingzeit, die Spannung über den Kondensator dem Eingangssignal folgen. Sobald der Schalter geöffnet wird, bleibt der zu diesem Zeitpunkt bestehende Spannungswert im Kondensator gespeichert. Um eine möglichst lange Haltezeit zu erzielen, muss ein verlustarmer Kondensator und ein hoher Eingangswiderstand am Operationsverstärker (geringe Leckströme) vorliegen. Der Operationsverstärker hat die Verstärkung 1, d.h. die Ausgangsspannung entspricht der Kondensatorspannung.

   Die Wahl der Kondensatorkapazität stellt einen Kompromiss dar: Einerseits soll sie groß sein, damit die abgetastete Spannung trotz der Verluste in Kondensator und Operationsverstärker möglichst lange gehalten wird. Der Haltespannungsabfall während der Umsetzzeit soll möglichst gering sein. Andererseits ist die Einschwingzeit proportional zur Zeitkonstanten RC. Da der Widerstand R durch die Eigenschaften der verwendeten Transistoren bestimmt ist (typische Werte ca. 50–100 Ω), muss die Kapazität verkleinert werden, um eine geringe Einschwingzeit zu erhalten. Die Zeitkonstante RC bestimmt die

Anstiegsrate (Slew Rate), die sich aus der zeitlichen Ableitung der Kondensatorspannung u_C bei einer sprunghaften Änderung Δu_e der Eingangsspannung ergibt:

$$\frac{du_c(t)}{dt}\bigg|_{t_0} = \frac{d}{dt}\left(u_c(t_0) + \Delta u_e(1 - e^{-\frac{t}{RC}})\right) = \frac{\Delta u_e}{RC}$$

Der typische Wert für die Kapazität des Speicherkondensators liegt bei 10..100 nF. Hiermit erhält man Anstiegsraten von 1..500 $V/\mu s$. Der Haltespannungsabfall ist temperaturabhängig und liegt bei 2..1000 $\mu V/ms$.

S&H–Glieder werden sowohl in hybrider als auch in monolithischer Technologie hergestellt. Der Speicherkondensator muss extern angeschlossen werden.

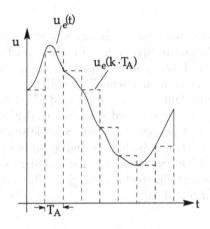

Abb. 9.9. Abtastung eines Signals in äquidistanten Abständen.

In Abb. 9.9 ist ein Eingangssignal und das abgetastete Signal dargestellt. Ein bandbegrenztes Eingangssignal $u_e(t)$ muss nach dem *Shannon'schen Abtasttheorem* mit einer Frequenz abgetastet werden, die größer ist als die doppelte Bandbreite. Durch den Abtastprozess wiederholt sich das Signalspektrum im Frequenzbereich periodisch mit der Abtastfrequenz. Wenn nicht mit der doppelten Signalbandbreite abgetastet wird, kommt es im Frequenzbereich zu Überlappungen und eine *eindeutige* Rekonstruktion des Signals aus den Abtastwerten ist nicht mehr möglich (Aliasing). Oder anders ausgedrückt, es ist möglich, dass ein anderes Eingangssignal $\tilde{u}_e(t)$ die gleichen Abtastwerte liefert. Bei Einhaltung des Shannon'schen Abtasttheorems geht keine Information verloren, d.h. die Abtastwerte reichen aus, um das Signal $u_e(t)$ *eindeutig* zu rekonstruieren [*Stearns*, 1984].

Komparator

Ein Komparator vergleicht zwei Spannungen miteinander und zeigt an seinem Ausgang an, ob $U_1 > U_2$ ist oder nicht. Er kann mit einem Operationsverstärker realisiert werden.

$$U_1 \quad U_d \downarrow \quad \overset{+}{\underset{-}{\triangleright}} \quad K \quad d = \begin{cases} 0 \text{ falls } U_1 < U_2 \\ 1 \text{ falls } U_1 > U_2 \end{cases}$$

Wie das S&H–Glied ist der Komparator ein wichtiges Bauteil in der Verarbeitungskette zur Digitalisierung analoger Signale. Reale Komparatoren weisen eine Hysterese von einigen Millivolt auf. Es gibt also einen (kleinen) Bereich, in dem der Ausgang d von der Vorgeschichte und nicht ausschließlich von der momentanen Signaldifferenz abhängt. Im folgenden wollen wir jedoch — wie oben angegeben — eine idealisierte Funktion des Komparators voraussetzen.

Paralleler A/D–Umsetzer

Beim parallelen A/D–Umsetzer werden alle Bits des digitalen Wortes gleichzeitig ermittelt, indem man die unbekannte Spannung mit allen möglichen diskreten Spannungen vergleicht, die sich für eine bestimmte Auflösung n ergeben (Abb. 9.10). Dieses Verfahren ist zwar sehr schnell, benötigt aber eine große Zahl von Bauelementen. Bei einer Auflösung von n Bit sind $2^n - 1$ Komparatoren und ebensoviele Referenzspannungen erforderlich. Wegen der hohen Geschwindigkeit kann auf ein S&H–Glied verzichtet werden. Stattdessen wird ein flankengesteuertes Flipflop verwendet, um die bereits digitalisierten Analogwerte abzutasten. Mit parallelen A/D–Umsetzern ist eine Signalerfassung mit Abtastraten zwischen 50..100 MHz (ECL–Technik) möglich. Die erreichbare Auflösung beträgt allerdings nur 6 ... 8 Bit.

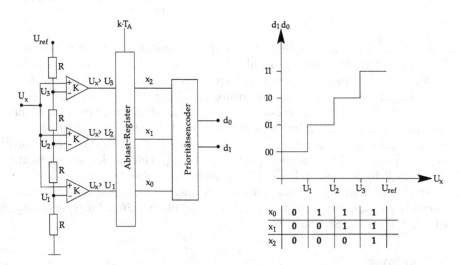

Abb. 9.10. Aufbau eines parallelen A/D–Umsetzers mit 2–Bit Auflösung. Rechts: Kennlinie.

Serielle A/D–Umsetzer

Kennzeichen dieser Verfahren ist die Verwendung eines D/A–Umsetzers, um „Schätzwerte" für die unbekannte Spannung zu erzeugen. Die einzelnen Bits werden sequentiell ermittelt, indem ein Schaltwerk die Bits nach einem bestimmten Algorithmus verändert. Es sind das *Zählverfahren* und die *sukzessive Approximation* zu unterscheiden. In beiden Fällen steuert *ein einzelner* Komparator die Erzeugung der digitalen Schätzwerte.

Beim *Zählverfahren* (Abb. 9.11) wird ein Vorwärts–/Rückwärtszähler benutzt, um die Schätzwerte D zu bilden. Die dazu äquivalenten analogen Spannungen $U_S(D)$ werden im Komparator mit der unbekannten Spannung U_X verglichen. Beim Einschalten wird der Zähler auf Null gesetzt. Solange der Komparatorausgang 0 ist, wird hochgezählt. Wenn der Komparatorausgang auf 1 wechselt, wird der Zählerstand in ein Ausgaberegister übernommen und der nächste Umsetzvorgang kann beginnen. Falls der nächste Abtastwert U_X kleiner ist als der vorherige Wert, liefert der Komparatorausgang weiterhin 1 und der Zähler wird abwärts zählen bis der Komparatorausgang auf 0 wechselt. Der neue Digitalwert steht bereit und wird ins Ausgaberegister übernommen. Umgekehrt wird der Zähler aufwärts zählen, wenn der nächste Abtastwert U_X größer ist als der momentane Schätzwert U_S. Der Umsetzvorgang wird (wie bereits beschrieben) durch einen $0 \rightarrow 1$ Wechsel am Komparatorausgang abgebrochen und der Zählerstand wird ins Ausgaberegister übernommen.

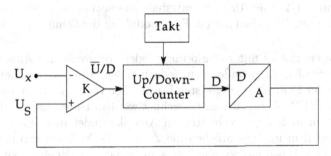

Abb. 9.11. Prinzip eines A/D–Umsetzers mit Vor–/Rückwärts Zähler.

Nachteilig an dem gerade beschriebenen Verfahren ist, dass die Umsetzzeit von der Höhe der Spannungsdifferenz aufeinanderfolgender Abtastwerte abhängt. Dieser Effekt ist besonders bei großer Wortbreite (z.B. 14 Bit) störend, da im schlechtesten Fall sämtliche Binärkombinationen durchgezählt werden müssen.

Die *sukzessive Approximation* unterscheidet sich vom Zählverfahren dadurch, dass der Digitalwert D immer nach einer festen Anzahl von Taktschritten vorliegt. Dieses Verfahren benutzt einen Algorithmus der schrittweisen

Verfeinerung und benötigt statt des Zählers in Abb. 9.11 ein durch den Komparatorausgang gesteuertes Schaltwerk. Die Zahl der Schritte ist gleich der Bitzahl des A/D–Umsetzers. Im ersten Schritt erfolgt eine grobe Schätzung des Digitalwerts. Durch Setzen des höherwertigen Bits wird geprüft, ob die unbekannte Spannung U_x in der oberen oder unteren Hälfte des Eingangsspannungsbereichs liegt. Wenn der Komparatorausgang 0 ist, liegt U_X in der oberem Hälfte des Eingangsspannungsbereichs und das Bit bleibt gesetzt. Sonst wird es wieder zurückgesetzt. Auf die gleiche Art und Weise wird in jedem nachfolgenden Schritt der verbleibende Eingangsspannungsbereich halbiert und ein weiteres Bit bestimmt. Der Wert der unbekannten Spannung wird mehr und mehr eingeschränkt und liegt, nachdem das niederwertigste Bit erreicht ist, bis auf den Quantisierungsfehler genau im Ausgaberegister. Die typischen Umsetzzeiten, die mit der Methode der sukzessiven Approximation erreicht werden, liegen bei 12–Bit Auflösung in der Größenordnung von $2 \ldots 50 \ \mu$s.

Nachdem wir nun in die Grundlagen der Ein–/Ausgabe eingeführt haben, werden wir in den nächsten Abschnitten die Funktionsprinzipien ausgewählter Peripheriegeräte vorstellen.

9.5 Tastatur

Die Tastatur ist wohl das wichtigste Eingabegerät eines PCs. Sie wird über die so genannte PS/2– oder USB–Schnittstelle angeschlossen. Es gibt auch drahtlose Tastaturen, bei denen nur ein Funkmodul mit der Schnittstelle verbunden wird.

Tastaturen gibt es mit zeilenförmiger oder ergonomischer Anordnung der Tasten. Am häufigsten findet man jedoch zeilenförmig angeordnete Tasten, die wegen der Reihenfolge der ersten Buchstaben (von links oben nach rechts) auch als QWERTZ–Tastaturen bezeichnet werden. Dieses Layout der Tasten ist vor allem in Europa verbreitet. In Amerika findet man das QWERTY–Layout, bei dem im Wesentlichen die Z– und die Y–Taste vertauscht sowie einige Sonderzeichen anders platziert sind. Neben den Buchstaben– und Zifferntasten gibt es Funktionstasten (oberste Zeile), Steuertasten (Strg, Alt, Shift, AltGr), Cursortasten und oft einen numerischen Tastenblock. Das bei uns übliche Tastaturlayout MF II (Multi–Funktion II) hat 102 Tasten.

Wenn man eine Taste drückt, kommt es zu einem kurzzeitigen Schließen eines Kontakts, der sich im Kreuzungspunkt einer Matrix befindet, die aus Zeilen– und Spaltenleitungen besteht. Jede Taste kann über ihre Zeilen– und Spaltennummer eindeutig zugeordnet werden.

Auf der Tastaturplatine befindet sich ein Mikrocontroller (meist ein 8049), der die Leitungsmatrix so schnell abtastet, dass jeder einzelne Tastendruck getrennt registriert werden kann. Hierzu legt der Controller zyklisch 1–Signale auf die Zeilenleitungen. Wenn in einer angewählten Zeile eine Taste gedrückt

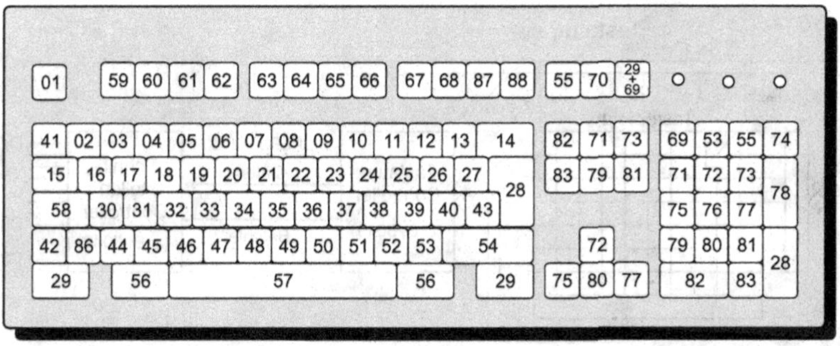

Abb. 9.12. Tastenlayout und Scancodes einer MF II–Tastatur

wird, kann der Controller die Dualcodes der Zeilen– und Spaltennummern der gedrückten Taste ermitteln. Eigentlich wird der Kontakt nicht nur einmal, sonderen mehrere Male hintereinander geschlossen. Man bezeichnet dies als *Tastenprellen*. Der Tastaturcontroller kann aber aufgrund der kurzen zeitlichen Abstände das Tastenprellen von aufeinanderfolgenden Tastendrücken unterscheiden. Früher benutzte man zum Zweck der Entprellung von Tastern elektronische Schaltungen.

Wegen der unterschiedlichen Größe und der von einer regelmäßigen Matrix abweichenden Anordnung der Tasten können aus dem Tastaturlayout die Spalten– und Zeilennummern nicht eindeutig zugeordnet werden. Aus der Abbildung 9.12 geht jedoch hervor, welcher *Scancode* beim Drücken einer Taste erzeugt wird. Dieser Scancode setzt sich wie oben beschrieben aus dem Dualcode der Spalten– und Zeilennummer zusammen, an der sich die gedrückte Taste in der Leitungsmatrix befindet. Er wird zunächst in einem FIFO–Pufferspeicher zwischengespeichert und dann vom Tastatur–Controller zur entsprechenden Schnittstelle (PS/2 oder USB) an den PC übermittelt. Dort befindet sich ein Schnittstellen–Controller (meist bereits im Chipsatz enthalten), der den seriellen Datenstrom wieder in eine Folge von (parallelen) Scancodes umwandelt (Abbildung 9.13). Die bitserielle Datenübertragung erfolgt synchron, d.h. neben dem Datensignal wird auch eine Taktleitung benötigt.

Sobald der Schnittstellen–Controller Daten vom Tastatur–Controller empfangen hat, erzeugt er einen Interrupt über die IRQ_1–Leitung. Damit informiert er den Prozessor, dass der Benutzer Daten eingegeben hat. Die Scancodes werden nun mit Hilfe des BIOS–Interrupthandlers (INT 9) vom Prozessor in ASCII–Zeichencodes umgewandelt und zusammen mit den Scancodes in einem Ringpuffer zwischengespeichert.

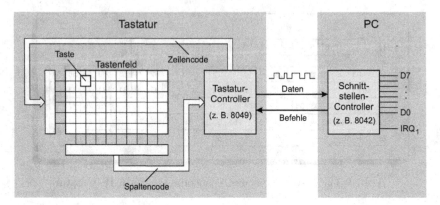

Abb. 9.13. Datenaustausch zwischen Tastatur– und Schnittstellen–Controller.

9.5.1 Make– und Break–Codes

Obwohl eine MF II–Tastatur nur 102 Tasten hat, kann man durch die Kombinationen mit den Steuertasten den kompletten ASCII–Zeichensatz von $2^8 = 256$ Zeichen eingeben. Um zu erkennen, in welcher Kombination bzw. Reihenfolge die Tasten gedrückt wurden, ordnet man jeder Taste nicht nur einen, sondern *zwei* Scancodes zu. Der Scancode, der beim Drücken der Taste ausgegeben wird, heißt *Make-Code* (vgl. Abbildung 9.12).

Beim Loslassen einer Taste wird der so genannte *Break-Code* ausgegeben. Er ergibt sich aus dem Makecode durch Addition von 128. Da die Scancodes als 8–Bit–Zahlen im Hexadezimalsystem ausgegeben werden, entspricht diese Addition dem Hinzufügen einer 1 in der höchstwertigen Bitposition.

Der Interrupthandler wertet die Folge der Make– und Breakcodes aus und ordnet ihnen ASCII–Zeichencodes zu. Wenn z.B. zuerst der Makecode der Umschalttaste (Shifttaste), dann der Makecode der „A"–Taste und danach der Breakcode der „A"–Taste registriert wird, so ordnet der Interrupthandler den ASCII–Code für ein großes „A" zu. Wird die Umschalttaste vor dem Breakcode der „A"–Taste losgelassen, so wird der ASCII–Code für ein kleines „a" gespeichert.

Die Tastatur liefert also den Anwendungsprogrammen entweder Scancodes und/oder ASCII–Codes. Über entsprechende Tastaturtreiber erfolgt dann die Zuordnung zu den jeweiligen Zeichensätzen. So ist es möglich, mit einer standardisierten Tastatur auch asiatische Zeichen im so genannten *Unicode* einzugeben. Im Gegensatz zum ASCII–Code werden hier 16 Bit zur Codierung eines Zeichens verwendet. Folglich kann man hiermit bis zu 65536 verschiedene Zeichen codieren. Auf der Webseite www.unicode.org/charts finden Sie sämtliche benutzen Hexadezimalcodes und die zugeordneten Zeichen. Es sind bereits über 60000 Zeichen definiert.

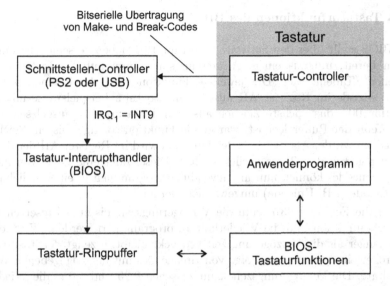

Abb. 9.14. Speicherung von Make– und Break–Codes im Tastatur–Ringpuffer

9.5.2 Ringpuffer

Der Ringpuffer realisiert einen FIFO–Speicher, in den die Scancodes und die zugehörigen ASCII–Codes für Anwenderprogramme zwischengespeichert werden (Abbildung 9.15). Er liegt im Speicherbereich $0040001E_H$ bis $0040003D_H$ und kann 16 Worte zu je zwei Byte aufnehmen. Um den Ringpuffer zu verwalten, gibt es zwei Zeiger, die jeweils auf die nächste freie bzw. letzte belegte Position in dem o.g. Speicherbereich zeigen. Sobald diese Zeiger die obere Speichergrenze überschreiten, werden sie wieder auf den Anfang des Speicherbereichs zurückgesetzt.[6]

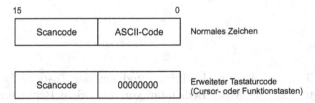

Abb. 9.15. Aufbau eines Eintrags im Tastatur–Ringpuffer

[.] daher der Name Ringpuffer.

9.5.3 Tastaturfunktionen des BIOS

Das BIOS stellt über den Software–Interrupt 16_H sieben verschiedene Funktionen bereit, um aus einem Anwendungsprogramm auf die Tastatur zuzugreifen (Tabelle 9.1). Die jeweilige Funktion wird durch einen 8–Bit–Funktionscode im Register AH ausgewählt. So kann beispielsweise mit der Funktion 00_H das nächste Zeichen aus dem Tastaturpuffer ausgelesen werden. Wenn der Puffer leer ist, wartet die Funktion solange, bis ein Zeichen eingegeben wurde. Als Ergebnis der Funktion wird im Register AH der Scancode der gedrückten Taste zurückgeliefert. Dieser oder eine Folge von mehreren Scancodes können nun in Anwendungsprogrammen in einen beliebigen Zeichencode (z.B. Unicode) umgewandelt werden.

Über die Funktion 03_H kann die Verzögerungszeit bis zum Einsetzen der Wiederholfunktion und die Wiederholrate programmiert werden. Wenn eine Taste länger als die Verzögerungszeit gedrückt bleibt, erzeugt der Tastatur–Controller eine permanente Folge von Breakcodes mit der angegebenen Wiederholrate. Die Verzögerungszeit kann zwischen 0,25 und 1,0 s, die Wiederholrate zwischen 2 und 30 Zeichen pro Sekunde eingestellt werden.

Tabelle 9.1. Funktionen des BIOS–Interrupts 16_H

Code	Aufgabe
00_H	Nächstes Zeichen lesen
01_H	Pufferstatus ermitteln
02_H	Zustand der Umschalttasten ermitteln
03_H	Verzögerungszeit und Wiederholrate programmieren
05_H	Scan– und Zeichencode in den Tastaturpuffer schreiben
10_H	Lesen eines Zeichen von MF II–Tastatur
12_H	Zustand der Umschalttasten von MF II–Tastatur ermitteln

9.6 Maus

Während die ersten PCs noch überwiegend mit der Tastatur bedient wurden, ist heute die Maus zur Bedienung von grafischen Benutzeroberflächen nicht mehr wegzudenken. Mäuse gibt es in vielen Formen und Größen. Sie sind entweder mit einem optomechanischen oder optischen Abtastsystem ausgestattet. Hiermit wird die relative Bewegung der Maus auf einer Unterlage gemessen. Die Lageänderungen werden als bitserieller Datenstrom an einen entsprechenden Schnittstellen–Controller (PS/2 oder USB) übermittelt.

9.6.1 Rollmaus

Die so genannte *Rollmaus* basiert auf einem optomechanischen Umsetzungs-
verfahren, das die Bewegungen einer gummierten Stahlkugel erfasst. Die Kugel
steht durch eine Öffnung an der Unterseite des Mausgehäuses mit der Aufla-
gefläche in Kontakt. Durch ihre Bewegung treibt sie zwei im Winkel von 90°
zueinander angeordnete Wellen an (Abb. 9.16).

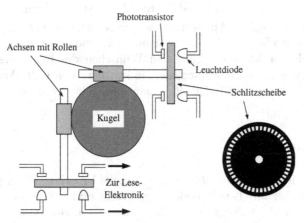

Abb. 9.16. Schematischer Aufbau einer Rollmaus

Auf diese Weise wird die Bewegung der Maus in eine horizontale und vertikale Komponente zerlegt. An den Enden beider Wellen ist je eine Scheibe
mit radialen Schlitzen befestigt, die den Strahlengang zweier Lichtschranken
unterbrechen. Die beiden Lichtschranken sind so platziert, dass sie Impulse
liefern, die um 90° phasenverschoben sind. Wenn sich die Schlitzscheibe dreht,
kann durch das Vorzeichen der Phasenverschiebung die Richtung der Dreh-
bewegung festgestellt werden. Die Anzahl der Lichtimpulse ist ein Maß für
die zurückgelegte Wegstrecke in der jeweiligen Richtung. Die insgesamt vier
Signale (je zwei für x– und y–Richtung) werden von einem in der Maus befindlichen Controller ausgewertet und in bitserieller Form an den Schnittstellen–
Controller im PC übertragen.

Meist wird die Maus so konfiguiert, dass sie nur dann Daten sendet, wenn
sie eine bestimmte Strecke weit bewegt wurde (meist 0,01 Zoll). Die kleinste
wahrnehmbare Strecke hängt von den Parametern des optomechanischen Systems ab (Durchmesser der Kugel und Laufrollen, Anzahl der Schlitze). Sie
wird auch als *Mickey* bezeichnet.

Nach einer vorgegebenen Zahl von Mickeys werden drei Byte ausgesandt, die
folgende Informationen über die Mausbewegung seit der letzten Übertragung
beinhalten:

- Anzahl der Einheiten in x–Richtung,
- Anzahl der Einheiten in y–Richtung,
- aktueller Zustand der zwei (oder drei) Maustasten.

Der Maustreiber wertet diese Informationen aus, indem er aus den Relativbewegungen die aktuelle Position der Maus berechnet. Anschließend wird die Position des Mauszeigers auf dem Bildschirm entsprechend aktualisiert. Die Anwendungssoftware kann auf diese Informationen über BIOS– oder Systemaufrufe zugreifen und je nach gedrückter Maustaste reagieren.

Die maximal mögliche Auflösung einer Maus wird in *Counts Per Inch, CPI*, angegeben. Die effektive Auflösung kann so verändert werden, dass die Geschwindigkeit der Mausbewegung den Wünschen des Benutzers entspricht. Die Mausbewegung wird verlangsamt, indem man den CPI–Wert reduziert. Die höchste Mausgeschwindigkeit erhält man mit der maximal möglichen Auflösung.

9.6.2 Optische Maus

Früher benötigten *optische Mäuse* eine spezielle Unterlage (Mauspad), dessen Reflexionsmuster mit Leuchtdioden angestrahlt und mit Fotodioden abgetastet wurde, um die Bewegung der Maus zu messen. Bei modernen optischen Mäusen handelt es sich eigentlich um miniaturisierte Digitalkameras, die auch als *IntelliEye–Sensoren* bezeichnet werden. Eine beliebige Arbeitsfläche[7] wird von einer roten Leuchtdiode angestrahlt und mit einem Bildsensor werden dann von der Oberfläche bis zu 1500 Bilder pro Sekunde aufgenommen. Ein in der Maus integrierter Signalprozessor vergleicht die aufeinander folgenden Bilder und errechnet aus kleinsten Bildunterschieden die Bewegungsrichtung der Maus. Die Signalprozessoren in optischen Mäusen sind leistungsfähiger als PC–Prozessoren vor etwa 15 Jahren. Sie können bis zu 18 Millionen Befehle pro Sekunde ausführen. Die Auswertung von Bildunterschieden (auch *Image Correlation Processing* genannt) liefert sehr präzise und weiche Mausbewegungen. Da optische Mäuse auf Basis dieser Technologie keine mechanisch beweglichen Teile haben, die verschmutzen können, bieten sie außerdem einen sehr hohen Benutzerkomfort.

9.6.3 Alternativen zur Maus

Aus Platzgründen ist es nicht immer möglich, eine Maus zu verwenden. Dies ist insbesondere bei mobilen Geräten der Fall. Daher hat man als platzsparende Alternative die Maus einfach umgedreht und damit den so genannten *Trackball* entwickelt. Der Vorteil des Trackballs liegt darin, dass er auf engstem Raum bedient werden kann.

---

[7] außer einem Spiegel.

Eine weitere Miniaturisierung eines grafischen Zeigegerätes erreicht man mit dem *Trackpoint*, einem kleinen, in die Tastatur von Notebooks integrierten Stiftes, mit dem man durch seitlichen Druck in horizontaler Richtung den Mauszeiger bewegen kann.

Ebenfalls bei Notebooks findet man auch das *Touchpad*. Es beruht auf dem kapazitiven Effekt, den die Fingerspitze auf eine Matrix von Leiterbahnen ausübt. Nachteilig ist, dass dieses Sensorfeld unterhalb der Leertaste platziert ist und es durch die Auflage der Finger zu unbeabsichtigten Bewegungen des Mauszeigers kommen kann.

9.7 Scanner

Ein Scanner ist ein Eingabegerät mit dem man Zeichnungen, Fotos oder andere Papiervorlagen in eine Bilddatei umwandeln kann. Gedruckte Texte können mit Hilfe einer Mustererkennungssoftware (Optical Character Recognition, OCR) sogar in ASCII–Zeichen übersetzt werden, so dass sie anschließend mit einem Textverarbeitungsprogramm weiterverarbeitet werden können. Abhängig von Größe und Führung des Scankopfes unterscheidet man drei Typen von Scannern:

* Handscanner,
* Einzugscanner,
* Flachbettscanner.

9.7.1 Handscanner

Ein Handscanner wird von Hand über die Vorlage geführt. Seine Scanbreite liegt im Bereich von einigen Millimetern (zum Einscannen von Wörtern oder kurzer Textpassagen) bis zu etwa 10 Zentimetern. Um größere Bereiche einzuscannen, müssen zwei oder mehrere sich überlappende Scanvorgänge durchgeführt und die einzelnen Scanabschnitte per Software zusammengefügt werden. Während des Scanvorgangs dient eine Gummirolle zur Führung und Wegmessung. Ein Spiegel und eine Linse bilden jeweils eine Zeile der Vorlage auf einen Zeilen–CCD–Chip (Charge Coupled Device) ab. Beim Auslesen des CCD–Chips wird die analoge Bildinformation mit einem AD–Wandler in eine digitale Darstellung überführt.

9.7.2 Einzugscanner

Einzugscanner sind nur für das Einscannen loser Blätter geeignet und arbeiten ähnlich wie Fax–Geräte.[8] Die Vorlage wird durch ein Walzensystem an

---

* Deshalb findet man oft auch Kombigeräte.

der CCD–Zeile vorbeigeführt und wie beim Handscanner digitalisiert. Einzugscanner sind zwar recht kompakte Geräte, liefern jedoch wegen ungenauer Vorlagenführung nicht die Qualität wie Flachbettscanner.

9.7.3 Flachbettscanner

Beim Flachbettscanner wird die Vorlage — wie bei einem Kopierer — auf eine Glasplatte gelegt und von unten beleuchtet (Abbildung 9.17). Das Bildmuster einer Zeile wird über längs verschiebbare Spiegel auf einen feststehenden CCD–Zeilensensor abgebildet. Wegen der im Scanner integrierten Mechanik wird mit Flachbettscannern die beste Bildqualität erreicht.

Da die Zeilensensoren nur auf Helligkeiten reagieren, müssen Farbvorlagen durch drei getrennte Farbkanäle für die Grundfarben Rot, Grün und Blau erfasst werden. Während dazu früher noch drei Durchgänge erforderlich waren, genügt heute ein einziger Durchgang. Dabei werden meist drei parallel arbeitende Zeilensensoren für je eine Grundfarbe verwendet. Die Zeilensignale werden mit sehr hochauflösenden A/D–Umsetzern in digitale Daten für die einzelnen Bildelemente (*Pixel*) umgewandelt.

Moderne Flachbettscanner bieten Farbtiefen zwischen 30 und 48 Bit.[9] Meist werden jedoch nur 24 Bit pro Pixel benutzt, um die Dateigröße zu beschränken. Außerdem sind viele Anwendungsprogramme auf eine Wortbreite von einem Byte pro Farbkanal ausgelegt und daher nicht in der Lage, höhere Auflösungen zu verarbeiten.

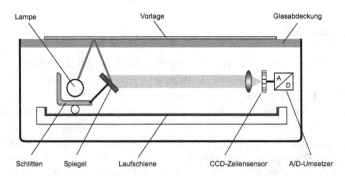

Abb. 9.17. Schematischer Aufbau eines Flachbettscanners

Neben der Farbtiefe ist die geometrische Auflösung ein wichtiges Leistungsmerkmal eines Scanners. Sie wird meist in DPI (Dots Per Inch) angegeben und hängt vom elektromechanischen Aufbau des Scanschlittens sowie von den optischen Eigenschaften der Umlenkspiegel, Linsen, Filter und den CCD–Sensoren

---

· Dies entspricht 10–16 Bit Auflösung des A/D–Umsetzers.

ab. Hochleistungsscanner erreichen Auflösungen von bis zu 2400 DPI. Neben der „wahren" Auflösung geben die Hersteller häufig noch eine *interpolierte Auflösung* an, die deutlich über der realen optischen Auflösung liegt. Hierbei werden einfach zwischen den tatsächlich abgetasteten Bildpunkten noch ein oder mehrere fiktive Zwischenpunkte angenommen, deren Farbwerte dann durch (lineare) Interpolation der Randwerte berechnet werden.

Interpolierende Scanner liefern also in Wirklichkeit **nicht** die zu Werbezwecken angegebene Auflösung, sondern nur „errechnete" Werte. Man sollte daher beim Kauf primär auf eine hohe optische Auflösung achten und die Angaben zur interpolierenden Auflösung einfach ignorieren.

9.8 Digitalkamera

Eine Digitalkamera ist bzgl. des optischen Systems genauso aufgebaut wie eine klassische Kamera. Der Film wird jedoch gegen einen CCD–Chip ausgetauscht.[10] Im Gegensatz zu Scannern handelt es sich dabei nicht um Zeilen- sondern um Flächen–CCD–Chips. Das von der Linse auf den CCD–Sensor projizierte Bild wird aufgrund des Photoeffekts in ein elektrisches Ladungsmuster überführt, das sequentiell ausgelesen und mit einem A/D–Umsetzer in eine Matrix digitaler Zahlenwerte umgewandelt wird. Farbige Digitalbilder erhält man, indem drei Kamerabilder für die Grundfarben Rot, Grün und Blau gleichzeitig aufgenommen werden.

Neben dem CCD–Chip zur eigentlichen Bildaufnahme benötigen Digitalkameras einen leistungsfähigen Prozessor, um die aufgenommenen Bilder zu komprimieren. Ein typische Digitalbild mit 2048×1536 Pixel und 24–Bit–Farbtiefe hat einen Speicherbedarf von rund 9,4 MByte. Durch Datenkompression (meist im jpeg–Format) kann die erforderliche Speicherkapazität um den Faktor 20 bis 30 reduziert werden, so dass man pro Bild nur noch ca. 0,5 MByte Speicherplatz benötigt.

9.8.1 Speicherkarten

Die Bilder werden auf kleinen, flachen Speicherkarten abgelegt. Diese elektrisch beschreibbaren Halbleiterspeicher gibt es in vielen verschiedenen Ausführungen. Sie beruhen auf dem Prinzip der Ladungsspeicherung und erreichen Speicherkapazitäten von bis zu 1 GByte. Der Speicherinhalt bleibt auch nach dem Abschalten der Betriebsspannung erhalten, d.h. es handelt sich um ein nichtflüchtiges Speichermedium. Die zur Zeit gebräuchlichsten Speicherkarten sind die Compact Flash (CF), Secure Digital (SD), Smart Media (SM), MultiMedia–Card (MMC) und die speziell für Digitalkameras entwickelte xD–Picture Card.

.. Teilweise auch CMOS–Chips (Complementary Metal Oxid Semiconductor).

Zur Übertragung der Bilddaten wird entweder die Kamera über eine USB–
oder FireWire–Schnittstelle mit dem PC verbunden oder man entnimmt die
Speicherkarte aus der Kamera. Mit Hilfe eines Flash–Card–Lesegeräts, das
meist mehrere verschiedene Kartenformate unterstützt, kann dann der Speicherinhalt ausgelesen werden. Die Lesegeräte werden meist über die USB–
Schnittstelle angeschlossen. Außerdem bieten viele moderne Farb– und Foto-
drucker die Möglichkeit, Bilder von Speicherkarten direkt auszudrucken.

9.8.2 Video– und Webkameras

Um bewegte Bilder aufzunehmen, verwendet man eine Video– oder Webka-
mera.[11] Digitale Videokameras enthalten spezielle Prozessoren, die eine Folge
von Einzelbildern in Echtzeit in ein standardisiertes Videoformat umsetzen.
Hierzu wird heute meist das *MPEG*–2 oder *MPEG*–4 Format verwendet, das
auch bei DVD–Playern gebräuchlich ist. Durch die MPEG–Kompression werden die Datenrate und das Speichervolumen gegenüber einer Einzelbildfolge
mit 25 Bildern pro Sekunde drastisch reduziert. Zur Wiedergabe müssen die
komprimierten Daten dann wieder rechenaufwendig dekodiert werden. Um
den PC–Prozessor hiervon zu entlasten, integriert man bei vielen Grafik– bzw.
TV–Karten spezielle MPEG–Dekoder. Damit kann man dann auch bei weniger leistungsfähigen PCs MPEG–Videos „ruckfrei" betrachten.

9.9 LCD–Bildschirm

In den letzten Jahren haben Flachbildschirme auf Basis von Flüssigkeitskristallen (Liquid Crystal Display, LCD) die klassischen Bildschirme mit Elek-
tronenstrahlröhren (Cathode Ray Tube, CRT) fast völlig verdrängt. Obwohl
CRTs wegen ihrer hohen Reaktionsgeschwindigkeit geschätzt werden[12], haben
sie gegenüber LCD-Bildschirmen entscheidende Nachteile. CRT-Bildschirme
sind nicht nur sehr sperrig und schwer, sondern sie haben auch deutlich
schlechtere Darstellungseigenschaften. So treten selbst bei hochwertigen CRTs
Randverzerrungen und Verzerrungen der Bildobjekte aufgrund von Konver-
genzfehlern auf. Darüber hinaus ist bis heute nicht eindeutig geklärt, ob die
von ihnen ausgehende elektromagnetische Strahlung gesundheitliche Schäden
hervorrufen kann.

LCDs basieren auf den optischen Eigenschaften von Flüssigkeitskristallen,
die aus durchsichtigen organischen Molekülen bestehen. Die stabförmigen Moleküle liegen als zähflüssige (viskose) Flüssigkeit vor und haben die Eigenschaft, Lichtwellen zu polarisieren. Dies bedeutet, dass die Schwingungsebene
von Lichtwellen, die durch den Flüssigkeitskristall hindurchgehen, sich an der
Orientierung der stabförmigen Moleküle ausrichtet.

·· Letztere wird oft als Webcam bezeichnet.
·· vor allem für Computerspiele wichtig.

In den 60ger Jahren entdeckte man, dass mit einem elektrischen Feld die Orientierung der Moleküle beeinflusst werden kann. Damit hat man die Möglichkeit, die *Polarisationsrichtung* des durch den Flüssigkeitskristall hindurchgehenden Lichts elektrisch umzuschalten. In Abbildung 9.18 ist der schematische Aufbau eines Pixels auf einem LCD–Bildschirm dargestellt.

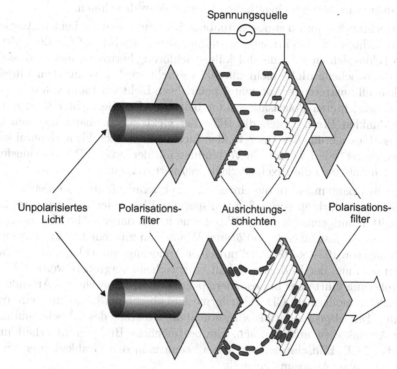

Abb. 9.18. Funktionsprinzip eines LCD–Bildschirms

Betrachten wir zunächst den unteren Teil der Abbildung. Von links kommt unpolarisiertes Licht aus einer Lichtquelle, die den gesamten Bildschirm eines LCD–Display von hinten gleichmäßig ausleuchtet. Die Hintergrundbeleuchtung wird durch Leuchtstoffröhren realisiert, die an der Seite des Displays angebracht sind. Die horizontale Schwingungsebene der Hintergrundbeleuchtung wird mit Hilfe einer Polarisationsfolie herausgefiltert. Die *Polarisationsfolie* deckt die gesamte Displayfläche ab, d.h. alle Pixel werden von hinten mit horizontal polarisiertem Licht angestrahlt.

Der eigentliche Flüssigkeitskristall befindet sich zwischen zwei durchsichtigen Folien (oder Glasplatten), in die winzige horizontale und vertikale Rillen eingeritzt sind. Diese Ausrichtungsschichten (alignment layer) sind um 90° gegeneinander verdreht und der Zwischenraum wird vom Flüssigkeitskristall ausgefüllt. Die stabförmigen Moleküle richten sich parallel zu den Ausrichtungsschichten aus und sorgen so dafür, dass die Polarisationsebene des links eindringenden Lichts ebenfalls um 90° gedreht wird. Das Licht tritt daher rechts mit vertikaler Polarisation aus. Dort befindet sich nun eine zweite Polarisationsfolie, die ebenfalls vertikal ausgerichtet ist und somit das von links kommende Licht passieren lässt. Der Betrachter, der von rechts auf das Display sieht, wird folglich einen hellen Lichtpunkt wahrnehmen.

Betrachten wir nun das obere Teilbild, bei dem zwischen beiden Ausrichtungsschichten eine elektrische Spannung angelegt wird. Infolge des elektrischen Feldes richten sich alle Moleküle gleichförmig horizontal aus, so dass die Polarisationsebene **nicht** mehr um 90° verdreht wird. Das aus dem Flüssigkeitskristall austretende, horizontal polarisierte Licht wird nun von dem vertikal ausgerichteten Polarisationsfilter blockiert. Der Betrachter sieht daher einen dunklen Pixel. Durch die Höhe der elektrischen Spannung kann die Polarisationsrichtung des austretenden Lichts von vertikal bis horizontal kontinuierlich verändert werden. In Verbindung mit der zweiten Polarisationsfolie kann dadurch auch die Pixelhelligkeit gesteuert werden.

Um die Spannungen an die einzelnen Pixel heranzuführen, werden auf die Ausrichtungsschichten von außen transparente Elektroden in Form eines Leitungsgitters aufgebracht. LCD–Bildschirme haben daher — im Gegensatz zu CRTs — eine *feststehende Auflösung*. Wenn man z.B. ein Display mit einer Auflösung von 1024 × 768 Pixel mit einer Auflösung von 640 × 480 Pixel ansteuert, so muss der Bildschirminhalt entsprechend vergrößert werden. Diese Vergrößerung führt aber insbesondere bei Schriften zu unschönen Artefakten. Die meisten modernen LCD–Bildschirme sind aber in der Lage durch ein sogenanntes *Anti–Aliasing* mittels einer erneuten Abtastung des Bildschirminhalts diese Artefakte zu unterdrücken. Die bestmögliche Bildqualität erhält man aber bei LCD–Bildschirmen nur dann, wenn man den Grafikadapter genau auf die Display–Auflösung einstellt.

9.9.1 Passiv– und Aktivmatrix–Displays

Da die Schichtenfolge des in Abbildung 9.18 dargestellten LCD–Bildschirms bewirkt, dass die Polarisationsebene des durchgehenden Lichts gedreht wird, spricht man auch von einem *Twisted Nematic*–Display (TN). Je nachdem, wie man die lokalen elektrischen Felder zum Schalten der Pixel erzeugt, unterscheidet man LCD–Bildschirme mit *passiver* oder *aktiver* Pixelmatrix.

Wie wir oben gesehen haben, lassen sich bei einer passiven Matrix die Bildpunkte durch eine Spannung an zwei sich kreuzenden Leiterbahnen einschalten. Beim Anlegen der Spannung kommt es wegen der Umladungsprozesse im Flüssigkeitskristall zu einem exponentiell abfallenden Stromimpuls. Da zu einem bestimmten Zeitpunkt immer nur ein einziger Pixel angesteuert werden kann, muss der Schaltvorgang so schnell wiederholt werden, dass der Betrachter wegen der Trägheit des Sehsystems glaubt, ein stehendes Bild zu sehen.

Bei einer passiven Matrix befinden sich die Schalttransistoren im Controller des LCD–Bildschirms. Dort wird für jede Zeile und Spalte genau ein Transistor benötigt. Da bei dieser Technik die Pixel zyklisch ein– und ausgeschaltet werden, ergibt sich ein kontrastarmes Bild. Außerdem ist die Reaktionszeit sehr groß. Schnelle Bewegungen des Mauszeigers erscheinen verschmiert, weil die Flüssigkeitskristalle aufgrund der ständig nötigen Umladungen nicht schnell genug folgen können. Um die Reaktionszeiten zu verkürzen, teilt man daher den Bildschirm oft in zwei Teile, die dann mit zwei getrennten Steuereinheiten parallel betrieben werden. Diese so genannten *DSTN–Displays* (Dual Scan Twisted Nematic) erreichen typische Antwortzeiten von 300 ms. Obwohl dies für normale Bildschirmarbeit genügt, schränken diese noch recht hohen Antwortzeiten den Bereich der möglichen Anwendungen ein.

Deutliche Verbesserungen der Antwortzeiten (bis weniger als 15 ms) erreicht man nur mit Aktivmatrix–Displays. Hier werden in jedem Kreuzungspunkt der Matrix Dünnfilm–Transistoren integriert. Man spricht von *TFT–Displays* (Thin Film Transistor). Der Aufwand zur Herstellung ist jedoch deutlich höher als bei Passivmatrix–Displays. Während bei einem Passivmatrix–Display mit 1024×768 Pixeln 1792 Transistoren bzw. bei einem Farbdisplay $3 \cdot 1792 = 5376$ Transistoren benötigt werden[13], müssen bei gleicher Auflösung für ein Aktivmatrix–Display $3 \cdot 1024 \cdot 768 = 2.359.296$ Dünnfilm–Transistoren auf der Außenseite der Ausrichtungsschichten integriert werden. Das sind rund 1000 mal so viele Transistoren wie beim Passivmatrix–Display. Da die Verbraucher nur eine geringe Zahl fehlerhafter Pixel tolerieren, ergeben sich bei der Herstellung hohe Ausschußraten. Dies schlägt sich wiederum in hohen Preisen für TFT–Displays nieder.

9.9.2 Pixelfehler

Bei TFT–Displays treten zwei Arten von Pixelfehlern auf:

1. Ein ständig leuchtender (roter, grüner oder blauer) Pixel vor einem schwarzen Hintergrund tritt auf, wenn der zugehörige Transistor nicht eingeschaltet werden kann.
2. Ein ständig dunkler Pixel auf einem weißen Hintergrund tritt auf, wenn der zugehörige Transistor einen Kurzschluss aufweist und nicht mehr abgeschaltet werden kann.

Der erstgenannte Fehler tritt am häufigsten auf. Da ein ständig leuchtender Pixel sehr störend wirkt, wandelt man diesen Fehler häufig mit einem Laserstrahl in den zweitgenannten Fehler um. Damit TFT–Displays zu akzeptablen Preisen hergestellt werden können, müssen die Kunden Pixelfehler in gewissen Grenzen akzeptieren. Man beachte, dass z.B. 10 Pixelfehler bei einem 1024 x 768 Pixel TFT–Display einer sehr geringen Fehlerrate von nur 0,0127 Promille entsprechen.

.. für jede Grundfarbe ein Transistor.

Mit der ISO–Norm 13406–2 werden *Pixelfehlerklassen* vorgegeben, in welche die LCD–Bildschirme anhand der Art und Zahl der Fehler eingeordnet werden. Die Hersteller garantieren für einen Bildschirm einer bestimmten Pixelfehlerklasse, dass die Zahl der Fehler nicht die in Tabelle 9.2 angegebenen Werte überschreitet. LCD–Bildschirme der Pixelfehlerklasse I sind absolut fehlerfrei und daher auch am teuersten.

Tabelle 9.2. Übersicht über Pixelfehlerklassen nach ISO 13406–2. Typ 1: ständig leuchtend; Typ 2: ständig dunkel; Typ 3: gemischt.

Klasse	Typ 1	Typ 2	Typ 3
I	0	0	0
II	2	2	5
III	5	15	50
IV	50	150	500

9.9.3 Kontrastverhältnis und Blickwinkel

Das *Kontrastverhältnis* ergibt sich aus den Helligkeitswerten bei der Anzeige von schwarzen und weißen Flächen. Die Farbwiedergabe wird dabei nicht berücksichtigt. Ein hohes Kontrastverhältnis ist wichtig, wenn man den LCD–Bildschirm bei hellem Umgebungslicht benutzt. Typische Werte bei hochwertigen Bildschirmen liegen bei 1 : 450.

Der maximale *Betrachtungswinkel* gibt an, unter welchem Winkel das Kontrastverhältnis auf 10 Prozent des Wertes abfällt, der bei senkrechter Betrachtung des Bildschirms erreicht wird. Ähnlich wie bei Pixelfehlern werden durch die ISO–Norm 13406–2 auch *Blickwinkelklassen* definiert. Bildschirme der Klasse I ermöglichen die gleichzeitige Nutzung durch mehrere Personen, da hier Leuchtdichte, Farbdarstellung und Kontrast nur wenig vom Betrachtungswinkel abhängen. Für einzelne Benutzer, die stets frontal auf den Bildschirm sehen, ist die Blickwinkelklasse IV ausreichend.

9.9.4 Farbraum

Bei LCD–Displays werden Farben durch *additive* Farbmischung der drei Grundfarben (Primärfarben) Rot, Grün und Blau dargestellt. Wenn man die Farbsättigung jeder dieser Farben als eine Koordinatenachse betrachtet, entsteht der so genannte *RGB–Farbraum*. Dieser Farbraum wird für die Bildschirmdarstellung und für Scanner benutzt. Mischt man die drei Grundfarben in gleichem Verhältnis so ergibt sich Weiß. Mischt man nur zwei der Grundfarben so erhält man die Komplementär–(Sekundär)farben Cyan, Magenta und Gelb, welche die Grundlage des CMYK–Farbraums bilden. Dieser Farbraum wird bei Druckern (vgl. Abschnitt 9.10) zur *subtraktiven* Farbmischung benutzt.

Im Gegensatz zur additiven Farbmischung werden hierbei die Grundfarben aus dem Spektrum des weißen Lichts herausgefiltert. Jede Grundfarbe absorbiert alle anderen Farben und reflektiert nur noch die eigenen Farbanteile. Die subtraktive Mischung der drei Grundfarben würde theoretisch Schwarz liefern. In der Realität ergibt sich aber lediglich eine dunkelgrün/braune Farbe. Daher wird bei Druckern zusätzlich die „Farbe" Schwarz bereitgestellt. Der Buchstabe „K" im Farbraum ergibt sich als letzter Buchstabe des englischen Worts „BlacK". Die Sekundärfarben des CMYK–Farbraums ergeben wieder die Primärfarben Rot, Grün und Blau des RGB–Farbraums.

Da Programme normalerweise den RGB–Farbraum benutzen, muss vor der Ausgabe auf einen Farbdrucker eine Umwandlung in die vier Grundfarben des subtraktiven Farbraums erfolgen. Dieser Vorgang wird *Vierfarbseparation* genannt.

9.9.5 Farbtemperatur

Die Farbqualität eines LCD–Bildschirms wird in hohem Maße von der so genannten *Farbtemperatur* der Hintergrundbeleuchtung bestimmt. Ein auf eine bestimmte Temperatur erhitzter Körper strahlt elektromagnetische Wellen mit einem charakteristischen Wellenlängenspektrum ab. Bei niedrigen Temperaturen ($<1500°$ K) findet man vorwiegend langwellige (rote) Strahlung, bei hohen Temperaturen ($10000°$ K) überwiegt die kurzwellige (blaue) Strahlung. Dazwischen liegt die Farbtemperatur des Tageslichts (bei rund $6500°$K). Die Farbtemperatur der Hintergrundbeleuchtung wirkt zusammen mit den Farbfiltern des LCD–Panels und bestimmt damit die darstellbare Farbpalette. Hochwertige Monitore erlauben daher, die Farbtemperatur an die jeweilige Aufgabenstellung (z.B. Bildverarbeitung) anzupassen.

9.9.6 DVI (Digital Video Interface)

Klassische Bildschirme auf CRT–Basis werden mit analogen Signalen angesteuert. Ein eng mit dem Bildspeicher verbundener Digital–/Analogumsetzer (RAMDAC) erzeugt diese Signale und gibt sie auf den so genannten VGA–Port aus. Der Anschluss des Monitors erfolgt dabei über einen 15poligen Sub–D–Stecker, der neben den RGB–Analogsignalen auch separate Farb–, Horizontal– und Vertikalsynchronisationssignale bereitstellt. Die Übertragung dieser Analogsignale erfordert insbesondere bei hohen Auflösungen hochwertige Kabel– und Anschlusskontakte. Um in diesen Fällen Verluste bei der Bildqualität zu vermeiden, benutzt man häufig separate Koaxialkabel.

Wesentlich günstiger ist es jedoch, anstatt der analogen nur die digitalen Signale zu übertragen. Da die sowieso überflüssige Umwandlung der Analog–

in Digitalsignale entfällt, vereinfacht sich bei LCD–Bildschirmen nicht nur der Aufbau der internen Ansteuerelektronik (Controller), sondern man vermeidet auch Qualitätsverluste aufgrund der analogen Übertragung. Im Falle von CRTs wird man künftig die RAMDACs in den Monitor verlagern und die nötige Umsetzung in Analogsignale vor Ort ausführen.

Moderne Grafikadapter verfügen über einen DVI–Port (Digital Video Interface), den es in drei Varianten gibt:

- DVI–D enthält nur die digitalen Videosignale,
- DVI–A enthält wie der VGA–Port analoge Videosignale,
- DVI–I integriert die beiden o.g. Varianten.

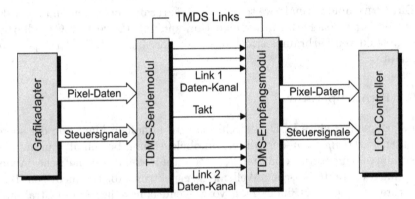

Abb. 9.19. Digitale Signale der DVI–Schnittstelle

Der DVI–Standard geht auf die Arbeit der Digital Display Working Group (DDWG) zurück und führt eine bitserielle Übertragung mit dem so genannten *TMDS-Protokoll* aus, das die Zahl der (binären) Signalübergänge minimiert (Transition Minimized Differential Signaling, TMDS). Durch dieses Protokoll werden die elektromagnetischen Interferenzen reduziert. Die digitalen RGB–Farbsignale (24–Bit–Farbtiefe) und ein Taktsignal werden über vier verdrillte Leitungspaare (twisted pair) zum Bildschirm übertragen (Abbildung 9.19). Im DVI–Standardstecker (vgl. Abbildung 9.20) sind noch Pins für eine zusätzliche zweite Verbindung reserviert (Dual Link), so dass die Übertragungsbandbreite für Bildschirme mit sehr hoher Auflösung leicht verdoppelt werden kann. Dabei benutzen beide Kanäle das gleiche Taktsignal.

9.9.7 TCO–Norm

Die TCO–Norm beinhaltet Richtlinien für strahlungsarme Monitore. Sie wurde 1991 von der schwedischen Zentralorganisation für Beamte und Angestellte (Tjänstemännens Central Organisation, TCO) entwickelt und löste die bis

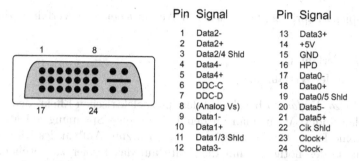

Pin	Signal	Pin	Signal
1	Data2-	13	Data3+
2	Data2+	14	+5V
3	Data2/4 Shld	15	GND
4	Data4-	16	HPD
5	Data4+	17	Data0-
6	DDC-C	18	Data0+
7	DDC-D	19	Data0/5 Shld
8	(Analog Vs)	20	Data5-
9	Data1-	21	Data5+
10	Data1+	22	Clk Shld
11	Data1/3 Shld	23	Clock+
12	Data3-	24	Clock-

Abb. 9.20. DVI–Stecker mit Anschlussbelegung

dahin weitverbreitete MPR–Norm ab. Im Laufe der Jahre wurden verschiedene Normungsrichtlinien herausgegeben, die sich auf die Messung und Grenzwerte des abgestrahlten elektromagnetischen Felds (betrifft vor allem CRTs), auf Ergonomie, Umweltverträglichkeit, Energieverbrauch und Kosteneffizienz von Monitoren beziehen. Der aktuelle TCO'03–Standard löst den TCO'99–Standard ab und erweitert diesen insbesondere hinsichtlich Ergonomie und Umweltverträglichkeit.

9.10 Drucker

Die Aufgabe eines Drucker ist es, Texte oder Bilder auf Papier auszugeben. Im Laufe der Jahre wurden verschiedene Druckertechnologien entwickelt, die man im Wesentlichen in zwei Hauptkategorien unterteilen kann: Drucker *mit* und *ohne mechanischen* Anschlag. Zu den Druckern mit mechanischem Anschlag zählen Typenrad–, Nadel– und Banddrucker. Da diese Technologien jedoch sehr viel Lärm verursachen, werden heute fast ausschließlich Drucker ohne mechanischen Anschlag eingesetzt[14]. Im Folgenden werden wir die Funktionsprinzipien dieser modernen Drucker (Tintenstrahl–, Thermo– und Laserdrucker) kennen lernen.

9.10.1 Tintenstrahldrucker

Ein Tintenstrahldrucker spritzt mit Hilfe feiner Düsen Tinte auf das Papier. Die Zeichen und Grafiken werden aus einzelnen Punkten zusammengesetzt, d.h. sie gehören zur Gruppe der Matrixdrucker. Der Druckvorgang erfolgt zeilenweise. Um den Abstand zwischen den Düsen zu minimieren, werden diese am Druckkopf versetzt angeordnet. Da die Düsen leicht verstopfen bzw. verschleißen, werden sie zusammen mit dem Tintenvorrat zu einer Einheit zusammengefasst und komplett ersetzt, sobald die Tinte leer ist. Um die Tinte

---

.. Außer man benötigt Durchschläge wie z.B. bei Rechnungen.

aufs Papier zu spritzen, haben sich im Wesentlichen zwei Verfahren durchgesetzt:

- Piezo–Verfahren,
- Bubble–Jet–Verfahren.

Das *Piezo–Verfahren* beruht auf dem piezoelektrischen Effekt, den man bei Kristallen findet: Wenn man an den Kristall eine Spannung anlegt, ändert dieser seine Form. Die Formveränderung wird zum Aufbau des Düsendrucks ausgenutzt, der nötig ist, um die Tinte auf das Papier zu sprühen. Beim *Bubble–Jet–Verfahren* wird die Tinte in den Düsen in kurzer Zeit stark erhitzt, so dass sich Dampfblasen (Bubbles) bilden und die Tinte aus der Düse herausgeschleudert wird. Da die Druckköpfe nach dem Bubble–Jet–Verfahren preiswerter herzustellen sind, ist dieses Verfahren sehr verbreitet. Das Piezo– Verfahren wird eigentlich nur noch von der Firma Epson eingesetzt.

Wegen der geringen Kosten und ihrer hohen Druckqualität sind Tintenstrahldrucker sehr beliebt. Sie erreichen Auflösungen von bis zu 2800 dpi und benutzen das *CMYK–Farbmodell*, um farbige Bilder zu drucken (vgl. Abschnitt 9.9.4). Daneben gibt es auch noch spezielle Foto–Drucker, die mit sieben Basisfarben arbeiten und für den Ausdruck von Fotos optimiert sind.

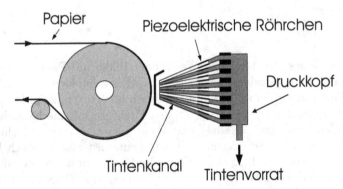

Abb. 9.21. Druckkopf eines Tintenstrahldruckers nach dem Piezo–Verfahren.

9.10.2 Thermotransfer– und Thermosublimationsdrucker

Diese Drucker sind dadurch gekennzeichnet, dass sie die Farben durch Erhitzen von Bändern mit farbigem Wachs auf das Papier bringen. Bei *Thermotransferdruckern* schmelzen einige tausend (!) Heizelemente des Druckkopfes das Wachs auf das vorbeigeführte Papier. *Thermosublimationsdrucker* arbeiten in gleicher Weise, nur dass hier das Wachs direkt vom festen in den gasförmigen Zustand übergeht und anschließend von einem Spezialpapier aufgenommen wird. Durch Steuerung der Stromstärke kann die auf das Papier abgegebene Farbmenge sehr fein dosiert werden. Im Gegensatz zu anderen Druckern können die Farben für jeden einzelnen Pixel exakt gemischt werden, so dass man extrem hohe Farbabstufungen (bis 256 Stufen) erreichen kann. Da bei anderen Druckertechnologien immer nur vollständige Pixel gedruckt werden können, müssen dort Farb- oder Grauwertabstufungen durch Rasterung (Dithering) über ein Feld mit mehreren Pixeln realisiert werden. Dadurch wird jedoch die effektive Auflösung reduziert. Thermosublimationsdrucker erreichen dagegen deutlich höhere Auflösungen in realistischer Fotoqualität (Abbildung 9.22). Die Thermosublimationstechnik wird daher meist zum Ausdruck von Digitalbildern mit speziellen Fotodruckern eingesetzt. Die Farbbänder und Fotopapiere sind allerdings deutlich teurer als bei den anderen Druckern.

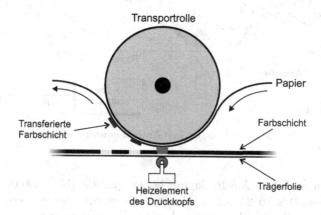

Abb. 9.22. Funktionsprinzip eines Thermosublimationsdruckers

9.10.3 Laserdrucker

Laserdrucker arbeiten nach dem elektrophotografischen Prinzip (Abbildung 9.23). Eine rotierende Trommel mit einer dielelektrischen Schicht wird zu Beginn eines Seiten-Druckvorgangs mit einer sehr hohen Spannung (ca. 1000 V) aufgeladen. Dann wird das gleichförmige Ladungsmuster mit einem Laserstrahl zeilenweise überschrieben. Der Laserstrahl wird dazu durch einen rotierenden Spiegel so umgelenkt, dass jeweils eine Druckzeile abgedeckt werden kann. Während der Abtastung schaltet man den Laserstrahl genau an den Stellen ein, an denen später keine Schwärzung des Papiers erfolgen soll. Die elektrisch aufgeladene Trommel verliert genau an diesen Stellen ihre Ladung. Sobald eine Zeile in dieser Weise geschrieben wurde, dreht sich die Trommel ein kleines Stück weiter und die nächste Zeile kann geschrieben werden. Wenn die erste beschriebene Zeile die *Tonerkassette* erreicht, zieht sie an den noch geladenen Stellen das Tonerpulver an. Das mit dem Laser (negativ) geschriebene Druckmuster wird so auf die Trommel und von dort schließlich auf das Papier übertragen, indem es mit einer Walze gegen die Trommel angedrückt wird. Zum Schluss wird das Tonerpulver auf dem Papier fixiert, indem es durch elektrisch erhitzte Rollen geführt und damit auf das Papier aufgeschmolzen wird. Die Trommel wird nun mit einem Abstreifer von Tonerresten befreit und für den nächsten Seiten–Druckvorgang aufgeladen.

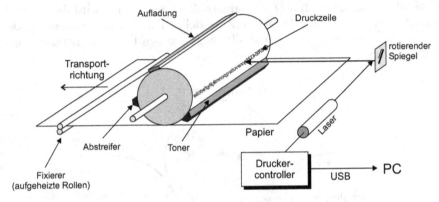

Abb. 9.23. Schematischer Aufbau eines Laserdruckers

Laserdrucker liefern Ausdrucke mit hoher Qualität (bis 1.200 dpi) und Geschwindigkeit (bis zu 20 Seiten/Minute). Sie werden heute meist über eine USB–Schnittstelle mit dem PC verbunden [15] oder sie verfügen über einen Netzwerkadapter, mit dem sie direkt in ein lokales Netzwerk integriert werden können. Zur Steuerung (Druckercontroller) werden eingebettete Rechnersysteme eingesetzt, die über mehrere MByte Halbleiterspeicher verfügen, um die komplette Bitmap für eine Seite aufzunehmen. Die Druckercontroller berechnen diese Bitmap in der Regel aus Druckbefehlen einer standardisierten Seitenbeschreibungssprache (z.B. PCL oder Postscript). Dadurch wird einerseits der PC–Prozessor entlastet und andererseits wird das Datenvolumen reduziert, das über die Druckerschnittstelle übertragen werden muss.

Wie bei den Tintenstrahldruckern können auch bei Laserdruckern Farben durch Mischung der Grundfarben im CMYK–Farbraum erzeugt werden. Farblaserdrucker müssen daher für jede der vier Grundfarben eine eigene Tonerkassette bereitstellen. Graustufen oder Farbschattierungen müssen (ebenfalls wie bei Tintenstrahldruckern) durch Rasterung (Dithering) erzeugt werden. Dadurch wird allerdings die effektive Auflösung reduziert.

.. früher über eine parallele Schnittstelle.

10. Aktuelle Computersysteme

In diesem Kapitel soll ein kurzer Überblick über aktuelle Computersysteme gegeben werden. Zunächst stellen wir die verschiedenen Arten von Computern vor. Dann betrachten wir am Beispiel von Desktop–Systemen deren internen Aufbau, der vor allem durch den Chipsatz geprägt wird. Dann werden die aktuellsten Desktop–Prozessoren der beiden führenden Hersteller AMD und Intel vorgestellt und miteinander verglichen. Danach beschreiben wir die Funktionsprinzipien der aktuellen Speichermodule sowie Ein– und Ausgabeschnittstellen. Schließlich gehen wir auch auf die Bedeutung von Grafikadaptern ein und geben einen Ausblick auf die künftige Entwicklung.

Die Entwicklung neuer Prozessorarchitekturen und Computersysteme ist rasant. Die Chiphersteller vermelden fast täglich neue technologische und architektonische Verbesserungen ihrer Produkte. Daher fällt es natürlich auch schwer, einen aktuellen Schnappschuss der Entwicklung wiederzugeben – zumal dieser dann nach kurzer Zeit wieder veraltet ist. Trotzdem wollen wir im Folgenden versuchen, den Stand im Winter 2004/05 zu erfassen.

10.1 Arten von Computern

Obwohl es uns meist nicht bewusst ist, sind wir heutzutage von einer Vielzahl verschiedenster Computersystemen umgeben. Die meisten Computer, die wir täglich nutzen, sind nämlich in Gebrauchsgegenständen eingebaut und führen dort Spezialaufgaben aus. So bietet uns beispielsweise ein modernes Handy die Möglichkeit, Telefonnummern zu verwalten, elektronische Nachrichten (SMS) zu versenden, Musik abzuspielen oder sogar Bilder aufzunehmen. Ähnliche Spezialcomputer findet man in Geräten der Unterhaltungselektronik (z.B. CD–, DVD–, Video–Recordern, Satelliten–Empfängern), Haushaltstechnik (z.B. Wasch– und Spülmaschinen, Trockner, Mikrowelle), Kommunikationstechnik (z.B. Telefon– und FAX–Geräte) und auch immer mehr in der KFZ–Technik (z.B. intelligentes Motormanagement, Antiblockier– und Stabilisierungssysteme). Diese *Spezialcomputer* oder so genannten *embedded systems* werden als Bestandteile größerer Systeme kaum als Computer wahrgenommen. Sie müssen jedoch ein weites Leistungsspektrum abdecken und insbesondere bei Audio– und Videoanwendungen bei minimalem Energiebedarf Supercomputer–Leistungen erbringen.

Solche Systeme basieren meist auf Prozessoren, die für bestimmte Aufgaben optimiert wurden (z.B. Signal– oder Netzwerkprozessoren). Aufgrund der immensen Fortschritte der Mikroelektronik ist es sogar möglich, Prozessorkerne zusammen mit zusätzlich benötigten digitalen Schaltelementen auf einem einzigen Chip zu realisieren (SoC, System on a Chip).

Neben diesen eingebetteten Systemen gibt es auch die so genannten *Universalcomputer*. Gemeinsames Kennzeichen dieser Computersysteme ist, dass sie ein breites Spektrum von Funktionen bereitstellen, die durch dynamisches Laden entsprechender Programme implementiert werden. Neben Standardprogrammen für Büroanwendungen (z.B. Schreib– und Kalkulationsprogramme) gibt es für jede nur erdenkliche Anwendung geeignete Software, die den Universalcomputer in ein anwendungsspezifisches Werkzeug verwandelt (z.B. Entwurfs– und Konstruktionsprogramme, Reiseplaner, Simulatoren, usw.).

Derartige Universalcomputer unterscheiden sich hinsichtlich der Größe und Leistungsfähigkeit. Die kleinsten und leistungsschwächsten Universalcomputer sind kompakte und leichte Taschencomputer (handheld computer), die auch als so genannte *PDAs* (Personal Digital Assistant) bekannt sind. Sie verfügen über einen nichtflüchtigen Speicher (vgl. Kapitel 8), der auch im stromlosen Zustand die gespeicherten Informationen beibehält. PDAs können mit einem Stift über einen kleinen berührungsempfindlichen Bildschirm (touchscreen) bedient werden und sind sogar in der Lage, handschriftliche Eingaben zu verarbeiten.

Notebooks sind ebenfalls portable Computer. Sie haben im Vergleich zu PDAs größere Bildschirme, eine richtige Tastatur und ein Sensorfeld, das als Zeigeinstrument (Maus–Ersatz) dient. Sie verfügen auch über deutlich größere Speicherkapazitäten (sowohl bzgl. Haupt– als auch Festplattenspeicher) und werden immer häufiger als Alternative zu ortsfesten *Desktop-Computern* verwendet, da sie diesen insbesondere bei Büro– und Kommunikationsanwendungen ebenbürtig sind. Um eine möglichst lange vom Stromnetz unabhängige Betriebsdauer zu erreichen, werden in Notebooks stromsparende Prozessoren eingesetzt.

Desktop-Computer oder *PCs* (Personal Computer) sind Notebooks vor allem bzgl. der Rechen– und Grafikleistung überlegen. Neben den typischen Büroanwendungen werden sie zum rechnergestützten Entwurf (CAD, Computer Aided Design), für Simulationen oder auch für Computerspiele eingesetzt. Die dazu verwendeten Prozessoren und Grafikadapter produzieren hohe Wärmeleistungen (jeweils in der Größenordnung von ca. 100 Watt), die durch große Kühlkörper und Lüfter abgeführt werden müssen.

Weitere ortsfeste Computersysteme sind die so genannten *Server*. Im Gegensatz zu den Desktops sind sie nicht einem einzelnen Benutzer zugeordnet. Da sie Dienstleistungen für viele über ein Netzwerk angekoppelte Desktops oder Notebooks liefern, verfügen sie über eine sehr hohe Rechenleistung (compute server), große fehlertolerierende und schnell zugreifbare Festplattensy-

steme[1] (file server, video stream server), einen oder mehrere Hochleistungs-
drucker (print server) oder mehrere schnelle Netzwerkverbindungen (firewall,
gateway).

Server–Systeme werden in der Regel nicht als Arbeitsplatzrechner genutzt,
d.h. sie verfügen weder über leistungsfähige Grafikadapter noch über Peripheriegeräte zur direkten Nutzung (Monitor, Tastatur oder Maus).

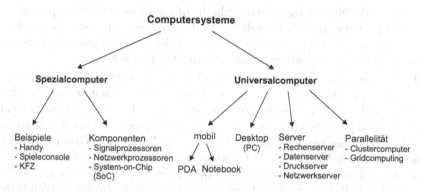

Abb. 10.1. Übersicht über die verschiedenen Arten von Computersystemen.

Um sehr rechenintensive Anwendungen zu beschleunigen, kann man mehrere Compute–Server zu einem so genannten *Clustercomputer* zusammenschal-
ten. Im einfachsten Fall, werden die einzelnen Server–Systeme über einen
Switch[2] mit Fast– oder Gigabit–Ethernet zusammengeschaltet. Über diese
Verbindungen können dann die einzelnen Compute–Server Daten untereinander austauschen und durch gleichzeitige (paralllele) Ausführung von Teilaufgaben die Gesamtaufgabe in kürzerer Zeit lösen. Die maximal erreichbare
Beschleunigung hängt dabei von der *Körnigkeit* (granularity) der parallelen
Programme ab. Clustercomputer sind vor allem für grobkörnige (coarse grai-
ned) Parallelität geeignet. Hier sind die Teilaufgaben zwar sehr rechenintensiv,
die einzelnen Programmteile müssen jedoch nur geringe Datenmengen untereinander austauschen.

Je feinkörniger ein paralleles Programm ist, desto höher sind die Anforderungen an das dem Cluster zugrundeliegende Netzwerk. Um eine hohe Beschleunigung der feinkörnigen Programme zu erreichen, muss die Netzwerkver-
bindung sowohl eine hohe Datenrate bereitstellen als auch möglichst geringe
Latenzzeiten aufweisen. Ein Beispiel für ein derartiges (teures) Netzwerk ist
das *Myrinet*.

· Meist so genannte RAID (Redundant Array of Independent Disks). Vgl.
auch Kapitel 8.

· Vgl. Kapitel 7.

Betrachtet man die über das Internet verbundenen Computersysteme, so erkennt man, dass diese ähnlich wie bei einem Clustercomputer organisiert sind. Auch hier kann jeder Netzwerkknoten mit jedem beliebigen anderen Knoten Daten (oder Programme) austauschen. Aufgrund der komplexen Vermittlungsstrategien des Internetprotokolls (IP) muss man allerdings mit höheren Latenzzeiten und geringeren Datenraten rechnen, d.h. man ist auf grobkörnige Parallelität beschränkt. Trotzdem hält dieser „weltweite" Clustercomputer extrem hohe Rechenleistungen bereit, da die angeschlossenen Desktop–Systeme im Mittel nur zu ca. 10% ausgelastet sind. Um diese immense brachliegende Rechenleistung verfügbar zu machen, entstanden in den letzten Jahren zahlreiche Forschungsprojekte zum sogenannten *Gridcomputing*.

Der Name *Grid* wird in Analogie zum Powergrid verwendet, bei dem es um eine möglichst effektive Nutzung der in Kraftwerken erzeugten elektrischen Energie geht. Die Kernidee des Gridcomputing besteht darin, auf jedem Gridknoten einen permanenten Zusatzprozess laufen zu lassen, über den dann die Leerlaufzeiten des betreffenden Desktop–Computers für das Grid nutzbar gemacht werden können. Diese Software wird als Grid–*Middleware* bezeichnet. Die am weitesten verbreitete Grid–Middleware ist das Globus–Toolkit. Neben der Grid–Middleware wird auch ein so genannter Grid–*Broker* benötigt, der für jeden eingehenden Benutzerauftrag (job) geeignete Computerkapazitäten (resourcen) sucht und der nach der Bearbeitung die Ergebnisse an den Benutzer weiterleitet. In Analogie zum WWW spricht man beim Gridcomputing auch von einem *World Wide Grid* (WWG). Es bleibt abzuwarten ob sich dieser Ansatz genauso revolutionär entwickelt wie das WWW.

Nach diesem Überblick über die verschiedenen Arten moderner Computersysteme, wollen wir im Folgenden den Aufbau von Desktop–Systemen genauer betrachten und anschließend die Architektur der aktuellsten Desktop–Prozessoren von AMD und Intel vorstellen. Als verbindenden Komponenten kommt den Chipsätzen eine besondere Bedeutung zu.

10.2 Chipsätze

In diesem Abschnitt werden wir in die grundlegende Struktur von Desktop–Systemen oder PCs (Personal Computer) einführen. Der Kern eines PCs besteht aus der Hauptplatine, auch *Motherboard* genannt, auf dem der Prozessor, Speicher, Ein–/Ausgabebausteine und –schnittstellen untergebracht sind. Da diese drei Haupteinheiten mit unterschiedlichen Geschwindigkeiten arbeiten, benötigt man *Brückenbausteine* (bridges), welche die vorhandenen Geschwindigkeitsunterschiede ausgleichen und für einen optimalen Datenaustausch zwischen den Komponenten sorgen.

Die Brückenbausteine müssen auf die Zeitsignale (timing) des Prozessors abgestimmt werden. Die Gesamtheit der zu einem Prozessor passenden Brückenbausteine wird als *Chipsatz* bezeichnet. Die Prozessorhersteller (vor allem

AMD und Intel) sowie auf die Entwicklung von Chipsätzen spezialisierte Firmen bieten kurz nach dem Erscheinen eines neuen Prozessors auch die dazu passenden Chipsätze an.

Ein Chipsatz besteht meist aus ein bis zwei Chips, die benötigt werden, um den Prozessor mit dem Speichersystem (Kapitel 8) und Ein–/Ausgabebussen (Kapitel 7) zu koppeln. Der Chipsatz hat also großen Einfluss auf die Leistungsfähigkeit eines Computersystems und muss daher optimal auf den Prozessor abgestimmt sein. Obwohl ein Chipsatz für eine bestimmte Prozessorfamilie entwickelt wird, kann er meist auch eine Vielzahl kompatibler Prozessoren unterstützen.

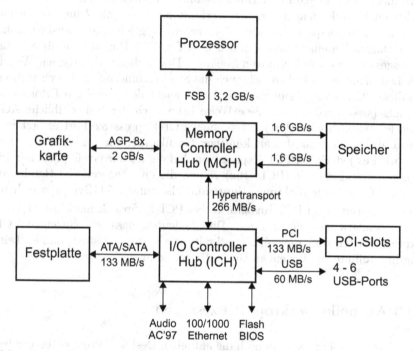

Abb. 10.2. Chipsätze synchronisieren den Prozessor mit Speicher– und Ein–/Ausgabebussen. Dargestellt ist der Aufbau eines Desktop–Computers nach der Intel Hub Architecture.

Oft findet man beim Chipsatz eine Aufteilung in North– und South–Bridge. Die North–Bridge liegt bei normaler Aufstellung des PCs unmittelbar beim Prozessor und oberhalb der South–Bridge. Neuere Chipsätze[3] unterstützen die so genannte *Intel Hub Architecture (IHA)* bei der die North–Bridge durch den Memory Controller Hub (MCH) und die South–Bridge durch den I/O Controller Hub 2 (ICH2) ersetzt wird (vgl. Abb. 10.2). Die beiden Berei-

---

· Ab dem Intel i820.

che sind durch eine schnellere *Hypertransport*–Verbindung (266 MByte/sec) miteinander gekoppelt. Daher ist die IHA auch viel schneller als der frühere North–/South–Bridge Ansatz, bei dem alle Ein–/Ausgabeschnittstellen über den langsamen PCI–Bus angebunden wurden.

Wie wir aus der Abbildung sehen können, verarbeitet der MCH sehr hohe Taktraten. Daher muss er gut gekühlt werden. Dagegen kommt der ICH meist ohne Kühlkörper aus. In den neusten Intel–Chipsätzen wird eine neue skalierbare Variante des PCI–Busses, der so genannte *PCI–Express*, eingeführt (vgl. Abschnitt 10.5). Mit einfacher Übertragungsrate (PCIe–1x) ersetzt er die Hypertransport–Verbindung zwischen MCH und ICH. Die PCIe–Verbindung wird nicht mehr als paralleler Bus ausgeführt, sondern besteht aus einer oder mehreren bidirektionalen seriellen Verbindungen, die als *Lanes* bezeichnet werden. Dadurch spart man sehr viele Verbindungsleitungen. Anstatt bisher 84 Leitungen bei einem herkömmlichen 32 Bit–PCI–Bus werden für eine Lane insgesamt nur vier Leitungen benötigt. Durch diesen drastischen Wegfall von Leitungen vereinfachen sich auch die Steckverbindungen. Durch mehrere parallele PCIe–Lanes kann die Bandbreite leicht den jeweiligen Erfordernissen angepasst werden. Auf diese Weise kann auch der bisher übliche AGP (Accelerated Graphics Port) durch einen PCI–Express–8x–Port ersetzt werden. Um dem Leistungsbedarf künftiger Grafikanwendungen gerecht zu werden, wird es jedoch bei PCI–Express von Anfang an nur Grafikports mit 16–facher Geschwindigkeit (PCIe–16x) geben, die eine theoretische Bandbreite von 3,73 GByte/s je Richtung – insgesamt also rund 7,5 GByte/s erreichen.

Im Gegensatz zum PCI–Bus gibt es bei PCI–Express keine Einsteckplätze (slots) sondern *geschaltete Ports*. Dies bedeutet, dass den einzelnen PCI–Express–Karten stets die volle Bandbreite zur Verfügung steht, da hier keine Zugriffskonflikte wie bei einem Bus auftreten können.

10.3 Aktuelle Desktop–Prozessoren

Im Folgenden sollen exemplarisch die aktuellen Desktop–Prozessoren der beiden führenden Prozessorhersteller AMD und Intel beschrieben werden.

10.3.1 Athlon 64 FX–53

Der aktuell leistungsfähigste AMD–Prozessor ist der Athlon 64 FX–53 in Verbindung mit dem VIA K8T800 Pro Chipsatz. Der Athlon 64 FX–53 basiert auf dem Clawhammer Prozessorkern, der eine typisch superskalare Architektur aufweist. Er verfügt über 6 Ganzzahl– und 3 Gleitkomma–Rechenwerke. Multimedia–Anwendungen werden durch eine SSE2– und eine 3Dnow!–Einheit beschleunigt. Neben den klassichen x86–Befehlen bietet der Athlon 64 FX–53 auch zusätzliche AMD64–spezifische Befehlserweiterungen.

Der Prozessor wird intern mit 2,4 GHz getaktet und hat eine Leistungsaufnahme von 89 Watt.

Der Athlon 64 FX–53 hat insgesamt 16 Register mit einer Wortbreite von 64 Bit und 8 Register mit 128 Bit Wortbreite, die den Multimedia–Rechenwerken zugeordnet sind. Neben den Registern sind im Athlon 64 FX–53 auch L_1– und L_2–Caches integriert. Der L_1–Cache ist nach Daten und Befehlen getrennt (Harvard–Architektur) und besteht aus jeweils 64 KByte großen 2–fach assoziatven Speicherblöcken. Mögliche Fehler im Befehlscache werden mit Hilfe einer Paritätsprüfung erkannt. Der Datencache verfügt sogar über die Möglichkeit zur Fehlerkorrektur mittels ECC (Error Correcting Code). Die beiden L_1–Caches greifen gemeinsam auf den 1 MByte großen L_2–Cache zu, der 16–fach assoziativ ausgelegt wurde.

Über einen integrierten Speichercontroller können an den Athlon 64 FX–53 direkt bis zu 8 DIMMs angeschlossen werden. Dieses Prozessormerkmal vereinfacht den Aufbau des Chipsatzes. Der Speichercontroller unterstützt DDR–Speicherbausteine mit einer physikalischen Taktrate von bis zu 200 MHz[4] und kann mittels ECC Zweibitfehler erkennen und Einbitfehler korrigieren. Der I/O–Controller ist Bestandteil des Chipsatzes und wird über die so genannte *HyperTransport*–Technologie mit dem Prozessor verbunden. Mit dieser Technik können bidirektionale Datenübertragungen von maximal 3,2 GByte/s in jede Richtung durchgeführt werden.

Der Athlon 64 FX–53 verfügt außerdem über ein integriertes Power Management System, um einen Computer und die damit verbundenen Peripheriegeräte in einen Stromsparbetrieb umzuschalten. Das im Athlon 64 FX–53 implementierte System ist kompatibel zum *ACPI*–Standard (Advanced Configuration and Power Interface). Neben dem Stromsparbetrieb erleichtert dieser Standard es ACPI–fähigen Betriebssystemen (z.B. Windows XP oder Linux) Ein–/Ausgabeschnittstellen und –geräte einfacher einzubinden und zu verwalten. So können mit ACPI beispielsweise mehrere Geräte gleichzeitig denselben Interrupt benutzen. Der Athlon 64 FX–53 kann mittels ACPI–Funktionen dazu gebracht werden, seinen Leistungsbedarf zu reduzieren. Hierzu werden verschiedene *low–power* Zustände definiert bei denen natürlich auch die Rechenleistung des Prozessors reduziert wird. Um Strom zu sparen, wird entweder die interne Prozessortaktfrequenz reduziert oder es werden ganze Teilbereiche des Prozessors abgeschaltet.

Der Athlon 64 FX–53 wird mit zwei verschiedenen Fassungen mit je 754 und 939 Pins angeboten. Der wesentliche Unterschied zwischen diesen beiden Versionen besteht in der Zahl der (vom integrierten Speichercontroller) unterstützten DIMMs. Die Version im 939 Pin–Gehäuse unterstützt vier statt drei DIMMs und liefert daher die höhere Speicherbandbreite von insgesamt 4 GByte/s.

· Entspricht 400 MHz FSB.

10.3.2 Pentium 4 EE (Extreme Edition)

Der Pentium 4 EE ist in Verbindung mit dem i925X–Chipsatz der derzeit schnellste Desktop–Prozessor. In der Tabelle 10.1 sind einige aktuelle Benchmark–Resultate gegenübergestellt. Dabei lieferte der Pentium 4 EE im Vergleich zum Athlon 64 FX–53 bezüglich einer Sammlung von repräsentativen Anwendungsprogrammen (nach SYSmark 2004) sehr ähnliche Ergebnisse. Bei arithmetischen Programmen (nach SPEC2000–Benchmark) mit Ganz– und Gleitkommazahlen (CINT bzw. CFP) lieferte der Pentium 4 EE jedoch ein wenig bessere Ergebnisse.

Die wesentlichen Unterschiede der beiden Prozessoren liegen in der Zahl der Pipelinestufen und der damit gekoppelten maximalen Taktfrequenz. Je tiefer die Pipeline umso höher ist die erreichbare Taktfrequenz. Intel konnte in den vergangen Jahren die Taktfrequenz auf fast 4 GHz steigern, wobei die Pipelinetiefe bis auf 31 Stufen anstieg (beim 0,9 μm Design). Der Athlon 64 FX–53 hat kürze Pipelines und wird nur mit 2,4 GHz getaktet. Betrachtet man die Tabelle 10.1 unter diesem Gesichtspunkt, so wird klar, dass er einen deutlich besseren IPC–Wert als der Intel–Prozessor erreicht.

Tabelle 10.1. Leistungsvergleich der derzeit schnellsten Desktop–Prozessoren von AMD und Intel (nach [*Windeck, 2004*])

Prozessor	SYSmark 2004	CINT2000_base	CFP2000_base
Athlon 64 FX–53	198	1539	1426
Pentium 4 EE	201	1619	1526

Der aktuelle Pentium 4 EE arbeitet intern mit einer Taktfrequenz von 3,46 GHz und ist ebenfalls als superskalarer Prozessor ausgelegt. Ähnlich wie beim Athlon gibt es vier Ganzzahl– und zwei Gleitkomma–Rechenwerke, die über einen gemeinsamen Registerblock eng mit einer SSE2–Multimediaeinheit gekoppelt sind. Zwei der Ganzzahl–Rechenwerke arbeiten sogar mit der doppelten Prozessorfrequenz, d.h. nominell mit fast 7 GHz(!). Der Pentium 4 EE speichert und verarbeitet im Gegensatz zum Athlon 64 FX–53 nur 32 Bit Ganzzahlen. Gleitkommazahlen werden dagegen wie beim Athlon 64 FX–53 mit einer Wortbreite von 128 Bit dargestellt. Der aktuelle Prozessorkern ging aus dem Vorgängermodell namens *Northwood* hervor und trägt nun den Namen *Gallatin*. Mit einer Leistungsaufnahme von rund 110 Watt liegt er um mehr als 20 Watt über dem Wert des Athlon 64 FX–53 .

Da wegen der sehr tiefen Pipeline falsch vorhergesagte Sprünge zu großen Latenzzeiten führen, hat Intel einen so genannten *Trace Cache* vorgesehen, der bereits dekodierte Befehle vorhält und dadurch die Latenzen minimiert. Seit November 2002 unterstützt der Pentium 4 die so genannte mehrfädige Befehlsverarbeitung, die den Produktnamen *Hyperthreading* erhielt. Durch Hyperthreading wird dem Betriebssystem ein Zweiprozessorsystem vorgegaukelt, indem man die internen Registerblöcke und Zustandsspeicher doppelt ausführt und so zwischen zwei separaten Prozessorzuständen umschalten kann. Mit Hilfe von Hyperthreading können Latenzzeiten leicht überbrückt werden wodurch eine bessere Auslastung der vorhandenen Recheneinheiten erreicht werden kann.

Die internen L_1–Caches sind beim Pentium 4 EE nicht symmetrisch ausgelegt und deutlich kleiner als beim Athlon 64 FX–53 . Der Datencache ist nur 8 KByte und der Befehlscache 12 KByte groß. Auch der gemeinsame 8–fach assoziative L_2–Cache ist mit 512 KByte nur halb so groß wie beim Konkurrenzmodell von AMD. Dafür wurde aber ein 2 MByte großer L_3–Cache auf dem Chip integriert, der ebenfalls 8–fach assoziativ ist. Diese hohe Assoziativität (im Vergleich zum AMD–Prozessor) erhöht die Trefferrate und verringert damit verzögernde Zugriffe auf den Hauptspeicher.

Der Prozessor kann über einen FSB mit einer nominellen Transferrate von 800 oder 1066 MHz mit dem Hauptspeicher kommunizieren. Bei Verwendung von DDR 400–Speicherchips werden durch so genannte *quad–pumped* Übertragung Bandbreiten von 6,4 bis 8,5 GByte/s erreicht. Der Pentium 4 EE Chip ist in einem so genannten *Flip-Chip Land Grid Array* mit 775 Kontakten untergebracht. Im Gegensatz zum Athlon gibt es keine Pins sondern nur noch einen Oberflächenkontakt zum LGA 775 Sockel.

10.4 Speicher

Zum leichteren Aufbau des Hauptspeichers werden die Speicherchips in Modulen zusammengefaßt, die als Speicherriegel in die Hauptplatine eingesteckt werden. In heutigen Computersystemen findet man überwiegend so genannte *DIMM*s (Dual Inline Memory Module), die *SDRAM* (Synchronous Dynamic Random Access Memory) Speicherchips enthalten. DIMMs ermöglichen den Speicherzugriff mit 64 Bit Wortbreite. Um die Transferrate zu erhöhen, unterstützen die meisten Chipsätze den parallelen Zugriff auf zwei Module, d.h. es können gleichzeitig 128 Bit übertragen werden. Die einzelnen DIMMs unterscheiden sich bzgl. der Zugriffszeiten bzw. –verfahren der verwendeten Speicherchips.

Hier haben sich mittlerweile die so genannten *DDR*–Speicher (Double Data Rate) gegenüber den einst von Intel favorisierten Direct RDRAM (Rambus)–Speichern durchgesetzt. DDR–Speicher übertragen mit jeder Taktflanke ein Datum zwischen FSB und Speicher. Dadurch ist die effektive Taktrate doppelt so groß wie die physikalische Taktrate.

Zur Bezeichnung der DIMMs sind zwei Notationen üblich: Entweder man gibt die effektive Taktrate oder die maximale Übertragungsrate in MByte/s an. Bei der ersten Variante stellt man das Kürzel DDR voran (z.B. DDR 400), bei der zweiten Variante benutzt man das Kürzel PC (z.B. PC 3200). In Tabelle 10.2 sind die heute gebräuchlichen DIMM–Typen aufgelistet.

Tabelle 10.2. Übersicht über die gebräuchlichsten DIMM–Speicher (Stand: Dezember 2004)

	DDR 333 PC 2700	DDR 400 PC 3200	DDR 533 PC 4200
Wortbreite	64 Bit	64 Bit	64 Bit
phys. Takt	166 MHz	200 MHz	266 MHz
effekt. Takt	333 MHz	400 MHz	533 MHz
einkanalig	2,7 GByte/s	3,2 GByte/s	4,2 GByte/s
zweikanalig	5,4 GByte/s	6,4 GByte/s	8,4 GByte/s

DDR–Speicher basieren auf der so genannten *Prefetch*-Technik bei der gleichzeitig zwei aufeinanderfolgende Speicherzellen aus dem Speicher ausgelesen werden. Das erste Datum wird dann mit der steigenden Taktflanke und das zweite Datum mit der fallenden Taktflanke ausgegeben. Beim Schreiben geht man analog vor, d.h. nachdem ein 64 Bit Wort mit der ersten Taktflanke zwischengespeichert wurde, werden mit der fallenden Taktflanke zwei 64 Bit Worte gleichzeitig in die Speichermatrix eingeschrieben.

Zusammen mit einer zweikanaligen Ankopplung können pro Takzyklus vier Datenworte zwischen Prozessor und Speicher übertragen werden. Dieses Verfahren wird von Intel als *quad–pumped* bezeichnet. Weiterentwicklungen des DDR–Konzepts findet man bei den neuen DDR2– bzw. zukünftigen DDR3–Modulen, die mit einem vier– bzw. sechsfachen Prefetch arbeiten.

10.5 Ein–/Ausgabe Schnittstellen

In einem Computersystemsystem gibt es eine Reihe von Ein–/Ausgabebussen mit unterschiedlichen Übertragungsgeschwindigkeiten. Der Chipsatz hat auch hier die Aufgabe, diese Geschwindigkeitsunterschiede auszugleichen. Hierzu müssen im Chipsatz leistungsfähige Pufferspeicher vorhanden sein, die Daten vom schnelleren Bus kurzfristig zwischenspeichern, um sie dann an einen langsameren Bus weiterzuleiten. In heutigen Computersystemen findet man vorwiegend folgende Busse: PCI, PCI–Express, AGP, USB, IDE und S–ATA.

ISA (Industry Standard Architecture)

ISA ist ein klassischer Busstandard, der ursprünglich für den AT–Personalcomputer von IBM entwickelt wurde. Der ISA–Bus arbeitet mit einer Taktrate von 8,3 MHz und erreicht damit lediglich eine Datenrate von 16,6 MByte pro Sekunde. Einsteckplätze mit ISA–Bus findet man nur noch in älteren PCs. Derartige überalterte Schnittstellen, wozu auch die serielle und die parallele Schnittstelle zählen, werden als *Legacy* (engl. für Vermächtnis, Erbe) bezeichnet. Die heutigen PCs sind i.a. *legacy–free*.

PCI (Peripheral Component Interconnect)

Ist der heute am weitesten verbreitete Busstandard für Ein-/Ausgabekarten. Er integriert den älteren ISA-Bus und wurde ursprünglich von Intel in Anlehnung an den VESA Local Bus eingeführt. Heute findet man aber PCI-Steckplätze bei allen Desktop-Computern, d.h. PCI wird auch durch Chipsätze anderer Prozessorhersteller unterstützt. PCI überträgt die Daten entweder auf einem 32 oder 64 Bit Datenbus (extended PCI, PCI-X), der mit 66 oder 133 MHz getaktet wird. Hieraus ergibt sich eine Datentransferrate von 532 MByte/s bzw. 1,064 GByte/s.

PCI-Express, PCIe

Obwohl der PCI-Express als Nachfolger des PCI antritt, ist sein Konzept grundlegend vom PCI-*Bus* verschieden. Beim PCIe handelt es sich um serielle Punkt-zu-Punkt Verbindungen, die die angeschlossenen Bausteine über schnelle Schalteinheiten (so genannte PCI-*switches*) mit dem Computersystem verbinden. Die kleinste Verbindungseinheit bildet eine sogenannte *Lane* (engl. Begriff für Bahn, Weg), die aus zwei Leitungspaaren besteht und eine Transferrate von 250 MByte/s je Richtung bereitstellt. Durch Bündelung mehrere Lanes können verschiedene Übertragungsbandbreiten realisiert werden. Neben der Verbindung von Grafikadapter mittels PCIe-16x sind im Serverbereich über PCIe-32x auch bidirektionale Hochgeschwindigkeitsverbindungen mit bis zu 8 GByte/s möglich. Die PCIe-Spezifikation sieht auch vor, dass ein Einsteckkarten im laufenden Betrieb gewechselt werden können (hot-plugging). Von dieser Fähigkeit könnten vor allem mobile Systeme wie Notebooks oder auch Server profitieren.

AGP (Accelerated Graphics Port)

Der AGP zielt auf eine schnelle Anbindung von Grafikkarten durch einen direkten Hauptspeicherzugriff. Mit AGP erreicht man Datenraten von 266 MByte/s (AGP 1x) bis 2,133 GByte/s (AGP 8x). Der AGP wird durch Einführung des neuen PCIe-Standards wahrscheinlich immer mehr an Bedeutung verlieren.

USB (Universal Serial Bus)

Ist eine Schnittstelle zwischen Computer und Peripheriegeräten (z.B. Drucker, Scanner, usw.), die von einem Firmenkonsortium definiert wurde (u.a. Compaq, IBM, DEC, Intel, Microsoft, u.a.). Der Hauptvorteil von USB gegenüber PCI-Schnittstellen liegt darin, dass neue Geräte bei laufendem Rechner und ohne Installation von Gerätetreibern (plug-and-play) hinzugefügt werden können. USB unterstützt Datenraten von 12 MByte/s.

IDE (Integrated Drive Electronics)

Ist eine standardisierte Schnittstelle zum Anschluss von Disketten und Fest-
plattenlaufwerken. IDE basiert auf dem bereits oben beschriebenen ISA–
Standard. Es dient zum Datenaustausch zwischen Hauptspeicher und nichtflüchtigen Speichermedien und ist auch unter dem Namen ATA (Advanced
Technology Attachment) bekannt. Die Beschränkung auf Plattengrößen von
528 MByte wurde durch die Erweiterung zu EIDE (Extended IDE) aufgehoben. Zur Zeit beträgt die maximale Datenrate des EIDE–Busses 133 MByte/s.
Man muss allerdings beachten, dass diese Datenrate nur dann erreicht wird,
wenn die Laufwerkselektronik die Daten bereits in ihrem internen (Cache–)
Speicher hat. Die permanente Datenrate zwischen Festplatte und Laufwerkselektronik liegt deutlich unter dem o.g. Wert.

S–ATA (Serial ATA)

S–ATA entwickelte sich aus dem oben beschriebenen IDE–Standard und dient
wie dieser dem Datenaustausch mit nichtflüchtigen Speichermedien. Um die
Zahl der benötigten Adern zu verringern und damit die Kabelführung zu vereinfachen, wurde ein serielles Übertragungsprotokoll eingeführt. Während die
erste Spezifikation eine Datenrate von 150 MByte/s vorsieht, wird S–ATA II
bereits mit der doppelten Datenrate arbeiten. Um diese hohen Datenraten sicher zu erreichen, benutzt man die Signalübertragung mit dem so genannten
LVDS–Verfahren (Low Voltage Differential Signaling). Im Gegensatz zur parallelen ATA–Schnittstelle ist mit S–ATA ist ein Wechsel des Speichermediums
im laufenden Betrieb möglich (hot–plugging).

10.6 Grafikadapter

Da heutige Softwareanwendungen sehr viele grafische Elemente nutzen, ist die
Qualität eines Computersystems in hohem Maße auch von der Leistungsfähigkeit des Grafikadapters abhängig. Dieser hat die Aufgabe, den Hauptprozessor
zu entlasten, indem er aus einer sehr kompakten parametrischen Beschreibung
eines grafischen Elements das dazu passende Pixelmuster berechnet und dieses
im Grafikspeicher ablegt.

So wird beispielsweise ein Kreis durch die Mittelpunktskoordinaten und
den Radius beschrieben. Der Grafikadapter berechnet dann anhand dieser
drei Parameter die Pixel, deren Gesamtheit einen entsprechenden Kreis auf
dem Bildschirm bilden. Während das hier angeführte Beispiel noch relativ
wenig Zeitersparnis für den Hauptprozessor darstellt, entfalten moderne 3D–
Grafikbeschleuniger ihr ganzes Potential bei aufwendigeren dreidimensionalen
Anwendungen wie CAD oder Computerspielen.

Grafikadapter sind entweder direkt im Chipsatz enthalten (z.B. Intel i915G) oder sie werden als Einsteckkarte an einer standardisierten Schnittstelle wie dem AGP oder PCIe betrieben. Die letztgenannte Variante ist bei anspruchsvollen Grafikanwendungen zu empfehlen, da externe Grafikadapter sehr viel leistungsfähiger sind. Mit Einführung des PCIe–16x werden Übertragungsraten von bis 4 GByte/s bereitgestellt. Dies entspricht einer Verdopplung der Bandbreite gegenüber dem heute üblichen AGP–8x Standard. Leider ist auch die elektrische Leistungsaufnahme mit bis zu 100 W viel höher und es müssen entsprechende Kühlsysteme eingesetzt werden. Die bekanntesten Hersteller solcher Boards sind ATI und Nvidia. Die eingesetzten Grafikchips unterstützen meist die Grafikfunktionen der DirectX– und OpenGL–Grafikbibliotheken und bieten so eine komfortable Programmierschnittstelle.

Moderne Grafikadapter erreichen Bildwiederholrraten von bis zu 30 fps (frames per second) und können in Kombination mit schnellen LCD–Bildschirmen auch für Videoanwendungen genutzt werden. Daher stellen viele Grafikadapter auch einen TV–Ausgang bereit. Außerdem werden so gennante *Multihead*– Karten, die den Anschluss von zwei oder drei Monitoren erlauben, immer beliebter, weil dem Anwender damit ein deutlich größerer Arbeitsbereich zur Verfügung steht.

10.7 Entwicklungstrends

In diesem Abschnitt sollen kurz aktuelle Entwicklungstrends skizziert werden, die sich bzgl. der Technologie und Architektur von Computersystemen abzeichnen. Zu den technologischen Trends zählen die weitere Verkleinerung der Strukturen, die Silicon–on–Isolator– und die Kupfertechnologie. Zu den architektonischen Trends gehören Dual–Core–Prozessoren, höhere Speicherbandbreiten durch Prefetching und die Unterstützung der Sicherheit und Zulässigkeit.

10.7.1 Verkleinerung der Strukturen

Moderne Prozessoren werden in CMOS–Technologie realisiert. Die *Strukturgröße* gibt an, wie klein man die geometrischen Strukturen zur Realisierung der Transistoren auf dem Chip[5] ätzen kann. Immer kleinere Strukturgrößen werden aus folgenden beiden Gründen angestrebt:

- Bei der Herstellung werden gleich mehrere Chips auf einem Wafer geätzt (vgl. Kapitel 7 in Band 1). Aus verfahrenstechnischen Gründen hängt die Ausbeute, d.h. der Prozentsatz funktionsfähiger Chips[6], von der Chipfläche

---

· Englisch auch *Die* genannt.
· und damit der Gewinn.

ab. Daher darf die Fläche der einzelnen Chips auf dem Wafer nicht zu groß werden. Um dies zu erreichen, muss man bei steigender Zahl der Transistoren (Komplexität) die Strukturgröße verringern.

- Wie wir in Kapitel 1 gesehen haben hängt die maximal mögliche Taktfrequenz sowohl von der Geschwindigkeit der Funktionsschaltnetze (ALUs) als auch von den Signallaufzeiten auf den Verbindungsleitungen zwischen den Registern und diesen Funktionsschaltnetzen ab. Demnach kann die Taktfrequenz erhöht werden, wenn die Strukturgröße verkleinert wird.

Leider hat die Verkleinerung der Strukturgröße auch eine Schattenseite. Durch die höhere Transistordichte pro Flächeneinheit steigt auch die spezifische Wärmeleistung (gemessen in Watt pro Quadratzentimeter). Da Halbleiterbausteine bei zu hohen Temperaturen ($> 100°$ Celsius) zerstört werden, muss für ausreichende Wärmeableitung bzw. Kühlung gesorgt werden. Die spezifische Wärmeleistung aktueller Prozessoren liegt in einem Bereich von 80 bis 100 Watt/cm^2. Zum Vergleich liefert eine 2 kW–Herdplatte (bei 400° Oberflächentemperatur) weniger als 1 Watt/cm^2.

Um die Wärmeleistung zu reduzieren, entwickelt man insbesondere für Prozessoren in mobilen Computersystemen (Notebooks) intelligente Powermanagement Systeme. So kann beispielsweise beim *efficeon*–Prozessor von Transmeta sowohl die Taktfrequenz als auch die Betriebsspannung per Software geregelt werden. Da die Leistung quadratisch von der Spannung und linear von der Frequenz abhängt, ergibt sich dadurch eine kubische Leistungsanpassung.

Sowohl AMD als auch Intel bieten mittlerweile Prozessoren in 90 nm Technologie an. Die nächste Stufe mit Strukturgrößen von 70 nm, die schon für das Jahr 2005 prognostiziert wurde, wird jedoch noch einige Zeit auf sich warten lassen.

10.7.2 Silicon–on–Isolator (SOI)

Durch eine vergrabene Oxid–Schicht gelingt es die Transistoren auf dem Chip vollständig voneinander zu isolieren. Damit kann – bei unveränderter Architektur – die Prozessorleistung um bis zu 30% gesteigert werden. Bei gleicher Taktrate kann die Leistungsaufnahme um bis zu 70% gesenkt werden. Diese Technologie wird bereits beim Opteron von AMD eingesetzt.

10.7.3 Kupfertechnologie

Hier wird zur Herstellung von leitenden Verbindungen zwischen den Transistoren Kupfer anstatt von Aluminium verwendet. Der Widerstand der Leiterbahnen sinkt dadurch um 40%, die Signallaufzeiten werden verkürzt und die Taktrate kann um 35% erhöht werden. Auch diese technologische Neuerung wird bei AMD–Prozessoren schon angewandt.

10.7.4 Dual–Core–Prozessoren

Nachdem sich beim Pentium 4 mittlerweile die mehrfädige Programmausführung durch *Hyperthreading* etabliert hat, sollen sowohl von AMD als auch
von Intel schon im Jahr 2005 neue Prozessoren mit zwei Kernen auf einem
Chip auf den Markt gebracht werden. Während Hyperthreading den Prozessen
nur zwei *logische* Prozessoren bereitstellt, hätte man damit echte Hardware–
Parallelität (multiprocessing), d.h. das Betriebssystem müsste nicht immer
zwischen den beiden Programmfäden (threads) umschalten. Wegen der hohen
Wärmeentwicklung bei dicht nebeneinander liegenden Prozessorkernen muss
jedoch die Taktfrequenz reduziert werden. Außerdem kommt es bei dieser
Architektur auch verstärkt zu Zugriffskonflikten bei den gemeinsamen Caches und dem Hauptspeicher. Unter diesen Gesichtspunkten ist es fraglich, ob
Dual–Core–Prozessoren im Vergleich zu Hyperthreading eine wirkliche Verbesserung der Rechenleistung liefern werden.

10.7.5 Erhöhung der Speicherbandbreite

In den kommenden Jahren wird sich durch immer ausgefeiltere Speicher*architekturen* die erreichbare Bandbreite erhöhen. Durch *Prefetch* beim Speicherzugriff lassen sich trotz gleicher Halbleitertechologie im Mittel enorme Steigerungsraten erreichen. So ist jetzt schon abzusehen, dass DDR 2 Speicher
sich kurzfristig durchsetzen werden und von DDR 3 weitere Steigerungen zu
erwarten sind. Die Erhöhung der Speicherbandbreite wirkt sich unmittelbar
auf die Leistung eines Computersystems aus, da bislang noch große Geschwindigkeitsunterschiede zwischen Register– und Speicherzugriff bestehen. Es ist
daher sehr wirksam, den Speicher–*Flaschenhals* zu beseitigen. Eine weitere
Maßnahme in die gleiche Richtung ist die Vergrößerung der Speicherkapazität
der Caches. Da hiermit die Trefferrate vergrößert wird, trägt auch sie dazu
bei, die Speicherbandbreite des Gesamtsystems zu erhöhen.

10.7.6 Sicherheit und Zuverlässigkeit

Computerviren und andere unerwünschte Programme wie Spyware oder Tro-
janer richten immer größere Schäden an. Es ist daher sehr wichtig, Prozessorarchitekturen zu entwickeln, die derartige Angriffe frühzeitig erkennen und
entsprechend reagieren. Daher implementieren die Hersteller Schutzmechanis-
men für Prozessoren, die ein unerlaubtes Ausführen von Programmen verhindern. Da Computerviren meist durch Pufferüberläufe eingeschleust werden,
blockiert man durch entsprechende Hardware das Schreiben nach einen solchen Überlauf.

Neben der Sicherheit soll auch die Zuverlässigkeit von Computersystemen
durch verbesserte Architekturen erhöht werden. Da beim Ausfall eines Computers sehr hohe Kosten entstehen können, wäre es wünschenswert, fehlerhafte

Systemteile frühzeitig zu erkennen und trotzdem fehlerfrei weiterzuarbeiten. So könnte man beispielsweise drei Prozessorkerne parallel betreiben und deren Ergebnisse ständig miteinander vergleichen. Liefern zwei dieser Prozessorkerne übereinstimmende Ergebnisse während die Ergebnisse des dritten Prozessorkerns davon abweichen, so ist dieser wahrscheinlich fehlerhaft. Trotz dieses Ausfalls kann aber das Gesamtsystem zuverlässig weiterarbeiten. In sicherheitskritischen Bereichen ist eine derartige *Fehlertoleranz* oft wichtiger als hohe Rechenleistung. Daher wird es in Zukunft gewiss auch Prozessoren geben, die auf eine hohe Zuverlässigkeit optimiert sind.

Literaturverzeichnis

1. Bähring H. (1994) Mikrorechner–Systeme. Mikroprozessoren, Speicher, Peripherie, 2. Auflage, Springer–Verlag

2. Berndt H. (1982) Zwischen Software und Hardware: Mikroprogrammierung, Informatik–Spektrum 5, S. 11–20, Springer–Verlag

3. Bode A., Händler W. (1980) Rechnerarchitektur Bd.1, Springer–Verlag

4. Bode A., Händler W. (1983) Rechnerarchitektur Bd.2, Springer–Verlag

5. Bode A. (Hrsg.) (1988) RISC–Architekturen, Reihe Informatik, BI Wissenschaftsverlag

6. Claus V., Schwill A. (1988) DUDEN Informatik, DUDEN–Verlag

7. Conrads D. (1987) Bussysteme – Parallele und serielle Bussysteme, lokale Netze, Oldenburg–Verlag

8. Eberle H. (1997) Architektur moderner RISC–Prozessoren, Informatik–Spektrum, 20:259–267, Springer–Verlag

9. Flynn M. J. (1972) Some Computer Organizations and Their Effectiveness, IEEE Transactions on Computers, Vol. C–21, pp. 948–960

10. Giloi W. (1981) Rechnerarchitektur, Springer–Verlag

11. Glasmacher P. (1987) FORTH in Silizium, c't Heft 4, S.36–39

12. Hayes J.P. (1988) Computer Architecture and Organisation, 2. Aufl., McGraw–Hill

13. Hennessy J., et. al. (1982) Hardware/Software tradeoffs for increased performance, Computer–Architecture News, 10, 2

14. Hennessy John L., Patterson David A. (1996) Computer Architecture - A Quantitative Approach, Second Edition, Morgan Kaufmann, San Fransisco

15. Hennessy John L., Patterson David A. (1998) Computer Organisation & Design — The Hardware Software Interface, Second Edition, Morgan Kaufmann, San Fransisco

16. Hwang K. (1979) Computer Arithmetic – Principles, Architecture, and Design, Wiley and Sons

17. Hwang K., Briggs F.A. (1985) Computer Architecture and Parallel Processing, McGraw Hill

18. IEEE–754 (1985) IEEE Standard for Binary Floating–point Arithmetic, New York

19. IEEE 802.3 (1985) Local Area Networks: Carrier Sense Multiple Access with Collision Detection, IEEE Computer Society Press, L.A.

20. Katevenis M. (1985) Reduced Instruction Set Computers for VLSI, PhD–Thesis, MIT Press, Cambridge

21. Keller J., Paul W. (1997) Hardware Design, 2. Auflage, Teubner–Verlag

22. Klein A. (1986) Reduced Instruction Set Computers – Grundprinzipien einer neuen Rechnerarchitektur, Informatik-Spektrum 9, 334–348

23. Kohonen T. (1984) Self–Organisation and Associative Memory, Springer–Verlag, Berlin

24. Liebig H., Flik T. (1993) Rechnerorganisation – Prinzipien, Strukturen, Algorithmen, 2. Auflage, Springer–Verlag

25. Motorola (1982) MC 68000 16–Bit Microprocessor, User's Manual, third edition

26. Motorola (1988)   MC 88100 32–Bit Third–Generation RISC–Microprozessor, MC 88200 16–Kilobyte Cache/Memory Management Unit (CMMU), Hypermodule Family, Product Overview

27. Patterson David A., Séquin Carlo H. (1982) A VLSI RISC, IEEE Computer, 8–22

28. Patterson David A., Piepho Richard S. (1982) Assessing RISCs in High-Level Language Support, IEEE Mikro, 9–18

29. Radin G. (1983) The 801 Minicomputer, IBM Journal for Research and Development, 27, 3, pp. 237-246

30. Rudyk M. (1982) VME–Bus, Modulares Konzept für Mikrocomputer–Karten mit Europaformat, Elektronik, No. 10

31. Schiffmann W., Schmitz R. (2003) Technische Informatik – Grundlagen der digitalen Elektronik, 5. Auflage, Springer–Verlag

32. Schiffmann W., Schmitz R., Weiland J. (2001) Technische Informatik – Übungsbuch zur Technischen Informatik 1 und 2, Springer–Verlag

33. Schmidt V., u.a. (1978) Digitalschaltungen mit Mikroprozessoren, Teubner–Verlag

34. Schmidt F. (1998), SCSI–Bus und IDE–Schnittstelle, Addison–Wesley Verlag, 3.Auflage

35. Schrüfer E. (1984) Elektrische Meßtechnik, 2. Auflage, Hanser–Verlag

36. Schürmann B. (1997) Rechnerverbindungsstrukturen – Bussysteme und Netze, Vieweg–Verlag

37. Schütte A. (1988) Programmieren in OCCAM, Addison–Wesley Verlag

38. Serlin O. (1986) MIPS, Dhrystones, and Other Tales, Datamation 32, 112-118, No. 11

39. Shah A., et. al. (1977) Integrierte Schaltungen in Digitalen Systemen, Bd.1 und Bd.2, Birkhäuser

40. Spaniol O. (1976) Arithmetik in Rechenanlagen, Teubner–Verlag

41. Smith A. J. (1982) Cache Memories, Computing Surveys, Vol. 14, pp. 473–530, September

42. Stallings W. (1984) Local Networks, Computing Surveys, Vol. 16, No.1, March

43. Stallings W. (Ed.) (1988) Computer Communications: Architectures, Protocols, and Standards, IEEE Computer Society Press, Tutorial, L.A.

44. Stearns S.D. (1984) Digitale Verarbeitung analoger Signale, Oldenburg–Verlag

45. Stone H.S. (1982) Microcomputer Interfacing, Addison–Wesley Verlag

46. Tabak D. (1995) RISC Systems and Applications, John Wiley and Sons, New York

47. Tanenbaum A. S. (1996) Computer Networks, Prentice–Hall

48. Tanenbaum A. S., Goodman J. (2001) Computerarchitektur, 5. Auflage, Prentice–Hall Verlag

49. Tomasulo R. M. (1967) An efficient algorithm for exploiting multiple arithmetic units, IBM Journal Research and Development 11:1 (January), p. 25–33

50. VMEbus Manufactures Group (1982) VMEbus Specification Manual, Rev. B

51. Voss A. (2004) Das große PC– und Internet–Lexikon 2004, Data Becker Verlag

52. Waldschmidt K. (1980) Schaltungen der Datenverarbeitung, Teubner–Verlag

53. Wendt S. (1974) Komplexe Schaltwerke, Springer–Verlag

54. Windeck C. (2004) PC-Technik 2004, C't 2004, Heft 20, Heise–Verlag

55. Wilkes M.V. (1951) The Best Way to Design an Automatic Calculating Machine, Report of the Manchester University Computer Inaugural Conference, Manchester University, Electrical Engineering Department, pp. 16–18

56. Zöbel, D. (1986) Programmierung von Echtzeitsystemen, Oldenburg–Verlag

57. Zöbel D., Hogenkamp H. (1988) Konzepte paralleler Programmiersprachen, Teubner–Verlag

A. Kurzreferenz Programm opw

Befehl	Abk.	Funktion	Beispiel
S = Steuerwort	s =	Festlegen des Steuerwortes.	s = xxxx01011x0
clock	c	Takten des Operationswerkes.	clock
dump	d	Ausgabe der Registerinhalte des Operationswerkes	dump
X = Konstante	x =	Setzt den Eingang X auf bestimmte Werte.	x = #-5
Y = Konstante	y =	Setzt den Eingang Y auf bestimmte Werte.	y = $1e
quit	q	Beendet die Simulation.	quit
EQ? Marke	eq?	Springt zur Marke, wenn die Summanden des Addierers gleich sind.	EQ? equal
NEQ? Marke	neq?	Springt zur Marke, wenn die Summanden des Addierers ungleich sind.	NEQ? loop
PLUS? Marke	plus?	Springt zur Marke, wenn das höchstwertigste Bit des Ergebnisses des Addierers gesetzt ist.	PLUS? plus
MINUS? Marke	minus?	Springt zur Marke, wenn das höchstwertigste Bit des Ergebnisses des Addierers nicht gesetzt ist.	MINUS? minus

Konstruktor	Funktion	Beispiel
:	Trennen von Befehlen, die in einer Zeile stehen.	clock : dump
;	Text, der dem Semikolon folgt, wird vom Programm ignoriert (Kommentare).	dump ; Ergebnis ausgeben
>	Definieren einer Marke.	>loop

B. Kurzreferenz Programm ralu

Befehl	Abk.	Funktion	Beispiel
control *Steuerwort*	co	Festlegen des Steuerwortes.	co $14321
clock	c	Takten der RALU.	clock
dump	d	Ausgabe der Registerinhalte etc.	dump
set *Reg-nr. Konstante*	s	Setzt Register auf bestimmte Werte.	set 2 #-5
quit	q	Beendet das RALU-Programm.	quit
carry 0/1	cy	Das Carry–Flag wird gesetzt oder gelöscht.	carry 1
jmpcond *Prüfmaske Marke*	jc	Springt zur Marke, wenn die UND–Verknüpfung zwischen Status und Maske ungleich null ist.	jc $40 loop
jpncond *Prüfmaske Marke*	jnc	Springt zur Marke, wenn die UND–Verknüpfung zwischen Status und Maske gleich null ist.	jnc $40 lb

Konstruktor	Funktion	Beispiel
:	Trennen von Befehlen, die in einer Zeile stehen.	clock : dump
;	Text, der dem Semikolon folgt, wird vom Programm ignoriert (Kommentare).	cy 0 ; Carry löschen
>	Definieren einer Marke.	>loop

C. Abkürzungen

Abkürzung	Bedeutung
ATA	Advanced Technology Attachment
AGP	Accelerated Graphics Port
A/D	Analog/Digital
ALU	Arithmetic Logic Unit
ANSI	American National Standards Institute
ARPA	Advanced Research Project Agency Network
ASCII	American Standard Code for Information Interchange
ASM	Algorithmic State Machine
ATC	Address Translation Cache, vgl. TLB
BCD	Binary Coded Decimal
BIOS	Basic Input Output System
bpi	bit per inch, Aufzeichnungsdichte
CAD	Computer Aided Design
CAM	Content Addressable Memory
CCD	Charge Coupled Device
CD	Compact Disk
CDB	Common Data Bus
CISC	Complex Instruction Set Computer
CLAA	Carry Look Ahead Adder
CLAG	Carry Look Ahead Generator
CMAR	Control Memory Address Register
CMOS	Complementary Metal Oxide Semiconductor
CPI	Cycles Per Instruction
CPU	Central Processing Unit, Prozessor, Zentraleinheit
CRC	Cyclic Redundancy Check
CSMA/CD	Carrier Sense Multiple Access with Collision Detection
D/A	Digital/Analog
DC	Directed Current, Gleichstrom
DDR	Double Data Rate
	Fortsetzung auf der nächsten Seite

Abkürzung	Bedeutung
DIMM	Dual Inline Memory Module
DNF	Disjunktive Normalform
DMA	Direct Memory Access, direkter Speicherzugriff
DRAM	Dynamic RAM
DRI	Defense Research Internet
DSSS	Direct Sequence Spread Spectrum
DVD	Digital Versatile Disk
DVI	Digital Video Interface
E/A	Ein–/Ausgabe
ECL	Emitter Coupled Logic
EPROM	Erasable Programmable Read Only Memory, Löschbarer und programmierbarer Festwertspeicher
EEPROM	Electrical Erasable Programmable Read Only Memory, Elektrisch löschbarer und programmierbarer Festwertspeicher
EX	Execute
FET	Feldeffekttransistor
FHSS	Frequency Hopping Spread Spectrum
FIFO	First In First Out
FPU	Floating Point Unit, Gleitkomma–Einheit
FSB	Front Side Bus
HLL	High Level Language
IC	Integrated Circuit
ICH	I/O Controller Hub
ID	Identity, Identification oder Instruction Decode
IDE	Integrated Device Electronic
IEEE	Institute of Electrical and Electronics Engineers
IF	Instruction Fetch
IHA	Intel Hub Architecture
ILP	Instruction Level Parallelism
IMP	Interface Message Processor
IOP	Input Output Prozessor, Ein–/Ausgabe Prozessor
ISA	Industry Standard Architecture
ISO	International Standards Organisation
LAN	Local Area Network, Lokales Netzwerk
LBA	Linear Block Adressing
LCD	Liquid Crystal Display
LFU	Least Frequently Used
LGA	Land Grid Array

Fortsetzung auf der nächsten Seite

Abkürzung	Bedeutung
LIFO	Last In First Out
LRC	Longitudinal Redundancy Check
LRU	Least Recently Used
LSI	Large Scale Integration
MBR	Master Boot Record
MCH	Memory Controller Hub
MEM	Memory Access
MIMD	Multiple Instruction Multiple Data
MISD	Multiple Instruction Single Data
MIPS	Million of Instructions Per Seconds
MFLOPS	Millions of Floating Point Operations per Second
MOS	Metal Oxide Semiconductor
MSI	Medium Scale Integration
NaN	Not a Number
NMOS	N–Channel Metal Oxide Semiconductor
NRZ	Non Return to Zero
OSI	Open Systems Interconnection
PC	Program Counter, Programmzähler
	Personal Computer
PCI	Peripheral Component Interconnect
PCIe	PCI-Express
PDA	Personal Digital Assistant
PLA	Programmable Logic Array
PLL	Phase Locked Loop
PMOS	P–Channel Metal Oxide Semiconductor
PROM	Programmable Read Only Memory, programmierbarer Festwertspeicher
RAID	Redundant Array of Independent Disks
RALU	Register–ALU, Rechenwerk
RAM	Random Access Memory
RAW	Read After Write
RCA	Ripple Carry Adder
RISC	Reduced Instruction Set Computer
ROM	Read Only Memory, Festwertspeicher
RPN	Reverse Polnish Notation
SATA	Serial Advanced Technology Attachment
SIMD	Single Instruction Multiple Data
SISD	Single Instruction Single Data
SoC	System on Chip

Fortsetzung auf der nächsten Seite

Abkürzung	Bedeutung
SRAM	Static RAM
TFT	Thin Film Transistor
TLB	Translation Lookaside Buffer, vgl. ATC
tpi	tracks per inch, Spurdichte
USB	Universal Serial Bus
VRC	Vertical Redundancy Check
VLIW	Very Long Instruction Word
VLSI	Very Large Scale Integration
WAN	Wide Area Network, Weitverkehrsnetz
WAR	Write After Read
WAW	Write After Write
WB	Write Back
WLAN	Wireless Local Network
WWW	World Wide Web
UNIX	Operating System, Betriebssystem

Sachverzeichnis